最新统一编写小水电培训教材暨岗位必备指南

低压水轮发电机组运行与维修

（第二版）

主　编　桂家章

U0305181

中国水利水电出版社

www.waterpub.com.cn

内 容 提 要

本书是《最新统一编写小水电培训教材暨岗位必备指南》中的《低压水轮发电机组运行与维修（第二版）》分册，主要针对小型机组和微型机组，参考水利和电力系统工人职业技能鉴定的内容，从培训和学习的角度出发，精心编写而成。

本书总共十四章，内容包括：水力学基础知识、电工与电子基础知识、金属材料与机械基础知识、机械识图基础知识、水轮机、水轮发电机组、低压水轮发电机组辅助设备、水轮机调速器、电气一次设备、电气二次设备、水轮发电机组机械部分的运行与维护、水轮发电机组电气部分的运行与维护、水轮发电机组的检修、水电站的安全运行。本书在编写过程中，密切结合当前我国小水电发展技术水平的实际，力求图文并茂、语言精练、通俗易懂，着重说明概念和应用，对理论公式不作深入推导，重点揭示公式、参数和概念的物理意义及其应用中需要解决的问题。

本书可作为小型水电站在职职工和新上岗职工的岗位技术培训、等级考试教材及日常工作的必备工具书，并且可作为中专及高职高专水电类相类专业的参考教材，也可供初中以上文化水平的技术工人学习、阅读，还可供有关技术人员查阅、参考。

图书在版编目（CIP）数据

低压水轮发电机组运行与维修 / 桂家章主编. -- 2
版. -- 北京：中国水利水电出版社，2014.4
最新统一编写小水电培训教材暨岗位必备指南
ISBN 978-7-5170-1900-8

Ⅰ. ①低… Ⅱ. ①桂… Ⅲ. ①低电压－水轮发电机－
机组－运行－技术培训－教材②低电压－水轮发电机－机
组－维修－技术培训－教材 Ⅳ. ①TM312

中国版本图书馆CIP数据核字(2014)第075560号

书　　名	最新统一编写小水电培训教材暨岗位必备指南 **低压水轮发电机组运行与维修（第二版）**
作　　者	主编　桂家章
出版发行	中国水利水电出版社 （北京市海淀区玉渊潭南路1号D座　100038） 网址：www. waterpub. com. cn E - mail：sales@waterpub. com. cn 电话：（010）68367658（发行部）
经　　售	北京科水图书销售中心（零售） 电话：（010）88383994、63202643、68545874 全国各地新华书店和相关出版物销售网点
排　　版	中国水利水电出版社微机排版中心
印　　刷	北京纪元彩艺印刷有限公司
规　　格	184mm×260mm　16开本　27.75印张　658千字　1插页
版　　次	2006年7月第1版第1次印刷 2014年4月第2版　2014年4月第1次印刷
印　　数	0001—3000册
定　　价	**69.00元**

《最新统一编写小水电培训教材暨岗位必备指南》
编写组成员名单

水轮发电机组及辅助设备运行与维修（第二版）

主　编　刘孟桦　李志红　唐利剑

副主编　郭　磊

参　编　单欣安　王　兵　艾水平　罗雪斌　王善书　孙玉民

水电站电气设备运行与维修（第二版）

主　编　陈化钢

参　编　汪永华　储成流　彭　伟

水电站运行规程与设备管理（第二版）

主　编　刘洪林　肖海平

参　编　邓俊锋　秦　云　章香保　蔡华平　黎晓莉

水电站计算机监控技术（第二版）

主　编　谢云敏　宋海辉

参　编　吴永辉　晏贡全

低压水轮发电机组运行与维修（第二版）

主　编　桂家章

参　编　尹学勇　李　燕　龙　洋

第 二 版 序

　　我国水能资源丰富，技术可开发量达 5.42 亿千瓦，居世界首位。我国开发水电的历史已有 100 多年。新中国成立以来，党中央、国务院高度重视水能资源的开发利用，尤其是改革开放以来，我国坚持节约资源、保护环境的基本国策，在合理规划的基础上结合江河治理兴建了一大批水电站。目前我国水电总装机容量居世界第一位。水电的发展在增加我国能源供应、改善能源结构、保护生态环境、减少温室气体排放方面做出了重要贡献。

　　农村水电是我国农村经济社会发展的重要基础设施，是山区生态建设和环境保护的重要手段。我国单站装机 5 万千瓦及以下的农村水能资源技术可开发量达 1.28 亿千瓦，分布在 1700 多个县，与广大贫困山区、少数民族地区、革命老区的人口分布一致。加快农村水能资源开发，将资源优势转化为经济优势，对于改善当地生产生活条件、促进农民群众增收致富、保障和改善民生具有十分重要的作用。截至 2013 年年底，全国已建成小水电站 45000 多座，总装机容量 6800 多万千瓦，年发电量 2000 多亿千瓦时，接近全国水电装机和年发电量的 30％。通过开发小水电，累计使全国 1/2 的地域、1/3 的县市、3 亿多农村人口用上了电。小水电的发展对提高农村电气化水平、带动农村经济社会发展、改善农民生产生活条件、减排温室气体以及电力系统灾害应急等方面发挥了重要作用。

　　我国能源资源相对紧缺，结构不合理，主要依赖化石能源，生态环境压力大。煤炭年消耗量和二氧化碳年排放量均居世界首位。我国政府承诺到 2020 年单位国内生产总值二氧化碳排放比 2005 年降低 40％～45％，非化石能源占一次能源消费比重要达到 15％左右，其中 2015 年要达到 11.4％已经作为约束性指标列入国家"十二五"规划纲要。实现这一目标，保障能源安全，必须大力发展绿色经济、循环经济、低碳经济。水电是低碳、清洁、可再生的绿色能源，大力开发包括农村水电在内的水能资源是我国可持续发展的现实选择。

　　目前，我国农村水能资源开发率约为 50％，潜力还很大。2011 年中央一号文件《中共中央 国务院关于加快水利改革发展的决定》和中央水利工作会议强调，要加快水能资源开发，大力发展农村水电。我们要认真落实"一号文件"精神，坚持科学发展主题和加快转变经济发展方式主线，治水与办电结合，开发与保护统一，新建与改造统筹，建设与管理并重，积极开展水电新农村电气化县建设，大力实施小水电代燃料生态保护工程建设，切实搞好农村水电站增效扩容改造，实现到 2020 年全国农村水电总装机超过 7500 万千瓦的既定目标。为改善能源结构、发展低碳经济、保护生态环境、建设美丽中国做出新的贡献。

实现农村水电的科学健康发展，科技是支撑，人才是保证。当前农村水电面临新的发展机遇，需要专业技术人才和管理人才的积极培养和知识更新。为了适应新时期农村水电发展对人才培养的需求，满足农村水电企业职工岗位培训的需要，中国水利水电出版社于 2006 年组织全国小水电领域的专家学者编写出版了《最新统一编写小水电培训教材暨岗位必备指南》（一套五本），深受广大读者喜爱，面向全国发行近 20000 套。七年多过去了，随着科学技术的迅猛发展，新技术、新材料、新工艺不断涌现，教材中有些内容已显过时，有些标准已经更新。为此，出版社组织专家对教材进行了全面修订，推出了《最新统一编写小水电培训教材暨岗位必备指南》（第二版）。我希望这套新版教材能够为小水电人才培养和各专业、各层次职工的岗位培训发挥更大作用，从而推动农村水电更好更快地发展。

中华人民共和国水利部副部长

2014 年 3 月

第 一 版 序

党中央、国务院十分重视农村水电及电气化事业。20世纪80年代初，在邓小平同志亲自倡导下，国务院决定在农村水电资源丰富的地区，开发农村水电，推动具有中国特色的农村电气化建设。"七五"至"九五"期间全国共建成了653个农村水电初级电气化县，有力地促进了农村经济发展和社会进步。2001年国务院批准在农村初级电气化县建设的基础上，建设更高标准的水电农村电气化县。"十五"期间，全国共建成410个水电农村电气化县，累计完成投资1151亿元，新增农村水电装机容量1060万千瓦，占同期全国农村水电新增装机的2/3。在电气化建设的带动下，农村水电快速发展，截至2005年底，全国农村水电装机容量达到4309万千瓦，占全国水电装机的37%，年发电量1357亿千瓦时，占全国水电发电量的34%。四川、云南、湖南、广西等省区，农村水电发电装机和年发电量均占所在省区电力总量的1/4以上。全国共建成了近800个县级电网和40多个区域性电网，近1/2的地域、1/3的县、1/4的人口主要靠农村水电供电。农村水电累计解决了3亿多无电人口的用电问题。

通过电气化建设，开发农村水电资源，形成了广大山区农村的发电和供电生产力，带动了其他资源的开发以及农村产品加工业、山区特色产业的发展，把山区的资源优势变成了经济优势；引导了农村劳动力的转移，增加了农民收入，促进了农村产业结构优化调整；带动了乡村公路、防洪灌溉设施、人畜用水设施以及广播、电视设施的建设，改善了农村基础设施、公共设施和生产生活条件，提高了农民的生活质量，促进了农村经济与人口、资源、环境协调发展。因此，水电农村电气化建设在水能资源丰富的广大山区、贫困地区的社会主义新农村建设中具有不可替代的作用。

在全面建设小康社会、加快推进社会主义现代化建设新的历史时期，党中央、国务院将农村水电列为覆盖千家万户、促进农民增收效果更显著的农村中小型基础设施和公共设施，并要求放在更加重要的位置，增加投资规模，充实建设内容，扩大建设范围。根据全国"十一五"水利发展规划和农村水电"十一五"及 2020 年发展规划，"十一五"期间将继续建设 400 个水电农村电气化县，扩大小水电代燃料生态工程建设的规模和范围，实施农村水电扶贫解困工程等，到 2010 年全国农村水电装机容量将达到 5900 万千瓦左右，再经过 10 年的努力，全国农村水电装机容量将达到 1 亿千瓦左右。

发展农村水电人才是关键。要保证农村水电事业的快速、健康发展，离不开成千上万的各类专业技术人才和管理人才。随着科学技术的迅猛发展，农村水电技术进步进一步加快，单机容量、变压器容量的不断增大，新技术、新产品的大量采用，特别是计算机自动化技术和网络技术的广泛应用，都给广大水电职工提出了新的更高的要求。为适应新时期加速培养水电专业人才，满足农村水电各专业、各层次职工的岗位培训需要，中国水利水电出版社组织全国小水电领域的专家学者，编写、出版了这套《最新统一编写小水电培训教材暨岗位必备指南》（一套五本）。我希望全国农村水电行业以科学发展观为指导，认真贯彻落实中央关于建设社会主义新农村的战略部署，下大力气抓好职工的岗位培训工作，不断提高职工队伍的整体素质，保障农村水电及电气化事业的健康发展，为建设社会主义新农村作出新贡献。

水利部副部长

2006 年 7 月

第 二 版 前 言

　　小水电是水电建设的重要组成部分，过去的五年，我国小水电取得了极大发展，小水电经济生态效益凸显，小水电综合实力跃居世界第一。"十二五"期间，中国水电建设前景广阔，水电生产能力将大幅增长，水电产业总体发展势头良好。通过小水电开发，实施水电农村电气化和"以电代柴"等工程，极大地改善农村生产生活条件，为全面推进社会主义新农村建设做出了积极贡献。

　　由水利部副部长胡四一作序的《最新统一编写小水电培训教材暨岗位必备指南》（第一版）系列丛书于2006年7月出版，本丛书已经重印两次，销量良好，影响并培养了一大批小水电从业人员，为小水电事业的发展做出了具大的贡献，取得了良好的社会效益。然而，科技的变化是日新月异，近几年，小水电也在不断发展，读者对此系列丛书也有了更高的要求。在上述背景下，中国水利水电出版社决定修订再版《最新统一编写小水电培训教材暨岗位必备指南》系列丛书，以满足当前读者的需求。

　　本书为《低压水轮发电机组的运行与维修》分册，主要针对小型机组和微型机组，依照电力行业工人技术等级培训和职业技能鉴定的要求，从培训、学习的角度出发进行编写，便于系统学习和培训。考虑到读者大部分为初中文化起点的技术工人，在编写过程中，力求语言精练，通俗易懂，着重说明概念和应用，对理论公式不作深入推导，重点揭示公式、参数和概念的物理意义和应用中需解决的问题。对设备的结构和组成，在编写中尽量地多配置插图，便于读者阅读，建立实物的空间概念。此次修订思路是补充职业技能鉴定缺少的基础部分，增加了新设备、新技术、新工艺，以满足小水电行业技术发展的需要。

　　本书的第三章、第八章的第四节由李燕编写，第九章的第三节、第四节，第十章的第四节、第九节由龙洋编写，第二章、第十章和第十二章的其他部分由尹学勇编写，全书的其余部分即第一章、第四章、第五章、第六章、第七章、第十一章、第十三章、第十四章由桂家章编写。桂家章担任本书主编和统稿工作。

在编写过程中参考了国内外许多有关水力发电方面的书籍和参考资料，编者借此向有关作者表示感谢。

由于作者水平有限，书中难免会有疏忽和不当之处，敬请读者给予批评指正。

作 者

2014 年 2 月

第 一 版 前 言

随着改革开放以来，我国的小水电事业得到了迅速发展，为我国广大农村，特别是边远山区提供了清洁、廉价的能源，有力地促进了这些地区的经济发展和两个文明建设，极大地改变了当地的经济和社会生活的落后状况。尤其是20世纪90年代末期以来，我国小水电投资的体制发生了根本变化，实现了多元化，进一步促进了小水电事业的蓬勃发展，可以说是新中国成立50多年来第二个建设高峰时期，对促进我国水力资源的开发和充分利用，缓解电力能源的紧张局面，改善农村生态环境和流域水土条件，发展当地经济等，都起到了积极的推动作用。

全国政协原副主席钱正英同志曾指出："发展小水电的关键是培训人才"。如何把已建和在建的水电站管理好、用好，使其充分发挥作用，提高利用率和保证安全经济运行，是我国小水电事业的一项艰巨而长期的任务。由于小水电事业的迅速发展和水电技术水平的不断提高，对职工技能的要求也越来越高，因此急需对大批在职职工和新上岗职工进行技术培训。

为适应我国小水电发展新形势的需要，大力加强对小水电运行维护和管理人员的培训，中国水利水电出版社组织编写了这套《最新统一编写小水电培训教材暨岗位必备指南》。本套教材内容简明扼要、图文并茂、实用性强，并采用了我国当前执行的最新规程、规范、标准与名词、术语，力争反映我国21世纪初小水电行业的新技术和新水平。

这本《低压水轮发电机组运行与维修》主要针对小型机组和微型机组，参考水利和电力系统工人职业技能鉴定的内容，从培训、学习的角度出发进行编写，便于系统学习和培训。

本书在编写过程中，力求语言精练、通俗易懂，着重说明概念和应用，对理论公式不作深入推导，重点揭示公式、参数和概念的物理意义及其应用中需要解决的问题。对设备的结构和组成，在编写中尽量多配置插图，便于读者阅读，建立实物的空间概念。

本书可作为小型水电站在职职工和新上岗职工的岗位技术培训、等级考试教材及日常工作的必备工具书，并且可作为中专及高职高专水电类相关专业的参考教材，也可供初中以上文化水平的技术工人学习、阅读、还可供有关技术人员查阅、参考。

本书由桂家章和尹学勇等共同编写。电气部分即第二章、第九章、第十章和第十二章由尹学勇编写。此外，文红民和洪余和提供了大量资料，并参加了部分章节的编写和修订工作。其余部分由桂家章编写。桂家章担任主编并统稿。

本书在编写过程中，查阅了大量的文献、资料，参考和引用了有关书籍的部分内容，并且得到了各级水电管理部门和一些科研、设计、设备及运行单位的指导和大力支持，在此一并表示衷心地感谢！

由于作者水平有限，书中难免存在疏漏或不妥之处，敬请广大读者批评指正。

作 者

2006 年 5 月

目　录

第一章　水力学基础知识

教学要求　掌握液体的性质和静水压强的基本规律以及压强的单位和工程上压强的各种表达方式；掌握水流运动的基本原理包括流线的概念、水流运动的连续性原理、恒定流的能量原理和动量定理；掌握水流的型态和水头损失以及水击现象。

本章教学内容初级工和中级工必须掌握，高级工在了解的基础上，不作具体教学要求。

第一节　静　水　力　学

水力学的任务是研究液体运动的规律，并应用这些规律解决实际问题。液体的运动规律，一方面与液体外部的作用条件有关，更主要的是决定于液体本身的内在性质。

一、液体的性质

（一）基本性质

自然界的物质有固体、液体和气体三种存在形式。液体和气体统称流体。流体没有固定的形状，很容易流动，它的形状随容器而定。液体与气体的区别为：液体具有不可压缩性，能保持一定的体积，还可能有自由表面。

液体是由运动着的分子组成的。液体的质点是由液体分子组成的实体。液体是质量均匀、各向同性的连续介质。

（二）物理力学性质

1. 密度

液体单位体积中所具有的质量称为液体的密度 ρ。如有一质量为 m 的均质流体，其体积为 V，则其密度 ρ 可表示为：$\rho=\dfrac{m}{V}$。在国际单位制中，质量的单位为千克（kg），长度单位为米（m），则密度的单位为千克/米³（kg/m³）。在一个标准大气压（$1atm \approx 0.1MPa$）下，温度为 4℃时，水的密度为 1000 kg/m³。液体的密度随温度和压强的变化很小，一般可视为水的密度为常数。

2. 容重

液体单位体积中所具有的重量 G 称为容重 γ。对于某一重量为 G，体积为 V 的均质液体，其容重 γ 可表示为：$\gamma=\dfrac{G}{V}$。因 $G=mg$，所以，$\gamma=\rho g$ 或 $\rho=\gamma/g$。容重的单位为牛顿/米³（N/m³）。水的容重在一个大气压下和 4℃时为

$$\gamma = \rho g = 1000 \times 9.8 = 9800 \ (\text{N/m}^3)$$

【例 1-1】 求在一个大气压下，4℃时一升水的重量和质量。

解： 已知体积 $V = 1\text{L}$（升）$= 0.001 \ \text{m}^3$

水的容重为 $\gamma = 9800 \ \text{N/m}^3$，于是可得 1L 水的重量为

$$G = \gamma V = 9800 \times 0.001 = 9.80 \ (\text{N})$$

水的密度为 $\rho = 1000 \ \text{kg/m}^3$，于是可得 1L 水的质量为

$$m = \rho V = 1000 \times 0.001 = 1 \ (\text{kg})$$

3. 粘滞性

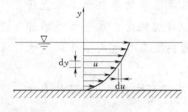

图 1-1　渠道断面流速分布

液体运动时若质点之间存在着相对运动，则质点之间就要产生一种内摩擦力来抵抗相对运动，这种性质称为液体的粘滞性，此内摩擦力称为粘滞力。粘滞性是液体固有的物理属性。

如图 1-1 所示，某渠道端面水流速度的分布情况，靠近底层的第一层极薄水层贴附于壁面上不动，第一层将通过摩擦作用影响第二层的流速，而第二层又通过摩擦作用影响第三层的流速，依此类推，相距渠底的距离愈大，壁面对流速的影响愈小。于是，靠近渠底壁面的流速较小，远离壁面的流速较大。由于各层流速不同，它们之间就有相对运动，两液层之间就产生内摩擦力。所产生的内摩擦力总是抵抗其相对运动的。

由于运动液体存在内部粘滞力，于是液体在运动过程中为克服内摩擦阻力就要不断地消耗液体的能量。所以粘滞性是引起液体能量损失的根源。

二、静水压强

水处于静止状态时的压力叫静水压力，水在流动时的压力叫动水压力。

静止液体内的压力状况，常用单位面积上静水的压力——静水压强来表示。其数学表达式为

$$p = \frac{P}{A} \tag{1-1}$$

式中　P——静止液体作用于某受压面上的总压力，叫静水总压力，N；

　　　A——受压面积，m^2；

　　　p——静水压强，N/m^2，$1\text{N/m}^2 = 1\text{Pa}$（帕斯卡）。

静水内部任何一点各方向的压强大小相等，且静水压强的方向永远垂直指向作用面（也叫受压面）。

三、静水压强的基本定律

由生活常识可知，水的深度越深，压强越大，因此，静水压强是随水深的增加而增大的。如图 1-2 所示，静止状态具有自由表面的水体仅在重力作用下，其表面所受压强为大气压 p_a，则水下距离自由表面的距离为 h_1、h_2 处的压强可表示为

$$p_1 = p_a + h_1\gamma \qquad p_2 = p_a + h_2\gamma$$

$$\Delta p = p_2 - p_1 = (p_a + h_2\gamma) - (p_a + h_1\gamma)$$

$$= (h_2 - h_1)\gamma = \Delta h\gamma \tag{1-2}$$

上式表明：在水中深处的静水压强比浅水处大。向下每增加 1m 深度，静水压强就增大为 $\Delta h\gamma = 9.8 \times 1 = 9.8$（$kN/m^2$）。

若某一封闭容器中的水体具有自由表面，如图 1-3 所示，其表面压强为 p_0（p_0 可以大于或小于大气压强），则可推算水体表面下深度为 h 的任一点处的静水压强 p 为

$$p = p_0 + h_2\gamma \qquad (1-3)$$

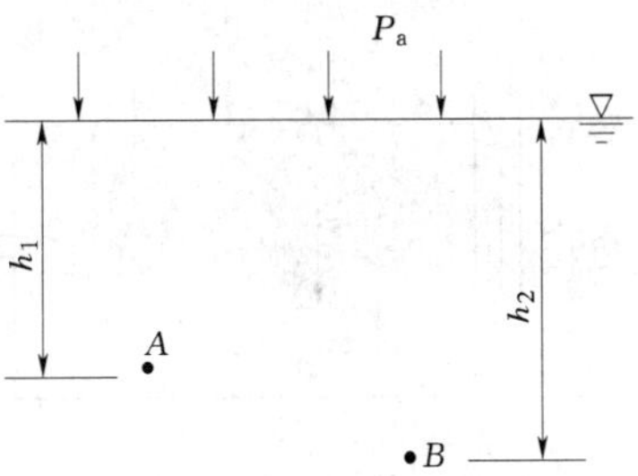

图 1-2 静水压强

式（1-3）是常见的静水压强基本方程式。它表明：仅在重力作用下，液体中某一点的静水压强等于表面压强加上液体的容重与该点淹没深度的乘积。

由此可见，深度为 h 处的静水压强 p 是由两部分组成，即从液体表面传递来的表面压强 p_0 及单位面积上高度为 h 的液柱重量。

由上述可推知，在静止液体中，若表面压强 p_0 由某种方式使之增大，则此压强可大小不变地传至液体中的各个部分。这就是帕斯卡原理。静止液体中的压强传递特性是制作油压千斤顶、水压机等很多机械的原理。

在上述静水压强计算中，任一点的位置是从水面往下计算的，用水深 h 表示。若取同一的水平面 0—0 为计算基准面，任意一点距离基准面的高度称为某点的位置高度 z，则可把公式（1-2）$\Delta p = p_2 - p_1 = \Delta h\gamma$ 变换成另一表示形式。即

$$p_2 - p_1 = (z_1 - z_2)\gamma$$

把上式两边同时除以 γ，移项后可得

$$z_1 + \frac{p_1}{\gamma} = z_2 + \frac{p_2}{\gamma} \qquad (1-4)$$

式（1-4）为静水压强分布规律的另一表达式。它表明在静止的液体中，位置高度 z 越大，静水压强越小；反之，静水压强越大。

【例 1-2】 求水库中水深为 5m、10m 处的静水压强。

解： 已知水库表面的压强为大气压强，水的容重 $\gamma = 9.8\ kN/m^3$。

水深为 5m 处　　　　$p = \gamma h = 9.8 \times 5 = 49$（kPa）

水深为 10m 处　　　　$p = \gamma h = 9.8 \times 10 = 98$（kPa）

在水力学中，常把 z 称为位置高度（单位：m），$\frac{p}{\gamma}$ 称为压强水头（单位为 m）。由物理学可知，质量为 m 的物体在高度 z 的位置时具有位置势能 mgz（简称位能）；而液体除了位置势能外，其液体内部的压力还有作功的能力，即压力势能。质量为 m 的水体质点所具有的压力势能为 $mg\frac{p}{\gamma}$。则，静止水体中某一质点所具有的全部势能为

$$mgz + mg\frac{p}{\gamma} = mg\left(z + \frac{p}{\gamma}\right)$$

一般在研究分析时常用单位重量水体所具有的势能即单位势能的概念，单位势能以 E 表示，即

$$E = z + \frac{p}{\gamma}$$

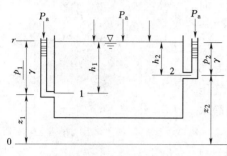

图 1-3 测压管水头

如图 1-3 所示的容器中，若在位置高度为 z_1 和 z_2 的边壁上开有小孔，孔口处连接一垂直向上的开口玻璃管，通称测压管，可发现各测压管中均有水柱升起。测压管液面上为大气压。测压管中水面上升高度表征静水中各点压强的大小。通常称 $h_1\left(\dfrac{p_1}{\gamma}\right)$、$h_2\left(\dfrac{p_2}{\gamma}\right)$ 为压强水头或测压管高度。这说明在水的容重 γ 为一定值时，一定的液柱高度 h 就相当于确定的静水压强值。

在水力学中，通常把某点的位置高度和压强水头之和 $z+\dfrac{p}{\gamma}$ 叫做该点的测压管水头。连接各点测压管中水面的线，称为测压管水头线。静止状态的水仅受重力作用，其测压管水头线必然为水平线。

四、静水压强的表示方法

（一）压强的单位

1. 以应力单位表示

压强用单位面积上受力的大小，即应力单位表示，是压强的基本表示方法，单位为 Pa（帕斯卡）或 N/ m²。

2. 以大气压表示

物理学中规定：以黄海平面的平均大气压 760mm 高的水银柱的压强为一标准大气压（代号 atm），其数值为

$$1\text{atm} = 1.033\text{kgf/cm}^2 = 101.3\text{kPa}$$

工程中，为了计算简便，规定了另一概念：工程大气压

$$1\text{ 工程大气压} = 1.0\text{kgf/cm}^2 = 98.0\text{ kPa}$$

3. 以水柱高度表示

由于水的容重 γ 为一常数，水柱高度 h（$=p/\gamma$）的数值就反映压强的大小，工程上常用这种表示方法。

1 工程大气压相当于 10m 水柱高度。即

1 工程大气压＝1.0 kgf/cm²＝98.0 kPa。

1 标准大气压（1atm）相当于 10.33m 水柱高度。

（二）绝对压强与相对压强

对于同一压强，由于采用不同的起算基准，会有不同的压强数值。

高度总是相对某一基准而言的。例如某闸的闸前水位为 82.8m，意思是说高出黄海平均海平面 82.8m。因为我国规定是从黄海平均海平面的高程作为 0 的。

物理学中通常以没有空气的绝对真空，即压力为零作基准算起的，这种压强称为绝对压强，以 $p_绝$ 表示。

工程实践中，水流表面或建筑物表面多为大气压 p_a，为了简化计算，采用以大气压为零作为计算的起始点。这种以大气压强为零算起的压强称为相对压强。以 $p_相$ 表示。如

压力表的读数即为相对压强。所以，$p_绝 = p_相 + p_a$，或 $p_相 = p_绝 - p_a$。显然，相对压强是指超过大气压的压强数值。

（三）真空压强

工程实践中常会遇到压强小于大气压的情况，这时称为发生了真空，即 $p_绝 < p_a$。规定为：真空压强 $p_真$ 是绝对压强不足一个大气压的差值，简称真空值。这时，真空值 $p_真$ 与相对压强和绝对压强的关系可表示为

$$p_真 = p_a - p_绝 = -p_相 \qquad (1-5)$$

真空值的大小用所相当的水柱高度表示，称为真空高度

$$h_真 = \frac{p_真}{\gamma}$$

图 1-4　各种压强示意图

水泵能把水从低处吸入并压到一定的高度，就是利用真空这个道理。

大气压强、相对压强、绝对压强和真空压强的表示如图 1-4 所示。

第二节　水流运动的基本原理

一、水流运动的概念

1. 流线与迹线

由于水流运动相当复杂，人们对其运动规律的分析带来了很大的困难，但为了利用其能量资源，必须了解、掌握其运动规律，需要采用一定的方法来研究其运动规律。

一种方法是拉格朗日法，它是用迹线来描述水流运动的。迹线是指一个液体质点在一段时间内的运动轨迹线。由于质点的运动轨迹十分复杂，而且水流中又有很多的质点，用这种方法来研究水流运动是非常困难的。

另一种方法是欧拉法，它是用流线来描述水流运动的。流线是指绘于流动区域内的曲线，它能表示位于曲线上所有水流质点某一瞬间时的流速方向。即位于流线上的各水流质点，其流速方向都与曲线在该点相切，如图 1-5 所示。

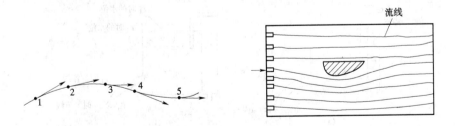

图 1-5　流线

流线具有以下性质：一般情况下，流线不是折线，也不能相交；流线上的水流质点，都不可能有横越流线的流动；流线上任一点的切线方向就是该点的流速方向。

工程上常用流线概念来描述水流现象，图 1-6 表示水流经过溢流坝和水闸时用流线

描绘的流动情况。从图形可以看出：流线的疏密程度反映了流速的大小，流线密的地方流速大，流线稀的地方流速小；这是因为端面小的地方流线密，要通过同样多的流量必须流得快些；相反端面大的地方流线稀，流速慢些。其次，流线的形状和固体边界的形状有关。离边界越近，边界的影响越大，流线的形状越接近边界的形状。在边界较平顺处，紧靠边界的流线形状与边界形状完全相同。在边界形状变化急剧的地方（流速很小除外），边界附近的液体质点不可能完全沿着边界运动，因此流线与边界脱离，即产生脱流，在主流区和边界之间形成旋涡区。

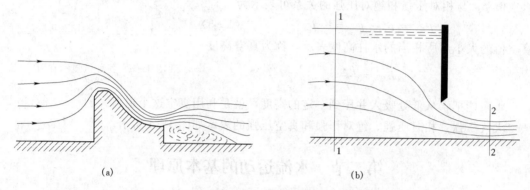

图 1-6 边界与流线
（a）溢流坝；（b）水闸

2. 恒定流与非恒定流

如图 1-7 所示，水从水箱的孔中流出，图 1-7（a）保持水箱中的水位不变，则小孔中的射流也将保持不变，射流各点上的速度也不随时间变化，这种运动要素不随时间变化的水流称为恒定流。恒定流时流线与迹线重合。而在图 1-7（b）中，水箱中的水位随着时间的推移水位将逐渐下降，从而小孔中的射流也会越来越近，在不同的时间，射流的位置和各点的流速都随着时间的推移而发生变化。这种运动要素随着时间不断变化的水流称为非恒定流。在恒定流中，流线与迹线就不会重合。可见非恒定流比较复杂，以后除了特殊情况外，我们主要研究恒定流。

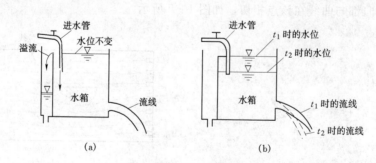

图 1-7 恒定流与非恒定流
（a）恒定流；（b）非恒定流

3. 过水端面、流量和断面平均流速

在水流中取一垂直于水流方向（即垂直于流线）的横断面，它过水的那部分面积称为过水断面。单位时间内水流通过过水断面的体积叫做流量。流量的单位为 m^3/s，常用 Q 表示。工程上常用的过水能力的大小就是指流量的大小。显然，当流速一定时，过水断面越大则流过的水量越多；当过水断面一定时，水流的速度越大则流过的水量就越多。若流速为 v（m/s），过水断面面积为 A（m^2），流量为 Q（m^3/s），则

$$Q = Av(m^3/s) \qquad (1-6)$$

但是，在实际过流中，由于固体边界对水流的阻力和水流的粘滞性作用，过水断面上各点的流速是不相同的。管中水流和渠中水流的断面流速分布情况如图 1-8 所示。所以在实际中，是以过水断面的平均流速来计算的。因而，可得断面平均流速为

$$V = \frac{Q}{A} \qquad (1-7)$$

式中　Q——总流的流量，m^3/s；

　　　A——总流过水断面的面积，m^2；

　　　V——断面平均流速，m/s。

式（1-6）和式（1-7）是水利工程上常用来计算流量和断面平均流速的公式。

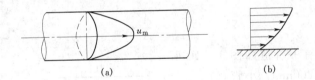

图 1-8　过流断面流速分布

(a) 管流；(b) 渠道

4. 水流运动的分类

（1）均匀流和非均匀流。恒定流中，断面平均流速与流速分布沿流程没有变化的为均匀流（也称等速流）；反之，断面平均流速与流速分布沿流程有变化的为非均匀流（也叫变速流）。在比较长直、断面不变、坡度不变的人工渠道或直径不变的长直管道里，除了进口与出口外，其余部分的流速在各断面都一样，这种水流是均匀流。而河道的深浅宽窄沿流程变化，属于非均匀流。

均匀流中的流线是一组平行的直线。非均匀流的流线是一组曲线，相邻流线之间存在夹角。

（2）渐变流和急变流。非均匀流分为两类：一类是流线间的夹角很小，流线的曲率（曲线的弯曲程度称为曲率）不大，可近似地认为是平行的直线，这种水流叫渐变流。另一类是流线的曲率较大、流线之间的夹角较大的叫急变流。流道拐弯、断面突变时一般为急变流。

当流线的曲率较大时，如弯管中的急变流，作用于水流各质点的力除了压力和重力外，还要考虑离心惯性力。由于离心惯性力的作用，同一过水断面上各点的（$z+p/\gamma$）不是常数，弯管的弯曲方向与重力方向相反的，过水断面上的动水压强比静水压强要小即向上弯曲，弯管的弯曲方向与重力方向相同的即向下弯曲，过水断面上的动水压强比静水压强要大，如图 1-9 所示。

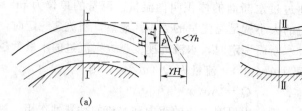
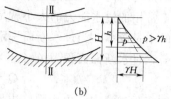

图 1-9 急变流

（a）弯曲方向与重力方向相反；（b）弯曲方向与重力方向相同

二、恒定流的连续性原理

在恒定流情况下，通过各断面的流量保持不变，即过水断面大，流速就小；流速大，过水断面就小，这就是连续性原理。即当液体的密度为常数时，在恒定流中沿流程各断面其流量保持不变，其平均流速与过水断面面积之乘积保持相等。可表示为

$$v_1 A_1 = v_2 A_2 = Q \tag{1-8}$$

或表示成

$$\frac{v_1}{v_2} = \frac{A_2}{A_1} \tag{1-9}$$

【例 1-3】 有一管道如图 1-10 所示，大管直径 $d_1 = 200\text{mm}$，小管直径 $d_2 = 100\text{mm}$，管中水流恒定时测得断面 2-2 的平均流速 $v_2 = 1.0\text{m/s}$。求断面 1-1 的平均流速 v_1。

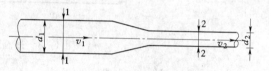

图 1-10 管道

解：此两断面的面积分别为

$$A_1 = \pi r_1^2 = \pi d_1^2/4; \quad A_2 = \pi r_2^2 = \pi d_2^2/4$$

代入式（1-9）可得

$$\frac{v_1}{v_2} = \frac{A_2}{A_1} = \frac{d_2^2}{d_1^2}$$

于是

$$v_1 = v_2 \frac{d_2^2}{d_1^2}$$

将已知 $v_2 = 1.0\text{m/s}$，$d_1 = 0.2\text{m}$，$d_2 = 0.1\text{m}$ 代入上式得

$$v_1 = 1.0 \times \frac{0.1^2}{0.2^2} = 0.25 \ (\text{m/s})$$

断面 1-1 的平均流速为 0.25m/s。

【例 1-4】 如图 1-11 所示，某水电站用一主管引水供两台机组发电，已知 $d_2 = d_3 = 0.65\text{m}$，$v_1 = 1.0\text{m/s}$，$v_2 = 1.2\text{m/s}$，$v_3 = 0.9\text{m/s}$。求管道 1-1 断面的直径 d_1 为多少？

解：根据水流连续性原理：$Q_1 = Q_2 + Q_3$，则

$$v_1 A_1 = v_2 A_2 + v_3 A_3$$

$$A_1 = \frac{v_2 A_2 + v_1 A_1}{v_1}$$

$$A_1 = \pi r_1^2 = \pi \frac{d_1^2}{4} \qquad A_2 = \pi r_2^2 = \pi \frac{d_2^2}{4} = 3.14 \times \frac{0.65^2}{4} = 0.332 = A_3$$

所以
$$d_1^2 = 4 \times \frac{v_2 A_2 + v_3 A_3}{v_1 \pi} = 4 \times \frac{v_2 A_2 + v_3 A_3}{v_1 \pi}$$

$$= 4 \times \frac{1.2 \times 0.332 + 0.9 \times 0.332}{1.0 \times 3.14}$$

$$= 0.888$$

$$d_1 = \sqrt{0.888} = 0.943 \text{(m)}$$

本题的一些数据在电站实际中曾出现过。由于山坡的地理条件限制，一条主管下来，两分管不是左右对称分布，造成两分管的直径虽然相同，但流速不同，必然流量不同。这在一个电站安装相同型号的机组的时候，在相同的运行条件下会有不同的输出功率。

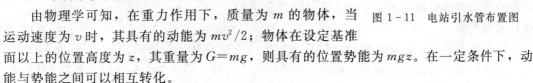

图 1-11　电站引水管布置图

三、恒定流的能量原理

研究水流中动能和势能的转换规律，以及确定水流中沿流程各断面其位置高度、流速和压强之间关系的方程式称为能量方程。

1. 水流中机械能的表现形式及其转换规律

由物理学可知，在重力作用下，质量为 m 的物体，当运动速度为 v 时，其具有的动能为 $mv^2/2$；物体在设定基准面以上的位置高度为 z，其重量为 $G = mg$，则具有的位置势能为 mgz。在一定条件下，动能与势能之间可以相互转化。

运动着的物体其总的能量始终保持不变，遵守能量转化和能量守恒定律。物体的总能量等于能量损失与所利用的能量之和。

高处的水流必然向低处流动，其位置势能向动能转换。如果水流在管道中流动，不仅存在位置势能转换为动能，还存在压力势能（简称压能）的变化。所以，水流的机械能包括位能、压能和动能三种形式，表示为：位能 z、压能 $\frac{p}{\gamma}$、动能 $\frac{\alpha v^2}{2g}$（α 为一个大于 1.0 的系数，称为流速不均匀系数或动能改正系数）。

由于水流具有粘滞性，存在内摩擦阻力。所以，沿流程水流的总能量逐渐减少。

根据能量守恒定律，当位置势能不变时，若流动水流的流速增大，即动能增加，必然导致压力势能降低；反之，流速减少，压力势能增加。这是水流绕流的基本特征，是利用水流能量的基本条件。

2. 水流的能量方程

如图 1-12 所示恒定管流中，在某一时刻 t_1 时，1—1 断面的单位能量为 $E_1 = \left(z_1 + \frac{p_1}{\gamma} + \frac{\alpha_1 v_1^2}{2g} \right)$，经过 Δt 时间后，水流流到 2—2 断面，其单位能量为 $E_2 = \left(z_2 + \frac{p_2}{\gamma} + \frac{\alpha_2 v_2^2}{2g} \right)$。因水流在流动过程中存在能量损失，表示为 $\Delta h_{1\text{-}2}$，根据能量守恒定律，可得

$$E_1 = E_2 + \Delta h_{1\text{-}2}$$

即

$$\left(z_1 + \frac{p_1}{\gamma} + \frac{\alpha_1 v_1^2}{2g}\right) = \left(z_2 + \frac{p_2}{\gamma} + \frac{\alpha_2 v_2^2}{2g}\right) + \Delta h_{1\text{-}2} \qquad (1\text{-}10)$$

这就是恒定流的能量方程，也称为伯努利能量方程。确定了恒定流中各断面流速、压强和位置之间的关系。

式（1-10）反映了在恒定流动过程中，水流各种机械能在一定条件下互相转化的共同规律。水从任一渐变流到另一渐变流断面的过程中，它所具有的机械能的形式可以互相转换，但前一断面的单位能量应等于后一断面的单位能量加上两断面之间的能量损失。

四、恒定流的动量原理

在水利工程中，水流经过弯道或冲击过流部件时，会对弯管或过流部件存在一个作用力，此作用力是设计弯管支墩或水流冲击水电站水轮机叶片的冲击力的依据，需要进行计算。这是采用动量方程求解。

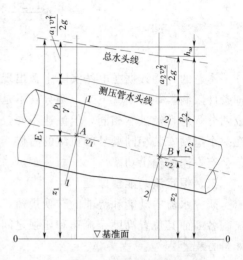

图 1-12　恒定管流

由物理学已知，运动物体的动量是指物体的质量与其速度的乘积 mv。动量定理为：运动物体在单位时间内动量的变化量等于物体所受各外力的合力。动量是一个有大小也有方向的矢量，其方向就是速度的方向。

如图 1-13 所示，取恒定流中管道弯管的一段水流作为单元研究对象，1—1 断面的面积为 A_1，流速为 v_1，假定断面上各点具有相同的流速；2—2 断面的面积为 A_2，流速为 v_2。

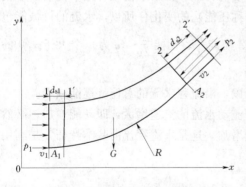

图 1-13　恒定流中水流变化

经过 Δt（$\Delta t = t_1 - t_2$）时段后，原在 1—1 断面与 2—2 断面间的水体运动至 1′—1′ 和 2′—2′ 的位置。水体在 t_1 时刻的动量为 $K_{1\text{-}2}$，经过 Δt 时段至 t_2 时刻，水体的动量为 $K'_{1\text{-}2}$。动量的变化量 ΔK 就等于 Δt 时段之末 1′—2′ 段水体的动量 $K_{1\text{-}2}$ 与 Δt 时段之初段水体的动量 $K_{1\text{-}2}$ 之差。$K_{1\text{-}2}$ 等于 $K_{1\text{-}2}$ 和 $K_{2\text{-}2}$ 两部分之和，$K_{1\text{-}2}$ 等于 $K_{1\text{-}1}$ 和 $K_{1\text{-}2}$ 两部分之和。即

$$\Delta K = K_{1\text{-}2} - K_{1\text{-}2} = K_{2\text{-}2} - K_{1\text{-}1}$$

因 $K_{1\text{-}1}$ 和 $K_{2\text{-}2}$ 分别是 Δt 时段内通过 1—1 断面和 2—2 断面的动量，Δt 时段内 1—2 段水体的变化量 ΔK，等于同一时段内 2—2 断面流出的动量和由 1—1 断面流进的动量之差。

任一断面流过的动量，如按平均流速计算，就等于质量 m（$m = \rho Q$）乘以平均流速 v，即 $\rho Q v$。考虑断面流速不均匀分布，引入修正系数 α'，α' 称为动量改正系数，其值约在 $1.02 \sim 1.05$。为了简便计算，通常取 $\alpha' = 1.0$。

根据以上分析，通过断面 1—1 及断面 2—2 的动量分别为

$$K_{1-1} = \alpha'\rho Q v_1 \Delta t$$

$$K_{2-2} = \alpha'\rho Q v_2 \Delta t$$

于是动量的变化量为

$$\Delta K = K_{2-2} - K_{1-1} = \alpha'\rho Q v_2 \Delta t - \alpha'\rho Q v_1 \Delta t$$

$$= \rho Q(v_2 - v_1)\Delta t$$

根据动量原理，单位时间内动量的变化量应等于物体所受各外力的合力$\sum F$，即

$$\sum F = \rho Q(v_2 - v_1) \tag{1-11}$$

这就是求的动量方程。

动量方程表达的含义：动量的变化与水体所受的外力之间存在着密切的关系。由于外力的作用（如边界的约束作用等）引起水体的流速的变化，动量才发生变化；没有水体动量的变化，水流的速度不会发生变化，也不会存在力的作用。

第三节　水流形态和水头损失

运动的液体存在粘滞性，或者说，液体的粘滞性只有在运动时才会表现出来。在实际计算中，反映液体粘滞性的大小，常用粘滞性系数μ（也称动力粘度）来表示，μ值越大，液体的粘滞性越强，单位为$N \cdot s/m^2$，即帕·秒（$Pa \cdot s$）。粘滞性系数μ与密度ρ的比值μ/ρ用ν表示，单位为m^2/s，称为运动粘滞性系数或运动粘度。

不同种类的液体，粘滞性系数不同，即使是同一种液体，粘滞性随温度的升高而减少。粘滞性对液体运动的影响极为重要，它是产生水流阻力的根源，是水流机械能损失的原因，在分析和研究水流运动占有很重要的位置。

一、运动液体的基本流态

若水流在流动过程中沿着一条明显的直线流动，各流层之间互不相混，这种流态叫做层流。若水流在流动时各流层之间互相混掺，运动经过的路线为曲曲折折很不规律，但总体上还是向前流动，这种流态叫做紊流。即水流的基本形态包括层流和紊流两种。

层流和紊流的两种形态之间可以相互转换。在管流中，当流速较小时，一般为层流形态；当流速逐渐增大时，流态会逐步混掺，而发展成紊流。或者以相反的过程，即开始管中流速很大，紊流已产生。当逐渐关闭管道出口上的阀门时，流速降低到一定数值，紊流则转变为层流。但是，实验表明，两种转换形态时的流速大小不一样。把两种水流形态转换时的流速称为临界流速。层流变紊流的临界流速较大，称为上临界流速；而紊流变层流的临界流速较小，称为下临界流速。

当流速大于上临界流速时，水流为紊流状态。当流速小于下临界流速时，水流为层流状态。当流速界于上、下临界流速之间时，水流可为层流，也可为紊流，视初始条件和受扰动的程度而定。

对于处于一定温度下的水，流经同一直径管道时，只能得到一种结果。当水的温度、管道直径或不同的液体时，临界流速的数值也不相同。根据对不同液体、在不同温度下、流过不同管径的大量实验结果表明，液体流动形态的转变取决于液体的流速v和管道直径

d 的乘积与液体运动粘滞性系数 v 的比值 vd/v 称为雷诺数，以 Re 表示。

各种液体在同一形态的边界中流动，液体流动形态转变时的雷诺数是一个常数，称为临界雷诺数。当液流的雷诺数 Re 小于临界雷诺数时，不论液体的性质和流动边界如何，液流皆为层流；当液流的雷诺数 Re 大于临界雷诺数时，不论液体的性质和流动边界如何，一般都认为液流属于紊流。

二、紊流运动

紊流内部是由许多大小不等的漩涡组成的。这些漩涡除了随水流的总趋势向某一方向运动外，还有旋转、震荡，水的各质点随着这些漩涡运动、旋转、震荡，不断地相互混掺，其某一点的流速是以某一常数值为中心，随着时间不断地变化，这种现象叫做脉动现象。混掺和脉动是紊流的重要特征。

当液体作层流运动时，可以从理论上推证出其断面流速分布呈抛物线形，对于圆管中的层流，最大流速位于管轴上，断面平均流速为最大流速的一半，如图 1-14（a）所示。

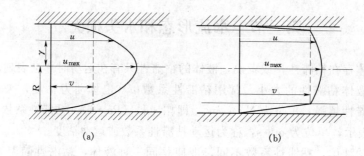

图 1-14　管中层流与紊流的流速分布
(a) 层流；(b) 紊流

当液流发展到紊流时，由于质点混掺的结果，流速在断面上的分布与作层流时比较大大均匀化了，如图 1-14（b）所示。但在管道边壁处，由于水流贴附在边界面上以及固体边壁对质点横向运动的限制，质点不能发生混掺，而是沿着几乎平行于边壁的迹线缓慢地运动着。大量实验证明，这一厚度很小的薄层主要受粘性控制。因此，液体作紊流运动时，整个断面基本划分两个区域：

（1）粘性底层。其厚度 δ_0 随着雷诺数 Re 的增大而减少，通常 δ_0 只有几分之一毫米，其数值虽小，但对水流阻力和水头损失的影响是很大的，绝不能忽视。

（2）紊流流核区。是紊流的主体。

三、水头损失及其类型

实际水流在流动过程中，机械能的消耗是不可避免的。层流之间的相对运动是受边界条件决定的，其粘滞性的影响与边界条件有关。当水流经过半开的阀门时，断面先收缩后放大，水流过阀门时脱离边界，产生"脱流"现象，形成漩涡区，水流横向变化剧烈，水流损耗增加。

为了便于分析和计算，根据边界条件的不同，把水头损失分为两类：

（1）沿程水头损失。在均匀的和渐变流的流动中，由于沿全流程的摩擦阻力即沿程阻力而损失的水头，称为沿程水头损失，用 h_f 表示。它随流动长度的增加而增加，在较长的输水管道中，都是以沿程水头损失为主的流动。

（2）局部水头损失。在流动的局部地区，如管道的扩大、缩小、转弯、阀门和拦污栅等处，由于边界条件的急剧变化，在局部区段内使水流运动状态发生急剧变化，产生脱流和漩涡，形成较大的局部水头阻力，消耗较大的水流能量，这种叫做局部水头损失，用 h_j 表示。

某一流段中的全部水头损失 h_w 等于流段中沿程水头损失和局部水头损失的总和。即

$$h_w = \sum h_f + \sum h_j \tag{1-12}$$

工程设计中，有时需要计算减少水头损失。例如，设计水电站引水隧洞时，应考虑不增加隧洞的水头损失，以保证电站机组的出力要求；为了减少局部漩涡等水头损失，水轮机和水泵的过流部件应尽量设计成符合流线的形状，以减少水头损失，提高机组效率。但在某些情况下，又设法增加水头损失，如混流式水轮机的止漏环就是采用增大水头损失起到密封的作用，提高水流流量的利用。

（1）沿程水头损失的分析。沿程水头损失因水流状态非常复杂，目前无确切的理论方法来推求其水头损失，实际中是借助于实验和经验公式来求算的。通过不同条件进行实验的结果表明：沿程水头损失 h_f 与流速水头 $v^2/2g$、管道直径 d、流程计算长度 L 以及边界表面粗糙度和水流的型态有关，一般采用达西—魏斯巴哈公式计算，推求得圆管的水流沿程水头损失 h_f 为

$$h_f = \lambda \frac{L}{d} \times \frac{v^2}{2g} \tag{1-13}$$

式中　λ——沿程阻力系数，它是反映水流型态和边界粗糙度对沿程水头损失影响的无单位系数。

式（1-13）说明：沿程水头损失与流程计算长度 L、速度水头 $\frac{v^2}{2g}$ 成正比，与管道直径成反比。

【例 1-5】　已知某钢管直径 $d=0.2m$，长度 $L=100m$，管壁状况一般（$\lambda=0.0222$），流量 $Q=2.4\times10^{-2}m^3/s$，试计算沿程水头损失 h_f。

解：管道断面面积　$A=\pi\frac{d^2}{4}=3.14\times\frac{0.2^2}{4}=0.0314（m^2）$

断面平均流速　$v=\frac{Q}{A}=\frac{2.4\times10^{-2}}{0.0314}=0.765（m/s）$

则沿程水头损失　$h_f=\lambda\frac{L}{d}\times\frac{v^2}{2g}=0.0222\times\frac{100}{0.2}\times\frac{0.765^2}{2\times9.81}=0.331（m）$

（2）局部水头损失的分析。局部水头损失是由于水流边界突然变化、水流随着发生剧烈变化而引起的水头损失。边界突然变化的形式有多种多样，但在水流结构上都具有两个特点：第一，凡是有局部水头损失的地方，往往有主流脱离边界，在主流与边界之间产生漩涡现象。漩涡的形成和运动都要消耗机械能，漩涡的分裂和互相摩擦所消耗的能量更大。因此，漩涡区的大小和漩涡的强度直接影响局部水头损失的大小。第二，流速分布的急剧改变。在流速改变的过程中，质点内部相对运动加强，碰撞、摩擦、振动作用加剧，从而造成较大的能量损失。

局部水头损失一般用一个速度水头与一个局部水头损失系数的乘积来表示，即

$$h_{\mathrm{j}} = \zeta \frac{v^2}{2g} \tag{1-14}$$

其中，局部水头损失系数由实验获得，见表1-1。必须指出，ζ是对应于某一速度水头而言。因此，在选用时，应注意二者的关系。与ζ相应的流速水头在表1-1中已标明，若不加特殊标明者，该ζ皆是指相应于局部阻力后的流速水头而言。

表 1-1 管路各种局部水头损失系数 ζ

名　称	简　图	局 部 水 头 损 失 系 数 ζ								
断面突然扩大		$\zeta_1 = (1 - A_1/A_2)^2 \quad h_{\mathrm{j}} = \zeta_1(v_1^2/2g)$ $\zeta_2 = [(A_2/A_1) - 1]^2 \quad h_{\mathrm{j}} = \zeta_2(v_2^2/2g)$								
断面突然缩小		$\zeta = 0.5(1 - A_2/A_1)$								
进口	完全修圆	0.05～0.10								
	稍微修圆	0.20～0.25								
	没有修圆	0.50								
出口	进入水库（池）	1.0								
	进入明渠 A_1/A_2	0.1	0.2	0.3	0.4	0.5	0.6	0.7	0.8	0.9
	ζ	0.81	0.64	0.49	0.36	0.25	0.16	0.09	0.04	0.01
急转弯管	圆形管 $a°$	30	40	50	60	70	80	90		
	ζ	0.2	0.3	0.4	0.55	0.7	0.9	1.1		
	矩形 $a°$	15	30	45	60	90				
	ζ	0.025	0.11	0.26	0.49	1.2				
	90° R/d	0.5	1.0	1.5	2.0	3.0	4.0	5.0		
	ζ_1	1.2	0.8	0.6	0.48	0.36	0.3	0.29		
弯管	任意角度 $\zeta_1 = a\zeta_2$ $a°$	20	30	40	50	60	70			
	a	0.4	0.55	0.65	0.75	0.83	0.88			
	$a°$	80	90	100	120	140	160	180		
	a	0.95	1.0	1.05	1.13	1.2	1.27	1.33		

14

名　称	简　图		局 部 水 头 损 失 系 数 ζ					
闸阀	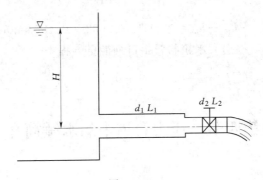 圆形管道		当全开时（$a/d=1$）（d：mm）					
			d	15	20～50	80	100	150	200～250
			ζ	1.5	0.5	0.4	0.2	0.1	0.08
			d	300～450		500～800		900～1000	
			ζ	0.07		0.06		0.05	
			当各种开度时						
			a/d	7/8	6/8	5/8	4/8	3/8	2/8	1/8
			ω_i/ω_0	0.95	0.86	0.74	0.61	0.47	0.32	0.16
			ζ	0.15	0.26	0.81	2.06	5.52	17.0	97.8
截止阀		全开	4.3～6.1						
莲蓬头（滤水网）		无底阀	2～3						
		有底阀	d	40	50	75	100	150	200	250	300
			ζ	12	10	8.5	7.0	6.0	5.2	4.4	3.7
平板门槽			0.05～0.20						

注　表中闸阀项的 ω_i 为某一开度；ω_0 为总开度。

图 1-15

【例 1-6】　从水箱接出一管路，布置如图 1-15 所示。已知 $d_1=150$mm，$L_1=25$m，$\lambda_1=0.037$，$d_2=125$mm，$L_2=10$m，$\lambda_2=0.039$，阀门开度 $a/d_2=0.5$，需要输送流量 $Q=25$L/s。求：沿程水头损失 h_f；局部水头损失 h_j；水箱的水面高度 H 的大小。

解：（1）沿程水头损失。

第一段管　　　　　　　$Q=25$L/s$=0.025$（m^3/s）

$$v_1=\frac{Q}{A_1}=\frac{Q}{\frac{\pi}{4}d_1^2}=\frac{4\times0.025}{3.14\times0.15^2}=1.42\text{（m/s）}$$

$$h_{f1} = \lambda_1 \frac{L_1}{d_1} \frac{v_1^2}{2g} = 0.037 \times \frac{25}{0.15} \times \frac{1.42^2}{2 \times 9.8} = 0.63 \text{ (m)}$$

第二段管
$$v_2 = \frac{Q}{A_2} = \frac{Q}{\frac{\pi}{4} d_2^2} = \frac{4 \times 0.025}{3.14 \times 0.125^2} = 2.04 \text{ (m/s)}$$

$$h_{f2} = \lambda_2 \frac{L_2}{d_2} \times \frac{v_2^2}{2g} = 0.039 \times \frac{10}{0.125} \times \frac{2.04^2}{2 \times 9.8} = 0.66 \text{ (m)}$$

（2）局部水头损失。

1）进口损失。由于进口没有修圆，由表 1-1 查得 $\zeta_{进口} = 0.5$，故

$$h_{j1} = \zeta_{进口} \times \frac{v_1^2}{2g} = 0.5 \times \frac{1.42^2}{2 \times 9.8} = 0.051 \text{ (m)}$$

2）缩小损失。根据 $\left(\frac{A_2}{A_1}\right) = \left(\frac{d_2}{d_1}\right)^2 = \left(\frac{0.125}{0.15}\right)^2 = 0.695$，查表 1-1 知

$$\zeta_{缩小} = 0.5\left(1 - \frac{A_2}{A_1}\right) = 0.15$$

$$h_{j2} = \zeta_{缩小} \times \frac{v_2^2}{2g} = 0.15 \times \frac{2.04^2}{2 \times 9.8} = 0.032 \text{ (m)}$$

3）阀门损失。由于闸阀半开，即 $a/d_2 = 0.5$，由表 1-1 查得 $\zeta_{阀} = 2.06$，故

$$h_{j3} = \zeta_{阀} \times \frac{v_2^2}{2g} = 2.06 \times \frac{2.04^2}{2 \times 9.8} = 0.436 \text{ (m)}$$

因此，总的沿程水头损失为
$$\sum h_f = h_{f1} + h_{f2} = 0.63 + 0.66 = 1.29 \text{ (m)}$$

总的局部水头损失为
$$\sum h_j = h_{j1} + h_{j2} + h_{j3} = 0.051 + 0.032 + 0.436 = 0.519 \text{ (m)}$$

输水所需要的水头，根据大水箱与管出口列能量方程得
$$H = \sum h_f + \sum h_j + \frac{v_2^2}{2g} = 1.29 + 0.519 + \frac{2.04^2}{2 \times 9.8} = 2.02 \text{ (m)}$$

第四节　压力管道中的水锤简介

一、水锤的一般概念

压力管道中，由于管中流速突然变化，引起管中压强急剧增大（或降低），从而使管道断面上发生压强交替升降的现象，称为水锤（也称水击）。

当压力管道上阀门迅速关闭或水轮机、水泵等突然停止运转时，管中流速迅速减少，压强急剧升高，这种以压强升高为特征的水击，称为正水击。正水击时的压强升高，可以超过管中正常压强很多倍，甚至使管壁爆裂。

当压力管道上阀门突然打开时，管中流速迅速增大，压强急剧减少，这种一压强降低为特征的水击，称为负水击。负水击时的压强降低，可能使管中发生真空现象。

由于水击对压力管道的危害很大，因此，在水利工程中，特别重视和研究水击的现

象，确保水利工程的安全。但是，在研究水击现象时，由于水击压强很大，必须考虑液体的压缩性和管壁的弹性，否则会导致结论的错误。

二、水击波的传播

设有一压力管道如图 1-16 所示，管道长度为 L，直径为 d，上游端连接水库，下游端装有阀门，水头为 H。大多数情况下，压力管道中的水头损失和速度水头均较压强水头小得多，所以在水击的分析和计算中，常可忽略不计，即认为在恒定流时，管道的测压管水头线与静水头线相重合。

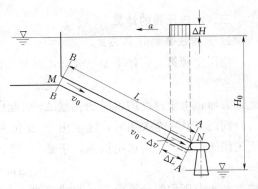

图 1-16　压力管道水击波传递

现假设水平管中起初为恒定流，流速为 v_0，压强为 p_0。今假定管道末端 N 点的阀门突然完全关闭，则紧靠阀门处的第一层液体被迫停止运动，速度变为 $v=0$。但后面的第二层液体由于运动的惯性，必然继续向前流动，挤压第一层液体，导致第一层液体的压强由原来的 p_0 增高为 $(p_0+\Delta p)$，迫使第一层水体被压缩，体积减小；同时由于压强增高，管壁受挤压而向外膨胀。接着，上游第二层液体也被停止向前流动，受后面第三层液体的惯性冲击和挤压，压强也增高 Δp，管壁也向外膨胀。这样，一层一层的液体从阀门处开始逐渐向水库端方向被停止而压缩和因此而发生的压强增高，将以波的形式沿着管道向上游传播，其速度为 c。其传播速度 c 受管中液体的压缩性和管壁的弹性所影响。

经过一短暂时间，NB 液体段已被停止运动而被压缩，而从进口 M 点至 B 点的 MB 管道中液体仍将以其原来的速度 v_0 和压强 p_0 而继续流动。当增压波最后传至 M 点时，在长度为 L 的管道中，全部液体被停止而压缩。此时，整个管道中的液体受到一个增压 Δp，管道中的测压管水头线将较原来的测压管水头线 $\dfrac{p_0}{\gamma}$ 的高度升高一个压强水头 $\dfrac{\Delta p}{\gamma}$ 值，其中的 Δp 就叫做水击压强。

现在，在 M 点处，管道内的液体压强为 $p_0+\Delta p$，而管口右边的压强为 $\gamma H=p_0$，这种状态是不可能稳定存在的。于是，在此压力差作用下，管道中的液体开始向水库倒流；同时压强开始下降而恢复原状，同样以波的形式由 M 点向 N 点传播，即产生一个反射的减压波。假设压强并不衰减，当波传至 N 点时，整个管道中的液体处于原来的正常状态，即压强为 p_0。但是，由于液体流动的惯性，液体仍继续向水库倒流。此反向流速将在 N 点产生一个骤然的压强降低，其大小仍为 Δp，此时管道中的压强变化为 $(p_0-\Delta p)$。由于压强降低，液体开始膨胀，密度减少，于是一个减压波将由 N 点向 M 点传播。当减压波最后传至 M 点时，整个管道中的液体处于膨胀而停止运动的状态。但管道中压强比水库内管道进口处压强小一个 Δp，在此压差的作用下，液体又开始向管道中流动，使压强恢复正常，并以波的形式又 M 点向 N 点传播。如此反复，一系列交替出现的增压波和减压波沿着整个管道长度 L 反复传播。实际上，由于水流的粘滞性作用和管壁对液体的摩阻，以及液体和管壁并非绝对弹性，而将引起压力波的衰减而最后终止平息。

压力波由 N 至 M 再返回到 N 的一个来回传播所需的时间为

$$t = \frac{2L}{c} \tag{1-15}$$

三、水击压强的计算

1. 水击压强的计算公式

应用牛顿第二定律 $F\Delta t = m\Delta v$，并忽略阻力可得

$$\Delta p = -\rho c(v - v_0)$$

此式表明：由于速度的瞬时变化量 Δv 引起压强的变化量 Δp。

阀门突然完全关闭时，速度由 v_0 变化为 0，因而 $\Delta v = v - v_0 = -v_0$；这是 Δp 就是由于关闭阀门而产生的水击压强，于是

$$\Delta p = \rho c v_0 \tag{1-16}$$

这就是水击压强的计算公式。此式表明：水击压强的大小与管道长度无关，只决定于管道中波速 c 和流速的变化量 Δv。阀门关闭后，阀门前的总压强为 $p_0 + \Delta p$，其中 p_0 为阀门关闭前的原有压强。

式（1-16）也可表示为

$$\Delta p = \frac{\gamma}{g} c v_0 \tag{1-17}$$

水击压强用水柱高度表示

$$\frac{\Delta p}{\gamma} = \frac{c v_0}{g} \tag{1-18}$$

水击压强在突然关闭阀门时可达到相当大的数值，如果采用波速 $c = 1000\text{m/s}$，管道中流速 $v_0 = 1\text{m/s}$，则由式（1-18）可得

$$\frac{\Delta p}{\gamma} = \frac{c v_0}{g} = \frac{1000 \times 1}{9.8} \approx 100 \text{（m 水柱高度）}$$

这相当于 10 个大气压。

2. 水击波的传播速度

如果在管壁为无弹性的绝对刚体的管道中，通过弹性的液体，当发生水击波传播时，可以推证出其波速为

$$c_0 = \sqrt{\frac{K}{\rho}} = \sqrt{\frac{gK}{\gamma}} \tag{1-19}$$

式中 K 为液体体积弹性系数。若液体为水，在一定温度下，水的体积系数 $K = 2.06 \times 10^6\text{kPa}$，由式（1-19）可求得水击波在水中的传播速度 $c_0 = 1435\text{m/s}$。

实际上，当管道中压强增高时，管壁发生膨胀，即管壁是有弹性的。可压缩流体在弹性的管壁中运动时，所发生的水击波传播速度 c 应为

$$c = \frac{c_0}{\sqrt{1 + \dfrac{D}{\delta} \dfrac{K}{E}}} \tag{1-20}$$

式中 E——管壁材料的弹性系数，常见几种管壁材料的弹性系数见表 1-2；

K——液体的体积弹性系数；

D——管道的直径；

δ——管壁的厚度；

c_0——可压缩液体在绝对刚体管道中的波速。

表 1-2 常见几种材料的弹性系数 E

管壁材料	E（kPa）	K/E	管壁材料	E（kPa）	K/E
钢管	1.96×10^8	0.01	混凝土管	1.96×10^7	0.1
铸铁管	9.8×10^7	0.02	木管	9.8×10^6	0.2

由式（1-20）可知，波的传播速度因液体种类、管道的材料、管道直径、管壁厚度的不同而变化。当钢管中流动的液体为水时，若管道直径约为管壁厚度的 100 倍，而 K/E 的比值约为 0.01 时，则波的传播速度 c 可估计为 1000m/s。

【例 1-7】 一焊接钢管的内径 $d=0.8$m，管壁厚度 $\delta=10$mm，以流速 $v=3$m/s 泄流着水，阀门前的压强水头 p/γ 为 50m。试求阀门迅速关闭时的压强升高值。

解：水击波的传播速度按式（1-20）计算

$$c = \frac{c_0}{\sqrt{1 + \frac{D}{\delta}\frac{K}{E}}} = \frac{1435}{\sqrt{1 + \frac{80}{1} \times 0.01}} = 1070 \text{（m/s）}$$

当阀门突然完全关闭时的压强升高值按式（1-18）计算

$$\frac{\Delta p}{\gamma} = \frac{cv_0}{g} = \frac{1070 \times 3}{9.81} = 327.3 \text{（m 水柱高度）}$$

这样，当阀门迅速关闭时，管道阀门前的全部压强为 $50+327.3=377.3$（m 水柱高度）。

四、水击的类型

1. 正水击

正水击的型式有两种：直接水击和间接水击。若用 T 表示阀门完全关闭所需的时间，压力波由阀门至管道进口再返回到阀门的一个来回传播所需的时间为 $t = \frac{2L}{c}$。则可能出现两种情况：$T \leqslant t$ 和 $T > t$。当阀门关闭很快，$T \leqslant \frac{2L}{c}$，这时所发生的水击称为直接水击。在直接水击时，由管道进口反射回来的减压波尚未达到阀门时，阀门已完全关闭，阀门处的压强未能受到减压波的影响使其降低。这时阀门前的水击压强为最大水击压强。

由 $T \leqslant \frac{2L}{c}$ 可知，在管道较长或阀门关闭时间较短时，便会发生直接水击。为了避免发生直接水击，可设法缩短管道的长度或延长阀门关闭时间。在水利工程中，一般不允许发生直接水击。

若阀门关闭时间为：$T > \frac{2L}{c}$，此时发生间接水击。在此种情况下，反射回来的减压波达到阀门时，阀门尚未完全关闭，不但阀门前的压强未达到最大值，而且反射回来的减压波还使阀门前的压强降低。所以，阀门前处的压强增高值要比直接水击时为小。

间接水击比较复杂，决定水击压强也比较困难。可以采用近似公式——莫洛索夫公式来确定压强增高值

$$\frac{\Delta p}{\gamma} = \frac{2\sigma}{2-\sigma}h \qquad (1-21)$$

$$\sigma = \frac{v_0 l}{ghT} \qquad (1-22)$$

式中，σ 与管道特性有关；h 为管道阀门处的静水头 $\frac{p_0}{\gamma}$；v_0 为管道内未发生水击前的流速。

2. 负水击

负水击也有两种型式：直接水击和间接水击。若 $T \leqslant \frac{2L}{c}$（T 为阀门开启时间）为直接负水击。直接水击时，最大压强降低值仍可按照式（1-18）确定，但其数值为负值。

若 $T > \frac{2L}{c}$，则发生间接水击。间接水击的压强降低值可按照切尔乌索夫公式计算，即

$$\frac{\Delta p}{\gamma} = \frac{2\sigma}{1+\sigma}h \qquad (1-23)$$

其中 σ 仍按式（1-22）计算。负水击可能使管道中发生有害的真空。因此，引水管等也常计算负水击所引起的压力降低值。

复习思考题

1-1　500L（升）的水在一个大气压下 4℃时，它的重量和质量各有多大？

1-2　某盛水大木桶底面积 4m²，当桶中水深 $h = 1.5$m 时，问桶底面的静水压强是多少？

1-3　某蓄水池深 14m，试确定护岸 AB 上 1、2 两点的静水压强的数值，并绘出方向如图 1-17 所示。

1-4　试绘出如图 1-18 所示的容器壁面 1～5 各点的静水压强大小（以各种单位表示），并绘出静水压强的方向。

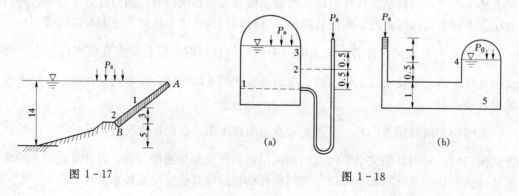

图 1-17　　　　　　　　　　　图 1-18

1-5 已知某容器（如图1-19所示）中A点的相对压强为0.8工程大气压，设在此高度上安装测压管，问至少需要多长的玻璃管？如果改装水银测压计，问水银柱高度 h_p 为多少（已知水银容重 $\gamma = 133.3 \mathrm{kN/m^3}$，$h' = 0.2\mathrm{m}$）？

1-6 测量某容器A点的压强值，如图1-20所示。已知 $z = 1\mathrm{m}$，$h = 2\mathrm{m}$，求A点的相对压强，并用绝对压强和真空高度表示。

图 1-19   图 1-20

1-7 设有一压力管道中的水流。已知管道的各段直径：$d_1 = 200\mathrm{mm}$，$d_2 = 150\mathrm{mm}$，$d_3 = 100\mathrm{mm}$。第三段管道中的平均流速 $v_3 = 2\mathrm{m/s}$（如图1-21所示）。试求管道中的流量和第一、第二段管道中的平均流速。

1-8 水从侧壁孔口沿着一条变断面的水平管道流出，如图1-22所示。设容器中的水位保持不变，忽略水头损失，试按下列数据求管道中的流量 Q 和断面1与断面2处的平均流速。已知 $H = 2\mathrm{m}$，$d_1 = 7.5\mathrm{cm}$，$d_2 = 25\mathrm{cm}$，$d_3 = 10\mathrm{cm}$，$p_3 = p_a$，$v_a = 0$。

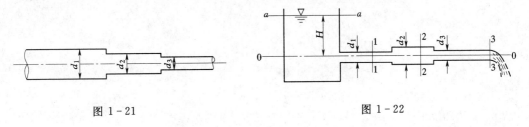

图 1-21   图 1-22

1-9 如图1-23所示表示连通的两段水管，小管直径 $d_A = 0.2\mathrm{m}$，A点压强 $p_A = 6.86 \times 10^{-4}\mathrm{Pa}$；大管直径 $d_B = 0.2\mathrm{m}$，B点压强 $p_B = 3.92 \times 10^{-4}\mathrm{Pa}$，大管断面平均流速 $v_B = 1\mathrm{m/s}$。B点比A点高1m。求A、B两断面的总水头差及水流方向。

1-10 工地生活用水，用直径 $d = 15\mathrm{cm}$ 的铸铁圆管引水，长 $l = 500\mathrm{m}$，当水温为

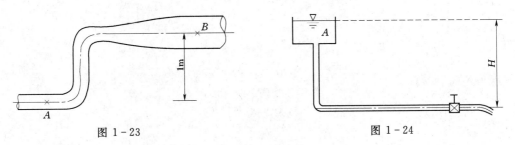

图 1-23   图 1-24

20℃时，通过流量 $Q=35L/s$，试计算该管道的沿程水头损失。

1-11 水由水塔 A 经管道流出，管路长度 $l=250m$，输水用管为直径 $d=10cm$ 的铸铁管，转弯处局部水头损失系数 $\zeta=1.2$。若要求在阀门全开时出口流速 $v=1.6m/s$，问水塔水面（如图 1-24 所示）需要多高？

1-12 混凝土衬砌的压力隧洞，直径 $d=5m$，通过流量 $Q=200m^3/s$，长度 $l=500m$。试计算其沿程水头损失。

第二章 电工与电子基础知识

教学要求 本章要求掌握电路中常用的物理量的基本概念、单相和三相正旋交流电路以及电子基础知识，能运用公式进行简单的计算；掌握电子器件的简易判别方法。以上内容要求初级工基本掌握，中级工必须掌握，高级工能灵活应用。

第一节 电路常用物理量

一、电流

金属导体中的自由电子或电解液中的正、负离子，在电场力的作用下，作有规则的定向移动而形成电流。习惯上规定正电荷的移动方向为电流的方向，这个方向也称为电流的实际方向。而电流的实际流动的真正方向则与之相反，即负电荷移动的方向。

电流的大小是以每秒钟内流过导体截面点荷的多少来衡量，代号为 I，则

$$I = \frac{Q}{t} \tag{2-1}$$

式中 I——电流，A；

Q——电荷量，C；

t——时间，s。

电流的国际制单位为安培，以 A 表示，其他单位有 mA、μA 及 kA，它们的关系是

$$1kA = 10^3 A；\quad 1mA = 10^{-3} A；\quad 1\mu A = 10^{-6} A$$

电流的方向随时间不变的为直流电，大小和方向随时间不变的为稳恒直流电，方向随时间改变的为交流电，大小和方向随时间作正弦规律变化的为正弦交流电。

二、电压

大家知道，水从高处流下会作功。水电厂就是利用水坝高处的水流经水轮机时释放的能量而作功发电的，反过来，如果把坝下的水搬运到坝上，就必须克服水的重量，我们所作的功便转变为水增加的势能。

电荷在电场中运动也要作功。电压指电场中移动正电荷所作的功，即单位正电荷从 a 点移到 b 点所作的功（如图 2-1 所示），代号：U_{ab}，则

$$U_{ab} = \frac{W}{Q} \tag{2-2}$$

式中 U_{ab}——a、b 两点的电压，V；

W——正电荷 Q 从 a 点移到 b 点所作的功，J；

Q——正电荷所带的电荷量，C。

此式表明：电压 U_{ab} 在数值上等于电场力将正电荷由 a 点移到 b 点时所作的功或放出的能量。

在国际制单位中电压的单位为伏特（V），工程中常用千伏（kV）、毫伏（mV）及微伏（μV）来作电压的单位，它们的关系是

$$1kV = 10^3\,V; \quad 1mV = 10^{-3}\,V; \quad 1\mu V = 10^{-6}\,V$$

三、电位

在电路中，两点之间的电压也称两点之间的电位差，即

$$U_{ab} = \varphi_a - \varphi_b \qquad (2-3)$$

式中 φ_a 为 a 点的电位，φ_b 为 b 点的电位。

某点的电位就是该点对参考点（零电位点）的电压，若取电路中的 o 点为参考点，则 a 点的电位

$$\varphi_a = U_{ao}$$

b 点的电位

$$\varphi_b = U_{bo}$$

o 点的电位

$$\varphi_o = U_{oo} = 0$$

即参考点的电位为零。

某点的电位正，表示该点的电位高于参考点，某点的电位为负，表示该点的电位低于参考点。

从电位知识可知电压的实际方向应为高电位指向低电位。

四、电动势

在图 2-1 中，当正电荷从正极板 a 经外接导体移至负极板 b 时，正、负电荷要中和，两极板上的电荷逐渐减少而使电位差不断降低，最后电荷停止流动。要使电流继续流动，必须使 a、b 极板上保持一定的电压，这就要使流到 b 极板的正电荷重又回到 a 极板（经另一途径）具有这种本领的装置就是发电机和电池等，它们总称为电源。

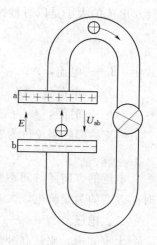

图 2-1 极板间的电压

正电荷由 b 极板移至 a 极板是逆电场而上，它必须克服电场力的作用，就如物体向上必须克服重力一样。电源能够产生一种力来克服电场力，这种力就叫电源力。电源力将正电荷由 b 极板推到 a 极板所须能量由化学能及发电机的机械能转换而来。为了衡量电源力推动正电荷作功的能力，引入电动势这一物理量。若电源力将正电荷 Q 从 b 极板（低电位端）移到 a 极板（高电位端）所须能量为 W_{ba}，则比值 $\dfrac{W_{ba}}{Q}$ 称为电动势 E，即

$$E = \frac{W_{ba}}{Q} \qquad (2-4)$$

式中　E——电源电动势，V；

W_{ba}——电源力对电荷所作的功，J；

Q——正电荷所带的电量，C。

式（2-4）中表明：

（1）电动势 E 在数值上等于电源力将单位正电荷由负极板 b 移到正极板 a 所作的功或所需的能量。

（2）电动势的单位与电压相同。

（3）电动势的方向规定为在电源内部由负极指向正极，也就是升高的地方。

五、电阻

导体有良好的导电性能，但不同导体的导电性能是有差异的。导电性能的强弱取决于导体产生自由电子或离子的多少，还决定于这些带电粒子作定向运动时导体中的原子或分子相碰撞所引起的阻碍程度。衡量导体导电性能的物理量叫电阻，不但导体有电阻，其他物体也有电阻。

物体的电阻由它本身的物理条件决定。金属导体的电阻与导体的材料、长短、粗细有关。实验表明，用一定材料制成粗细均匀的导体，在一定的温度下，其电阻与长度成正比，与横截面成反比。用公式表示时可写为

$$R = \rho \frac{l}{s} \tag{2-5}$$

式中　R——导体的电阻，Ω；

　　　ρ——导体材料的电阻率，$\Omega \cdot m$；

　　　l——导体的长度，m；

　　　s——导体的横截面积，m^2。

表 2-1　　　　　　　几种常见材料在 20℃ 时的电阻率和温度系数

材　料	20℃时的电阻率（$\Omega \cdot m$）	电阻温度系数（1/℃）	材　料	20℃时的电阻率（$\Omega \cdot m$）	电阻温度系数（1/℃）
银	1.6×10^{-8}	3.6×10^{-3}	铂	1.05×10^{-7}	4.0×10^{-3}
铜	1.7×10^{-8}	4.0×10^{-3}	锰铜	4.4×10^{-7}	0.6×10^{-3}
铝	2.8×10^{-8}	4.2×10^{-3}	康铜	4.2×10^{-7}	0.5×10^{-3}
钨	5.5×10^{-8}	4.4×10^{-3}	镍铬丝	1.2×10^{-7}	15×10^{-3}
镍	7.3×10^{-8}	6.2×10^{-3}	碳	1.0×10^{-7}	-0.5×10^{-3}
铁	9.8×10^{-8}	6.2×10^{-3}	电木	$10^{10} \sim 10^{14}$	
橡胶	$10^{13} \sim 10^{16}$				

电阻的大小还与温度有关，金属导体的电阻与温度成正比，而碳和电解液的电阻与温度成反比。某些金属在极低温度时的电阻为零，称为超导。一般导电材料的温度系数在 4×10^{-3} 左右，见表 2-1，其计算公式为

$$R_2 = R_1[1 + \alpha(t_2 - t_1)] \tag{2-6}$$

式中　R_2——t_2 温度时的电阻，Ω；

　　　R_1——t_1 温度时的电阻，Ω；

　　　α——导体的温度系数，1/℃；

t_2——温度升高时的温度，℃；

t_1——正常时的温度，℃。

六、电功率

（1）电路中只要有电流就有能量的变化。在电场力的作用下，将正电荷 Q 从高电位移到低电位，说明电场力对正电荷作了功，此功率称为"电功"将式（2-2）变形即可得 $W=UQ$。

单位时间内所作的功，即在 t 秒时间内所做的功 W 与时间 t 的比值，称为电功率，用 P 表示，计算式为

$$P = \frac{W}{t} = \frac{UQ}{t} = UI \qquad (2-7)$$

由于 $U=IR$，上式可改写为 $P=I^2R$ 或 $P=U^2/R$。

电工功率的国际制单位为瓦（W），其他单位有千瓦（kW）、兆瓦（MW），它们的换算关系为

$$1kW = 10^3W; \quad 1MW = 10^6W$$

与机械功率 HP（马力）的换算

$$1kW = 1.36HP; \quad 1HP = 0.736kW$$

【**例 2-1**】 有个电熨斗的额定电压为 220V，测得电流为 1.36A，问其功率为多少？

解：按式（2-7）可求得

$$P = UI = 220 \times 1.364 = 300 （W）$$

（2）电能。作电功需要消耗电能，而电能消耗量则是用电流在电路中所做的功的度量，即电功率和时间的乘积，用符号 A 表示，即

$$A = Pt$$

电能的单位为千瓦时（kW·h），俗称度。

第二节 正弦交流电的参数

前面讲过，电流方向随时间变化的电流称为交流电。大小和方向随时间按正弦规律变化的电流称为正弦交流电。一般电力工程上多采用正弦交流电。正弦交流电有如下几个主要参数。

一、周期、频率与角速度

正弦交流电变化一周所需的时间称为周期，以 T 表示，单位 s。如图 2-2 所示。周期长短决定电流变化的快慢，周期长说明电流变化慢，周期短说明电流变化快。我国交流电的周期为 0.02s。

1s 变化的周数称为频率，用 f 表示，单位为赫兹（Hz）。周期和频率的关系是

$$f = \frac{1}{T} \qquad (2-8)$$

周期和频率都是用来表示交流变化快慢的物理量。我国和大多数国家规定的电力标准

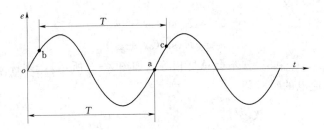

图 2-2 单相正弦交流电波形

频率为 50Hz，习惯上称为工业频率，简称工频。

电气工程上还常用角频率来表示电流变化特征，即以圆周角弧度来衡量。一个圆周角弧度为 2π 弧度，对于 50Hz 的交流电，其角频率为

$$\omega = 2\pi f = \frac{2\pi}{T} \qquad (2-9)$$

电动机的转速也与频率有关。某一台电机的磁极对数是固定的，电网的频率也是基本不变的，三者存在如下关系

$$n = \frac{60f}{P} \qquad (2-10)$$

二、瞬时值、最大值、有效值

交流电大小随时间按正弦曲线作周期性的变化，以 e、u、i 分别表示电动势、电压、和电流的瞬时值。交流电最大的瞬时值为最大值，以 E_m、U_m 和 I_m 表示。

当正弦交流电和直流电通过相同的电阻时，在相同的时间内，产生的热效应相同，即产生相同的热量，则称该直流电的大小为对应交流电的有效值，两者之间的关系为

$$I_m = \sqrt{2}I \qquad (2-11)$$
$$U_m = \sqrt{2}U \qquad (2-12)$$
$$E_m = \sqrt{2}E \qquad (2-13)$$

式中　I_m——交流电电流的最大值；

　　　I——相对应的直流电的电流值；

　　　U_m——交流电电压的最大值；

　　　U——相对应的直流电的电压值；

　　　E_m——交流电电动势的最大值；

　　　E——相对应的直流电的电动势。

交流电路中所测的电压、电流均为有效值。电气设备上所标注的额定电压、电流也为有效值。

三、交流电的初相角和相位差

1. 初相角

考察交流电时，仅知其频率和最大值是不够的，还必须已知开始观察或开始计算时（$t=0$）的相位角。我们称频率、最大值及初相角为交流电的三要素。

有两个电动势，如果它们的频率相同，最大值也相同，并且都是按正弦规律变化，它

们的瞬时值是否一样，设

$$e_1 = E_m \sin(\omega t + \varphi_1)$$
$$e_2 = E_m \sin(\omega t + \varphi_2)$$

若 φ_1 不等于 φ_2，e_1 和 e_2 就不会总是相等（如图 2-3 所示），则称 φ_1、φ_2 为初相位，初相位影响正弦交流电的瞬时值。

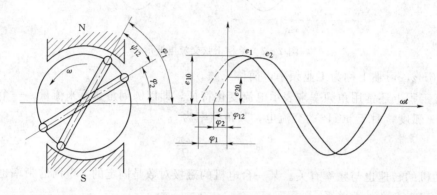

图 2-3 两个同频率正弦量的相位差

实质上，发电机所生产的正弦交流电，其瞬时值的大小与发电机电枢绕组的初始位置有关对于一对磁极的发电机，电枢绕组的初始位置与中性面的夹角，称为初相角。

2. 相位差

两个同频率交流电的相位之差叫相位差。用 φ 表示，即

$$\varphi = (\omega t + \varphi_1) - (\omega t + \varphi_2) = \varphi_1 - \varphi_2$$

可见两个同频率交流电的相位差等于它们的初相之差。初相的大小与时间起点的选择有关，而相位差与时间的起点选择无关，同时应注意只有两个同频率的正弦量才能比较相位。

第三节 单一参数和多种参数交流电路

一、纯电阻电路

在实际的交流电路中，只有电阻而无电感和电容的情况是不存在的。但当电流中电阻 R 所起的作用占主导地位，而电感 L 和电容 C 的影响很小，以至于可以忽略不计时，则这个电路就称为"纯电感电路"，白炽灯和电炉等负载组成的电路即属于纯电阻电路。

1. 电流和电压的关系

图 2-4 所示为交流电压加在电阻上的情况。由于交流电压、电流的方向时刻不停的变化，我们应预先规定的参考正方向，在某一瞬间，某一瞬时电流或电压的实际方向与参考正方向相同时，则电流或电压定为正值，反之则为负值。图中箭头所示为电流和电压的假设正方向。

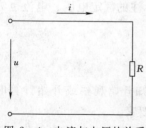

图 2-4 电流与电压的关系

从图 2-5 的波形图中可以看出：电阻电路中的电流是和

电压同相的，其相量图如图 2-6 所示。从电工原理得知：在交流电通过纯电阻电路时，电流和电压的瞬时值、最大值和有效值之间的关系均符合欧姆定律。有效值的计算式为

$$I = \frac{U}{R} \tag{2-14}$$

式中　I——通过电阻电流的有效值；

　　　U——加在电阻两端电压的有效值；

　　　R——电阻的大小。

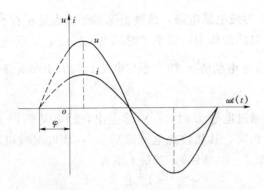 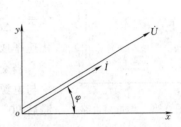

图 2-5　电流与电压的波形图　　　　图 2-6　电流与电压的相量图

2. 交流电功率

在直流电路中，功率为电流和电压的乘积。交流电路中电流和电压的大小和方向在不停地变化，因此，电流功率也是一个不停变化的数值，人们将这个电流功率的瞬时值称为"瞬时功率"以小写字母 p 表示，计算公式为 $p = ui$。

因瞬时功率 p 随时间而变化，并无实际的意义，工程中常以瞬时功率的平均值表示功率的大小，即瞬时功率在一个周期内的平均值称为"平均功率"常用大写字母"P"表示，计算公式为

$$P = UI = I^2 R = \frac{U^2}{R} \tag{2-15}$$

交流电通过电阻时的平均功率等于电流和电压有效值的乘积，表明交流电通过电阻时，总是从电源吸取电能而转化为热能、机械能，其功率表明为一个平均速度。通常将该功率称为"有功功率"，国际制单位为瓦（W）。

【**例 2-2**】　有电阻为 484Ω 的白炽灯，接在 220V 交流电源上，如图 2-7 所示，问：①电路中的电流为多少？②灯泡所消耗的功率为多少？若每天点 4h，一个月（30 天）耗电多少？③画出电流电压的向量图。

解：（1）流过灯泡的电流

$$I = \frac{U}{R} = \frac{220}{484} = 0.454 \text{（A）}$$

（2）负载的有功功率

$$P = UI = 220 \times 0.454 = 100 \text{（W）} = 0.1 \text{ kW}$$

一个月的耗电量

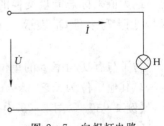

图 2-7　白炽灯电路

$$W = Pt = 0.1 \times 4 \times 30 = 12 \ (\text{kW} \cdot \text{h})$$

（3）作向量图。设电压的初相角为零，则电流的初相角亦为零，如图 2-8 所示。

图 2-8 电流与电压的相量图

二、纯电感电路

单交流电通过电感绕组时，除了有电阻阻碍电流通过外，还有电感 L 存在。当流过电感绕组的电流发生变化时，绕组中的交变磁通要产生自感电动势 e_L，起着阻碍电流变化的作用。

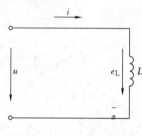

图 2-9 纯电感电路

如图 2-9 为纯电感电路，这种情况实际上也是不存在的。为了突出分析电感的作用，暂不考虑其电阻。由电工原理得知 $e_L = -\dfrac{\Delta i}{\Delta t}$，即自感电动势 e_L 的大小与电感 L 的大小和电流的变化速率成正比。

当交流电通过电感 L 时，L 中感生出自感电动势 e_L 的频率与电源频率相同，其相位比电流滞后 90°；而电流较电源也滞后 90°（如图 2-10 所示），其最大值为

$$E_{\text{mL}} = I_{\text{m}}\omega L$$

其中 $\omega L = X_L$，俗称电感电抗，简称"感抗"单位 Ω。因 $\omega = 2\pi f$，所以

$$X_L = \omega L = 2\pi f L \tag{2-16}$$

同理可以利用最大值两边同除以 $\sqrt{2}$ 得到电压的有效值为

$$U = I\omega L$$

$$I = \frac{U}{\omega L} = \frac{U}{X_L} \tag{2-17}$$

纯电感电路的瞬时功率 p 也按正弦规律变化，其频率为电流频率的两倍，最大值为 UI，经数学分析证明，再一个周期内的平均功率为零，说明纯电感不消耗电能。上半周的瞬时功率为正，说明电感向电源吸取能量，变为电感的磁场能；下半周瞬时功率为负，说明磁场中的能量又返回到电源，电感本身并不消耗能量，只是不停地在和电源进行周期性的能量交换。

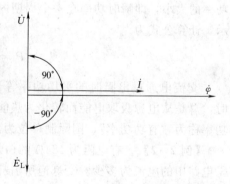

图 2-10 自感电动势滞后电流示意图

为了衡量电感和电源之间的能量交换，用瞬时功率最大值来标志能量交换的规模，称为"无功功率"，用大写字母 Q_L 表示，其值为

$$Q_L = UI = I^2 X_L \tag{2-18}$$

为了与有功功率 p 的单位有所区别，无功功率的国际单位采用伏安，以符号乏（var）表示。其他单位为千乏（kvar）和兆乏（Mvar）。

【例 2-3】 图 2-9 中，设电感绕组接在交流 220V、50Hz 的电源上，电感 $L=0.5H$，电阻很小可忽略不计。求：①流过绕组的电流，并画出相量图；②电路的无功功

率；③当 $f=100\mathrm{Hz}$ 时的 X_L 及 I 是多少？

解：（1）绕组的感抗

$$X_\mathrm{L} = 2\pi fL$$
$$= 2\pi \times 50 \times 0.5 = 157\,(\Omega)$$

通过电感绕组的电流有效值为

$$I = \frac{U}{X_\mathrm{L}} = \frac{220}{157} = 1.4\,(\mathrm{A})$$

取电压的初相角为零，电流的初相角为 $-90°$，作相量图如图 $2-11$ 所示。

（2）电路的无功功率为

$$Q = UI = 220 \times 1.4 = 308\,(\mathrm{V \cdot A}) = 0.308\,(\mathrm{kVA})$$

（3）当 $f=100\mathrm{Hz}$ 时

$$X_\mathrm{L} = 2\pi fL = 2\pi \times 100 \times 0.5 = 314\,(\Omega)$$

$$I = \frac{U}{X_\mathrm{L}} = \frac{220}{314} = 0.7\,(\mathrm{A})$$

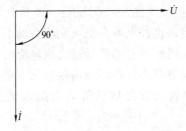
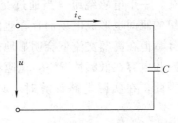

图 $2-11$　纯电感电路相量图　　　　图 $2-12$　纯电容电路

三、纯电容电路

如图 $2-12$ 所示的纯电容电路中，若通过正弦交流电，电容器内将产生周期性的充电和放电过程，其电流大小为电荷量与时间的变化率。而电容极板上储存的电荷量 q 与电压 U 及电容 C 有关，即 $q=CU$。从电工原理得知，通过电容的电流与电容器上所加的电压的变化率 $\frac{\Delta u}{\Delta t}$ 成正比。

电容对交流电也存在阻碍作用，称为电容电抗，俗称"容抗"以 X_C 来表示，其值为

$$X_\mathrm{C} = \frac{1}{\omega C} = \frac{1}{2\pi fC} \tag{2-19}$$

容抗的单位也是 Ω，流过电容电路电流的有效值为

$$I = \frac{U}{X_\mathrm{C}} \tag{2-20}$$

容抗 X_C 与电源频率 f 和电容 C 成反比，频率越高，电容越大，则容抗越小；反之则容抗越大。直流电路中，直流电的频率为零，容抗为无限大，所以直流电不能通过电容电流。

电容与电感相似，当交流电通过电容时，在一个周期内的平均功率也为零，即在电流为正的上半周，电容从电源吸取电能，储存在电容的电场中，变为电容的电场能，在电流

为负的下半周，电容放出电场能，将能量归还给电源。为了衡量电容 C 和电源之间的能量交换，用瞬时功率的最大值来表示能量交换的规模，亦称"无功功率"用字母 Q_C 来表示，单位：乏（var），同电感功率。则

$$Q_C = UI = I^2 X_C = \frac{U^2}{X_C} \tag{2-21}$$

【例 2 - 4】　若在电压为 220V、频率为 50Hz 的交流电源上一个电容器 C，其通过的电流为 2A，求这个电容的大小。

解：
$$X_C = \frac{U}{I} = \frac{220}{2} = 110\,(\Omega)$$

由 $X_C = \frac{1}{2\pi fC}$ 得

$$C = \frac{1}{2\pi f X_C} = \frac{1}{2\pi \times 50 \times 110} = 2.89 \times 10^{-10}\,(\text{F}) = 28.9\,\mu\text{F}$$

四、多种参数的交流电路

前面已讲过单纯单一参数的交流电路是不存在的，严格地说每个元件都同时具有三种参数的特征。一个电感绕组，当通过交流电流时，会发热并产生磁场，即具有电阻和电感；在绕组的匝间也形成电场而存在匝间分布电容。这种电容在低频交流情况下很小，可以忽略不计，但在高频交流下会明显地表现出来。同样，在电容通过交流电流时，也存在电阻、电感和电容在低频情况下，电阻都很小可以忽略不计，但在高频情况下会明显地表现出来。因此，在实际电路计算时，必须用两种或三种参数的等效电路来进行电路分析计算。

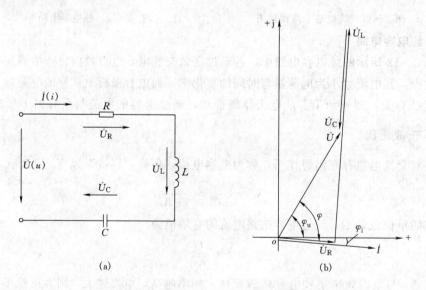

图 2 - 13　R、L、C 串联电路
(a) 电路图；(b) 矢量图

如图 2 - 13（a）所示为 R、L 和 C 的等效电路，取流过电路的电流为参考量，即以电流的方向为参考方向，设 $i = I_m \sin\omega t$，则元件 R、L 和 C 两端的电压 u_L、u_R 和 u_C 也为同

频率的正弦电压，据基尔霍夫第二定律，该电路的总电压为

$$u = u_R + u_L + u_C$$

u 也比为同频率的正弦交流电压上式运算可用矢量运算来进行，则矢量关系为

$$\dot{U} = \dot{U}_R + \dot{U}_L + \dot{U}_C \tag{2-22}$$

其中 $\dot{U}_R = \dot{I}R$ 且和电流同方向，$\dot{U}_L = \dot{I}X_L$ 超前电流 $90°$，$\dot{U}_C = \dot{I}X_C$ 落后电流 $90°$，四者可组成矢量三角形，如图 $2-13$（b）所示，由图可得

$$U = \sqrt{U_L^2 + (U_L - U_C)^2} = \sqrt{(IR)^2 + (IX_L - IX_C)^2}$$
$$= I\sqrt{R^2 + (X_L - X_C)^2} = IZ \tag{2-23}$$

式中 Z 称为阻抗，单位也是 Ω。

由式（2-23）可求得

$$I = \frac{U}{Z} \tag{2-24}$$

总电压与电流的相位关系为

$$\cos\varphi = \frac{U_R}{U} = \frac{IR}{IZ} = \frac{R}{Z} \quad \text{或} \quad \cos\varphi = \frac{I^2 R}{I^2 Z} = \frac{P}{S} \tag{2-25}$$

由以上可知阻抗、电压和功率组成三个相似三角形，如图 $2-14$ 所示。

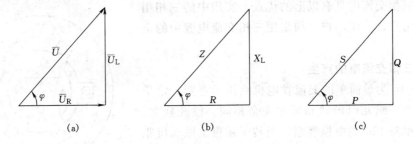

图 2-14　电压、阻抗、功率三角形
(a) 电压三角形；(b) 阻抗三角形；(c) 功率三角形

（1）在这三角形中称 $\cos\varphi$ 为电路的功率因数；P 为电路的有功功率，单位为瓦（W）；Q 为电路的无功功率，单位为乏（var）；S 为电路的视在功率，单位为伏安（VA）。

（2）当 $X_L > X_C$ 时，电路呈感性，电压超前电流，这种负载叫感性负载；当 $X_L < X_C$ 时，电路呈容性，电流超前电压，这种负载叫容性负载；当 $X_L = X_C$ 时，电路呈阻性，在这种情况下，电路中的电、磁场能量相互转换、互相补偿产生振荡，称串联谐振。

【例 2-5】　有一 R、L、C 串联电路，其中 $R = 15\Omega$，$L = 0.3\text{mH}$，$C = 0.2\mu\text{F}$，$U = 5\text{V}$，$f = 30000\text{Hz}$，求：①电路中的电流 I；②电路各元件的电压 U_R、U_L 和 U_C。

解：（1）电路中的电流。

$$X_L = \omega L = 2\pi f L = 2\pi \times 30000 \times 0.3 \times 10^{-3} = 56.52 \text{（}\Omega\text{）}$$

$$X_C = \frac{1}{2\pi f C} = \frac{1}{2\pi \times 30000 \times 0.2 \times 10^{-6}} = 26.5 \text{（}\Omega\text{）}$$

33

$$Z = \sqrt{R^2 + (X_L - X_C)^2} = \sqrt{15^2 + (56.52 - 26.5)^2} = 33.6 \ (\Omega)$$

$$I = \frac{U}{Z} = \frac{5}{33.6} = 0.149 \ (A)$$

（2）各元件上的电压。

1）电阻上的电压 　　　　$U_R = IR = 0.149 \times 15 = 2.235 \ (V)$

2）电感上的电压 　　　　$U_L = IX_L = 0.149 \times 56.52 = 8.42 \ (V)$

3）电容上的电压 　　　　$U_C = IX_C = 0.149 \times 26.5 = 3.89 \ (V)$

第四节　三相交流电路

三相交流电是电力工程中应用最广的电源，工程中的直流设备，也多通过交流电整流得到。交流电具有如下优点：

（1）三相交流发电机比同规格的单相交流发电机输出功率大。

（2）同等条件下，三相交流输电比单相交流输电更经济（节省导线）。

（3）以三相交流电为动力的异步电动机，具有结构简单、价格低廉和工作可靠的优点。

由于三相交流电具有以上的优点，实用中的三相用户、单相用户、直流用户，均采用三相交流电源中的全部或部分。

一、三相交流电的产生

图 2-15 为最简单的交流发电机结构示意图。定子槽内嵌放着三组几何形状和尺寸完全相同。彼此独立、空间位置相差 120°的电枢绕组。当转子磁极由原动机驱动旋转时，三相电枢绕组依次切割磁力线而感生出电动势，从而得到各相差 120°电气角的三相交流电。三相交流发电机所产生的三个电动势，它们的大小相等、频率一样、相位角互差 120°，如图 2-16（b）所示。三者的解析式为

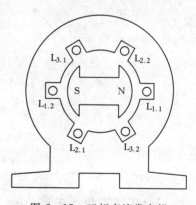

图 2-15　三相交流发电机

$$e_1 = E_m \sin\omega t$$

$$e_2 = E_m \sin(\omega t - 120°)$$

$$e_3 = E_m \sin(\omega t + 120°) \tag{2-26}$$

三相电动势达到正或负的最大值得先后次序按 $L_1 - L_2 - L_3$ 排列的，称为正序；反之，按 $L_3 - L_2 - L_1$ 排列的，称为负序。

二、三相绕组的连接

三相交流发电机的三个绕组按一定的方式连接后，才能通过线路向用户送电。一般三相交流发电机均为星形（Y 形）接法。三相交流电动机，有星形接法，也有三角形（△形）接法。

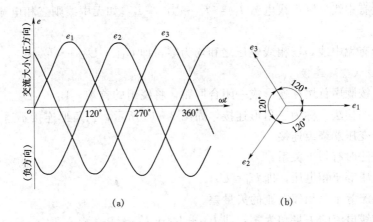

图 2-16 三相交流电的波形和向量图

(a) 波形图；(b) 向量图

1. 星形（Y）连接

如图 2-17 所示，将三个绕组的末端（尾端）$L_{1.2}$、$L_{2.2}$、$L_{3.2}$ 连接在一起，这个公共点叫中性点，简称中点，常用 N 来标志。从该点引出的导线称为中性线，又称中线。此线可以接地，称为地线或零线。也可以不接地。

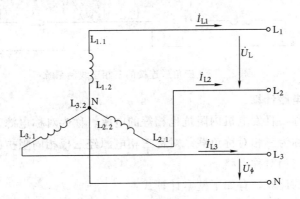

图 2-17 三相四线制供电示意图

$L_{1.1}$、$L_{2.1}$、$L_{3.1}$ 三个绕组的首端分别与送电线相连，连接电线称为相线俗称火线。

在三相四线制中，两根相线之间的电压叫做"线电压"。相线与中线或同一相的头尾之间的电压叫做"相电压"。分别以 U_L 和 U_ϕ 表示。流过各相线中的电流叫线电流，以 I_L 表示；流过每相绕组的电流叫相电流，以 I_ϕ 表示。

对称三相供电系统中，中性点的电位为零，故可将中性线省略，构成三相三线制。

我国高压电网均采用三相三线制供电，低压电网均采用三相四线制供电。

星形连接时，有以下基本关系：

（1）线电流与相电流相等，即 $I_L = I_\phi$。

（2）线电流等于对应两相电压矢量之差。当三相电压对称时线电压为相电压的 $\sqrt{3}$ 倍，即 $U_L = \sqrt{3} U_\phi$。

（3）如设有中线，则中线电流 $\dot{I}_N = \dot{I}_{L1} + \dot{I}_{L2} + \dot{I}_{L3}$；如无中线则三相电流之和为零，即 $\dot{I}_{L1} + \dot{I}_{L2} + \dot{I}_{L3} = 0$。

（4）无论有无中线，三相线电压之和均为零，即 $\dot{U}_{L1} + \dot{U}_{L2} + \dot{U}_{L3} = 0$。

2. 三角形（△）连接

三相绕组按顺序首尾相连形成一闭合回路，将绕组的首端，$L_{1.1}$、$L_{2.1}$、$L_{3.1}$ 接到相应的送电线路上的接法，称为三角形连接，如图 2-18 所示，三角形连接不适合发电机出线连接，只适合变压器绕组连接。

三角形接法时有如下关系：

（1）线电压等于相电压，即 $U_L = U_\phi$。

（2）线电流等于两相邻电流的矢量差。

（3）三相线电流的矢量和为零，即 $\dot{I}_{L1} + \dot{I}_{L2} + \dot{I}_{L3} = 0$。

（4）三相线电压的矢量和也为零，即 $\dot{U}_{L1} + \dot{U}_{L2} + \dot{U}_{L3} = 0$。

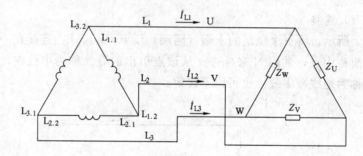

图 2-18 三角形连接的三相三线制系统

三、三相对称电路计算

三相电动势对称，且发电机内阻抗也相等的电源，称为对称电源。各相负载性质和阻抗均相同的负载，称为三相对称负载。对称三相电源经三根相同阻抗的线路与三相对称负载相连后，就组成三相对称电路

对称三相功率的计算，有如下基本计算式：

（1）视在功率 $\qquad S = \sqrt{3}U_L I_L = 3U_\phi I_\phi$

（2）有功功率 $\qquad P = \sqrt{3}U_L I_L \cos\varphi = 3U_\phi I_\phi \cos\varphi$

（3）无功功率 $\qquad Q = \sqrt{3}U_L I_L \sin\varphi = 3U_\phi I_\phi \sin\varphi$

式中　$\cos\varphi$——有功功率因数；

　　　$\sin\varphi$——无功功率因数。

通常计算用的电压和电流均为线电压和线电流。若用相电压和相电流，应特别说明。

第五节　电子技术基础知识

一、半导体

电气材料中除了导体和绝缘体以外，有一种介于两者的半导体，结构大都成结晶状，

以其制作的二极管、三极管，人们习惯称为晶体管（如硅、锗）。

由于晶体管比其他电子器件有许多独特的优点：体积小、重量轻、寿命长、耗电少和功率转换效率高等，因此得到了广泛的应用。无论在无线电工程还是电力设备的自动化工程中，都得到了迅速的发展。

1. 半导体的特性

（1）光敏特性：当受到光线照射时导电性能增强。

（2）热敏性：半导体的电阻温度系数为负，当温度升高时，电阻下降，导电性能增强。

（3）掺杂性：再半导体中掺入微量元素（磷、硼）后，导电性能成千上万倍的增加。

2. PN 结

（1）P 型半导体：在半导体中掺入微量元素（铟、硼、铝、镓）后，能产生许多带正电的空穴的半导体。

（2）N 型半导体：在半导体中掺入微量元素（锑、磷、砷）后，能产生许多带负电的电子的半导体。

（3）PN 结：将一块 P 型半导体和一块 N 型半导体结合在一起，两者结合的地方就形成一个 PN 结。

在 PN 结上加正向电压，即将外电源的正极与 P 相连，负极与 N 相连，多数载流子能顺利地通过 PN 结产生的阻挡层，在电路中形成电流，称 PN 结具有正向导通性。

在 PN 结加上反向电压，即将外电源的正极与 N 相连，负极与 P 相连，多数载流子不能通过 PN 结产生的阻挡层，只有少数载流子在外电场的作用下，产生漂移而通过 PN 结，电路上不能形成电流。

由上可知，PN 结具有单向导电性。

二、晶体二极管

1. 构造

二极管实际上是由一块 P 型半导体和一块 N 型半导体组成的 PN 结，加上相应的接触电极和引出线，用外壳封装的一种电器。常用符号"▷⊦"来表示箭头表示正极，粗短线表示负极，电流是按箭头方向流通的。

2. 分类

（1）按半导体材料分：有硅二极管、锗二极管、砷化镓二极管。

（2）PN 结的结构分：点接触型、面接触型、及平面型。

3. 伏安特性

二极管所加电压与通过的电流之间的关系。如图 2-19 所示。

（1）正向特性。当外加电压为零时，电流为零，外加正向电压较小时，电流也几乎为零，只有当电压超过某一数值时，才有明显的正向电流出现，这个电压值称为死区电压或门限电压，以 U_{th} 表示，称该范围为死区。

当外加电压大于 U_{th} 以后，正向电流明显上升，这时正向电压较小，电流的增加按指数规律增加，这一范围称过渡区。

当外加电压大于过渡区电压后，管子处于高度导通，这是正向电压有微小的变化就会

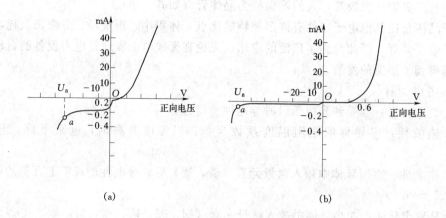

(a)　　　　　　　　　　　　　(b)

图 2 - 19　二极管的伏安特性曲线

（a）硅管；（b）锗管

导致正向电流的很大变化。二极管呈现的电阻很小，二极管进入正向导通区的电压称正向导通电压，硅管 0.5～0.7V，锗管 0.1～0.3V。

流过二极管的正向电流不能太大，否则，会烧坏二极管，故二极管回路中一般要串入电阻加以限流。

（2）反向特性。二极管加反向电压时，少数载流子漂移形成反向电流，反向电压增加时，反向电流基本不变，并且很小，此范围称反向截止区。

当反向电压超过某一数值时反向电流急剧增加这种现象叫反向击穿，击穿点的电压，叫反向击穿电压。

二极管在发生反向击穿后，若反向电压与反向电流之积小于最大功耗，则击穿过程是可逆的。管子不会烧坏，否则，将烧坏管子。

三、晶体三极管

晶体三极管通常称为晶体管，是一种由两个 PN 结和三个电极组成的半导体器件，起放大和开关作用，具有体积小、重量轻、寿命长、可靠和省电等优点，因而被广泛应用在工程技术上。

1. 三极管的类型和表示符号

如图 2 - 20 所示，三极管分两种类型，即 PNP〔图 2 - 20（a）〕、NPN〔图 2 - 20（b）〕型。PNP 型是基极材料为 N 型半导体，发射极和集电极为 P 型半导体的晶体管；NPN 型是基极材料为 P 型半导体，发射极和集电极为 N 型半导体的晶体管。常用 e、b、c 分别表示发射极、基极和集电极。

2. 三极管的放大作用

晶体三极管实质上是一个分流器。如图 2 - 21 所示，发射极电流 I_e 分成两部分，即集电极电流 I_c 和基极电流 I_b，集电极电流随发射极电流变化而变化，发射极电流能控制集电极电流，而发射极电流又受基极电流控制。当基极有一个小电流流过时，在集电极上会流过 一个很大的电流。基极有一个小电流变化 Δi_b，在集电极上就会产生一个很大的电

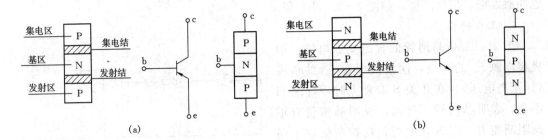

图 2-20 晶体管的结构及符号图

(a) PNP 型晶体管；(b) NPN 型晶体管

流变化 Δi_c。对于一个三极管，定义

$$\beta = \frac{集电极电流的变化}{基极电流的变化} = \frac{\Delta i_c}{\Delta i_b}$$

我们称 β 为三极管的电流放大倍数。

从图 2-21 中可以知道，I_e、I_c、I_b 存在如下关系

$$I_e = I_c + I_b$$

3. 三极管的工作状态

三极管有三种工作状态，即放大状态、饱和导通
状态和截止状态。

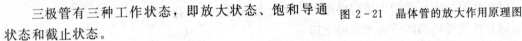

图 2-21　晶体管的放大作用原理图

三极管一般工作于放大状态，即集电极的电流变化和基极的电流变化基本成正比的工
作状态；

无论基极电流怎样变化，集电极的电流总是维持在一定的数值上不变，此时三极管工
作在饱和状态；

当基极电流为零时，集电极和发射极均无电流，三极管工作于截止状态。

开关管一般工作在饱和与截止状态。

四、晶闸管

晶闸管是当今电力系统中广为采用的半导体器件，它是一种理想的无触头开关器件，
亦是弱电控制强电输出的桥梁，被广泛用于整流、逆变、调速、调压和调频等。

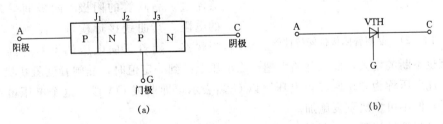

图 2-22　晶闸管结构原理图及符号

(a) 结构原理图；(b) 符号

1. 结构和代号

如图 2-22 (a) 所示，晶闸管是一个四层三端的半导体器件，常用 V 或 VTH 表示，
图中有三个 PN 结，分别用 J_1、J_2、J_3 表示。A 为阳极，C（或 K）为阴极，为控制极，

也叫触发极，俗称门极，如图 2－22（b）所示。

2．工作特性

图 2－23 是晶闸管的直流实验电路。阳极接电源 E_a 的正极，阴极接电源 E_a 的负极（加正向电压）。在开关 S 未合上时，灯泡 H 不亮，表明晶闸管不导通，说明晶闸管有正向阻断能力。把 S 合上时，在控制极加正向电压，灯泡亮了，说明晶闸管导通。此时再将开关分断或将电源 E_g 反接，都不能使灯泡

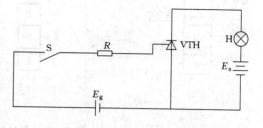

图 2－23　晶闸管试验电路图

熄灭。说明一经触发导通，就能维持导通状态。要使晶闸管截止，用切断控制极电源的方法是不行的。若逐渐降低电源 E_a 的电压至趋近零，灯泡就熄灭了。表明晶闸管断路了。若在控制极上接反向电压，则晶闸管无论如何都不能导通。由此可见，要使晶闸管导通必须具备以下条件：

（1）晶闸管阳极和阴极间加正向电压。

（2）控制极—阴极间同时施加适当的正向触发电压。

欲使导通状态的晶闸管截止，可以采用：

（1）低阳极电压或增大该回路电阻，使流通电流小于维持电流。

（2）将导通的晶闸管施加反向电压。

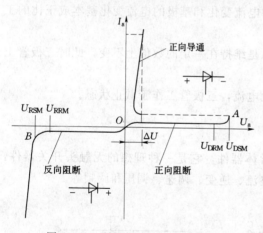

图 2－24　晶闸管阳极伏安特性图

图 2－24 是晶闸管的阳极电压、阳极电流和门极电流三者的关系曲线，图中横轴为阳极电压，纵轴为阳极电流，并以门极电流 I_G 作为参考量，可分两个工作区来说明问题，即第一象限的正向工作区和第三象限的反向阻断区。

（1）正向伏安特性。在门极无信号或控制回路断开时，因 J_2 是个反向结，晶闸管加以不大的电压后，管中只有小的漏电流流过，晶闸管的阳极—阴极间呈现很大的电阻，其曲线接近横轴，晶闸管处于阻断状态。随着正向电压的不断升高，正向

的漏电流也不断的增大，曲线开始上翘，当电压上升到一定值时，晶闸管变阻断状态为导通状态，此电压称为"正向转折电压"以 U_{DSM} 表示，即曲线 OA 段。这个电压虽不至于烧坏管子，但不可多次重复施加。

一旦晶闸管导通后，管子流过的电流虽很大，但阳—阴极的管压降 ΔU 却很小，仅 1V 左右，故曲线较陡直，且靠近纵轴。若降低阳极电压或增大负荷电阻，阳极电流相应下降，当下降至某一值时，管子将由导通状态转为阻断状态，该电流称为"维持电流"以 I_H 表示。

（2）反向伏安特性。晶闸管施加反向电压时，由于 J_1、J_3 是反向结，管子不通，但

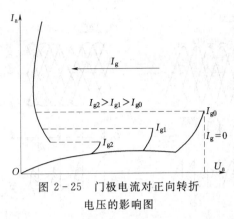

图 2-25　门极电流对正向转折
电压的影响图

仍然有极小的反向阳极电流，称"反向漏电流"曲线接近横轴当反向阳极电压加大至一定值时，即 OB 段曲线，反向漏电流急剧增大，特性曲线突然下弯，这时的阳极电压称为"反向击穿电压"，以 U_{RB} 表示。

（3）门极特性。当门极上施以正向电压，并使控制电流 I_g 达到一定值时，管子能在较低的阳极电压下转折导通。控制极电流 I_g 越大，正向转折电压越低，特性曲线向左偏移，如图 2-25所示。

第六节　晶闸管可控整流电路及其门极触发电路

一、晶闸管可控整流电路

随着科学技术的不断发展，在小水电励磁系统中，除了部分老电站还使用硅整流励磁方式和新电站部分采用微机励磁方式外，绝大多数电站都采用晶闸管可控励磁方式。因此，我们很有必要学习晶闸管可控励磁。

1. 单相半控桥式整流电路

如图 2-26 所示，当输入电压在正半周时，l_1 为正，l_2 为负，VTH_1 加正向电压，当控制极 g_1 有正脉冲输入时，VTH_1 导通，VTH_2 因加反向电压而截止。电流从 l_1 流出经 VTH_1、R_L 和 VD_2 回到 l_2。当输入电压在负半周时，l_2 为正，l_1 为负，VTH_2 加正向电压，当控制极 g_2 有正脉冲输入时，VTH_2 导通，VTH_1 加反向电压而截止。电流从 l_2 流出经 VTH_2、R_L 和 VD_1 回到 l_1。

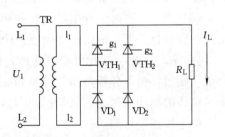

图 2-26　单相半控桥式整流电路图

由此可见，虽输入的是正弦交流电，但在负荷 R_L 上得到的却是固定方向且大小可调的直流电。大小的调节是通过 g_1、g_2 触发脉冲到来的时间来决定。

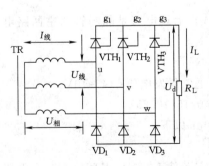

图 2-27　三相半控桥式整流电路图

2. 三相半控桥式整流电路

如图 2-27 所示，三个硅管和三个晶闸管，分别连接成共阳极和共阴极的三相半控桥式整流电路。

现按四种不同触发角时的情况（如图 2-28）加以分析讨论。

（1）当 $\alpha=0$ 时，直流输出电压波形和三相不控整流相同，每周期有 6 个相同的波头。

（2）三相半控桥式整流的触发移相范围 0～180° 触发电压有三组，分别加在相应的晶闸管上，三相触

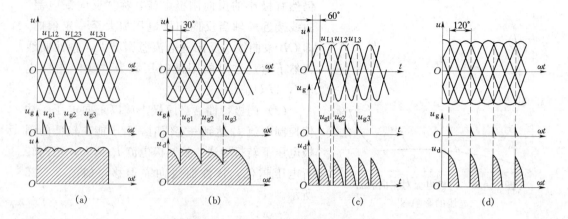

图 2-28　三相半控桥式整流波形图

(a) $\alpha=0°$时，与不控整流相同；(b) $\alpha=30°$时，在导电管电压为零处换相，每周变化 6 次；

(c) $\alpha=60°$时，在输出电压为零处换相，每周变化 3 次；

(d) $\alpha=120°$时，有一半时间无输出电压

发电压必须与主回路的三相电源同步，彼此相差 120°，晶闸管最大导通角为 120°，当 $\alpha<60°$时，输出电压 U_d 是连续波形；当 $\alpha>60°$以后，U_d 的波形不连续。只要控制好触发角的大小，就能得到所需的直流输出电压值。

(3) 当 $\alpha=60°$时，导电晶闸管的相电压已降至与另一个最低相电压的晶闸管相等，导电晶闸管自行关断，输出波形剩下三个波头。

(4) $\alpha>60°$时，输出波形不连续，每个晶闸管自行关断，直至另一相晶闸管被触发才有电压输出。由上分析可知，控制角 α 越大，导通角 θ 越小，输出电压波形的面积越小，输出电压的平均值越小。当 $\alpha=180°$时，导通角 $\theta=180°-\alpha=0$，就没有电压输出了。

综上所述，可知：

(1) 晶闸管导通必须具备两个条件，在阳极上加正向电压和在门极上加正向触发电压脉冲。

(2) 三相半控桥式整流的触发范围是 180°，脉冲间隔为 120°，晶闸管最大导通角是 120°，只要控制好触发角的大小就能获得所需的直流电压值。

二、晶闸管触发电路

任何晶闸管的整流电路均有主回路和触发电路组成。上述电路是晶闸管的主回路电路，下面来讲解晶闸管的触发电路。

1. 对晶闸管触发信号的要求

(1) 触发时，触发电路要有足够大的电压和电流，通常触发电压在 4～10V。

(2) 为防止误触发，不触发时的触发回路电压小于 0.15～0.25V。

(3) 触发脉冲的前沿要陡，一般要求前沿脉冲在 10μs 以下。

(4) 触发脉冲要有足够宽度，一般在 20～50μs。

(5) 触发脉冲应与主回路同步，即在触发回路的整定条件不变时，晶闸管在各个周期内导通角度不变。脉冲发出的时间应能平稳地前后移动，且移动范围要足够宽。

2. 常用的几种晶闸管触发方式

由于晶闸管主回路有着多样的接线方式，因而它的触发电路也是各式各样。按关键元件分，有：阻容移相桥、单结晶闸管、小晶闸管及晶闸管触发电路。以单结晶闸管触发电路用的最多，具有线路简单、易调整和可靠性高等优点。

(1) 阻容移相桥触发电路。利用电阻和电容在电压相位上相差 90° 的特点所组成的移相触发电路如图 2-29 所示。

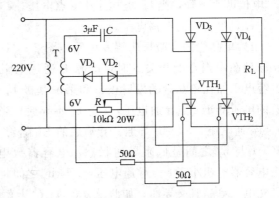

在阻容移相桥的输出端，反向接入两只晶体二极管 VD_1 和 VD_2，在正半周期间，VD_1 截止，晶闸管 VTH_1 导通，VD_2 也导通，削去了加在晶闸管 VTH_2 门极上的反向电压。在负半周期间，VD_1 导通，VD_2 截止，晶闸管 VTH_2 被触发导通。由此可见图 2-29 电路可以周期性的向两只晶闸管的门极轮流交替地发出控制信号。50Ω 电阻是用来限制门极电流的。

图 2-29 阻容移相触发单相半控桥

(2) 单结晶体管。只有一个 PN 的三端半导体元件称为单结晶体管，简称单晶管。同时引出两个基极，故也叫双基极二极管，其符号、结构、外形及等效电路如图 2-30 所示。

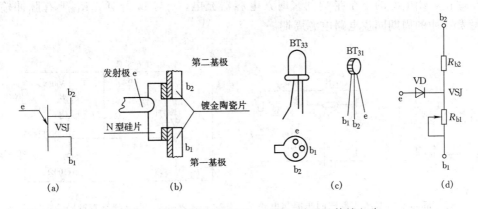

图 2-30 单结晶体管的符号、结构、外形及等效电路

1) 结构。图 2-30（b）为单晶管的结构示意图，再一块高电阻率的 N 型半导体基片上引出两个不具整流特性的电极，分别为第一基极 b_1 和第二基极 b_2。在两个基极间靠近 b_2 处，另用合金或扩散法渗入 P 型杂质，并从其上引出一个铝电极成为发射极 e。e 与 b_1、b_2 间具有单向导电性，而 b_1 和 b_2 间呈高阻特性。

2) 工作原理。从外形来看，与一般晶体管相似，但其工作原理却大不相同。从图 2-30（d）可知，VD 为一个 PN 结，R_{b1} 和 R_{b2} 表示第一和第二基极的电阻，当两个基极间施加外电压 U_{bb} 时（b_2 接正、b_1 接负），位于 b_1 和 b_2 之间的发射极 e 的电位高低取决于 R_{b1} 和 R_{b2} 的分压比，即

$$n = \frac{R_{b1}}{R_{b1} + R_{b2}}$$

当发射极的电位比 VSJ 点的电位高出一个二极管的管压降 U_d 时，即 $U_e = nU_{bb} + U_d$，e 对 b_1 就导通。导通后的 R_{b1} 随着 I_e 的增大而急剧下降，e 与 b_1 之间呈低阻导通状态，U_e 电位迅速下降，当 U_e 电压小于 e 点电压，e 与 b_1 之间将转入截止。

（3）单晶管的振荡电路。

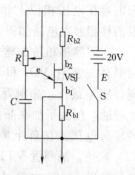

1）单晶管的自激振荡触发电路。图 2-31 为自激振荡触发电路原理图。当合上开关 S 时，电源 E 通过电阻 R 对电容 C 充电，电容电压加在单晶管的发射极 e 和第一基极 b_1 上，起始由于电容器的电压低于 e 点导通电压，e 与 b_1 不导通；当电容充电电压达到 e 点导通电压，e 与 b_1 导通。导通后的 R_{b1} 随着 I_e 的增大而急剧下降，e 与 b_1 之间呈低阻导通状态，电容器放电，电位迅速下降，当电容器电压小于 e 点导通电压，e 与 b_1 之间将转入截止。电容器又充电，单晶管又导通，如此反复，在 R_{b1} 上就有连续的脉冲电压产生并去触发晶闸管。

图 2-31　单结晶体管
自激振荡电路

2）用变压器获得同步振荡脉冲电路。如图 2-32 所示，由于变压器的一次绕组与主电路接在同一电源上，当主电路电压过零时，触发电路的电压也过零，因此稳压管上的梯形波电压与电源电压是同步的。在梯形波电压过零时单晶管电压 U_{bb} 也为零，此时，e 与 b_1 之间的特性像一个二极管，电容器 C 通过，e 和 b_1 很快放电，单晶管截止，当电源的下个半周到来时，电容器充电，e 与 b_1 导通，R_{b1} 上有脉冲输出。因此触发脉冲的周期同主电路电源周期。

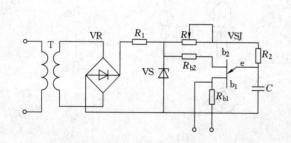

图 2-32　同步变压器桥式整流同步振荡电路

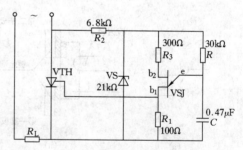

图 2-33　小晶闸管直输同步振荡电路

3）晶闸管直接输出的触发电路。如图 2-33 所示，当晶闸管导通时，它两端的电压很小，单晶管的 U_{bb} 电压也很小，单晶管的触发电压也很小，当单晶管截止而承受正向电压时，此电压经稳压管削波后成为单晶管触发电路的电源，在主电路电压过零时，触发电压亦为零，因而获得同步。

第七节　滤　波　电　路

整流电路只是将交流电变成脉动的直流电，其中包含着丰富的交流成分，它不适合于测量仪表和自动化系统的供电，随着微机保护和综合自动化的应用，对直流电源的要求越来越高，国标规定直流电源中交流成分的含量必须小于百分之一，因此必须将整流后的直流电变为较平滑的直流电，我们称这个过程叫滤波，实现的电路叫滤波电路。

滤波电路主要有有源滤波和无源滤波两种。这里我们简单介绍无源滤波电路，无源滤波电路主要由电感和电容组成，图 2-34 为半波整流电容滤波电路及其波形图。

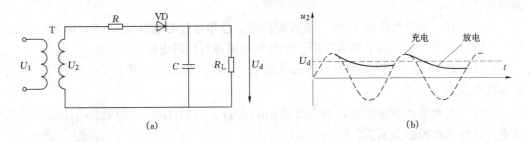

图 2-34　半波整流电容滤波电路及其波形图
(a) 半波整流电容滤波电路图；(b) 半波整流电容滤波波形图

当变压器二次电压由零向正增加时，二极管 VD 导通，C 充电，极性为上正下负。$u_C \approx u_2$，而 $U_d = u_C$，则 $U_d = u_2$；当 u_2 从峰值下降时，出现 $u_2 < u_C$，VD 截止，但此时电容器 C 向负载 R_L 放电，R_L 上的电压逐渐下降，当 u_2 再次从零向正增加时，二极管 VD 导通，电容 C 再次充电，如此反复，R_L 上的电压波形如图 2-34 (b) 所示。电容器 C 称滤波电容，电阻 R 为限流电阻，起限制充电电流和对二极管保护的作用。

电容器充放电速度的快慢取决于时间常数 $\tau = RC$ 的大小。τ 越大，充放电时间越长，形成的波形越平坦。

电容滤波的优点是简便，但若 R_L 较小时，放电时间很短，脉动量较大，含交流成分较多，电流质量不好。若增大电容 C，其充电电流值大，易烧坏二极管，为了克服电容滤波的缺点，常采用电感、电容滤波，如图 2-35 所示。

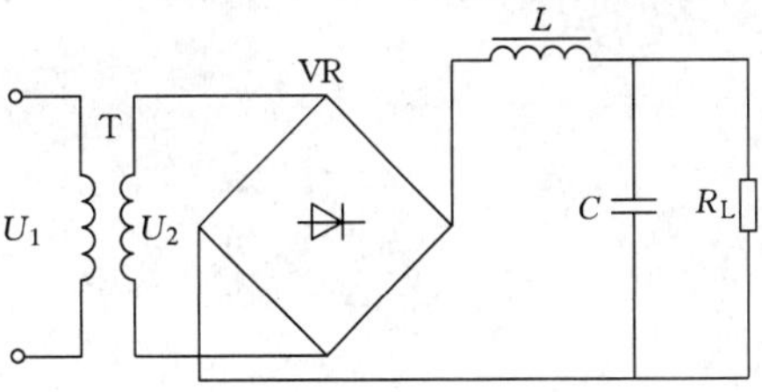

由于电感对变化的电流能产生一定的反电动势来阻碍电流的变化，当负载 R_L 较小

图 2-35　桥式整流 L、C 滤波电路

时，电容电流较大，放电时间短，由于电感阻碍电流的变化，不允许电流变化太快，因此，增加放电时间，输出波形平稳，减小脉动电流。利用电容和电感的适当的搭配，可以获得较好的滤波效果。

若在电感前再并联一个电容，构成 π 型滤波，则滤波效果会更好。

由于铁芯电感器较笨重，且绕制不便，也用电阻来代替电感，组成 RC—π 型滤波。

利用电感、电容组成的 π 型滤波，输出电流的交流成分很少，当负载电流变化时，负载电压变化很小，外特性很好。

复习思考题

2-1　有一盘 10mm² 的铜线，接在 12V 的电源上，测得流过铜线的电流为 2A，求铜线的长度。

2-2　有一电源电压为 110V，给负载供电，已知导线的电阻为 0.5Ω，通过负载的电流为 10A，试求：①导线上的电压降；②负载被短路的线路电流。

2-3　有 20 盏 100W 的路灯，若每天晚上 7 点半开始开灯，早上 6 点半关灯，试问 1 年需耗电多少？

2-4　有两电动势分别为 $e_1 = 220\sqrt{2}\sin(100\pi t + 120°)$，$e_2 = 220\sqrt{2}\sin(100\pi t - 60°)$，试求：两电动势的相位关系。

2-5　已知一交流负载，其 $R = 40\Omega$、$X_L = 30\Omega$，若接在 220V 的交流电源上，试问：①流过交流负载的电流；②电路的功率因数；③负载消耗的功率。

2-6　试述说三相电源作星形连接时电路的特点。

2-7　试述说三相电源作三角形连接时电路的特点。

2-8　半导体有何特性？分几种类型？

2-9　什么叫 PN 结？有何特性？

2-10　如何判别二极管、三极管好坏？

2-11　什么是晶闸管？与晶体二极管的区别是什么？

2-12　对晶闸管的触发信号有哪些要求？有哪几种触发方式？

2-13　怎样判别晶闸管的极性？

2-14　何谓滤波？其目的何在？常用滤波电路有哪几种？

第三章 金属材料与机械基础知识

教学要求 了解机械工程中常用材料的性能、牌号和应用；掌握材料的分类方法和基本术语；熟悉表达材料性能的参数指标；了解金属材料进行热处理的目的、方法和应用。了解平面连杆机构、凸轮机构、齿轮机构、蜗杆机构、轮系、带传动、链传动等常用机构的组成、类型、特点和应用；掌握各种常用就更的工作原理、结构；掌握齿轮传动、带传动、链传功的实效形式及维护，熟练掌握定轴轮系传动比的计算。熟悉键、销、螺纹、轴、轴承、联轴器、离合器和弹簧等通用零件的机构特点、工作原理。

第一节 金属材料的主要性能

用来制造各种机械零件的材料统称为机械工程材料。一般分为两大类：金属材料和非金属材料。金属材料包括：钢、铁、铜和铝等；非金属材料包括：工程塑料、橡胶、陶瓷等。

在生产实际中，不同的材料有不同的性能和用途。同一种金属材料通过不同的热处理方法，可以得到不同的性能。金属材料的性能包括力学性能、物理性能、化学性能和工艺性能。一般机械零件常以力学性能作为设计和选材的主要依据。金属材料的力学性能是指金属材料在外载荷（也称为外力）作用下表现出来的特性。外载荷按照其作用形式不同，分为静载荷、冲击载荷和交变载荷等。

金属材料的力学性能主要是指强度、刚度、塑性、硬度、冲击韧性和疲劳强度等。

一、金属材料的力学性能

1. 强度

金属材料在外力作用下，材料抵抗破坏和断裂的能力，称为强度。抵抗变形和断裂的能力越大，则强度越高。一般以抗拉强度作为金属材料的强度指标。

2. 刚度

金属材料在外力作用下，材料抵抗变形的能力，称为刚度。主要的参数指标用抗拉强度来确定。

3. 塑性

金属材料在外力的作用下产生塑性变形而不断裂的能力，称为塑性。常用的塑性指标有延伸率（δ）和段面收缩率（Ψ）。对于同样材料，用不同长度的试样测得的延伸率的数值不同。因此对不同尺寸的试样应标以不同符号。例如，用长度为直径 5 倍的试样测得的延伸率以 δ_5 表示；用长度为直径 10 倍的试样测得的延伸率以 δ_{10} 表示，δ_{10} 通常简写成 δ。

金属材料具有一定的塑性才能进行压力加工，如冷冲、冷弯等。此外，具有良好塑性的零件，万一超载不至于立即断裂。

金属材料的强度、塑性可以根据GB6397—86的规定，通过金属材料的拉伸试验来确定。标准拉伸试样一般用为圆形棒料。在拉伸试验过程中，试样所受拉载荷 F 与伸长量 Δl 的关系曲线称为拉伸曲线，经计算得到试样所受应力 σ 和应变 ε 的关系曲线，称为应力—应变曲线。如图 3-1 所示，分别表示低碳钢试样的拉伸曲线和应力—应变曲线。

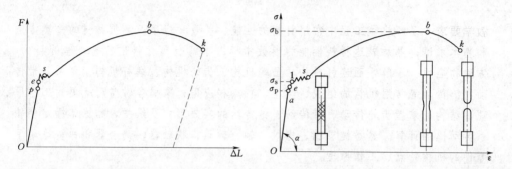

图 3-1　低碳钢试样的拉伸曲线图和应力—应变曲线图

由图可知，在载荷较小的 Oe 段，试样的伸长量随载荷增加而增加，外载荷去除后试样恢复原状，此种变形为弹性变形，故 Oe 段为弹性变形阶段。超过 e 点后，试样进入弹性—塑性变形阶段，当去掉外载荷后，试样不能恢复原状。当应力增加到 σ_s 时，拉伸曲线（应力—应变曲线）到达 s 点后出现近似于水平的阶段，这表示在载荷不变的情况下，试样仍明显继续增长，这种现象称为屈服。屈服现象之后，试样又随载荷的增加而伸长，由于较大的塑性变形伴随着变形强化现象（因金属材料产生变形而使其强度、硬度增高的现象），故称为强化阶段。当应力增加到 σ_b 时，试样中间出现局部变细的缩颈现象。当应力增加到 σ_k 时，试样在缩颈处断裂。

（1）弹性极限 σ_e 和弹性模量 E。在弹性变形阶段，e 点对应的弹性变形阶段的极限值，称为弹性极限 σ_e。

金属材料在弹性变形阶段内，应力与应变的比值，表征材料抵抗弹性变形的能力，其值大小反映金属材料弹性变形的难易程度，称为弹性模量 E，即

$$E = \frac{\sigma}{\varepsilon} \tag{3-1}$$

其中 $\sigma = \dfrac{F}{A}$，称为应力，F 为载荷，A 为试样截面面积；$\varepsilon = \dfrac{\Delta L}{L}$，称为应变，$\Delta L$ 为试样拉伸变长量，L 为试样原来的长度。

（2）屈服强度 σ_s。在屈服阶段金属材料产生屈服时的应力称为屈服强度 σ_s。屈服强度标志着金属材料塑性变形的能力。

（3）抗拉强度 σ_b。在塑性变形阶段，曲线最高点 b 所对应的应力 σ_b，标志着金属材料在断裂前所能承受的最大应力，称为抗拉强度。

（4）延伸率 δ 和断面收缩率 φ。试样拉断后，试样伸长量与原来长度比值的百分比，称为延伸率 δ；试样拉断缩颈断面面积的变化量与原来截面面积的百分比，称为断面收缩

率 φ。δ、φ 是金属材料的塑性指标，公式表示如下

$$\delta = \frac{l_1 - l_0}{l_0} \times 100\% \tag{3-2}$$

$$\varphi = \frac{S_0 - S_1}{S_0} \times 100\% \tag{3-3}$$

式中　l_0——试样的原来长度；

　　　l_1——试样拉断后的长度；

　　　S_0——试样原来的截面面积；

　　　S_1——试样断裂缩颈处的截面面积。

δ 和 φ 越大，表示材料的塑性越好。

4. 硬度

金属材料抵抗外物压入的能力，称为硬度。它是衡量金属材料软硬程度的指标，表征了材料抵抗表面局部弹性变形、塑性变形及破坏的能力。材料的硬度高，其耐磨性就好。

测定硬度常用压入法：把淬硬的钢球或金刚石圆锥压入金属材料的表层，然后根据压痕的面积或深度来测定被测金属的硬度值。常用的硬度指标有布氏硬度（HB）、洛氏硬度（HRC）和维氏硬度（HV）。数据越大，硬度越高。

（1）布氏硬度 HB。布氏硬度试验是用一定直径的钢球或硬质合金球，以相应的试验压力压入试样，保持规定时间后，测量试样表面的压痕直径。经过计算所得的数值为布氏硬度值。

（2）洛氏硬度 HR。洛氏硬度是在初始试验压力和总试验压力的先后作用下，将金刚石圆锥体或钢球的压头压入试样表面，经保持时间后，由测量原残余压痕深度增量计算硬度值。

根据被测材料的硬度和厚度等条件的不同，可得到 15 种不同的洛氏硬度标准，最常用的为 HRA、HRB、HRC 三种。符号后面的数字表示硬度的大小，数字越大，表示的硬度越高。

（3）维氏硬度 HV。维氏硬度的测量原理与布氏硬度相同，不同的是所加载荷较小，压头是顶角为 136° 的正四棱锥金刚石压头，在被测材料的表面得到的是四方锥形压痕。

5. 冲击韧性

金属材料抵抗冲击载荷而不破坏的能力，称为冲击韧性。冲击韧性的测定是在冲击试验机上用一定高度的摆锤将试样打断，测出打断试样所需的冲击功 A_k（J），再用试样断口处的截面积 S（m^2）去除，所得的商值，即为冲击韧性值 α_k，单位为 J/m^2。

6. 疲劳强度

疲劳强度是指金属材料经过无数次的应力循环后仍不断裂的最大应力，用来表征金属材料抵抗疲劳破坏的能力。

金属材料疲劳强度试验所测得的材料所受循环应力 σ 与其断裂前的应力循环次数 N 的关系曲线，称为疲劳曲线，如图 3-2 所示。由图可知，循环应力越小，则材料断裂前所承受的循环次数越多。工程上规定：材料在应力循环作用下达到某一基数而不断裂时，其最大应力就作为该材料的疲劳极限。一般钢铁材料的循环次数取 10^7。当金属材料承受对称循环应力时，材料的疲劳极限用 σ_{-1} 表示。

二、金属材料的物理和化学性能

1. 物理性能

金属材料的物理性能主要包括比重、熔点、热膨胀性、导热性、导电性和磁性等。由于零件的用途不同，对金属材料的物理性能要求也有所不同。例如：飞机零件要求比重小、内燃机活塞要求热膨胀性低、变压器的硅刚片要求良好的磁性等。

金属材料的一些物理性能对热加工工艺也有一定的影响。例如导热性对热加工具有重要意义，在焊接、铸造、热处理和锻造时，金属材料因导热原因在加热或冷却过程中产生内外温差，导致不同部

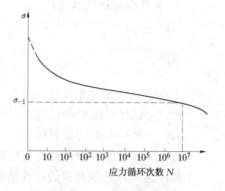

图 3-2 疲劳曲线示意图

位的膨胀或冷却，产生内应力，从而引起材料产生内部裂纹等。对于导热性较差的金属材料如合金钢，应采取适当的措施，避免急剧的加热或冷却，防止材料产生裂纹。

2. 化学性能

化学性能是指金属材料在常温或高温条件下抵抗外界介质化学腐蚀的能力。其包括耐酸性、耐碱性和抗氧化性等。

一般金属材料的耐酸性、耐碱性和抗氧化性都是很差的，为了防止化学腐蚀，必须使用特殊的合金钢及某些有色金属，或使之与介质隔离。

三、金属材料的工艺性能

金属材料的工艺性是指材料加工成形的难易程度。按照加工工艺的不同，工艺性能可以分为可铸性、可焊性、可锻性、切削加工和热处理等。

第二节 常用金属材料

常用金属材料主要是指碳钢、合金钢、铸铁、有色金属等，它们具有优良的性能，是工业上的主要材料，在国民经济中起着重要作用。

国家标准 GB/T13304—91《钢分类》比较系统、详细地规定了钢的分类及表示方法。

组成金属材料的所有元素最基本的主要是铁 Fe 和碳 C 元素。根据金属材料中含碳的多少分类：C<0.02% 为工业纯铁；0.02%<C<2.11% 为钢；C>2.11% 为铸铁。

对于工业纯铁，由于其机械性能都较差，工业上应用很少，主要是用于冶炼的原料，这里不作讲述。对于钢，根据其组成成分和机械性能不同，分为碳素钢和合金钢。下面先介绍碳素钢的组成成分、机械性能和编号等。

一、碳素钢

碳素钢是指含碳量小于 2.11% 的铁碳合金。在碳素钢中，当含碳量小于 1% 时，随着含碳量的增加，钢的强度、硬度增加，塑性、韧性降低。但含碳量大于 1% 时，随着含碳量的增加，钢的硬度增加，但强度开始降低，所以工业上应用的碳素钢含碳量一般不超过 1.4%。

碳素钢中除含有铁和碳两种主要元素外，还有硅、锰、磷等杂质。其中硅、锰等元

素，随着其含量的增加，对碳钢的机械性能有较明显的改善，是有益的元素；对于硫和磷元素，由于其加入使碳钢会在高温下产生"热脆"和在低温下产生"冷脆"现象，降低碳钢的机械性能，是有害元素。所以钢的质量高低主要按硫、磷的含量而定。可分为普通、优质碳素钢等。

按照用途来分，钢材料可以分为结构钢、工具钢和特殊性能钢等。

1. 碳素结构钢

碳素结构钢是品种最多、使用量最大、用途最广、价格比较低廉的一类钢。凡是用于各种机器零件及各种工程结构的钢都称为结构钢。

普通碳素结构钢的硫、磷含量较高，多用于工程结构（扎制钢板、制造形材、工字钢、钢筋等），少部用于机械零件。碳素结构钢一般在正火状态下使用，必要时可进行锻造、焊接等热加工，也可通过热处理调整其力学性能。

普通碳素钢的牌号表示方法为：Q数字—字母1—字母2，其中"Q"表示屈服强度；"数字"表示屈服强度的大小（单位：MPa；注：$1N/m^2=1Pa$，$1MPa=1\times10^6Pa$）；字母1表示钢材的质量等级 A、B、C、D，其中 A 级为最高级；字母2表示冶炼钢材时的脱氧方法，F—沸腾钢，Z—镇静钢。例如 Q235—B—F。

优质碳素结构钢的硫、磷含量较低，广泛用于较重要的机械零件。其牌号表示方法为：数字—字母1—字母2，其中数字表示钢材的含碳量，单位为 0.01%；字母1表示冶炼钢材时的脱氧方法（F 或 Z）；字母2表示 Mn、g、R、H 等。优质碳素结构钢如 20、30、45、50 等，使用前一般都要进行热处理。

碳素钢的分类方法很多，按钢的含碳量分：

低碳钢——含碳量小于等于 0.25%；

中碳钢——含碳量在 0.25%~0.6% 之间；

高碳钢——含碳量大于 0.6%。

2. 碳素工具钢

工具需要具有较高的硬度和耐磨性，所以碳素工具钢的含碳量较高。一般大于 0.7%。碳素工具钢的编号是在"碳"（或"T"）的后面附以数字代表钢中平均含碳量，以 0.1% 为单位。例如，钢号碳 12（或 T12）表示平均含碳量为 1.2% 的碳素工具钢。如果是高级优质碳素工具钢，则在数字后面附以"高"（或"A"），如碳 12 高（或 T12A）等。

碳素工具钢的牌号有 T7、T8、…、T13（T7A、T8A、…、T13A）等。钢号增大，含碳量增加，钢的硬度和耐磨性也增加，而韧性则下降。因此，T7、T8 用于制造中等硬度、高韧性的工具，如冲头、錾子和锻工用具。T8~T11 用于制造高硬度、中等韧性的工具，如钻头、丝锥等。T12、T13 具有很高的硬度和耐磨性，但韧性差，用于制造量具、锉刀等。

碳素工具钢的耐热性差，当工作温度高于 250℃后，硬度将大大降低，因此只适用于制造低速切削工具。

碳素结构钢虽然存在很多应用优点，价格低廉，在工业领域应用广泛，但对于特殊要求，如特殊、复杂结构零件的强度要求、钢材的淬透性等难以满足，必须采用其他性能更好的钢材，如合金钢等。

二、合金钢

为了满足某种性能要求，炼钢时特意加入一定数量的合金元素如 Si、Mn、Cr、Ni、W、Mo、V、Ti 等，这种钢称为合金钢。合金钢比碳素钢具有较高的强度、韧性和某些特殊性能，为了充分发挥合金元素的作用，合金钢一般都要经过热处理后才能使用。由于合金钢价格比较昂贵，常用于制造重要的机械零件和工具，以及要求具有特殊性能的零件。

合金钢的种类很多。按用途可分为：合金结构钢、合金工具钢和特殊性能钢（如不锈钢、耐热钢、耐磨钢等）。

1. 合金结构钢

这类钢包括普通低合金钢、渗碳钢、调质钢、弹簧钢和滚动轴承钢等。

合金结构钢的编号方法采用"数字＋化学元素＋数字"的表示方法：前面的数字代表钢中平均含碳量，以 0.01％为单位；化学元素用汉字（或化学符号）表示；后面的数字代表该合金元素的平均含量，以 1％为单位。当合金元素的平均含量少于 1.5％时，编号中标明元素，一般不标明含量；当平均含量等于 1.5％～2.5％、2.5％～3.5％、3.5％～4.5％、…，则相应以 2、3、4、…表示。例如：含有 0.37％～0.45％C、0.80％～1.10％Cr 的铬钢，以 40 铬（或 40Cr）表示；含有 0.56％～0.64％C、1.50％～2.00％Si、0.60％～0.90％Mn 的硅锰钢，以 60 硅 2 锰（或 60Si2Mn）表示。若硫、磷含量较低的高级优质合金钢，则在符号的最后加"A"（或"高"）字。例如20Cr2Ni4A。

合金结构钢是在碳素结构钢的基础上，加入一定量的合金元素而冶炼成的，具有较高的强度和较好韧性，经淬火处理后，有可能使零件截面上得到均匀一致的、良好的综合机械性能，从而保证零件能长期可靠使用。合金结构钢用于制造重要的工程结构和机器零件。

2. 合金工具钢

合金工具钢按用途可分为：刃具钢、量具钢、模具钢。合金工具钢的编号方法与合金结构钢相似，区别在于平均含碳量等于或大于 1％时不标出，小于％时则在钢号前用一位数字表示含碳量的 0.1％。如 9SiCr 的平均含碳量为 0.9％。

合金工具钢淬火容易淬透，变性小，工作温度在 350℃以下能保持高的硬度和耐磨性。合金工具钢用于制造形状复杂、精度要求较高的模具和低速刀具。

3. 特殊性能钢

特殊性能钢有不锈钢、耐热钢等。不锈钢是指具有抵抗空气、水、酸、碱等介质腐蚀能力的钢。不锈钢含有较多的铬、镍等合金元素，含碳量较低。常用的不锈钢有铬不锈钢和铬镍不锈钢。铬不锈钢的主要牌号有 1Cr13、2Cr13、3Cr13、4Cr13 等，用于制造汽轮机叶片、医疗器材和量具等。铬镍不锈钢的主要牌号有 0Cr18Ni9、1Cr18Ni9、2Cr18Ni9、0Cr18Ni9Ti、1Cr18Ni9Ti 等，通称 18—9 型不锈钢。此类不锈钢的耐腐蚀性、塑性、韧性均较 Cr13 钢好，无磁性，具有良好的可焊性，因此应用广泛。

三、铸铁

铸铁是含碳量大于 2.11％的铁碳合金。铸铁中硅、锰、硫、磷等杂质也比碳素钢中多。虽然铸铁的抗拉强度、塑性和韧性不如钢，无法进行锻造，但它具有优良的铸造性、减磨性和切削加工性等，而且熔炼简便，成本低廉，所以铸铁作为优良的铸铁材料，在工业中得到广泛应用。

1. 白口铸铁

白口铸铁其中碳几乎全部以化合态存在，断口呈银白色，故称白口铸铁。其性能硬而脆，很难进行切削加工，工业上很少用它来制造机械零件。

2. 灰口铸铁

灰口铸铁其中碳主要以片状石墨形式存在，断口呈暗灰色，故称灰口铸铁。它是机械制造中应用最多的一种铸铁。其牌号由 HT 或（灰、铁两字的汉语拼音字首）和两组数字组成（如 HT15—33 等）。前一组数字表示最低抗拉强度，后一组数字表示最低抗弯强度。这类铸铁有一定强度，耐磨、耐压、减振性能均佳。

3. 可锻铸铁

可锻铸铁中石墨呈团絮状。这种铸铁强度较高，韧性好。"可锻"仅说明可锻铸铁比灰口铸铁有良好的塑性，实际上不能锻造。其牌号由 KT（"可铁"两字的汉语拼音字首）和两组数字组成（如 KT35—10 等）。前一组数字表示最低抗拉强度，后一组数字表示最低延伸率。可锻铸铁适用于制造一些截面薄、形状复杂、工作中受到振动而要求较高强度的零件。

4. 球墨铸铁

球墨铸铁中石墨呈球状。其铸铁强度高，并有较好的塑性和韧性，具有自润滑和吸振性能。在一定程度上可以代替碳素钢来制造某些受力复杂、承受载荷大的零件，如曲轴、凸轮轴等。其牌号由 QT（"球铁"两字的汉语拼音字首）和两组数字组成（如 QT60—2 等），前一组数字表示最低抗拉强度，后一组数字表示最低延伸率。

第三节　有色金属及合金和非金属

通常把铁及其合金（钢和铁）称为黑色金属，而把非铁金属及其合金称为有色金属，也称为非铁金属。有色金属的种类很多，其产量和使用虽不及黑色金属，但是由于它们具有许多特殊的性能，如高的导电性和导热性、较低的密度和熔化温度、良好的力学性能和工艺性能。因此，也是现代工业生产中不可缺少的结构材料。常用的有色金属有铜及其合金、铝及其合金和轴承合金等。

一、铜及其合金

1. 纯铜

纯铜呈紫红色，故又称紫铜。纯铜的导电性和导热性仅次于金和银，是最常用的导电、导热材料。它的塑性非常好，易于冷、热压力加工。在大气及淡水中有良好的抗腐蚀性能，因此纯铜得到广泛应用。但它的储藏量少，使用受到一定限制。目前铜及其合金主要用在电气、仪表和造船工业等方面。

纯铜中常含有 $0.05\% \sim 0.30\%$ 的杂质（主要有铅、铋、氧、硫和磷等），它们对铜的力学性能和工艺性能有很大的影响，尤其是铅和铋的危害最大。

2. 铜合金

工业上广泛采用的是铜合金。常用的铜合金可分为黄铜、青铜和白铜三类。

(1) 黄铜。黄铜是以锌为主要元素加入的铜合金。按照化学成分的不同黄铜分为普通黄铜和特殊黄铜。普通黄铜是铜和锌的合金。当锌小于 39％时，即为单相黄铜，其塑性很好，适用于冷、热变形加工；当锌大于 39％时，即为双相黄铜，其强度高，热状态下塑性良好，适用于热变形加工。当锌含量大于 45％以后，强度开始剧烈下降，在生产中已无实用价值。

普通黄铜的代号用"H"加数字组成（如 H90 等），数字表示平均含铜量。铸造黄铜的牌号表示方法用"ZCu＋主加元素符号＋主加元素含量＋其他加入元素符号和含量"组成。如 ZCuZn38、ZCuZn40Mn2 等。

特殊黄铜是在普通黄铜中加入其他合金元素所组成的合金。常加入的合金元素有锡、硅、锰、铝等，分别称为锡黄铜、硅黄铜、锰黄铜……加入铅虽然使黄铜的力学性能恶化，但能改善切削加工性能。硅能增加黄铜的强度和硬度，与铅一起能增加黄铜的耐磨性。锡增加了黄铜的强度和在海水中的抗腐蚀性，因此锡黄铜也称为海军黄铜。特殊黄铜的代号表示方法为"H＋元素符号＋数字－数字"，如 HPb59－1 表示含铜 59％、铅 1％的铅黄铜。

(2) 青铜。除了黄铜和白铜（铜和镍合金）外，所有的铜基合金都称为青铜。按照主添加元素种类分为锡青铜、铝青铜、硅青铜等。和黄铜一样，青铜也可分为压力加工青铜和铸造青铜两类。

青铜的代号表示方法为"Q＋主添加元素符号和含量＋其它加入元素和含量－数字"组成，例如 QSn4－3 表示含锡 4％、含锌 3％、其余为铜的锡青铜。铸造青铜的牌号表示方法和铸造黄铜的牌号表示方法相同。

二、铝及其合金

1. 纯铝

铝是银白色的金属，是自然界储存量最丰富的金属元素。铝及其合金具有许多优良性能：①铝的密度只有 2.72g/cm²，是一种轻型金属；②纯铝的导电性好，仅次于金、银、铜；③铝及铝合金具有较好的抗大气腐蚀能力；④铝及其合金具有较好的加工工艺性能。它的塑性好，可以冷、热变形加工，并可通过热变形强化，提高铝合金的强度。

因此，铝及其合金广泛用于电气工程、航天部门和汽车等机械制造部门。纯铝中常见的杂质是铁和硅，杂质越多，纯铝的导电性、耐腐蚀性及塑性越低。工业纯铝按杂质的含量分为一号铝、二号铝、……分别用 L1、L2、…表示。

2. 铝合金

纯铝的强度很低（$\sigma_b = 80 \sim 100N/mm^2$），加入适量硅、铜、镁、锌、锰等合金元素，形成铝合金。再经过冷变形和热处理，则强度可以明显提高。

常用的铝合金有变形铝合金和铸造铝合金。变形铝合金可分为防锈铝、硬铝、超硬铝和锻铝等。

防锈铝属于铝—锰系和铝—镁系合金。这类铝合金具有适中的强度和良好的塑性、良好的耐腐蚀性。其不能通过热处理来进行强化，只能通过冷变形来提高其强度。用"LF"

作代号。

硬铝是铝—铜—镁系合金。这类铝合金通过淬火、时效处理可以显著提高强度，$\sigma_b=400N/mm^2$。由于密度小，强度和密度的比值较高，故称硬铝。硬铝抗腐蚀性较差。用"LY"作代号。

超硬铝是在硬铝的基础上加入锌形成的铝—铜—镁—锌系合金。超硬铝经过淬火、人工时效处理，$\sigma_b=600N/mm^2$，比硬铝还高，故称超硬铝。超硬铝抗腐蚀性较差，一般表面要包一层纯铝，以增加抗氧化腐蚀性。用"LC"作代号。

锻铝是铝—铜—镁—硅系合金。其力学性能同硬铝相近，有良好的热塑性和耐腐蚀性，适合于锻造，故称锻铝。这类合金通过人工时效处理，使材料获得最佳强化效果。用"LD"作代号。

三、轴承合金

轴承合金是用来制造滑动轴承的材料。滑动轴承是机床、汽车、拖拉机和水轮发电机组上的重要零件。轴承支撑着轴，当轴旋转时在轴和轴瓦之间必然造成摩擦，并承受轴颈传递的周期性载荷。因此，轴承合金应具有以下性能：①足够的强度和硬度，以承受轴颈较大的压力；②高的耐磨性、低的摩擦系数，以减少轴颈的磨损；③足够的塑性和韧性、较高的疲劳强度，以承受轴颈的交变载荷，并抵抗冲击和振动；④良好的导热性和耐腐蚀性，以利于热量的散发和抵抗润滑油的腐蚀；⑤良好的跑合性，使其与轴颈能较快地紧密配合；⑥轴颈和轴瓦之间易形成油膜，以减少摩擦，从而减少轴颈和轴瓦的磨损。

常用的轴承合金有锡基轴承合金、铅基轴承合金、和铝基轴承合金三种。

1. 锡基轴承合金（锡基巴氏合金）

锡基轴承合金是以锡为基，加入 Sb、Cu 等元素组成的合金。这种合金具有适中的硬度、低的摩擦系数，有较好的塑性和韧性、良好的导热性和耐腐蚀性等优点。由于锡是稀有昂贵金属，因此妨碍了它的广泛应用。这类合金的代号用"Zch"＋基体元素和主加元素符号＋主加辅助元素符号及含量。如 ZchSnSb11—6 为锡基轴承合金，Sb 的含量为11％，附加元素 Cu 的含量为6％，其余为锡。

2. 铅基轴承合金（铅基巴氏合金）

铅基轴承合金通常是以铅锑为基，加入锡、铜等元素组成的轴承合金。这类合金的强度、硬度、韧性均低于锡基轴承合金，且摩擦系数较大，故只用于中等负荷的轴承。由于价格便宜，在可能的情况下，应尽量代替锡基轴承合金。它的代号表示方法与锡基轴承合金相同。如 ZchPbSb16—16—2，其中 Pb 为基本元素，Sb 的含量为16％（主加元素）、Sn 的含量为16％、Cu 的含量为2％，其余为铅。

3. 铝基轴承合金

目前采用的铝基轴承合金有铝锑镁轴承合金和高锡铝基轴承合金。这类合金并不直接浇铸成型，而是采用铝基轴承合金带与低碳钢带复合扎制而成。铝锑镁轴承合金是以铝为基，加入锑和镁元素组成的合金。由于镁的加入改善了合金的塑性和韧性，提高了屈服强度。目前已大量应用在低速柴油机的轴承上。

高锡铝基轴承合金以铝为基，加入锡和铜所组成的合金。由于在合金中加入了铜，使轴承合金具有高的疲劳强度、良好的耐热、耐磨和耐腐蚀性。这种合金目前已在汽车、拖拉机、内燃机上推广使用。

四、粉末冶金材料

粉末冶金材料也称多孔质金属材料，是由金属粉末和石墨在高温下烧结制成的一种多孔金属合金材料。使用前将轴瓦在热油中浸泡，几小时后则各微小孔穴中充满润滑油，工作时由于润滑油自动渗出，起润滑作用，可以长期在不供油的状态下工作。这种材料的强度和韧性较低，适用于中低速、载荷较小且平稳的、不需要经常添加润滑油的场合。常用的材料有铁—石墨、青铜—石墨两种。

五、非金属材料

非金属材料主要包括塑料、尼龙、石墨、硬木、橡胶等。这些材料成本低廉，具有摩擦系数较小、足够的抗压强度与疲劳强度、良好的耐磨性和跑合性、良好的抗胶合和耐腐蚀性等，遇水具有自润滑能力，但导热性较差。一般可用于低速、轻载的医药和食品等机械中的轴承。

酚醛塑料抗胶合性能好，强度高，耐磨、耐酸，但导热性差。尼龙材料耐磨，工作时无噪音，应用比较多。聚四氟乙烯自润滑性能好，耐腐蚀，适用温度范围广，但强度低。碳—石墨自润滑性能好，耐高温，耐腐蚀，但嵌藏性差。

橡胶轴瓦具有较大的弹性，对振动的轴具有吸振和减振的作用，能直接用水润滑，但在高温下或长期浸泡在水中容易老化，遇酸碱物质易发生化学反应，对轴存在腐蚀现象。在水泵、水轮机中应用广泛。

第四节 热处理基础知识

热处理是将金属在固态下通过加热、保温和不同的冷却方式，以改变金属内部组织结构，从而得到所需要性能的一种工艺方法。热处理在现代机器制造中的作用日趋重要，对金属材料的性能不断提出更高要求，如果完全由原材料的原始性能来满足这些要求，常常是不经济的，甚至是不可能的。但经过适当的热处理后，可以提高金属材料的强度和硬度，能充分发挥材料潜力，节省金属，延长机械的使用寿命。目前机器中大多数零件都要进行热处理，至于刀具、量具、模具等则全部要进行热处理。由此可见，热处理在机械制造中具有重要的作用。

热处理过程一般可分为加热、保温和冷却三个步骤。由于加热温度、保温时间和冷却速度不同，可分为不同的热处理类型，使钢组织产生不同的组织转变。

钢的热处理工艺有退火、正火、淬火及回火等。

1. 退火

退火是将钢件加热到某一温度，保温一段时间，然后随炉缓慢冷却下来的处理方法。退火的目的是：降低硬度，改善切削加工性；细化晶粒；改善组织，提高机械性能；消除内应力，并为以后的淬火做好准备；提高钢的塑性和韧性，便于进行冷加工。

2. 正火

正火的工艺方法与退火相似，所不同的是正火时工件在空气中冷却速度较快，所得到的组织比退火细，强度、硬度有所提高，但消除内应力不如退火彻底。正火时工件在炉外冷却，不占用设备，生产率较高，所以低碳钢大都采用正火。对于比较重要的零件，正火常作为淬火前的预备热处理；对于性能要求不高的碳钢零件，正火也可以作为最终热处理。

3. 淬火

淬火是将钢加热到某一温度，保持一段时间，然后在水或油中快速冷却下来的热处理方法。

淬火后，钢的硬度大大提高，例如含碳量为 0.8% 的碳素钢，正火后硬为 HRC25，而淬火且可达 HRC65。但淬火后钢的脆性增加，并产生很大残余内应力，所以为了减少脆性、消除内应力和获得所需的机械性能，淬火后一般都必须回火。

4. 回火

回火是将淬火钢加热到某一较低温度，保温一段时间，然后冷却下来的热处理方法。回火后的性能主要不是取决于冷却方法，而是取决于加热温度。根据加热温度不同，回火可分以下三种：

（1）低温回火。在 150～250℃ 温度范围内进行的回火，其目的是降低钢的内应力及脆性，而保持淬火钢的高硬度和耐磨性。低温回火适用于刀具、量具等工具。

（2）中温回火。在 350～500℃ 温度范围内进行的回火。其目的是提高钢的弹性和屈服强度。中温回火适用于弹簧、锻模等。

（3）高温回火。在 500～650℃ 温度范围内进行的回火。其目的是获得强度塑性和韧性等都较好的综合机械性能。生产上把"淬火＋高温度回火"称为"调质处理"。它广泛应用于各种重要的结构零件，如连杆、齿轮、主轴等。

5. 表面淬火

表面淬火是将钢件的表面层淬透到一定的深度，而中心部位仍保持未淬火状态的一种局部淬火方法。它是通过快速加热，使钢件表面层很快达到淬火温度，在热量来不及传到中心就立即迅速冷却，实现局部淬火。

表面淬火的目的在于获得高硬度的表面层和有利的残余应力分布，以提高工件的耐磨性或疲劳强度；而钢件的中心部位并未淬火，塑性和韧性较好，能承受冲击载荷。表面淬火可采用的快速加热方法颇多，我国目前应用较多的是电感应加热法和火焰加热法。表面淬火的常用材料有 40、45、40Cr、40MnB 等。

6. 化学热处理

化学热处理是将零件放在某种化学介质中，通过加热和保温，使介质中的元素渗入到工件表面的热处理方法。根据渗入元素的不同，化学热处理有渗碳、氮化、氰化等。

渗碳材料是低碳钢。零件经渗碳后表面层为高碳组织，尚需进行淬火及低温回火，使表面具有高硬度和耐磨性，而心部仍保持良好的韧性。常用的渗碳材料有 15、20、20Cr、20CrMnTi 等。

零件经氮化后表面形成一层氮化物，不需淬火便具有高的硬度、耐磨性、抗疲劳性和一定的耐腐蚀性，而且变形小。38CrMoAlA 是典型的氮化用钢。

第五节　常用机构和常用机械传动装置

一、基本概念

1. 机器、机构、机械

机器是指根据某种使用要求而设计的一种执行机械运动的装置，可以用来变换或传递能量、物料和信息。

机器具有以下三个基本特征：

（1）机器是由多个单元经人工组合而成的。

（2）各构件之间有确定的相对运动。

（3）机器能利用机械能来完成有效的功或实现不同形式能量之间的转换。

常见的如内燃机、电动机或发电机用来变换能量，各种加工机械用来变换物料的状态，录音机用来变换信息，汽车、起重运输机械用来传递物料等。

机构是具有机器前两个基本特征的组合体。它能实现一定规律的运动，可以用来传递运动和实现不同形式的运动的转换。

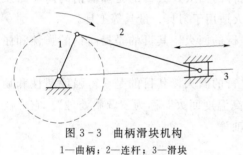

图 3-3　曲柄滑块机构

1—曲柄；2—连杆；3—滑块

如图 3-3 所示的曲柄滑块机构，若曲柄 1 为主动件，它可以把主动件的转动转换为从动件滑块 3 的直线移动。而滑块 3 为主动件，则此机构可以把主动件的往复直线移动转换成从动件曲柄 1 的转动。

机器的种类很多，但就其组成来说，它们都是由各种机构组合而成的。

机器和机构一般总称机械。

2. 零件、部件、构件

从机器制造和装配的角度来看，它是由机械零件（简称零件）和部件组成的。如图 3-4 所示的内燃机就是由曲轴、飞轮、阀杆、凸轮、齿轮、螺母及螺栓等零件和连杆等部件组成的。

零件是指机器中独立的制造单元，它是组成机器的基本元素。

部件是指一组协同工作的零件所组成的独立制造或独立装配的组合体。部件中的各个零件之间不一定具有刚性连接。把一台机器划分成若干个部件有利于机器的设计、制造、运输、安装和维修。

机械零件可以分为两大类：通用零件和专用零件。通用零件是指各类机器中都可能用到的零件，如螺母、螺栓、齿轮、凸轮等。专用零件是指那些只在特定类型的机器中才能用到的零件，如曲柄、活塞、螺旋桨等。

构件是机构和机器中独立运动的单元。如图 3-4 中的活塞、连杆、曲轴等。构件可以是单独的零件，也可以是由几个零件刚性连接而成的部件。

3. 运动副

机构是由多个各构件组合而成的，为了传递运动，各构件之间必须以一定的方式连接起来，并仍能有一定的相对运动。这种两个构件间的活动连接称为运动副。

按组成运动副的两个构件间的相对运动是平面运动还是空间运动来分，运动副可以分成平面运动副和空间运动副。

按组成运动副的两个构件间的接触特性，通常运动副还分成高副和低副两大类。

两构件间面接触的运动副称为低副。

低副按两构件间的相对运动特点可分为移动副和转动副。若两构件只能作相对移动，则称为移动副；若两构件只能作相对转动，则称为转动副。图3-4中，活塞与汽缸体之间构成的运动副为移动副，连杆与曲轴之间构成的运动副为转动副。

两构件间点接触或线接触的运动副称为高副。常见的高副有齿轮副、凸轮副等。

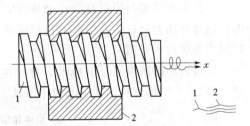

图3-5　螺旋副

1—螺杆；2—螺母

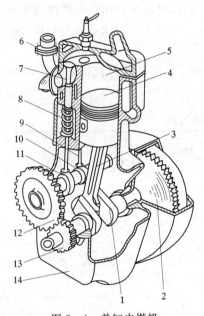

图3-4　单缸内燃机

1—曲轴；2—飞轮；3—连杆；4—活塞；5—汽缸体；
6—螺栓、螺母；7—气阀；8—弹簧；9—阀杆；
10、11—凸轮；12、13—齿轮；14—齿轮箱

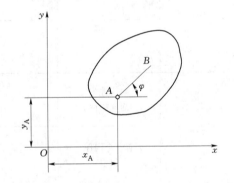

图3-6　构件作平面运动时的自由度

螺杆与螺母组成的运动副称为螺旋副（图3-5），是工程上常用的空间运动副。螺旋副为面接触，螺杆相对螺母可绕 x 轴转动，同时沿 x 轴移动，但转动与移动之间存在一定的函数关系，两者之间只有一个独立的相对运动。

二、平面机构的组成及自由度

（一）构件的自由度

如图3-6所示，在 xOy 坐标系中，一个构件做平面运动时，可以沿 x 轴和 y 轴方向移动以及绕垂直于运动平面的 xOy 的 z 轴转动。构件的这种独立运动称为构件的自由度。或者说做平面运动的构件在任一瞬间的位置，可以由构件上 A 点的坐标（X_A，Y_A），以及通过 A 点的任一直线 AB 的倾角 φ 这三个独立参数来确定。若给定这些参数的变换规律，则构件就具有了确定的运动。所以，构件的自由度数即等于确定构件的运动所需给定的独立参数的数目。

（二）平面机构运动简图

1. 机构运动简图及特点

在我们平时研究和设计机械时，要用到能够表明某一机构运动情况的机构运动简图。而实际构件的外形和结构很复杂，因为机构各构件的相对运动，是由原动件的运动规律、机构中所遇运动副的类型、数目及其相对位置（即转动副的中心位置，移动副的中心线位置和高副接触点的位置）决定，而与构件的外形、断面尺寸、组成构件的零件数目及其固联方式和运动副的具体结构无关。为了简化问题，可以不考虑那些与机构运动无关的因素，仅根据机构的运动尺寸，按比例定出各运动副的位置，用表示运动副和构件的符号和简单线条，绘制出机构的图形，这种图形就成为机构运动简图。

机构运动简图与原机械的运动特性完全相同，因而可以用机构运动简图对机械进行结构、运动及动力分析。若图形不按精确的比例绘制，仅仅为了表达机械的结构特征，这种简图称为机构示意图。

机构运动简图符号已有标准，该标准对运动副、构件及各种机构的表示符号作了规定，表 3－1 为构件和运动副的表示方法。

表 3－1　　　　　　　　　　　　　　　构件和运动副的表示方法

2. 机构运动简图的绘制

如上所述，机构运动简图必须按一定长度比例尺绘制。长度比例用 μ_l 表示：

$$\mu_l = \frac{\text{实际长度}}{\text{图示长度}}(\text{m/mm 或 mm/mm})$$

例如 $\mu_l = 0.005\text{m/mm}$，即表示图上每 mm 的长度代表 0.005m 的实际长度。

绘制机构运动简图的方法和步骤：

（1）搞清组成机构的各构件，分析机构的组成和运动情况。首先找出机架和原动件，然后循着运动的传递路线搞清楚该机械原动部分的运动如何经过传动部分传递到工作部分，并依次给各构件标上数字编号。

（2）判定各运动副的类型，从原动件开始，仍循传动路线，逐个认清相邻两构件的相对运动性质，据此确定各运动副的类型，并标上相应的字母。

（3）测量机构的运动尺寸，选择合适的机构瞬时作图位置（能够清楚的反映各构件相互关系），据此位置来测量各构件上与运动有关的尺寸（运动尺寸），如转动副的中心距、移动副导路的方位、平面高副的轮廓形状（组成高副的两构件在瞬时接触点的曲率中心位置及曲率半径大小）等。

（4）绘制机构运动简图，选择合适的视图平面（与机械的多数构件的运动平面平行的平面），根据机构运动尺寸，按一定比例在图纸上定出各运动副件的相对位置，应用代表运动副和构件的符号和线条绘出机构运动简图，最后用箭头标出原动件的运动方向，标注绘图比例 μ_l 和机构的实际运动尺寸。

【例 3-1】 绘制图 3-7（a）所示活塞泵的机构运动简图。

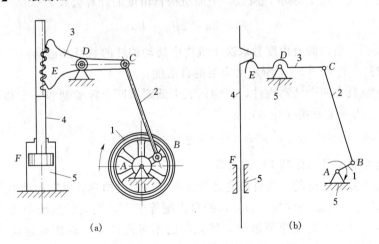

(a)　　　　　　　(b)

图 3-7　活塞泵及其机构运动简图（$\mu_l = 1\text{m/mm}$）

解： 活塞泵由曲柄 1、连杆 2、齿扇 3、齿条活塞 4 和机架 5 等 5 个构件组成。曲柄 1 是原动件，2、3、4 是从动件。当原动件 1 回转时，活塞在气缸中往复运动。

各构件之间的连接如下：构件 1 和 5、2 和 1、3 和 2、3 和 5 之间为相对转动，分别构成 A、B、C、D 转动副。构件 3 的轮齿与构件 4 的齿构成平面高副 E。构件 4 与 5 之间为相对移动，构件移动副 F。

选取合适比例，按照图 3-7（a）尺寸，定出 A、B、C、D、E、F 的相对位置，用构件和运动副的规定符号画出机构运动简图，在原动件上标注箭头，如图 3-7（b）所示。

在绘制机构运动简图时，原动件的位置选择不同，所绘制机构运动简图的图形也不同。当原动件位置选择不当时，构件互相重叠交叉，使图形不易辨认。为了清楚地表达个构件的相互关系，绘制时，应当选择一个恰当的原动件位置。

（三）平面机构的自由度

1. 平面机构的自由度及计算公式

如前所述，一个作平面运动的自由构件具有三个自由度。因此，平面机构的每个活动构件，在未用运动副连接之前，都有三个自由度，即沿 x 轴和 y 轴的移动以及在 xOy 平面内的转动。当两构件组成运动副之后，他们的相对运动受到约束，自由度随之减少。不同种类的运动副引入的约束不同，所保留的自由度也不同。与构件的自由度相类似，机构的自由度是指机构所具有的独立运动。在平面机构中，每个低副引入两个约束，使构件失去两个自由度；每个高副引入一个约束，使构件失去一个自由度。

机构的自由度与组成机构的构件数目、运动副的类型及数目有关。

设有某一平面机构共有 K 个构件，除去固定构件，则活动构件数为 $n=K-1$。在未用运动副连接之前，这些活动构件的自由度总数为 $3n$。当运动副将构件连接组成机构之后，机构中各构件具有的自由度随之减少。若机构中低副数为 P_L 个，高副数为 P_H 个，则运动副引入的约束总数为 $2P_L+P_H$。活动构件的自由度总数减去运动副引入的约束总数就是机构自由度，以 F 表示，所以，平面机构自由度的计算公式为

$$F = 3n - 2P_L - P_H \qquad (3-4)$$

该公式表明，机构的自由度数取决于机构中活动构件的数目及运动副的类型和数目。

【例 3-2】 计算图 3-7 所示活塞泵的自由度。

解：活塞泵具有四个活动构件，$n=4$；五个低副（四个转动副和一个移动副），$P_L=5$；一个高副，$P_H=1$ 由式（3-4）得

$$F = 3 \times 4 - 2 \times 5 - 1 = 1$$

机构的自由度与原动件（曲柄 1）数相等。

显然，机构要能够运动，其自由度必须大于零。即机构具有确定运动的条件是机构自由度 $F>0$，且 F 等于原动件数。若算得的自由度等于零，则说明系统中活动构件的所有自由度均被运动副引入的约束所取消，彼此间已不可能产生任何相对运动（特殊情况除外，见下文局部自由度），而与固定件一起构成一刚性系统。

计算机构的自由度并检验计算结果是否满足机构具有确定运动的条件，是分析现有机械或设计新机械时检查机构运动简图中是否存在结构组成原理错误的方法。

2. 计算平面机构自由度的注意事项

在计算时，有时会出现计算结果与机构实际自由度不一致的情况，因此，在使用式（3-4）时，应注意以下几个问题。

（1）复合铰链。当两个以上的构件同时在一转动轴线用转动副并接，就构成了所谓的

复合铰链。若有 m 个构件在（包括固定构件）以复合铰链相连接时，其转动副的数目应为（$m-1$）个。如图 3-8 所示，图 3-8（a）所示是三个构件 1，2，3 在轴线 $O—O$ 上汇交成的复合铰链，图 3-8（b）是它的左视图。

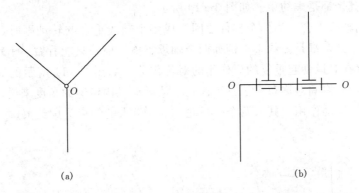

(a)   (b)

图 3-8 复合铰链

（2）局部自由度。某些机构中出现一些与整个构件运动无关的自由度，它不影响其他构件运动的自由度，称为局部自由度（或者多余自由度）。在计算机构自由度时应予以除去。

局部自由度不影响整个机构的运动，滚子是平面机构中最常见的具有局部自由度的构件，它可使高副接触处的滑动摩擦变为滚动摩擦，减少磨损，所以实际机械中常有局部自由度出现。

（3）虚约束。有些情况下，机构中有些运动副引入的约束与其他运动副引入的约束相重复，形式上存在，但实际并不起限制运动的作用。这种重复而对机构不起限制作用的约束称为虚约束（或称为消极约束）。在计算机构自由度时应除去不计。

在机构中的虚约束往往是为了满足某些特殊需要，如增加机构的刚性和运动稳定性，改善机构受力状况等。平面机构的虚约束有下列几种情况：

1）轨迹重合，如果机构中有两构件用转动副相连接，而两构件上连接点的轨迹相重合，则该连接带入 1 个虚约束。在机构运动过程中，当不同构件上两点始终保持恒定距离时，用一个构件和两个转动副将此两点连接，也将引入一个虚约束。如图 3-9 所示，在平行四边形机构 $ABCD$ 的运动过程中，构件 1 上的 F 点与构件 3 上的 E 点之间

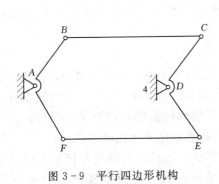

图 3-9 平行四边形机构

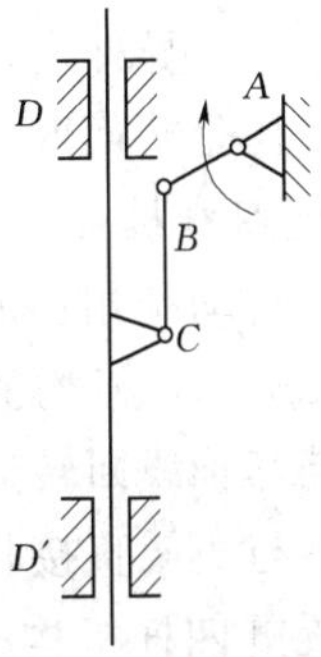

图 3-10 缝纫机刺布机构

63

的距离始终保持恒定，故用构件 5 及转动副 E、F 将此两点相连时也将带入一个虚约束。

2）移动副导路平行，当两构件之间组成多个导路平行的移动副时，只有一个移动副起约束作用，其余都是虚约束。如图 3-10 所示。

3）转动副轴线重合，当两个构件之间组成多个轴线重合的转动副时，只有一个转动副起约束作用，其余都是虚约束。例如两个轴承支撑一根轴只能看做一个转动副。

4）机构存在对运动起重复约束作用的对称部分，如图 3-11 所示的周转轮系中，主动轮 1 和内齿轮 3 之间对称布置了三个齿轮，从运动机构传递的角度来说，仅有一个行星轮 2 起独立传递运动作用，其余两个行星轮 2′、2″带入的约束为虚约束。

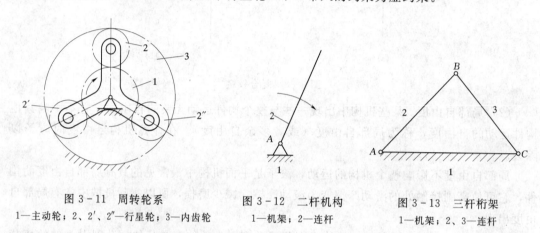

图 3-11　周转轮系
1—主动轮；2、2′、2″—行星轮；3—内齿轮

图 3-12　二杆机构
1—机架；2—连杆

图 3-13　三杆桁架
1—机架；2、3—连杆

尽管引入虚约束可以改善机构的受力情况，但应注意：虚约束的形成必须满足特定的几何条件，否则虚约束便成为实际约束，阻碍构件运动。因此，存在虚约束的机构要求较高的制造和装配精度。

三、平面连杆机构

最简单的平面连杆机构是二杆机构，如图 3-12 所示，二杆机构除机架外只有一个运动构件，因而不能起到转换运动的作用。而转动副连接的三杆形成一个桁架，如图 3-13 所示，根本不能成为机构。能满足运动转换要求的平面连杆机构至少应由四个构件组成，即平面四杆机构，他是平面连杆机构最常见的型式。平面四杆机构又可分为两类：全含转动副的，即铰链四杆机构，如图 3-14（a）所示；以及也含移动副的，曲柄滑块机构如图 3-15 所示，导杆机构如图 3-16 所示。后一类可以看作是由前者演化而来，就是说，铰链四杆机构是平面四杆机构最基本的类型。

1. 铰链四杆机构

全部用转动副相连的平面四杆机构称为平面铰链四杆机构，简称铰链四杆机构。如图 3-14（a）所示，机构的固定构件 4 称为机架，与机架相连的构件 1、3 称为连架杆，连架杆中能绕其轴线回转 360°者称为曲柄，仅能绕其轴线往复摆动的则称为摇杆；连接两连架杆且不与机架直接相连的构件 2 称为连杆，连杆通常作平面往复运动。

对于铰链四杆机构来说，机架和连杆总是存在的，因此可按照连架杆是曲柄还是摇杆，将铰链四杆机构分为三种基本型式：曲柄摇杆机构、双曲柄摇杆机构和双摇杆

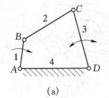 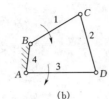 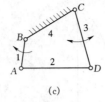 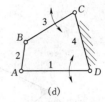

(a)　　　　　　　　(b)　　　　　　　　(c)　　　　　　　　(d)

图 3-14　铰链四杆机构

1、3—连架杆；2—连杆；4—机架

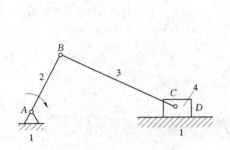

图 3-15　曲柄滑块机构

1—机架；2—曲柄；3—连杆；4—滑块

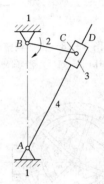

图 3-16　导杆机构

1—机架；2—曲柄；3—滑块；4—导杆

机构。

（1）曲柄摇杆机构。如图 3-17 所示的铰链四杆机构中，两连架杆一为曲柄，另一为摇杆，故称该机构为曲柄摇杆机构。

曲柄摇杆机构可以实现整周转动与往复摆动件的转换。若取曲柄为原动件，将曲柄的等速（或不等速）整周转动转换为摇杆的不等速往复摆动；若取摇杆为原动件，将摇杆的不等速往复摆动转换为曲柄的等速（或不等速）整周转动。图 3-18 雷达天线俯仰角调整机构和图 3-19 所示就是分别以曲柄和摇杆为原动件的曲柄摇杆机构。

（2）双曲柄机构，两连架杆均为曲柄。图 3-20 所示为旋转式水泵，它由相位依次相差 90°的四个双曲柄机构组成，图 3-20 （b）是其中一个双曲柄运动机

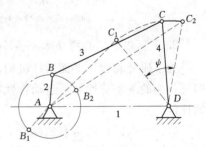

图 3-17　曲柄摇杆机构

1—机架；2—摇杆；3—连杆；4—曲柄

构的运动简图。当原动曲柄 1 等角速顺时针转动时，连杆 2 带动从动曲柄 3 作周期性变速转动，因此相邻两从动曲柄间（隔板）的夹角也周期性地变化。转到右边时，相邻两隔板间的夹角及容积增大，形成真空，于是从进水口吸水；转到左边时，相邻两隔板的夹角及容积变小，压力升高，从出水口排水，从而起到泵水的作用。

（3）双摇杆机构，两连架杆均为摇杆，如图 3-21 所示。

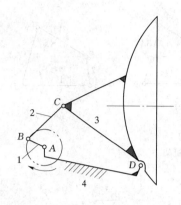

图 3-18 雷达调整机构
1—摇杆；2—连杆；3—曲柄；4—机架

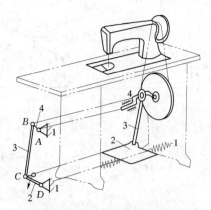

图 3-19 缝纫机踏板驱动机构
1—机架；2—曲柄；3—连杆；4—摇杆

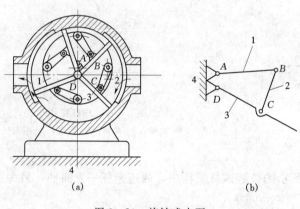

(a)   (b)

图 3-20 旋转式水泵
1、3—曲柄；2—连杆；4—机架

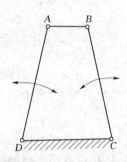

图 3-21 双摇杆机构

2. 平面四杆机构的基本特性

为了研究和学习平面四杆机构，必须了解它的各种型式所具有的一些主要特性。平面四杆机构的基本特性包括运动特性和传力特性，这些特性反映了机构传递和变换运动与力的性能。

（1）平面四杆机构有曲柄存在的条件。在实际生产中，用于驱动机构运动的原动机（如电动机、内燃机等），通常是做整周转动的。因此，要求机构的主动件也能做整周转动，即必须为曲柄。平面铰链四杆机构有曲柄的条件为：

1）连架杆与机架中必有一杆为四杆机构中的最短杆。

2）最短杆与最长杆之和应小于或等于其余两杆的杆长之和。

由上述内容知，选取不同构件为机架时，得到不同型式的机构。对于铰链四杆机构可得以下结论：

1）如果最短杆与最长杆的长度之和小于或等于其他两杆长度之和，若取最短杆的相邻构件为机架，则最短杆为曲柄，另一连架杆为摇杆，该机构为曲柄摇杆机构；若取最短

66

杆为机架，则两连架杆均为曲柄，该机构为双曲柄机构；若取最短杆的对边构件为机架，则无曲柄，该机构为双摇杆机构。

2）如果最短杆与最长杆的长度之和大于其他两杆长度之和，则不论选哪一个构件为机架，均无曲柄存在，该机构只能是双摇杆机构。

（2）急回运动特性。所谓急回运动特性是指：曲柄作等角速回转时，摇杆作往复变角速摆动，且往复摆动的平均角速度不等，据有"急回"的特性。如图 3-22 所示曲柄摇杆机构，曲柄 AB 在转动一周的过程中，有两次与连杆 BC 共线。此时，铰链中心 A 与 C 之间的距离 AC_1 和 AC_2 分别为最短和最长，因而 C_1D 和 C_2D 分别为其左、右极限位置。图中摇杆在两极限位置间的夹角 ψ 称为摇杆的摆角，曲柄相应的两个转角 φ_1 和 φ_2 分别为

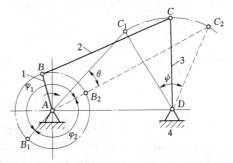

图 3-22　曲柄摇杆机构的急回特性
1—曲柄；2—连杆；3—摇杆；4—机架

$$\varphi_1 = 180° + \theta, \ \varphi_2 = 180° - \theta$$

式中　θ——摇杆处于两极限位置时，相应的曲柄位置线所夹的锐角，称之为极位夹角。

由于 $\varphi_1 > \varphi_2$，所以当曲柄以等角速度 ω 转过这两个角度时，对应的时间 $t_1 > t_2$，故 $\dfrac{\psi}{t_1}$ $< \dfrac{\psi}{t_2}$，由此可知，当曲柄等速转动时，摇杆来回摆动的平均速度是不同的，一快一慢。生产实际中，为了提高生产率，使机构的慢速运动的行程为工作行程，而快速运动的行程为空回行程，即摇杆的运动具有急回特性。

为描述急回运动特性，引入行程速度变化系数（或称为行程速比系数），用 K 表示，即

$$K = \frac{\omega_2}{\omega_1} = \frac{\psi/t_2}{\psi/t_1} = \frac{t_1}{t_2} = \frac{\varphi_1}{\varphi_2} = \frac{180° + \theta}{180° - \theta}$$

式中　ω_1——空回行程的平均角速度；

ω_2——工作行程的平均角速度。

若给定 K 值，则有

$$\theta = 180° \frac{K-1}{K+1}$$

上式表明，θ 与 K 之间存在——对应关系，因此机构的急回特性也可用 θ 表示。显然，θ 越大，K 越大，急回运动的特性也越显著。

（3）压力角和传动角。平面连杆机构不仅能实现预定的运动规律，而且希望运转轻便，效率较高。为衡量机构传力性能的优劣，引入压力角的概念，其定义为：在不计摩擦力、惯性力和重力的条件下，作用在从动件上的驱动力 F 与该力作用点绝对速度 v_c 之间所夹的锐角，称为机构压力角，通常用 α 表示。由图 3-23 可见，压力角越小，有效分力就越大，因此，压力角可作为判断机构传动性能的标志。

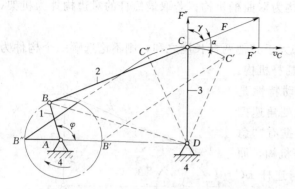

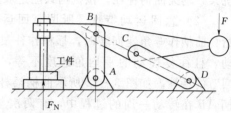

图 3-23 连杆机构的压力角和传动角
1—主动件；2—连杆；3—从动件；4—机架

图 3-24 死点的应用

在连杆机构中，为度量方便，常用压力角的余角 γ（即连杆和从动摇杆之间所夹的锐角）来判断传力性能，γ 称为传动角。因 $\gamma=90°-\alpha$，故 α 越小，γ 越大，机构传力性能越好，传动效率越高；反之亦然。

机构运动时，传动角是变化的，为了保证机构正常工作，必须规定最小传动角 γ_{min} 的下限，机构出现 γ_{min} 的位置正是其传力效果最差的位置，也是检验其传力性能的关键位置。

（4）死点位置。机构传动角 $\gamma=0°$（即 $\alpha=90°$）的位置称为死点位置，机构处于该位置时，作用于曲柄的有效分力 $F'=F \cdot \cos\alpha=0$，无论 F 多大，都不能驱使曲柄转动。

机构处于死点位置时，从动件会出现卡死（机构自锁）或运动不确定的现象。为了消除死点位置的不良影响，使机构顺利通过死点，继续正常运转，通常在从动曲柄上安装飞轮，利用飞轮及构件自身的惯性作用，或者对从动曲柄施加外力，使机构通过死点位置。

死点位置虽然对传动不利，但在实际工程中，常常利用死点的特性对某些夹紧装置用于防松，实现机构自锁的要求。如图 3-24 所示的钻床工件夹紧机构就是利用机构死点位置夹紧工件的例子。

四、凸轮机构

（一）凸轮的应用和分类

凸轮机构是机械中一种常用机构，主要由凸轮、从动件和机架三个基本构件组成。一般情况下，凸轮是具有曲线轮廓的盘状体或凹槽的柱状体构件，通常作连续等速运动（也有作移动或摆动），从动件在凸轮轮廓的作用下做往复移动或摆动。一般凸轮为主动件，且作等速运动。如图 3-25 所示为内燃机配气凸轮机构，凸轮 1 以等角速的回转，它的轮廓驱使从动件 2（阀杆）按预期的运动规律启闭阀门。如图 3-26 所示为绕线机中用于排线的凸轮机构，当绕线轴 3 快速转动时，经齿轮带动凸轮 1 缓慢地转动，通过凸轮与尖顶 A 之间的作用，驱使

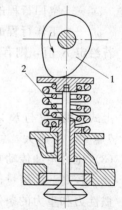

图 3-25 内燃机配气机构
1—凸轮；2—阀杆

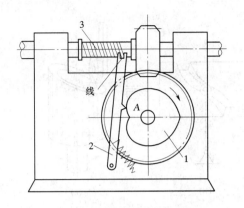

图 3-26　绕线机构

1—凸轮；2—从动件；3—绕线轴

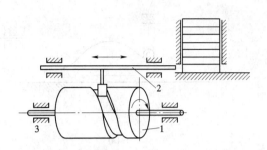

图 3-27　送料机构

1—凸轮；2—从动件；3—机架

从动件2往复摆动，从而使线均匀地缠绕在绕线轴上。如图3-27所示为自动送料机构，当带有凹槽的凸轮1转动时，通过槽中的滚子，驱使从动件2作往复移动。凸轮每回转一圈，从动件即从储料器中推出一个毛坯，送到加工位置。

凸轮机构的优点是：只需设计适当的凸轮轮廓，便可使从动件得到所需的运动规律，并且机构简单、紧凑，设计方便。它的缺点是凸轮轮廓与从动件之间为点接触或线接触，易磨损，所以通常多用于传力不大的控制机构。

凸轮机构的类型很多，常按照以下几种方法进行分类。

1. 按凸轮的形状分

盘形凸轮机构，盘形凸轮都是绕固定轴线转动且具有变化径向的盘形构件。如图3-28所示都是盘形凸轮。盘形凸轮机构的结构简单，应用广泛，但限于凸轮的径向尺寸不能变化太大，故从动件的行程较短。

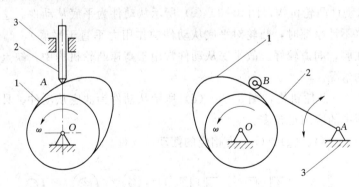

图 3-28　盘状凸轮机构示意图

1—凸轮；2—从动件；3—机架

（1）移动凸轮机构，具有曲线形状的构件作往复直线移动，从而驱动从动件作直线运动或定轴摆动，称这种凸轮为移动凸轮。如图3-29（a）所示，为移动凸轮机构示意图。盘形凸轮机构和移动凸轮机构都是平面凸轮机构。

（2）圆柱凸轮机构，将移动凸轮卷成圆柱体即成为圆柱凸轮。图3-29（b）所示机

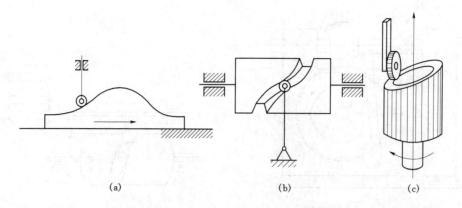

(a)　　　　　　　　　(b)　　　　　　　(c)

图 3-29　凸轮示意图

构为摆动从动件圆柱凸轮机构，图 3-29（c）所示机构为断面具有曲面形状的圆柱凸轮机构。这种凸轮的转动平面与从动件的运动平面不在同一平面内，所以是一种空间凸轮机构。

2. 按从动件的形状分类

（1）尖底从动件凸轮机构，图 3-30（a）所示从动件为尖底从动件。这种从动件能与具有复杂曲线形状的凸轮廓保持接触，但其尖底易磨损，一般用于传递动力较小的低速凸轮机构中。

（2）滚子从动件凸轮机构，图 3-30（b）所示从动件为滚子从动件。从运动学的角度看，这种从动件的滚子运动就是多余的，但滚子的转动作用把凸轮与滚子之间的滑动摩擦转化为滚动摩擦，减少了凸轮机构的磨损，可以传递较大的动力，故应用最为广泛。但端部重量较大，又不易润滑，故不宜用于高速凸轮机构中。

（3）平底从动件凸轮机构，图 3-30（c）所示从动件为平底从动件。这种从动件的特点是受力平稳（不计摩擦时，凸轮对平底从动件的作用力垂直于平底），凸轮与平底之间容易形成楔形油膜，润滑较好。故平底从动件常用于高速凸轮机构中，缺点是不能用于凸轮轮廓有内凹的情况。

（4）曲底从动件凸轮机构，图 3-30（d）所示从动件为曲底从动件。具有尖底与平底的优点，在工程中的应用也较多。

图 3-30（e）、（f）、（g）、（h）为相应的摆动从动件。

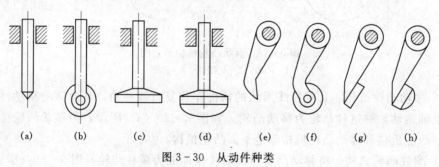

(a)　　　(b)　　　(c)　　　(d)　　　(e)　　　(f)　　　(g)　　　(h)

图 3-30　从动件种类

3．按锁合方式分

在凸轮机构的工作过程中，必须保证凸轮与从动件永远接触。常把凸轮与从动件保持接触的方式称为封闭方式或锁合方式，主要靠外力和特殊的几何形状来保持两者的接触。

（1）力锁合凸轮机构，利用从动件上安装的弹簧力或从动件本身的重力来维持凸轮与从动件的接触，称为力封闭方式。图 3－31（a）、（b）所示的凸轮机构是靠弹簧的恢复力来保持两者接触的，图 3－31（c）是靠从动件的重力保持两者接触的。

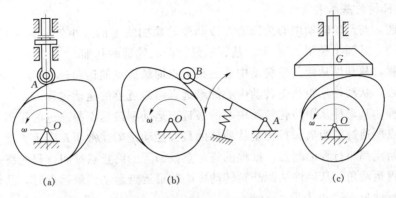

图 3－31　力封闭的基本形式

（2）形锁合凸轮机构，依靠凸轮或从动件特殊的几何形状来维持凸轮和从动件的接触方式，称为形封闭方式。图 3－32（a）所示的端面凸轮中，靠凸轮端面沟槽保持两者的接触。图 3－32（b）所示的凸轮机构中，两高副接触点之间的距离处处相等，并等于

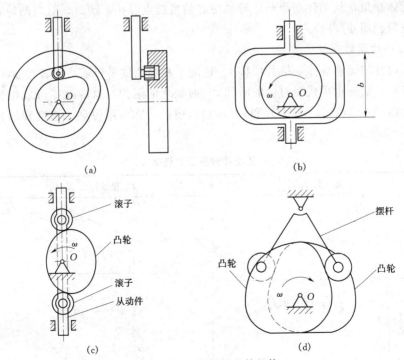

图 3－32　形封闭的凸轮机构

从动件的槽宽 b，该凸轮机构称为等宽凸轮机构。图 3-32（c）所示凸轮机构称为等径凸轮机构。图 3-32（d）为共轭凸轮。

（二）从动件的常用运动规律

凸轮机构中，凸轮的轮廓形状决定了从动件的运动规律；反之，从动件的不同运动规律要求凸轮具有不同形状的轮廓。因此，设计凸轮机构时，首先应根据工作要求去定从动件的运动规律，再据此来设计凸轮的轮廓曲线。

1. 凸轮机构的基本名词术语

（1）基圆，与凸轮转动中心为圆心，以凸轮轮廓曲线上的最小矢径为半径所画的圆，称凸轮的基圆。基圆半径用 r_0 表示。基圆是设计凸轮轮廓的基准。

（2）推程，从动件从距凸轮转动中心的最近点向最远点的运动过程。

（3）回程，从动件从距凸轮转动中心的最远点向最近点的运动过程。

（4）行程，从动件从距凸轮转动中心的最近点运动到最远点所通过的距离或从最远点运动到最近点所通过的距离。行程是从动件的最大运动距离。常用 h 表示。推程的起始点或回程的起始点都叫行程的起点。推程的终止点或回程的终止点都叫行程的终止点。

（5）推程运动角，从动件从距凸轮转动中心的最近点运动到最远点时，凸轮转过的角度称为推程运动角。用 Φ 表示。

（6）回程运动角，从动件从距凸轮转动中心的最远点运动到最近点是，对应凸轮转过的角度称为回程运动角。用 Φ' 表示。

（7）远休止角，从动件在距凸轮转动中的最远点静止不动时，对应凸轮转过的角度称为远休止角。用 Φ_s 表示。

（8）近休止角，从动件在距凸轮转动中心的最近点静止不动时，对应凸轮转过的角度称为近休止角。用 Φ'_s 表示。

2. 从动件的运动规律

所谓从动件的运动规律是指其位移 s，速度 v 和加速度 α 等随凸轮转角 φ（$\varphi = \omega t$，因凸轮等速转动，故 φ 也可代表对应的时间 t）而变化的规律。这种规律可以用位移、速度和加速度方程 $s = s(t)$、$v = v(t)$ 和 $\alpha = \alpha(t)$ 表示，亦可用位移、速度和加速度线图表示。如表 3-2 所示。

表 3-2　　　　　　　　　　　　　从动件常用运动规律

运动规律	运动方程		推程运动线图	冲击
等速运动	推程	$s = \dfrac{h}{\Phi}\varphi$ $v = v_0 = \dfrac{h}{\Phi}\omega$ $a = 0$		刚性
	回程	$s = h - \dfrac{h}{\Phi'}(\varphi - \Phi - \Phi_s)$ $v = -\dfrac{h}{\Phi'}\omega$ $a = 0$		

72

运动规律	运动方程		推程运动线图	冲击
简谐运动	推程	$s=\dfrac{h}{2}\left(1-\cos\dfrac{\pi}{\Phi}\varphi\right)$ $v=\dfrac{h\pi\omega}{2\Phi}\sin\dfrac{\pi}{\Phi}\varphi$ $a=\dfrac{h\pi^2\omega^2}{2\Phi^2}\cos\dfrac{\pi}{\Phi}\varphi$		柔性
	回程	$s=\dfrac{h}{2}\left[1+\cos\dfrac{\pi}{\Phi'}(\varphi-\Phi-\Phi_s)\right]$ $v=-\dfrac{h\pi\omega}{2\Phi'}\sin\dfrac{\pi}{\Phi'}(\varphi-\Phi-\Phi_s)$ $a=-\dfrac{h\pi^2\omega^2}{2\Phi'^2}\cos\dfrac{\pi}{\Phi'}(\varphi-\Phi-\Phi_s)$		
正弦加速度运动	推程	$s=h\left(\dfrac{\varphi}{\Phi}-\dfrac{1}{2\pi}\sin\dfrac{2\pi}{\Phi}\varphi\right)$ $v=\dfrac{h\omega}{\Phi}\left(1-\cos\dfrac{2\pi}{\Phi}\varphi\right)$ $a=\dfrac{2h\pi\omega^2}{\Phi^2}\sin\dfrac{2\pi}{\Phi}\varphi$		无
	回程	$s=h\left[1-\dfrac{\varphi-\Phi-\Phi_s}{\Phi'}\right.$ $\left.+\dfrac{1}{2\pi}\sin\dfrac{2\pi}{\Phi'}(\varphi-\Phi-\Phi_s)\right]$ $v=-\dfrac{h\omega}{\Phi'}\left[1-\cos\dfrac{2\pi}{\Phi'}(\varphi-\Phi-\Phi_s)\right]$ $a=-\dfrac{2h\pi\omega^2}{\Phi'^2}\sin\dfrac{2\pi}{\Phi'}(\varphi-\Phi-\Phi_s)$		

(1) 等速运动，如表 3-2 所示，从动件在推程的始末两点处，速度有突变，瞬时加速度理论上为无穷大，因而产生理论上亦为无穷大的惯性力。而实际上，由于构件材料的弹性变形，加速度和惯性力不至于达到无穷大，但仍会对机构造成强烈的冲击，这种冲击称为"刚性冲击"或"硬冲"。因此，等速运动规律不宜单独使用，运动开始和终止段必须加以修正。

(2) 简谐运动，点在圆周上匀速运动时，它在这个圆的直径上的投影所构成的运动称为简谐运动。从加速度线图可见，在推程始末点处仍有加速度的有限值的突变，即存在"软冲"，因此简谐运动规律只适用于中、低速凸轮机构。但对升—降—升型运动来说，加速度曲线在包括始末点的全程内光滑连续，不会有"软冲"，故可用于高速。

(3) 正弦加速度运动，由运动线图可见，这种运动规律既无速度突变，也没有加速度突变，没有任何冲击，故可用于高速凸轮机构。它的缺点是加速度最大值较大，惯性力较大，要求较高的加工精度。

随着对机械性能要求的不断提高，对从动件运动规律的要求也越来越严格。上述单一型运动规律已不能满足工程的需要。利用基本运动规律的特点进行组合设计而形成的新的组合型运动规律，随着制造技术的提高，其应用已相当广泛。

五、齿轮机构

齿轮机构用以传递空间任意两轴间的运动和动力，是应用最广的传动机构之一。其主要特点是：①使用的圆周速度和功率范围广；②效率较高；③传动比稳定；④工作可靠，寿命长；⑤结构紧凑；⑥可实现平行轴、任意角相交轴和任意角交错轴之间的传动。不足之处是：①要求较高的制造和安装精度，成本较高；②不适宜远距离两轴之间的传动。

按照一对齿轮传递的相对运动是平面运动还是空间运动，可分为平面齿轮机构和空间齿轮机构两类。

作平面相对运动的齿轮机构称为平面齿轮机构。常用的平面齿轮机构如图 3-33 所示。作空间相对运动的齿轮机构称为空间齿轮机构，空间齿轮机构两齿轮的轴线不平行，其类型如图 3-34 所示。

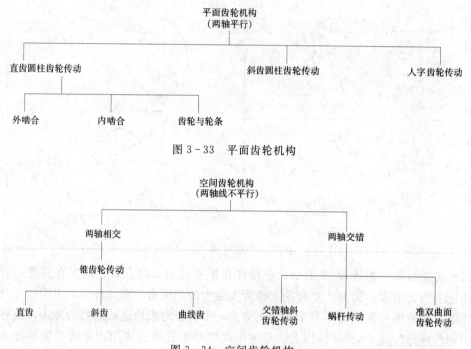

图 3-33　平面齿轮机构

图 3-34　空间齿轮机构

工程实际中，对齿轮传动的基本要求之一是瞬时角速度之比必须保持不变，否则当主动轮以等角速度转动时，从动轮的角速度将发生变化，产生惯性力，使传动不平稳，引起振动、噪音并影响其的工作精度和寿命。齿轮曲线的形状直接影响齿轮的瞬时传动比，为了保证传动比为常数，互相啮合传动的一对齿廓，在任一位置时的传动比等于连心线被齿廓接触点的公法线所分成两线段的反比。这是齿廓啮合的基本定律。满足齿廓啮合基本定律的一对齿廓称为共轭齿廓。理论上共轭齿廓曲线有很多种，在定传动比齿轮传动总可采用渐开线、摆线、圆弧等。考虑到啮合性能、加工、互换使用等问题，目前最常用的是渐开线齿廓。

在齿轮结构中，轮齿的尺寸小而承载大，故齿轮的失效多发生在轮齿上。轮齿的主要失效形式有：

（1）轮齿折断是轮齿失效的主要形式，因为轮齿齿根处受力最大，且有应力集中，所以齿轮折断一般发生在齿根部分，见图3-35。

轮齿折断的原因有两种：一种是受到严重冲击、短期过载发生的突然折断；另一种是轮齿在长期工作后经过多次反复的弯曲，是齿根发生疲劳折断。为了防止轮齿过载折断，应避免过载和冲击。为了防止疲劳折断，则可采用合适的材料和热处理方法、选择合适的模数和齿宽、提高齿轮制造精度和安装精度，都有利于防止轮齿疲劳折断。

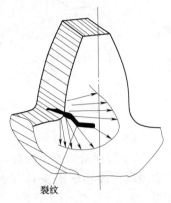

裂纹

图3-35 齿面折断

（2）两齿面接触时在理论上讲是接触线，而由于弹性变形的原因，实际上是很小的面接触因而表面产生很大的局部应力，称为接触应力。接触应力是按一定规律变化的，当变化次数超过一定限度后，轮齿的表面就会产生细微的疲劳裂纹，裂纹逐渐扩展，就会使表面层金属微粒剥落，形成麻点和斑坑，这便称为齿面疲劳点蚀，简称点蚀，如图3-36所示。点蚀后，齿廓表面被破坏，造成传动不平稳并产生噪声。

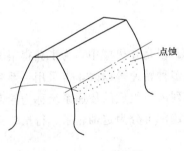

点蚀

图3-36 齿面点蚀

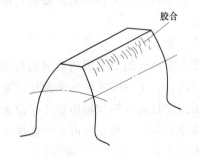

胶合

图3-37 齿面胶合

为了防止出现疲劳点蚀，可选择合适的齿轮参数、采用合适的材料及齿面硬度、减小表面粗糙度值、选用粘度高的润滑油并采用适当的添加剂，均能提高齿轮的抗点蚀能力。

（3）在高速或低速重载的闭式齿轮传动中，由于啮合区局部温度升高，使润滑油粘度降低，油膜破裂，两金属表面直接接触。因摩擦而使局部温度剧升，致使齿面互相熔焊、胶合在一起，随着齿面相对滑动，较弱的齿面就会被撕脱，形成沟痕，如图3-37所示。

防止齿面胶合的方法有：选用特殊的高粘度润滑油或在油中加入抗胶合的添加剂，选用不同材料使两轮不易粘连、提高齿面的硬度、降低齿面粗糙度、改进冷却条件等。

（4）因齿轮接触表面在传动中有相对滑动引起摩擦，齿面必会有磨损。如果润滑不良或是开式传动，当杂物落入齿面间更使磨损加快，致使齿廓很快失去正确形状，如图3-38所示，造成齿面磨损，齿面过度磨损会降低传动的平稳性，甚至因齿厚减小而发生轮齿折断。

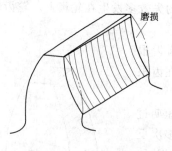

图 3-38　齿面磨损

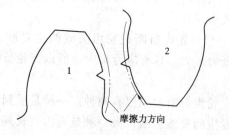

图 3-39　齿面塑性变形
1—主动轮；2—从动轮

减轻齿面磨损的方法有：提高齿面硬度、减小表面粗糙度值，采用合适的材料组合、加大模数、改善润滑条件（如采用闭式传动代替开式传动）和工作环境、改进维护条件等。

（5）采用齿面较软的齿轮，在重载作用下可能产生局部的金属流动现象，即齿面塑性变形。由于摩擦力的作用，齿面塑性变形将沿着摩擦力的方向发生，如图 3-39 所示。最后在主动轮齿面形成凹槽，在从动轮齿面却形成凸起的棱背。

材料较软的轮齿，在突然过载时还会产生整体的塑性变形。

防止塑性变形的措施有：提高齿面硬度、选用屈服强度高的材料、尽量避免频繁启动和过载。

六、轮系

由一对齿轮组成的机构是齿轮传动的最简单形式。但是在机械中，为了获得很大的传动比，或者为了将输入轴的一种转速变换为输出轴的多种转速等原因，常采用一系列相互啮合的齿轮将输入轴和输出轴连接起来。这种由一系列齿轮组成的传递系统称为轮系。

轮系传动时，根据各齿轮的轴线相对机架是否固定，可分为定轴轮系、行星轮系和混合轮系三大类。

（1）轮系中，如果所有齿轮的轴线相对机架都是固定的便称为定轴轮系，如图 3-40 所示。轮系传动比，是指该轮系中始端主动轮与末端从动轮的角速度或速度之比。定轴轮

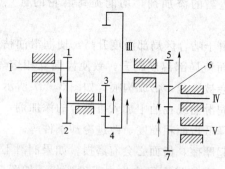

图 3-40　定轴轮系
Ⅰ、Ⅱ、Ⅲ、Ⅳ、Ⅴ—机架；
1、2、3、4、5、6、7—定轴齿轮

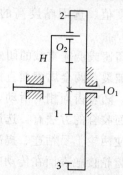

图 3-41　行星轮系
H—机架；1、3—定轴齿轮；2—行星齿轮；
O_1、O_2—几何轴线

76

系可实现距离较远的两轴之间的传动、获得大的传动比、实现变速传动、改变从动轴的转向、实现分路传动的用途。

（2）轮系在传动时，至少有一个齿轮的轴线相对机架不固定，而是绕另一个齿轮轴线转动的便称为行星轮系，如图3-41所示。该轮系可获得很大的传动比、实现运动的合成、分解等。

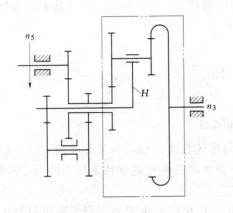

图3-42　混合轮系

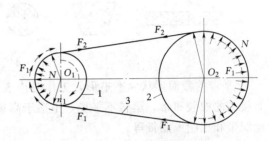

图3-43　带传动
1—主动带轮；2—从动带轮；3—传动带

（3）在轮系中既有定轴轮系又有行星轮系，这种轮系称为混合轮系，如图3-42所示。在方框以内为行星轮系，方框以外为定轴轮系。

七、带传动

如图3-43所示，带传动是由主动带轮1、从动带轮2和紧套在两个轮带上的传动带3组成。它是利用张紧在带轮上的挠性带，借助带与带之间的摩擦和啮合，在两轴或多轴之间传递运动或动力的一种机械传动。根据带传动的工作原理不同，带传动有摩擦带传动和啮合带传动两类。

1. 带传动的传动比

在机械传动中，主动轮与从动轮的转速或角速度之比称为传动比，用i表示：

$$i = \frac{n_1}{n_2} = \frac{\omega_1}{\omega_2} \tag{3-5}$$

式中　n_1、n_2——主、从动轮的转速；

ω_1、ω_2——主、从动轮的角速度。

带传动正常工作时（无打滑现象时），由于带的弹性变形，带与带轮间存在着微小的滑动，称为弹性滑动。忽略带的弹性变形影响，近似地可以认为带的速度v与主动带轮的圆周速度v_1、从动带轮的圆周速度v_2相等，即：

$$v_1 = v_2 = v$$

又因　　　　　　　　　　　$v_1 = \pi d_1 n_1，\quad v_2 = \pi d_2 n_2$

所以　　　　　　　　　　　$\dfrac{n_1}{n_2} = \dfrac{d_2}{d_1}$

代入式（3-5）得

$$i = \frac{n_1}{n_2} = \frac{\omega_1}{\omega_2} = \frac{d_2}{d_1} \qquad (3-6)$$

上式表明，带传动中两带轮的转速与两带轮的直径成反比。

2. 带传动的类型

如图 3-44 所示摩擦带传动按带的截面分有平带传动、V 带传动、圆带传动、多锲带传动等。

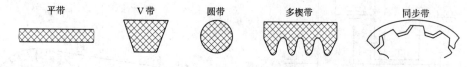

图 3-44 带的类型

平带的截面形状为平矩形，工作时内表面与带轮轮缘接触，为工作表面。它一般是有接头的橡胶布带，运转不平稳，不适于高速传动。高速机械则常用无接头的环形胶带、丝织带和棉纶编制带等。

V 带的截面形状为 T 形，两侧面为工作表面，在相同的张紧力作用下可以得到比平带更大的摩擦力，从而传递更大的功率，而且允许的颤动比较大，中心距较大，结构紧凑，因此在一般的机械传动中获得比平带更为广泛的应用。

多锲带传动兼有平带和 V 带的特点，适于传递功率较大、速度较高的场合。圆带的传动能力较小，常用于仪器、家电等，如缝纫机、吸尘器中。

同步齿形带传动是具有中间挠性体的啮合传动，带和带轮间无相对滑动，主、从动带轮线速度相等，因而能保证传动比恒定。但其制造和安装精度要求高，中心距要求严格，价格高。主要用于中小功率且要求传动比恒定的传动中，如打印机、数控机床、汽车发动机的配气机构等。

3. 带传动的特点

摩擦带的优点是可以有较大的中心距，适用于中心距较大的两轴之间的传动；当过载时，带与带之间会出现打滑，从而防止机器中其他零件损坏，起过载保护作用；带挠性体，能缓冲和吸震，因而带传动平稳、噪声小；带传动结构简单，制造和安装精度低，维护方便。但是，由于存在弹性滑动，带传动不能保证准确的传动比；为获得较大的摩擦力，需要有较大的初拉力，对轴的压力较大；带的寿命较短；传动的外廓尺寸大；摩擦损失大，传动效率较低，一般平带传动效率为 0.94～0.98，V 带传动效率为 0.92～0.96。

由于摩擦带传动的以上特点，它成为除齿轮传动外应用最为广泛的一种机械传动，适合于要求传动平稳、传动比不要求准确、中小功率的远距离传动。一般带传动所传递的功率 $P \leqslant 100\text{kW}$，带速 $v = 5\sim25\text{m/s}$，高速带的带速可达 60m/s，传动比通常在 3 左右，一般不超过 7。

八、链传动

1. 链传动类型

如图 3-45 所示，链传动是由安装在彼此平行的两轴上的主动链轮 1、从动链轮 2 和

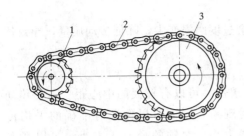

图 3-45 链传动

1—主动链轮；2—从动链轮；3—链条

图 3-46 齿形链

绕在两链轮上的封闭链条 3 组成。它依靠链条和链轮齿啮合来传递运动和力。

按工作性质不同，链有传动链、起重链和曳引链三种。传动链主要用来传递运动和动力，主要有滚子链和齿形链两种。

齿形链如图 3-46 所示，运转平稳，噪声小，承受冲击性能好，工作可靠；但结构复杂，重量大，故多用于高速或运动精度要求较高的场合。

滚子链如图 3-47 所示，由内链板 1、外链板 2、销轴 3、套筒 4 和滚子 5 组成。内链板和套筒、外链板和销轴之间为过盈配合，套筒和销轴之间为间隙配合。当链条绕入绕出链轮时，套筒可绕销轴自由转动。滚子和套筒之间也为间隙配合，使得链条与链轮啮合时滚子沿链轮齿廓作滚动，以减小链和链轮的磨损。

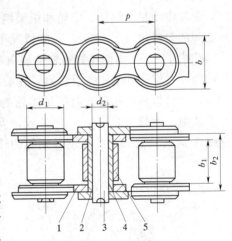

图 3-47 滚子链的结构

1—内链板；2—外链板；3—销轴；
4—套筒；5—滚子

2. 链传动的失效形式

(1) 链板的疲劳破坏。链在工作时，松边、紧边拉力不同，链板受变应力，经过一定的循环次数，链板发生疲劳断裂。滚子表面与链轮齿面接触处在链传动工作时也受变应力，达到一定的循环次数后会产生细微的疲劳裂纹，随着应力循环系数的增加，疲劳裂纹进一步扩展，使得表面金属脱落，形成斑点，这种现象称为疲劳点蚀。疲劳破坏多发生在润滑良好的高速传动中。

(2) 铰链磨损。工作时链条销轴和套筒之间既有较大的正压力，又有相对转动，会产生磨损。磨损后，链节距（链条上相邻两销轴的中心距称为链节距）增大，但链节距过大时，会导致跳齿或脱链，使链传动失效。

(3) 铰链胶合。当链速过高或润滑不良时，销轴和套筒工作表面有很大的摩擦力，其产生的热量导致销轴和套筒的胶合。

(4) 链条冲击断裂。在链条张紧不良的情况下，如果频繁启动、制动或反转，将产生较大的惯性载荷，销轴、套筒、滚子等会因多次冲击而断裂，导致链传动失效。

(5) 链条过载拉断。低速重载或瞬时过载的链传动中，载荷超过了静强度，链条会被拉断而失效。

（6）链轮齿面磨合。链轮长期使用，齿廓会过度磨损变尖，降低传动质量，导致传动失效。

3. 链传动的特点和应用

链传动的机构简单，成本低，安装精度要求低，可以有较大的中心距。与带传动相比较，链传动是啮合传动，无弹性滑动和打滑现象，因而可以保证有准确的平均传动比；传动效率高；结构紧凑；链条需要的张紧力小，对轴的径向压力小；可以在恶劣的环境中工作。但是，链传动只能传递平行轴之间的同向回转运动；工作时有噪音；不能保持恒定的瞬时传动比，传动平稳性差，不宜用于高速、载荷变化大和需要急速反向转动的场合。

链传动主要用于两轴相距较远，要求平均传动比准确，工作条件恶劣，不宜采用带传动和齿轮传动的场合。一般链传动功率 $P \leqslant 100kW$，链速 $v \leqslant 15m/s$，传动比 $i \leqslant 8$，中心距 a 不大于 $5 \sim 6m$，传动效率为 $0.95 \sim 0.98$。

九、蜗杆传动

蜗杆传动是由蜗杆、蜗轮和机架组成，用来传动空间交错轴之间的运动和动力，通常两轴间的交错角为 $\Sigma = 90°$。一般情况下蜗杆传动中蜗杆为主动件，蜗轮为从动件，如图 3-48 所示。如果我们已知蜗杆的旋向和转向，可用"主动轮左、右手法则"来判定蜗轮的转向：右旋蜗杆采用右手法则，左旋蜗杆采用左手法则。其方法是：四指弯曲表示蜗杆转向，大拇指所指相反方向就是蜗轮的旋转方向。如图 3-49（a）所示，右旋蜗杆采用右手法则，四指弯曲与 n_1 方向一致，大拇指所指的相反方向就是 n_2 方向。同理可求出左旋蜗杆 n_1 方向已知时，从动件蜗轮的转向 n_2，如图 3-49（b）所示。

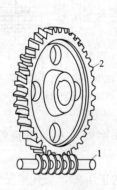

图 3-48 蜗杆传动
1—蜗杆；2—蜗轮

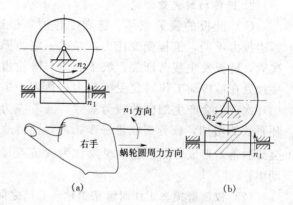

图 3-49 蜗轮转向的判定
（a）主动轮左、右手法则；（b）转向的判定

与齿轮传动相比，蜗杆传动的主要优点有：传动比大，结构紧凑、传动平稳、可以自锁等优点。但是由于传动时啮合齿面间的相对滑动速度大，蜗杆传动的摩擦损失大、传动效率低，一般效率为 $0.7 \sim 0.9$，自锁蜗杆传动的效率小于 0.5。为了减轻齿面的磨损及防止齿面胶合，蜗轮常用贵重的减磨材料来制造，成本较高。另外，蜗杆传动对制造和安装误差敏感，安装时对中心距的尺寸精度要求较高。

第六节 机 械 零 件

一、键连接

键连接主要用来连接轴和轴上的传动零件，实现轴向固定并传递转矩；有的键也可以实现零件的轴向固定或轴向滑动。键是标准件，常用的材料是 45 钢，由专门工厂生产制造。键连接可分为平键连接、半圆键连接、楔键连接、切向键连接等。

平键的侧面为工作面，上表面和轮毂之间留有间隙。工作时，靠键侧面与键槽的互相挤压来传递转矩。根据用途不同，平键分为普通平键、导向平键和滑键，如图 3-50 和图 3-51 所示。

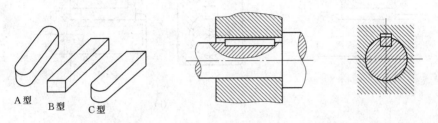

图 3-50　普通平键连接

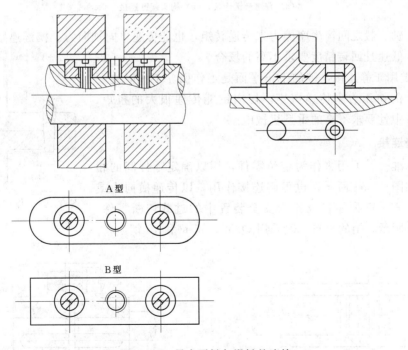

图 3-51　导向平键与滑键的连接

半圆键用于静连接，键的侧面是工作面，如图 3-52 一般用于轻载连接，常用于轴的锥形端部。

楔键用于静连接，键的上下两面为工作面，如图 3-53 所示。键工作时楔紧在轴毂之

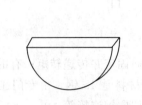
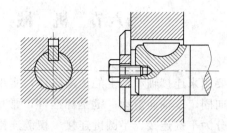

图 3-52　半圆键连接

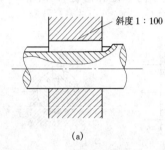
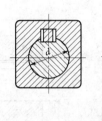
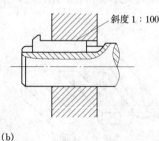

（a）　　　　　　　　　　　　（b）

图 3-53　锲键连接

（a）普通锲键连接；（b）钩头锲键连接

间，使键、轴、毂之间产生摩擦力来传递转矩，也能传递单向轴向力。楔键连接适合用于载荷平稳、低速且回转精度要求不高的场合。

切向键用于静连接，键的上下平面是工作面。工作时主要靠工作面上的挤压力来传递扭矩。切向键能传递很大的扭矩，主要用于对中性要求不高的重型机械中。

二、销连接

销是标准件，可用来作为定位零件，用以确定零件间的相互位置，如图 3-54 所示；也可起连接作用，以传递横向力或转矩，如图 3-55 所示；或作为安全装置中的过载切断零件，如图 3-56 所示。销的材料一般采用 Q235，35 钢和 45 钢。

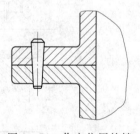

图 3-54　作定位用的销

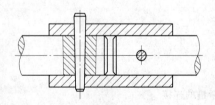

图 3-55　传递横向力和转矩的销

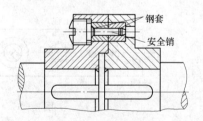

图 3-56　安全销

常用的销有圆柱销、圆锥销和开口销，其特点和应用见表 3-3。

表 3-3　　　　　　　　　常用销的类型、特点和应用

类　型		图　形	标准号	特点和应用
圆柱销	普通圆柱销		GB119—86	主要用于定位，也可用于连接，只能传递不大的载荷。内螺纹圆柱销多用于盲孔，内螺纹供拆卸用。弹性圆柱销具有弹性，不易松脱，销孔精度要求低，互换性好，可多次装拆，用于有冲击、振动的场合
	内螺纹圆柱销		GB120—86	
	弹性圆柱销		GB879—86	
圆锥销	普通圆锥销		GB117—86	主要用于定位，也可以固定零件，传递动力，受横向力时能自锁，定位精度比圆柱销高，多用于经常装拆的场合，螺纹供拆卸用
	内螺纹圆锥销		GB118—86	
	螺尾圆锥销		GB881—86	
开口销			GB91—86	工作可靠、拆卸方便，可用于锁定其他紧固件以防止松脱，常与槽形螺母合用

三、螺纹连接

螺纹连接是利用螺纹零件，将两个以上零件刚性连接起来构成的一种可拆连接。按照螺纹的绕行方向可分为右旋螺纹和左旋螺纹；按照螺纹线的根数分为单线、双线、三线及四线螺纹；螺纹还有内螺纹和外螺纹之分。

螺纹主要有以下参数：见图 3-57 所示。

大径 d 为螺纹的最大直径，即螺纹的公称直径，小径 d_1 为螺纹的最小直径，中径 d_2 为指一假象圆柱的直径，这个圆柱体的表面所截的螺纹牙厚和牙间宽相等。对于矩形螺纹：

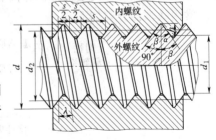

图 3-57　螺纹的主要参数

$$d_2 = \frac{1}{2}(d + d_1)$$

螺距 s 为相邻两牙间的轴向距离，导程 L 为同一条螺旋线上相邻两牙间的轴向距离。

导程 L、螺距 s 和线数 n 之间的关系为 $L = ns$。

螺纹连接有四种基本类型，如图 3-58 所示。

螺栓连接时螺栓穿过被连接件上的通孔并用螺母锁紧。无需在被连接件上切制螺纹，使用时不受材料限制，但需螺母。这种连接结构简单，装拆方便，应用最广。

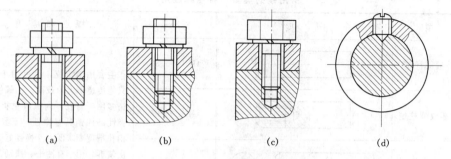

图 3-58 螺纹连接的基本类型
(a) 螺栓连接；(b) 双头螺柱连接；(c) 螺钉连接；(d) 紧定螺钉连接

双头螺柱连接是将双头螺柱一端拧紧在被连接件之一的螺纹孔内，另一端穿过另一被连接件的通孔，再旋上螺母。拆卸时，只需拧下螺母，不必拧下双头螺柱就能将被连接件分开。这种连接用于被连接件之一的厚度很大，不便钻成通孔，且需经常拆装的场合。

螺钉连接不需螺母，用途与双头螺柱连接相似，但不宜经常拆装，以免损坏螺纹孔。

紧定螺钉连接是将紧定螺钉旋入一零件的螺纹孔内，并用末端顶住另一零件的表面或顶入相应的坑中，以固定两零件的相对位置，它可传递不大的力或力矩。

螺纹连接件包括螺栓、双头螺柱、螺钉、紧定螺钉、螺母、垫圈、防松零件等。这些零件大多已有国家标准，其品种和规格可由有关标准或手册查得。

螺旋机构由螺杆、螺母和机架组成，它能将旋转运动转变为直线运动。

四、联轴器与离合器

联轴器和离合器主要用于轴与轴之间的连接，使它们一起回转并传递转矩。用联轴器连接的两根轴，只有在机器停车后，经过拆卸才能把它们分离。用离合器连接的两根轴，在机器工作中就能方便地使他们分离和接合。

常用联轴器分类如下：

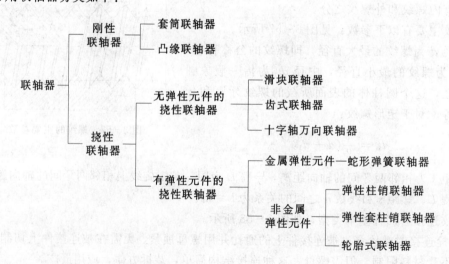

离合器主要分牙嵌式和摩擦式两类。另外，还有电磁离合器和自动离合器。电磁离合器在自动化机械中作为控制转动的元件而被广泛应用。自动离合器能够在特定的工作条件下（如一定的转矩、一定的转速或一定的回转方向）自动接合或分离。

联轴器和离合器大都已标准化了。设计时可查阅相关的手册，直接选用。一般可先依据机器的工作条件选定合适的类型，然后按照计算转矩、轴的转速和轴端直径从标准中选择所需的型号和尺寸。必要时还应对其中某些量件进行验算。

五、轴

1. 轴的功用和分类

轴是机械中的重要零件之一，它的主要功用是支撑回转零件，使其具有确定的工作位置，并传递运动和动力。

按照轴线形状，轴可以分成直轴、曲轴和挠性轴。曲轴属于专用零件，常用于往复式机械中（如内燃机、空压机等）；挠性轴轴形可以弯曲，能够将运动和动力传至空间任意位置；直轴在各类机械中广泛运用，属于通用零件。

直轴按其受载情况可分成转轴、心轴和传动轴。工作时同时承受弯矩和扭矩的轴称为转轴；只承受弯矩，不承受扭矩的轴称为心轴；只承受扭矩，不承受弯矩的轴称为传动轴。

直轴一般为实心轴，当有结构要求或为减轻重量时，可以制成空心轴。按轴的各段直径是否相同，直轴还可以分成光轴和阶梯轴，在一般机械中阶梯轴应用最广。

轴的材料应满足强度、刚度、韧性及耐磨性方面的要求，常采用碳素钢和合金钢，形状复杂的轴也有采用高强度铸铁和球墨铸铁的。

2. 轴的结构

图 3-59 所示为一减速器中的阶梯轴。轴上与轴承配合的部分称为轴颈；与齿轮、联轴器等零件配合的部分称为轴头；连接轴颈和轴头的部分称为周身；起连接和定位作用的环带称为轴环；轴径变化处形成的台阶称为轴肩。

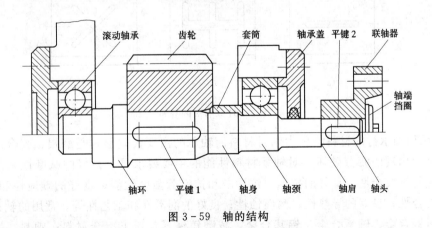

图 3-59　轴的结构

六、轴承

轴承是轴系中的重要部件，其功用有两个方面：一是支承轴和轴上零件并保证轴的旋转精度；二是减小转动的轴与其固定支承之间的摩擦和磨损。根据工作时摩擦性质的不同，轴承可分为滑动摩擦轴承（简称滑动轴承）和滚动摩擦轴承（简称滚动轴承）两大类。

1. 滑动轴承

滑动轴承根据所承受载荷的方向不同，可分为承受径向载荷的径向滑动轴承、承受轴向载荷的推力滑动轴承以及同时承受径向载荷和轴向载荷的径向推力轴承。如图 3-60所示。

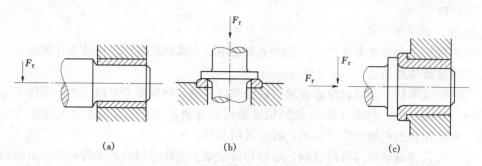

图 3-60　滑动轴承类型
(a) 径向滑动轴承；(b) 推力滑动轴承；(c) 径向推力组合

滑动轴承一般由轴承座、轴瓦、润滑装置、密封装置等组成。轴瓦是与轴颈直接接触的工作部分，轴瓦有整体式和剖分式两种。整体式轴瓦又称轴套。为了润滑轴承的工作表面，一般都在轴瓦上开设油孔、油沟和油室。油孔用来供应润滑油，油沟用来输送和分布润滑油，而油室则可使润滑油沿轴向均匀分布，并起贮油和稳定供油的作用。油孔一般开在轴瓦的上方，并和油沟一样应开在非承载区，以免破坏油膜的连续性而影响承载能力。常见的油沟形式如图 3-61所示。

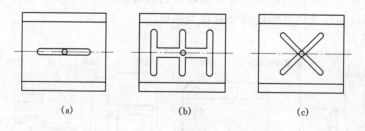

图 3-61　油沟的分布

轴承和轴承衬的材料统称为轴衬材料。轴承的主要失效形式是磨损、胶合及因材料强度不足而出现的疲劳破坏。对轴承材料性能的主要要求是：良好的减摩性和高的耐磨性；良好的抗胶合性；良好的抗压、抗冲击和抗疲劳强度性能；良好的顺应性和嵌藏性；良好的磨合性；良好的导热性、耐腐蚀性；良好的润滑性和工艺性等。常用的轴瓦材料有金属材料铜合金、轴承合金、铝基合金、减磨铸铁等；粉末冶金材料；塑料、尼龙、橡胶、石墨、硬木等摩擦系数小，抗压强度和疲劳强度较高，耐磨性、跑合性和嵌藏性较好，可以采用水或油来润滑的非金属材料。

2. 滚动轴承

滚动轴承一般是由内圈 1、外圈 2、滚动体 3 和保持架 4 组成，如图 3-62 所示轴承内圈装在轴颈上，外圈装在机座或零件的轴承孔内。轴承的内外圈上均有滚道，当内外圈相对旋转时，滚动体沿滚道滚动，保持架将滚动体均匀隔开。滚动轴承是一种标准件，其全部要素均已标准化，并由轴承厂大批生产。

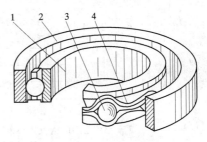

图 3-62　滚动轴承的构造
1—内圈；2—外圈；3—滚动体；4—保持架

滚动轴承的内、外圈和滚动体均采用强度高、耐磨性好的铬锰高碳钢制造，常用材料有 GCr15、GCr15SiMn 等。保持架多用低碳钢板冲压而成，也可以采用铜合金、塑料及其他材料制造。

滚动轴承按其滚动体形状的不同，可分为球轴承和滚子轴承两大类。除球轴承外，其余均为滚子轴承，如圆柱滚子轴承、圆锥滚子轴承、滚针轴承等，如图 3-63 所示。

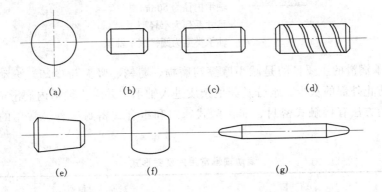

图 3-63　滚动体的形状
(a) 球；(b) 短圆柱滚子；(c) 长圆柱滚子；(d) 螺旋滚子；
(e) 圆锥滚子；(f) 鼓形滚子；(g) 滚针

滚动轴承代号由基本代号、前置代号和后置代号组成。轴承代号的构成见表 3-4。

表 3-4　　　　　　　　　　　　　　　　滚动轴承代号的构成

前置代号	基本代号					后置代号							
	五	四	三	二	一								
	类型代号	尺寸系列代号		内径代号		内部结构代号	密封与防尘结构代号	保持架及其材料代号	特殊轴承材料代号	公差等级代号	游隙代号	多轴承配置代号	其他代号
轴承分部件代号		宽度系列代号	直径系列代号										

注　基本代号下面的一至五表示代号自右向左的位置序数。

滚动轴承代号举例：

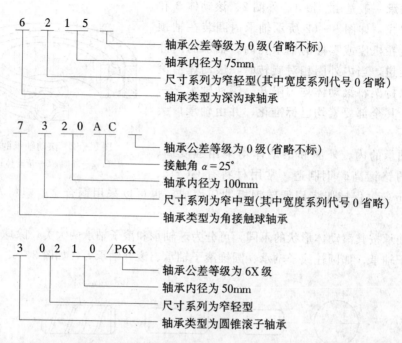

　　6 2 1 5
　　　　　├── 轴承公差等级为 0 级(省略不标)
　　　　├──── 轴承内径为 75mm
　　　├────── 尺寸系列为窄轻型(其中宽度系列代号 0 省略)
　　└──────── 轴承类型为深沟球轴承

　　7 3 2 0 A C
　　　　　　　├── 轴承公差等级为 0 级(省略不标)
　　　　　　├──── 接触角 α＝25°
　　　　├────── 轴承内径为 100mm
　　　├──────── 尺寸系列为窄中型(其中宽度系列代号 0 省略)
　　└────────── 轴承类型为角接触球轴承

　　3 0 2 1 0 /P6X
　　　　　　├── 轴承公差等级为 6X 级
　　　　├──── 轴承内径为 50mm
　　　├────── 尺寸系列为窄轻型
　　└──────── 轴承类型为圆锥滚子轴承

　　滚动轴承润滑的主要目的是减小摩擦与磨损、防锈、吸振与冷却。滚动轴承密封的目的是为了防止外部的灰尘、水分及其他杂质进入轴承,并阻止轴承内润滑剂的流失。滚动轴承密封的方法有接触式密封、非接触式密封和组合式密封三种。常用的密封形式见表 3 - 5。

表 3 - 5　　　　　　　　　　滚动轴承常用的密封形式

密封形式		结　构　图　例	密封原理及说明	适　用　场　合
接触式密封	毛毡圈密封		利用毛毡的弹性和吸油性,与轴颈粘合而起到密封作用	用于密封润滑脂和润滑油,轴颈圆周速度不大于 4～5m/s,工作温度不超过 90℃
	皮碗式密封		利用唇口与轴接触阻断泄漏间隙,以防漏和防止灰尘或杂质侵入	广泛用于密封润滑油,也可用于密封脂,轴颈圆周速度不大于 7m/s,工作温度在 −40～100℃
非接触式密封	间隙式密封		利用流体经曲折通道而多次节流产生阻力,使流体难以流失,间隙越小越长,效果越好	主要用于密封润滑脂和防尘,要求环境干燥清洁

密封形式		结　构　图　例	密封原理及说明	适　用　场　合
非接触式密封	迷宫式密封	径向　　　　轴向	利用曲折的间隙进行密封，在间隙内充以润滑油或润滑脂以提高密封效果，分径向和轴向两种	用于密封润滑油或润滑脂，工作温度不高于密封用润滑脂的滴点，密封可靠
组合式密封			利用毛毡和迷宫各自的优点，提高密封的效果	可用于密封润滑油或润滑脂，特别适合要求密封效果较高的场合

七、弹簧

弹簧是机械中应用十分广泛的弹性元件。受载后它能生产较大的弹性变形，从而把机械功或动能转变为变形能。卸载后又能消失变形立即恢复原状，从而又把变形能转变为动能或机械功，即弹簧具有储存和释放一定的弹性能的特性，它的主要功用有：缓冲吸振；控制运动；储存能量；测量载荷。

弹簧的类型很多，按照所承受的载荷不同可分为拉伸弹簧、压缩弹簧、扭转弹簧和弯曲弹簧四种。按照形状不同又可分为螺旋弹簧、环形弹簧、碟形弹簧、板弹簧和涡卷弹簧等。常用弹簧的类型、特点和引用见表3-6。

表3-6　　　　　　　　　常用弹簧的类型、特点和应用

名　　称	简　　图	特点及应用
圆柱形螺旋弹簧	拉伸弹簧 压缩弹簧	结构简单，制造方便，应用最广
圆柱形螺旋扭转弹簧		承受转矩，主要用于各种装置中的压紧和储能
圆锥形螺旋弹簧		承受压力，结构紧凑，稳定性好，防振能力较强，多用于承受大载荷和减振的场合

名 称	简 图	特 点 及 应 用
碟形弹簧		承受压力，缓冲及减振能力强，常用于重型机械的缓冲和减振装置
环形弹簧		承受压力，是目前最强的压缩、缓冲弹簧，常用于重型设备，如机车车辆、锻压设备和起重机械中的缓冲装置
平面涡卷弹簧		承受转矩，能储存较大能量，常用作仪器，钟表中的储能弹簧
板弹簧		承受弯曲，这种弹簧变形大，吸振能力强，主要用于汽车、拖拉机等悬挂装置

弹簧通常是在交变载荷下工作，因此弹簧材料必须具有高的弹性极限和疲劳强度，同时还应具有足够的冲击韧性以及良好的热处理性能。常用的弹簧材料有：碳素弹簧钢、低锰弹簧钢、硅锰弹簧钢、铬钒弹簧钢、不锈钢及青铜等。几种常用弹簧材料的牌号、特性及应用见表 3-7。

表 3-7　　　　　　　　常用弹簧材料的牌号、特性及应用

材料名称	牌 号	特 性 及 应 用
钢丝	碳素弹簧钢丝 B 级、C 级、D 级	强度高、性能好，适用于小弹簧
	60Mn	强度高、性能好，适用于普通机械弹簧
	60Si2MnA	强度高、性能较好，易脱碳，适用于普通机械的较大弹簧
	50CrVA	高温时性能稳定，用于高温下的弹簧，如内燃机阀门弹簧
不锈钢丝	1Cr18Ni9	耐腐蚀，耐高温，耐低温
	0Cr17Ni10	耐低温，适用于小弹簧
	0Cr17N18Al	
青铜丝	QSn3-1	耐腐蚀，防磁性好
	QBe2	耐磨损，耐腐蚀，防磁性好，导电性好
热轧弹簧钢丝	65Mn	弹簧好，用于普通机械弹簧
	60Si2Mn	强度高，弹性好，广泛用于各种机械和交通工具弹簧
	55CrMnA	强度高，抗高温，用于承受较大载荷的较大弹簧

第七节 焊 接

焊接是利用加热或加压（或加热和加压），借助于金属原子的结合与扩散，使分离的两部分金属牢固地、永久地结合起来的工艺。焊接方法的种类很多，各有其特点及应用范围。但按焊接过程本质的不同，可分为熔化焊、压力焊和钎焊三大类。焊接方法可以化大为小、化复杂为简单、拼小成大，还可以与铸锻、冲压结合成复合工艺生产大型复杂件。

熔化焊：是将两个焊件局部加热到熔化状态，并加入填充金属，冷却后形成牢固的接头的焊接方法。这类仅靠加热工件到熔化状态实现焊接的工艺方法，叫熔化焊，简称熔焊。常用的熔化焊有电弧焊、气焊、电渣焊、电子束焊、激光焊和等离子弧焊等。

压力焊：是将两构件的连接部分加热到塑性状态或表面局部熔化状态，同时施加压力使焊件连接起来的一类焊接方法，叫压力焊，简称压焊。常用的压力焊有电阻焊、摩擦焊、扩散焊、爆炸焊、冷压焊和超声波焊等。

钎焊：利用比焊件熔点低的钎料和焊件一起加热，使钎料熔化，焊件不熔化，熔化的钎料填充到焊件之间的缝隙中，钎料固后将两焊件连接成整体的焊接方法。常用的钎焊有锡焊、铜焊等。

随着科学技术的发展，焊接方法已达数十种之多。图3-64列举了现代化工业生产中常用的焊接方法。

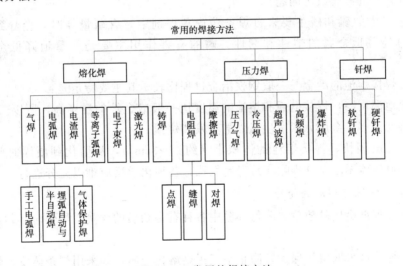

图3-64 常用的焊接方法

一、焊接工程的理论基础

熔化焊的焊接过程是利用热源（如电弧热、气体火焰热、高能粒子束等）先将工件局部加热到熔化状态，形成熔池，然后，随着热源向前移动，熔池液体金属冷却结晶，形成焊缝。熔化焊过程包含有加热、冶金和结晶过称，在这些过程中，会产生一系列变化，对焊接质量有较大的影响，如焊缝成分变化、焊接接头组织性能变化以及焊接应力与变形的产生等等。

（一）熔焊冶金过程

1. 焊接熔池的冶金特点

熔焊过程中，一些有害杂质元素（如氧、氮、氢、硫、磷等）会因各种原因溶入液态金属，影响焊缝金属的化学成分和性能。

用光焊条在大气中对低碳钢进行无保护的电弧焊时，在电弧高温的作用下，焊接区周围空气中的氧气和氮气会发生强烈的分解反应，形成氧原子和氮原子。

氧原子与熔化的金属接触，氧化反应使焊缝金属中的 C、Mn、Si 等元素明显烧损，而含氧量则大幅度提高，导致金属的强度、塑性和韧性都急剧下降，尤其会引起冷脆等质量问题。此外，一些金属氧化物会溶解到熔池金属中，与碳发生反应，产生不溶于金属的 CO，在熔池金属结晶时 CO 气体来不及逸出就会形成气孔。

氮能以原子的形式溶于大多数金属中，氮在液态铁中的溶解度随着温度的升高而增大，当液态铁结晶时，氮的溶解度急剧下降。这时过饱和的氮以气泡形式从熔池向外逸出，若来不及逸出熔池表面，便在焊缝中形成气孔。氮原子还能与铁化合形成 Fe_4N 等化合物，以针状夹杂物形态分布在晶界和晶内，使焊缝金属的强度、硬度提高，而塑性、韧性下降，特别是低温韧性急剧降低。

除了氧和氮以外，氢的溶入和对焊缝金属的有害作用也是值得注意的。当液态铁吸收了大量氢以后，在熔池冷却结晶时会引起气孔，当焊缝金属中含氢量高时，会导致金属的脆化（称氢脆）和冷裂纹等问题。

焊缝金属中的硫和磷主要来自焊条药皮和焊剂中，含硫量高时，会导致热脆性和热裂纹，并能降低金属的塑性和韧性。磷的有害作用主要是严重地降低金属的低温韧性。

因此，焊接熔池的冶金与一般钢铁冶金过程比较，其主要特定是：

（1）熔池温度高，焊接电弧和熔池的温度比一般冶金炉的温度高，所以气体含量高，溶入的有害元素多，金属元素发生强烈的蒸发和烧损。

（2）熔池凝固快，焊接熔池的体积小（约 $2\sim3cm^3$），从熔化到凝固时间很短（约 10s），熔池中气体无法充分排除，易产生气孔，各种化学反应难以充分进行。

2. 对熔池的保护和冶金处理

为了保证焊缝金属的质量，降低焊缝中各种有害杂质的含量，熔焊时必须从以下两方面采取措施：

（1）对焊接区采取机械保护，防止空气污染熔化金属，如采用焊条药皮、焊剂或保护气体等，使焊接区的熔化金属被熔渣或气体保护，与空气隔绝。

（2）对熔池进行冶金处理，清除已经进入熔池中的有害物质，增加合金元素，以保证和调整焊缝金属的化学成分。通过在焊条药皮或焊剂中加入铁合金等，对熔化金属进行脱氧、脱硫、脱磷、去氢和渗合金等。

（二）焊接接头组织和性能

熔焊是焊件局部经历加热和冷却的热过程。在焊接热源的作用下，焊接接头上某点的温度随时间变化的过程称为焊接热循环。焊缝及附近的母材所经历的焊接热循环是不相同的，因此，引起的组织和性能的变化也不相同。

熔焊的焊接接头由焊缝和热影响区组成。

1. 焊缝的组织与性能

焊缝是由熔池金属结晶而成的，结晶首先从熔池底壁开始，沿垂直熔池和母材的交界线向熔池中心长大，形成柱状晶，如图3-65所示，熔池结晶过程中，由于冷却速度很快，已凝固的焊缝金属中的化学元素来不及扩散，造成合金元素偏析。

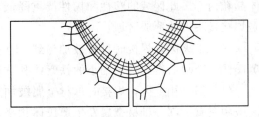

图 3-65 焊缝的柱状结晶示意图

焊缝组织是有液态金属结晶的铸态组织。其具有晶粒粗大、成分偏析、组织不致密等缺点，但是，由于焊接熔池小，冷却快，且碳、硫、磷都较低，还可以通过焊接材料（焊条、焊丝和焊剂等）向熔池金属中渗入某些细化晶粒的合金元素，调整焊缝的化学成分，因此可以保证焊缝金属的性能满足使用要求。

2. 热影响区的组织与性能

热影响区是指在焊接热循环的作用下，焊缝两侧因焊接热而发生金相组织和力学变化的区域。低碳钢的焊接热影响区组织变化，如图3-66所示，由于各温度不同，组织和性能变化特征也不同，其热影响区一般包括半熔化区、过热区、正火区和部分相变区。

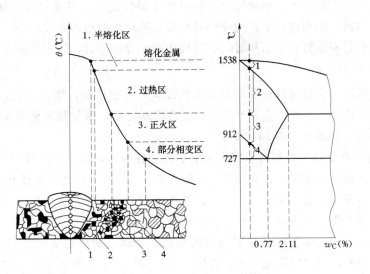

图 3-66 低碳钢焊接热影响区组织变化示意图

（1）半熔化区，是焊缝与基体金属的交界区，也称为熔合区。焊接加热时，该区的温度处于固相线和液相线之间，金属处于半熔化状态。对低碳钢而言，由于固相线和液相线的温度区间小，且温度梯度大，所以融合区的范围很窄（0.1～1mm）。熔合区的化学成分和组织性能都有很大的不均匀性，其组织中包含未熔化而受热长大的粗大晶粒和铸造组织，力学性能下降较多，是焊接接头中的薄弱区域。

（2）过热区，焊接加热时此区域处于 1100℃ 至固相线的高温范围，奥氏体晶粒发生严重的长大现象，焊后快速冷却的条件下，形成粗大的魏氏组织。魏氏组织是一种典型的过热组织，其组织特征是铁素体一部分沿奥氏体晶界分布，另一部分以平行状态伸向奥氏体晶粒内部。此区域的塑性和韧性严重降低，尤其是冲击韧度降低更为显著，脆性大，也是焊接接头中的薄弱区域。

（3）正火区，焊接时母材被加热到 $1100℃-A_{c1}$ 的范围，铁素体和珠光体全部转变为奥氏体。冷却后得到均匀细小的铁素体和珠光体组织，其力学性能优于母材。

（4）部分相变区，焊接时母材金属被加热到 $A_{c1}-A_{c3}$ 之间的区域属于部分相变区。该区域中只有一部分母材金属发生奥氏体相变，冷却后成为晶粒细小的铁素体和珠光体；而另一部分是始终未能溶入奥氏体的铁素体，它不发生转变，但随温度升高，晶粒略有长大。所以冷却后此区晶枝大小不一，组织不均匀，其力学性能稍差。

3. 影响焊接接头性能的主要因素

焊接热影响区中的半熔化区和过热区对焊接接头不利，应尽量减小。

影响焊接接头组织和性能的因素有焊接材料、焊接方法、焊接工艺参数、焊接接头形式和坡口等。实际生产中，应结合母材本身的特点合理地考虑各种因素，对焊接接头的组织和性能进行控制。对重要的焊接结构，若焊接接头的组织和性能不能满足要求时，则可以采用焊后热处理来改善。

（三）焊接应力与变形

构件焊接后，内部会产生残余应力，同时产生焊接变形。焊接应力与外加载荷叠加，造成局部应力过高，则构件产生新的变形和开裂，甚至导致构件失效。

因此，在设计和制造焊接结构时，必须设法减小焊接应力，防止过量变形。

1. 应力与变形的形成

（1）形成原因。金属材料在受均匀加热和冷却作用的情况，能完全自由膨胀和收缩，那么在加热过程中产生变形，而不产生应力；在冷却之后，恢复到原来的尺寸，没有残余变形和残余应力，如图 3-67（a）所示。

当金属杆件在加热和冷却时，完全不能膨胀和收缩，如图 3-67（b）所示，加热时，杆件不能像自由膨胀时那样伸长到位置 2，依然处于位置 1，因此，承受压应力，产生塑性压缩变形；冷却时，又不能从位置 1 自由收缩到位置 3，依然处于位置 1，于是承受拉应力。这个过程有焊接残余应力，但是没有残余变形。

熔焊过程中，焊接接头区域受不均匀的加热和冷却，加热的金属受周围冷金属的约束，不能自由膨胀，但可以膨胀一些，如图 3-67（c）所示。在加热时只能从位置 1 膨胀到位置 4，此时产生压应力；冷却后只能从位置 4 收缩到位置 5，因此，这部分金属受拉应力并残留下来，即焊接残余应力。从位置 1 到位置 5 的变化，就是焊接残余变形。

（2）应力的大致分布，对接接头焊缝的应力分布，如图 3-68 所示，可见，焊缝往往受拉应力。

（3）变形的基本型式，常见的焊接残余变形的基本型式有尺寸收缩、角变形、弯曲变形、扭曲变形和翘曲变形五种，如图 3-69 所示。但在实践的焊接结构中，这些变形并不

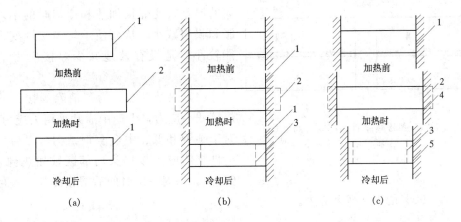

图 3－67　焊接变形与残余应力产生原因示意图

（a）能自由膨胀和收缩；（b）不能膨胀和收缩；（c）不能自由膨胀和收缩

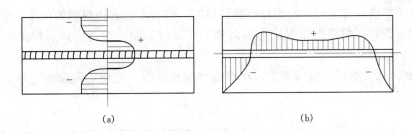

图 3－68　对接焊缝的焊接应力分布

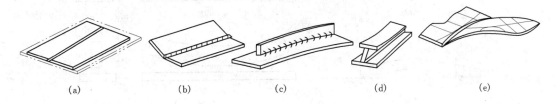

图 3－69　焊接变形的基本形式

（a）纵向和横向收缩变形；（b）角变形；（c）弯曲变形；（d）扭曲变形；（e）波浪变形

是孤立存在的，而是多种变形共存，并且互相影响。

2．减少或消除应力的措施

可以从设计和工艺两方面综合考虑来降低焊接应力。在设计焊接结构时，应采用刚性较小的接头形式，尽量减少焊缝数量和截面尺寸，避免焊缝集中等。在工艺措施上可以采用以下方法。

（1）合理选择焊接顺序，应尽量使焊缝能较自由地收缩，减少应力，如图 3－70 所示。

（2）锤击法，是用一定形状的小锤均匀迅速地敲击焊缝金属，使其伸长，抵消部分收缩，从而减小焊接残余应力。

（3）预热法，是指焊前对待焊构件进行加热，焊前预热可以减小焊接区金属与周围金

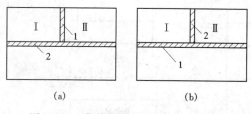

图 3-70 焊接顺序对焊接应力的影响
(a) 合理；(b) 不合理
1—焊接顺序 1；2—焊接顺序 2

属的温差，使焊接加热和冷却时的不均匀膨胀和收缩减小，从而使不均匀塑性变形尽可能较小，是最有效地减少焊接应力的方法之一。

（4）热处理法，为了消除焊接结构中的焊接残余应力，生产中通常采用去应力退火。对于碳钢和低、中合金钢结构，焊后可以把构件整体或焊接接头局部区域加热到 $600 \sim 650℃$，保温一定时间后缓慢冷却。一般可以消除 $80\% \sim 90\%$ 的焊接残余应力。

3. 变形的预防与校正

焊接变形对结构生产的影响一般比焊接应力要大些。在实际焊接结构中，要尽量减少变形。

（1）为了控制焊接变形，在设计焊接结构时，应合理地选用焊缝的尺寸和形状，尽可能减少焊缝的数量，焊缝的布置应力求对称。在焊接结构的生产中，通常采用以下工艺措施：

1）反变形法，根据经验或测定，在焊接结构组焊时，先使工件反向变形，以抵消焊接变形，如图 3-71 所示。

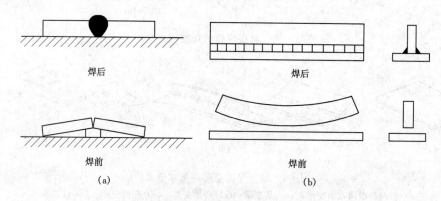

图 3-71 反变形法预防焊接变形示意图
(a) 角变形；(b) 弯曲变形

2）刚性固定法。刚性大的结构焊后变形一般较小；当构件的刚性较小时，利用外加刚性拘束以减小焊接变形的方法称为刚性固定法，如图 3-72 所示。

（2）合理选择焊接方法和焊接工艺参数，选用能量比较集中的焊接方法。如采用 CO_2 焊、等离子弧焊代替气焊和手工电弧焊，以减小薄板焊接变形。

（3）合理选择装配焊接顺序，焊接结构的刚性通常是在装配、焊接过程中逐渐增大的，结构整体的刚

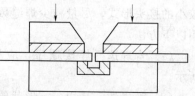

图 3-72 刚性固定法预防
焊接变形示意图

性要比其部件的刚性大。因此，对截面对称、焊缝布置也对称的简单结构，采用先装配成整体，然后按合理的焊接顺序进行生产，可以减小焊接变形，如图3-73所示，图中的阿拉伯数字为焊接顺序。最好能同时对称施焊。

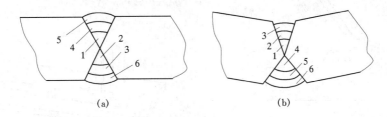

图3-73 预防焊接变形的焊接顺序
(a) 合理；(b) 不合理

（4）校正焊接变形的措施 校正焊接变形的方法主要有机械校正和火焰校正两种。

1）机械校正是利用外力使构件产生与焊接变形方向相反的塑性变形，使二者互相抵消，可采用辊床、压力机、矫直机等设备，如图3-74所示，也可手工锤击校正。

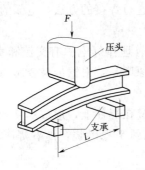

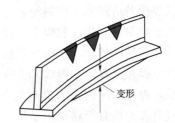

图3-74 机械矫正法示意图　　　　图3-75 火焰矫正法示意图

2）火焰校正是利用局部加热时（一般采用三角形加热法）产生压缩塑性变形，在冷却过程中，局部加热部位的收缩将使构件产生挠曲，从而达到校正焊接变形的目的，如图3-75所示。

二、常用焊接方法

1. 手工电弧焊

利用电弧作为热源，用手工操纵焊条进行焊接的方法称为手工电弧焊（也称焊条电弧焊）。由于手工电弧焊设备简单，维修容易，焊钳小，使用灵活，可以在室内、室外、高空和各种方位进行焊接，因此，它是焊接生产中应用最广泛的方法。

手工电弧焊操作过程包括：引燃电弧、送进焊条和沿焊缝移动焊条。手工电弧焊焊接过程，如图3-76所示，电弧在焊条与工件（母材）之间燃烧，电弧热使母材熔化形成熔池，焊条金属芯熔化并以熔滴形式借助重力和电弧吹力进入熔池，燃烧、熔化的药皮进入熔池称为熔渣浮在熔池表面，保护熔池不受空气侵害，药皮分解产生的气体环绕在电弧周围，隔绝空气，保护电弧、熔滴和熔池金属。当焊条向前移动，新的母材熔化时，原熔池和熔渣凝固，形成焊缝和渣壳。

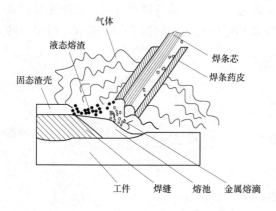

图 3-76 手工电弧焊过程示意图

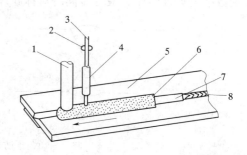

图 3-77 埋弧自动焊焊接过程示意图
1—焊剂漏斗；2—送丝滚轮；3—焊丝；4—导电嘴；
5—焊件；6—焊剂；7—渣壳；8—焊缝

2. 埋弧自动焊

埋弧自动焊（简称埋弧焊）是电弧在焊剂层内燃烧进行焊接的方法，电弧的引燃、焊丝的送进和电弧沿焊缝的移动，是有设备自动完成的。

埋弧焊设备由焊车、控制箱和焊接电源三部分组成。埋弧焊电源有交流和直流两种。埋弧焊的焊接材料有焊丝和焊剂。焊丝和焊剂选配的总原则是：根据母材金属的化学成分和力学性能，选择焊丝，再根据焊丝选配相应的焊剂。

埋弧焊焊接过程，如图 3-77 所示，焊剂均匀地堆覆在焊件上，形成厚度 40~60mm 的焊剂层，焊丝连续地进入焊剂层下的电弧区，维持电弧平稳燃烧，随着焊车的匀速行走，完成电弧焊缝自行移动的操作。

埋弧自动焊与手工电弧焊相比，有生产效率高，成本低；焊接质量好、稳定性高；劳动条件好，没有弧光和飞溅，自动化操作过程，使劳动强度降低等特点。但是埋弧焊适应性差，通常只适于焊接长直的平焊缝或较大直接的环焊缝，不能焊空间位置焊缝及不规则焊缝；设备费用一次投资较大。因此，埋弧自动焊适用于成批生产的中、厚板结构件的长直及环焊缝的平焊。

3. 二氧化碳气体保护焊

这是利用外加的 CO_2 气体作为电弧介质并保护电弧和焊接区的电弧焊方法。CO_2 气体保护焊的焊接过程如图 3-78 所示。CO_2 气体经供气系统从焊枪喷出，当焊丝和焊件接触引燃电弧后，连续送给的焊丝末端和熔液被 CO_2 气流所保护，防止空气对熔化金属的有害作用，从而保证会有高质量的焊缝。

CO_2 气体保护焊由于采用廉价的 CO_2 气体和焊丝代替焊接剂和焊条，加上电能消耗

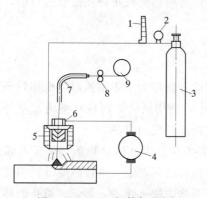

图 3-78 CO_2 气体保护焊
1—流量计；2—减压计；3—CO_2气瓶；4—电焊机；
5—焊炬喷嘴；6—导电嘴；7—送丝软管；
8—送丝机构；9—焊丝盘

又小，所以成本很低，一般仅为自动埋弧焊接的 40%，为焊条电弧焊的 37%~42%。同时，由于 CO_2 气体保护焊采用高硅高锰焊丝，它具有较强的脱氧还原和抗蚀能力，因此焊缝不易产生气孔，力学性能较好。

由于 CO_2 气体保护焊具有成本低、生产效率高、焊接质量好、抗蚀能力强及操作方便等优点，已广泛用于汽车、机车、造船及航空等工业部门，用来焊接低碳钢、低合金结构钢和高合金钢。

4. 氩弧焊

氩弧焊是氩气保护焊的简称。氩气是惰性气体，在高温下不和金属起化学反应，也不溶于金属，可以保护电弧区的熔池、焊缝和电极不受空气的有害作用，是一种较理想的保护气体。氩气电离势高，引弧较困难，但一旦引燃就很稳定。氩气纯度要求达 99.9%。

氩弧焊分钨极（不熔化极）氩弧焊和熔化极（金属极）氩弧焊两种。

钨极氩弧焊电极常用钍钨极和铈钨极两种。焊接时，电极不熔化，只起导电和产生电弧作用。钨极为阴极时，发热量小，钨极烧损小；钨极为阳极时，发热量大，钨极烧损严重，电弧不稳定，焊缝易产生夹钨。因此，一般钨极氩弧焊不采用直流反接。主要优点是：对易氧化金属的保护作用强、焊接质量高、工件变形小、操作简便以及容易实现机械化合自动化。因而，氩弧焊广泛用于造船、航空、化工、机械以及电子等工业部门，进行高强度合金钢、高合金钢、铝、镁、铜及其合金和稀有金属等材料的焊接。

5. 电渣焊

电渣焊是利用电流通过液体熔渣所产生的电阻热进行焊接方法。

电渣焊主要特点是大厚度工件可以不开坡口一次焊成，成本低，生产率高，技术比较简单，工艺方法易掌握，焊缝质量良好。电渣焊主要用于厚壁压力容器纵缝的焊接。在大型机械制造中（如水轮机、水压机、汽轮机、轧钢机高压锅炉等）得到广泛应用。

6. 电阻焊

电阻焊是工件组合后通过电极施加压力，利用电流通过接头的接触面及邻近区域产生的电阻热进行焊接的方法。这种焊接不要外加填充金属和焊剂。根据焊接接头型式可分为对焊、电焊、缝焊三种。

电阻焊生产率很高，易实现机械化和自动化，适宜于成批、大量生产。但是它所允许采用的接头型式有限，主要是棒、管的对接接头和薄板的搭接接头。一般应用于汽车、飞机制造、刀具制造、仪表、建筑等工业部门。

7. 钎焊

采用比母材熔点低的金属材料作钎料，将焊件和钎料加热到钎料熔点，低于母材熔化温度，利用液态钎料润湿母材，填充接头间隙并与母材互相扩散实现连接焊件的方法。

钎焊特点（铜熔化焊比）：焊件加热温度低，组织和力学性能变化小；变形较小，焊件尺寸精度高；可以焊接薄壁小件和其他难焊接的高级材料；可一次焊多工件多接头；生产率高；可以焊接异种材料。

根据钎料熔点的不同，钎焊可分为硬钎焊和软钎焊两种。

（1）硬钎焊。

钎料熔点在 450℃以上，接头强度高，可达 500MPa，适用于焊接受力较大或工作温度较高的焊件，属于这类钎料的有铜基、银基、铝基等。

（2）软钎焊。

钎料熔点低于450℃，接头强度低，主要用于钎焊受力不大或工作强度较低的焊件，常用的为锡、铅钎料。

钎料的种类很多，有一百多种。只要选择合适的钎料就可以焊接几乎所有的金属和大量的陶瓷。如果焊接方法得当，还可以得到高强度的焊缝。

钎焊时一般需要使用钎剂，钎剂作用是：清除液体钎料和工件待焊表面的氧化物，并保护钎料和钎件不被氧化。常用的有松香、硼砂等。

钎焊加热方法很多，有烙铁加热、火焰加热、感应加热、电阻加热等。

钎焊是一种既古老又新颖的焊接技术，从日常生活物品（如眼镜、项链、假牙等）到现代尖端技术，都广泛采用。在喷气式发动机、火箭发动机、飞机发动机、原子反应堆构件制造及电器仪表的装配中是必不可少的一种焊接技术。

8. 摩擦焊

摩擦焊接过程是把两工件同心地安装在焊机夹紧装置中，回转夹具件高速旋转，非回转类工件轴向移动，使两工件断面相互接触，并施加一定轴向压力，依靠接触面强烈摩擦产生的热量把该表面金属迅速加热到塑性状态。当达到要求的变形量后，利用刹车装置使焊件停止旋转，同时对接头施加较大的轴向压力进行顶锻，使两焊件产生塑性变形而焊接起来。

摩擦焊接头一般是等截面的，也可以是不等截面的，但需要有一个焊件为圆形或筒形。摩擦焊广泛用于圆形工件，把棒料及管子的对接，可焊实心焊件的直径从 2mm 到100mm 以上，管子外径可达数百毫米。

三、常用金属材料的焊接

1. 低碳非合金钢的焊接

低碳钢中 $\omega_c < 0.25\%$，碳当量 $CE < 0.4\%$，没有淬硬倾向，冷裂倾向小，焊接性良好。除电渣焊外，焊前一般不需要预热，焊接时不需要采取特殊工艺措施，适合各种方法焊接。

含氧量较高的沸腾钢，硫、磷杂质含量较高且分布不均匀，焊接时裂纹倾向较大；厚板焊接时还有层状撕裂倾向。因此，重要结构应选用镇静钢焊接。

在焊条电弧焊中，一般选用 E4303（结 422）和 E4315（结 427）焊条；埋弧自动焊，常选用 H08A 或 H08MnA 焊丝和 HJ431 焊剂。

2. 中碳非合金钢的焊接

中碳钢中 $\omega_c = 0.25\% \sim 0.6\%$，碳当量大于 0.4％，其焊接特点是淬硬倾向和冷裂纹倾向较大；焊缝金属热裂倾向较大。因此，焊前必须预热至 $150 \sim 250℃$。焊接中碳钢常用焊条电弧焊，选用 E5015（结 507）焊条。采用细焊条、小电流、开坡口、多层焊，尽量防止含碳量高的母材过多地熔入焊缝。焊后应缓慢冷却，防止冷裂纹的产生。厚件可考虑用电渣焊，提高生产效率，焊后进行相应的热处理。

$\omega_c > 0.6\%$ 的高碳钢焊接性更差。高碳钢的焊接只限于修补工作。

3. 低合金高强度机构钢的焊接

低合金高强度结构钢一般采用焊条电弧焊和埋弧自动焊。此外，强度级别较低的可采用 CO_2 气体保护焊；较厚件可采用电渣焊；$\sigma_s>500MPa$ 的高强度钢，宜采用富氩混合气体（如 Ar80％＋$CO_2$20％）保护焊。

Q345 钢 $CE<0.4$％，焊接性良好，一般不需要预热，它是制造锅炉压力容器等重要结构的首选材料。当板厚大于 30mm 时，或环境温度较低时，焊前应预热，焊后应进行消除应力处理。

4. 奥氏体不锈钢的焊接

奥氏体不锈钢虽然 Cr、Ni 元素含量较高，但 C 含量低，具有良好的焊接性。焊接时一般不需要采取特殊的工艺措施。常用的焊接方法有焊条电弧焊、埋弧焊和氩弧焊等。焊接时采用小电流、快速焊，焊条不作横向摆动，运条要稳，收弧时注意填满弧坑，焊接电流比焊低碳钢时要降低 20％左右。

5. 有色金属的焊接

（1）铝及铝合金的焊接。铝及铝合金的焊接性较差，主要表现在铝极易氧化，易使焊缝产生夹渣；液态铝能吸收大量的氢，易产生气孔；铝及铝合金熔化时无明显颜色变化而不易被察觉，所以焊接时易烧穿，造成焊接困难；产生焊接应力和变形，导致裂纹等。所以，进行铝及铝合金的焊接时，必须采取特殊工艺措施，才能保证焊接质量。铝及铝合金常用的焊接方法有氩弧焊、气焊、焊条电弧焊和钎焊等，其中氩弧焊是应用最普遍的方法。

（2）铜及铜合金的焊接。铜及铜合金的焊接性较差，焊接时易产生焊接应力与变形、未焊透、不熔合、夹渣、热裂、气孔等缺陷。焊接时需采用大功率热源，焊前预热，焊后需进行热处理，以减小应力，防止变形。铜及铜合金常用的焊接方法有氩弧焊、气焊、焊条电弧焊、钎焊等，其中氩弧焊的接头质量最好。

6. 铸铁的焊补

铸铁中 C、Si、Mn、S、P 的含量比碳钢高，焊接性能差，不能作为焊接结构件，但对铸铁件的局部缺陷进行焊补很有经济价值。铸铁焊补的主要问题有两个：一是焊接接头易生成白口组织和淬硬组织，难以机加工；二是焊接接头易出现裂纹。

根据焊前预热温度，将铸铁焊补分为不预热焊法和预热焊法。

（1）不预热焊法，焊前工件不预热（或局部预热至 300～400℃，称半热焊），先将裂纹处清理干净，并在裂纹两端钻止裂孔，防止裂纹扩展。焊接时采用与焊条种类相适应的工艺，焊后采用缓冷和锤击焊缝等方法，防止白口组织生成，减少焊接应力。

（2）热焊法，焊前把工件预热至 600～700℃，并在此温度下施焊，焊后缓冷或在 600～700℃保温消除应力。常用的焊补方法是焊条电弧焊和气焊。焊条电弧焊适于中等厚度以上（>10mm）的铸铁件，选用铁基铸铁焊条或低碳钢芯铸铁焊条。10mm 以下薄件为防止烧穿，采用气焊，用气焊火焰预热和缓冷焊件，选用铁基铸铁焊丝并配合焊剂使用。热焊法，劳动条件差，一般用于焊补后还需机械加工的复杂、重要铸铁件，如汽车的缸体、缸盖和机床导轨等。

四、焊接新技术

1. 等离子弧焊接和切割

等离子弧焊是利用等离子弧作为热源进行焊接的一种熔焊方法。它采用氩气作为等离子气，另外还应同时通入氩气作为保护气体。等离子弧焊接使用专用的焊接设备和焊炬，焊炬的构造保证在等离子弧周围通以均匀的氩气流，以保护熔池和焊缝不受空气的有害作用。因此，等离子弧焊接实质上是一种有压缩效应的钨极氩弧焊。

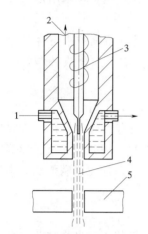

图 3 - 79　等离子弧切割示意图
1—冷却水；2—离子气；3—钍钨极；
4—等离子弧；5—工件

但等离子弧焊接设备比较复杂，气体消耗量大，只宜于在室内焊接。另外，小孔形等离子弧焊不适于手工操作，灵活性比钨极氩弧焊差。等离子弧焊接已在生产中广泛应用于焊接铜合金、合金钢、钨、钼、钴、钛等金属焊件。

等离子弧切割原理如图 3 - 79 所示，它是利用高温、高速、高能量密度的等离子焰流冲力大的特点，将被切割材料局部加热熔化并随即吹除，从而形成较整齐的割口。其割口窄，切割面的质量较好，切割速度快，切割厚度可达 150～200mm。

2. 电子束焊接与切割

电子束焊是利用加速和聚焦的电子束，轰击置于真空或非真空中的焊件所产生的热能进行焊接的方法。电子束轰击焊件时 90% 以上的电子动能会转变为热能，因此，焊件或割件被电子束轰击的部位可被加热至很高温度，实现焊接或切割。电子束可分为：高真空型、低真空型和非真空型。

由于焊件在真空中焊接，金属不会被氧化、氮化。故焊接质量高，焊接变形小，可进行装配焊接；焊接适应性强；生产率高、成本低，易实现自动化。真空电子束焊的主要不足是设备复杂，造价高，焊前对焊件的清理和装配质量要求高，焊件尺寸受真空室限制，操作人员需要防护 X 射线的影响。

真空电子束适于焊接各种难熔金属，如钛、钼等活性金属（除锡、锌等低沸点元素多的合金外）以及各种合金钢、不锈钢等，即可用于焊接薄壁、微型结构，又可焊接厚板结构。

3. 激光焊接与切割

激光焊接是利用原子受激辐射的原理，使工作物质（激光材料）受激而产生的一种单色性好、方向性强、强度很高的激光束。激光焊接分为脉冲激光焊接和连续激光焊接两大类。激光焊接的特点是：能量密度大且放出极其迅速，适合于高速加工，能避免热损伤和焊接变形，故可进行精密零件、热敏感性材料的加工。被焊材不易氧化，可以在大气中焊接，不需要气体保护或真空环境；激光焊接装置不需要与被焊接工件接触；激光可对绝缘材料直接焊接，对异种金属材料焊接比较容易，甚至能把金属与非金属焊接在一起。

激光束能切割各种金属材料和非金属材料，激光切割有激光蒸发切割、激光熔化吹气切割和激光反应气体切割三种。激光切割具有切割质量好、效率高、速度快、成本低等优点。

4. 扩散焊

扩散焊是焊件紧密贴合，在真空或保护气氛中，在一定温度和压力下保持一段时间，使接触面之间的原子相互扩散而完成焊接的压焊方法。

扩散焊的特点是接头强度高，焊接应力和变形小，可焊接材料总类多；可焊接复杂截面的焊件。扩散焊的主要不足是单件生产率低，焊前对焊件表面的加工清理和装配质量要求十分严格，需要真空辅助装置。

扩散焊主要用于焊接熔焊、钎焊难以满足质量要求的小型、精密、复杂的焊件。

5. 爆炸焊

爆炸焊是利用炸药爆炸时产生的冲击力造成焊件迅速碰撞，实现焊件的一种压焊方法。爆炸焊适于焊接双金属轧制焊件和表面包覆有特殊物理—化学性能的合金或合金钢及异种材料制成的焊件，也适宜制造冲—焊、锻—焊结构件。

6. 堆焊

堆焊是为增大或恢复焊件尺寸，或使焊件表面获得具有耐磨、耐热、耐蚀等特殊性能的熔覆金属而进行的焊接，其目的不是为了连接焊件。堆焊的焊接方法很多，几乎所有的熔焊方法都能用来堆焊。

堆焊工艺与熔焊工艺区别不大，包括零件表面的清理、焊条焊剂烘干、焊接缺陷的去除等。与熔焊不同的地方主要是焊接工艺参数有差异。堆焊时，应在保证适当生产率的同时，尽量采用小电流、低电压、快焊速，以使熔深较小、稀释率较低以及金属元素烧损量较低。

7. 热喷漆

热喷漆是将喷涂材料加热到熔融状态，通过高速气流使其雾化，喷射到工件表面形成喷涂层，使工件具有耐磨、耐热、耐腐蚀、抗氧化等性能。

喷涂层与工件表面主要为物理结合和机械结合。结合强度一般为 $5\sim50MPa$，依工艺材料不同而异。涂层有一定孔隙度，其密度为本身材料密度的 $85\%\sim99\%$。

喷涂的主要特点是喷涂材料来源广泛，工艺简便、灵活，工件变形小，生产效率高，便于获得薄的涂层。

第八节　管　道　防　腐

金属材料受管内输送介质和管外环境（大气或土壤）的化学作用、电化学作用和细菌作用，对金属表面所产生的破坏，称为金属腐蚀。

管道工程中大量的腐蚀是碳钢的腐蚀，包括化学腐蚀、电化学腐蚀和物理腐蚀。其中在腐蚀机理中最常见的腐蚀是电化学腐蚀。

根据管材的不同和腐蚀机理的不同，有不同的腐蚀外观。

（1）均匀腐蚀：整个表面腐蚀深度基本一致。

（2）局部腐蚀：表面腐蚀深度不一致，呈斑点状态。

（3）点腐蚀：腐蚀集中在较小范围，而且腐蚀深度较大。

（4）选择性腐蚀：合金材料中某一成分首先遭到破坏而腐蚀。

（5）晶格间腐蚀：在金属表面沿各晶体表面产生的腐蚀。

一、腐蚀因素

影响腐蚀的因素有以下各项：

（1）管道的材质：有色金属较黑色金属耐蚀，不锈钢较有色金属耐蚀，非金属管较金属管耐蚀。

（2）空气湿度：空气中存在水蒸气是在金属表面形成电解质溶液的主要条件，干燥的空气不易腐蚀金属。

（3）环境腐蚀介质的含量：腐蚀介质含量越高，金属越易腐蚀。

（4）土壤的腐蚀性：土壤的腐蚀性越大，金属越易腐蚀。

（5）杂散电流的强弱：埋地管道的杂散电流越强，管道的腐蚀性越强。

二、防腐方法

（1）根据输送介质腐蚀性的大小，正确地选用管材，如不锈钢管、塑料管、陶瓷管等。

（2）对于既承受压力、输送介质的腐蚀性又很大时，宜选用内衬耐腐蚀衬里的复合钢管，例如衬胶复合管、衬铝复合管、衬塑料复合管。

（3）对于主要是防护管子外壁腐蚀时，应涂刷保护层，地下管道采用各种防腐绝缘层涂料层，地上管道采用各种耐腐蚀的涂料。

（4）对于输送介质的腐蚀性较大的管道，采取管道内壁涂料的防腐方法。

（5）对于主要是防护土壤和杂散电流对埋设管道的腐蚀，特别是对长输管道的腐蚀，常采用阴极保护法。

三、管道防腐的施工

1. 防腐施工的基本要求

（1）防腐涂料的涂刷工作宜在适宜的环境下进行：室内涂刷的温度为 $20\sim25\,℃$，相对湿度在 65% 以下；室外涂刷应无风砂和降水，涂刷温度为 $5\sim40\,℃$，相对湿度在 85% 以下，施工现场应采取防火、防雨、防冻等措施。

（2）对管道进行严格的表面处理，清除铁锈、焊渣、毛刺、油、水等污物，必要时还要进行酸洗、磷化等表面处理。

（3）为了使处理合格的金属表面不再生锈或沾染油污等，必须在 $3h$ 内涂第一层底漆。

（4）控制各涂料的涂层间隔时间，掌握涂层之间的重涂适应性，必须达到要求的涂层厚度，一般以 $150\sim200\,\mu m$ 为宜。

（5）涂层质量应符合以下要求：涂层均匀、颜色一致，涂层附着牢固、无剥落、皱纹、气泡、针孔等缺陷；涂层完整、无损坏、无漏涂现象。

（6）操作区域应通风良好，必要时安装通风或除尘设备，以防止中毒事故发生。

（7）根据涂料的物理性质，按规定的安全技术规程进行施工，并应定期检查，及时修补。

（8）维修后的管道及设备，涂刷前必须将旧涂层清除干净，并经重新除锈或表面清理后，才能重涂各类涂料，旧涂层的清除方法有喷砂、喷灯烤烧和化学脱漆等方法。常用的脱漆剂：对于清除油基漆、调和漆和清漆，可采用碱性脱漆剂，对于清除合成树脂漆，可采用溶剂配制的脱漆剂。

2.架空管道的防腐

（1）根据不同使用环境、条件等因素来选择涂料。

（2）室内及通行地沟内的明设管道，一般先涂刷两道红丹油性防锈漆或红丹酚醛防锈漆，外面再涂刷两道各色油性调和漆或各色磁漆。

（3）室外架空管道、半通行或不通行地沟内管道，以及室内的冷水管道，应选用具有防潮耐水性能的涂料，其底漆可用红丹酚醛防锈漆，面漆可用各色酚醛磁漆、各色醇酚磁漆或沥青漆；输油管道应选用耐油性较好的各色醇酸磁漆。

（4）室内和地沟内的管道绝热保护层所用色漆，可根据涂层的类别，分别选用各色油性调和漆、各色酚醛磁漆、各色醇酸磁漆，以及各色耐酸漆、防腐漆等；半通行和不通行地沟内管道的绝热层外表，应涂刷具有一定防潮耐水性能的沥青冷底子油或各色酚醛磁漆、各色醇酸磁漆等。

（5）室外管道绝热保护层防腐，应选用耐热性好并具有一定防水性能的涂料。绝热保护层采用非金属材料时，应涂刷两道各色酚醛磁漆或各色醇酸磁漆；也可先涂刷一道沥青冷底子油，再刷两道沥青漆，并采用软化点较高的3号专用石油沥青作基本涂料。当采用黑铁皮作热绝缘保护层时，在黑铁皮外表应先刷两道红丹防锈漆，再涂两道色漆。

3.埋地管道的防腐

铸铁管一般只需涂1～2道沥青漆即可达到防腐要求，一般在铸铁管出厂时已涂沥青漆。钢管则需涂刷各种涂料。

目前各种埋地管道的防腐层主要有：石油沥青、环氧煤沥青、聚乙烯粘带、塑料（简称黄、绿夹克）、环氧粉末、聚氨酯泡沫塑料等防腐层，其优缺点和适用条件见表3-8。

表 3-8　　　　　　　　　　　金属外防腐层的优缺点及适用条件

外防腐涂层	优　缺　点	适　用　条　件
石油沥青防腐层	优点： （1）货源充沛、价格较低，较经济。 （2）施工经验成熟。 缺点： （1）吸水率大（可达20%）。 （2）易被细菌侵蚀。 （3）使用寿命较短，因而防腐效果较差	为我国多年来一直广泛应用的一种外防腐涂层
环氧煤沥青防腐层	优点： （1）环氧煤沥青管道漆兼具煤焦沥青耐水性好，防锈性能优良，耐细菌侵蚀的优点，又具环氧树脂漆膜坚韧、附着力好、机械强度高的特点。 （2）成膜涂层的耐化学介质、电绝缘性能，耐微生物侵蚀，耐海水性能都较稳定，特别是吸水率小，不受微生物侵蚀远远超过石油沥青。 （3）使用寿命较长 缺点： 固化时间长	（1）适用于常温施工，在低温条件下固化速度慢，可添加低温固化促进剂或采用提高温度烘烤，从而加快固化。 （2）用于石油输送管道，自来水管道以及工矿企业的冷却水管道的外壁防腐涂料；也可作为非饮用水管道的内壁防腐涂料之用

外防腐涂层	优 缺 点	适 用 条 件
聚乙烯胶粘带防腐层	优点： （1）是一种较好的防腐材料，电绝缘性能稳定，使用寿命长（据国外介绍在四十年以上）。 （2）最大优点是可在现场采用机械化连续作业，提高效率、施工工效提高10倍左右，可改善劳动条件。 （3）不受气温低影响，在－40℃时仍能保持原有性能。 缺点： 原材料价格较贵，比石油沥青防腐层原材料费贵1～2倍	（1）大多用于油田的输油管道外防腐层。 （2）输送介质温度低于70℃
塑料防腐层（简称黄、绿夹克）	优点： （1）以塑料作为埋地管道的外防腐层，能提高防腐性能，延长管道使用寿命。 （2）减少了环境污染，改善了操作条件，施工简单。 （3）成本低廉，比石油沥青玻璃布价格低25％左右。 缺点： 补口配套尚待完善	国外发展很快，已逐渐替代传统的煤焦沥青防腐层。 我国于1980年在石油系统建成第一座中试工业生产线、用于油田的油、汽、水管线上，可用于输送介质温度在80℃以下的管道上
环氧粉末防腐层	优点： （1）不含有机溶剂，是100％固体粉涂料．不污染环境。 （2）粉末可回收利用、利用率达95％以上。 （3）防腐性能好，有良好的机械性能和耐化学腐蚀性及电绝缘性。 （4）与金属附着力强。 （5）省工时、耗电少。 （6）使用寿命长，预测在40年以上。 （7）其价格介于石油沥青玻璃布涂层黄绿夹克之间。 缺点： 需专门的喷涂工具，施工要求严格，工艺复杂，质量不易保证，费用高	据国外报导，该涂料适用于： （1）严酷的环境，特别是高盐、离碱土壤和高盐分的海水中。 （2）也适用于酷热的沙漠地带及寒冷的冻土地层。 （3）可用于－60～200℃的温度范围 在国外发展较快，我国在20世纪70年代末期进行研制用于埋地管道的外仿佛涂层、已取得成功，对大小口径管道均可适用
聚氨酯泡沫塑料防腐层	优点： （1）导热系数小。 （2）吸水少。 （3）质轻。 （4）耐热性耐化学性能好。 （5）与金属和非金属有良好的粘结性。 缺点： 强度不高，须用外罩壳提高强度	（1）是兼具防腐、绝缘、保温、增强等多功能的防腐层，用于需要防腐、保温的管道。 （2）我国自20世纪60年代起用于埋地热油管道上防腐、保温用。20世纪70年代在油田推广使用，获得较好的效果，目前已在国内广泛应用

第九节　起重机基础知识

一、起重机的分类

1. 起重机的类型

起重机是搬运物料的机械设备，其基本类型有轻小型起重机、桥式类起重机、臂架类起重机和堆垛起重机等。图 3-80 所示为几种不同类型的起重机。

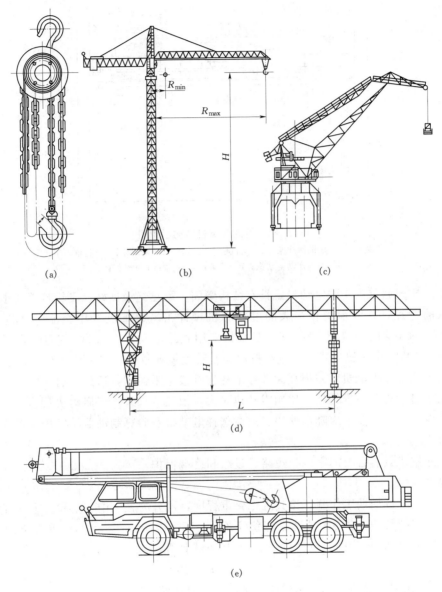

图 3-80 不同类型起重机

(a) 手拉葫芦；(b) 塔式起重机；(c) 门座起重机；(d) 装卸桥；(e) 汽车起重机

桥式起重机。俗称行车、吊车或天车。根据吊起装置的不同，可分为电磁吸盘式、抓斗式和吊钩式等，其中吊钩起重机应用最为广泛。

桥式起重机，一般由桥架、小车、大车移动机构、提升机构、主滑线和辅助滑线等组成，其机构示意图如图 3-81 所示。

桥式起重机根据生产的需要对上述各运行机构提出以下的控制要求：拖动各运行机构的电动机要能频繁地启动、制动、调速、反转，同时能承受较大的过载和机械冲击。

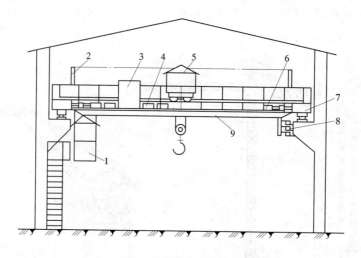

图 3-81　桥式起重机结构示意图

1—驾驶室；2—辅助滑线架；3—交流磁力控制盘；4—电阻箱；5—起重小车；
6—大车拖动电动机；7—端梁；8—主滑线；9—主梁

为此，桥式起重机用的电动机，具有结构坚固、耐热绝缘良好、飞轮转矩较小、启动转矩较大的特点，并能承受相当大的过载和机械冲击。起重机专用交流电动机有 YZ、YZR 系列产品，功率从 $1.8 \sim 20 \mathrm{kW}$；起重机专用直流电动机有 ZZY、ZZJO 系列产品功率从 $3 \sim 145 \mathrm{kW}$。由于鼠笼式异步电动机启动时转差损耗较大，只适用于启动次数较少的场合；绕组式异步电动机转差损耗大部分消耗在外接电阻器中，适用于启动次数较多的场合。但由于启动过程中损耗功率比额定转速时大，散热效果差，当启动次数达每小时数百次时，为避免电机过热，应降容使用。故在选择电动机及验算制动器等发热时，应考虑负载持续率 $FZ\%$ 值。

桥式起重机具有必要的零位、短路、过载和终端保护。

2. 起重机工作分类

起重机属断续周期工作制，按其工作繁重程度，可分为轻、中、重和特重等四级。各级对应的负载持续率 $FZ\%$ 大致为：轻级 $FZ\% = 15$；中级 $FZ\% = 25$；重级 $FZ\% = 40$；特重级 $FZ\% = 60$。机构的通电持续率 $FZ\%$ 按下式计算

$$FZ\% = t_{\mathrm{j}}/T \times 100$$

式中　t_{j}——在起重机的一个工作循环中该机构的总运转时间；

T——起重机的一个工作循环时间。

二、起重机的主要参数

起重机的主要参数，是设计和选用起重机的主要依据。主要参数包括如下几项：

（1）额定起重量 G_{n}。额定起重量是指起重机允许吊起的物品连同抓斗和电磁吸盘等取物装置的最大质量（单位为 kg、t），吊钩起重机的额定起重量不包括吊钩和动滑轮组的自重。

（2）跨度 s 和幅度 R。跨度是桥式类型起重机的一个重要参数，它指起重机主梁两端支承中心线或轨道中心线之间的水平距离（单位为 m）。幅度是臂架类型或旋转类型起重

机的一个重要参数，它是指起重机的旋转轴线至取物装置中心线的水平距离（单位为 m）。

（3）升起范围 D 和起升高度 H。起升范围是指取物装置上下极限位置间的垂直距离（单位为 m）。起升高度是指地面至吊具允许最高位置的垂直距离（单位为 m）。

（4）工作速度。工作速度包括起重机的运行速度（m/min）、起升速度（m/min）、变幅速度（m/min）、旋转速度（r/min）。

（5）生产率。起重机单位时间内吊运物品的总质量，即生产率（单位为 t/h）。

（6）质量和外形尺寸。它们是指起重机本身的质量（单位为 t）和长、宽、高尺寸（单位为 m）。

三、起重机的组成

起重机通常由卷绕装置、取物装置、制动装置、运行支承装置、驱动装置和金属构架等装置中的几种组成。这些装置中的前四种又是由起重机专用的零部件所构成。

（1）卷绕装置在起重机中的应用很广泛。图 3-82 为桥式起重机起升机构简图，卷绕装置是其中的一个组成部分。起升物品时，卷筒 1 旋转，通过钢丝 2 经动滑轮 3 和定滑轮 5，使吊钩 4 竖直上升或下降。由此可知，卷绕装置是由起重用挠性件（钢丝绳或焊接链）、起重滑轮组、卷筒等组成。

（2）取物装置是起重机的一个重要部件，利用它才能对物品进行正常的起重工作。不同物理性质和形状的物品，应使用不同的取物装置。通用取物装置中最常见的是吊钩，专用的取物装置有抓斗、夹钳、电磁吸盘、真空吸盘、吊环、料斗、盛桶、承重梁和集装箱吊具等。

（3）起重机是一种间歇运作的机械，要经常地启动和制动。为保证起重机安全准确地吊运物品，无论在起升机构中或是在运行机构、旋转机构中都应设有制动装置。

图 3-82 桥式起重机起升机构简图
1—卷筒；2—钢丝绳；3—动滑轮；4—吊钩；5—定滑轮；6—减速器；7—联轴器；8—电动机

（4）为使起重机或载重小车作水平运动，起重机上都有运行机构。运行机构分为有轨的和无轨的（如汽车起重机）两种。运行机构由运行支承装置和运行驱动装置组成。起重机用的有轨运行支承装置采用钢制车轮，运行在钢制轨道上。

四、电动葫芦

电动葫芦是一种常见的用电力驱动的小型起重机，可用于固定作业场所，加上运行小车也可沿着工字钢梁的直线轨道或弯曲轨道进行起升和运送物品的作业，因此电动葫芦常被用作单梁桥式起重机、龙门起重机和悬臂起重机的配套提升装置。图 3-83 为电动葫芦布置在工字钢主梁下方的单梁式起重机简图。

电动葫芦的品种很多，按所用挠性件的不同，有钢丝绳式、环链式和板链式三类；按提升速度不同，有常速和常慢速之分；按工作处所不同，分通用、重型、防爆、防腐等

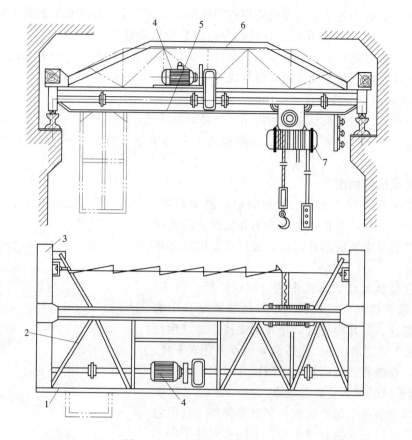

图 3-83　电动单梁桥式起重机

1—走台栏杆（主视图中用双点划线表示）；2—水平辅助桁架；3—端梁；4—大车运行机构；

5—工字形主梁；6—垂直辅助桁架；7—电动葫芦

型。使用最广泛的是 CD 型常速和慢速钢丝绳电动葫芦。CD 型电动葫芦只有一种起升速度，而 MD 型有常速和慢速两种起升速度，当它以慢速（微速）工作时，可满足安装、定位等精细作业的要求，使用范围更为广泛。

五、桥式起重机

桥式起重机的组成如图 3-84 所示。

1. 金属结构部分

桥架由主梁和端梁组成，主要用于安装机械和电气设备、承受吊重、自重、风力和大小车制动停止时产生的惯性力等。桥架和安装在它上面的桥架运行机构一起组成"大车"。

2. 机械（工作机构）部分

（1）起升机构，它的作用是提升和下降物品。

（2）小车运行机构，它的任务是使被起升的物品沿主梁方向作水平往返运动。小车运行机构与安装在小车架上的起升机构一起，组成起重小车。

（3）桥架运行机构，它的任务是使被提升的物品在大车轨道方向作水平往返运动。这个运动是沿着厂房或料场长度方向运动，所以称为纵向移动。而小车的运动则是沿厂房或

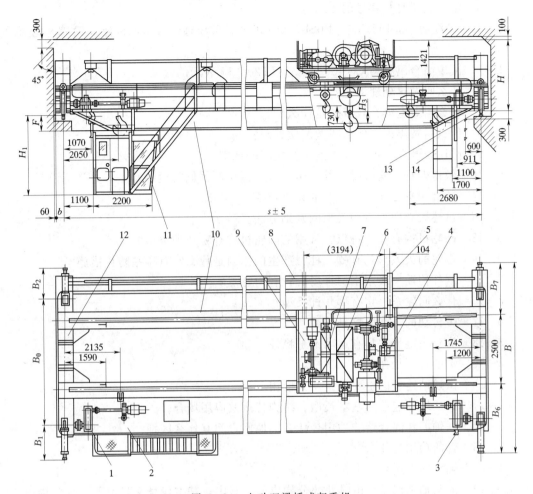

图 3-84　电动双梁桥式起重机

1— 大车运行机构；2—走台；3—大车导电架；4—小车运行机构；5—小车导电架；

6—主起升机构；7—副起升机构；8—电缆；9—起重小车；10—主梁；

11—驾驶室；12—端梁；13—大车车轮；14—大车导电维修平台

料场宽度方向的运动，所以称为横向运动。

3. 电气设备

它包括大车和小车集电器、控制器、电阻器、电动机、照明、线路及各种安全保护装置（如大车和小车行程开关、"舱口"开关、起升高度限制器、地线和室外起重机用的避雷器等）。

复习思考题

3-1　何为强度、刚度、疲劳强度和冲击韧性？硬度的常用表示类型有哪些？

3-2　金属材料的物理性能、化学性能和工艺性能各包括哪些？

3-3　常用金属材料牌号的表示方法。

3-4　试说明 SnSb11Cu6、PbSb16Sn16Cu2、35SiMn、40Cr 等合金钢牌号表示的含义。

3-5　试说明金属材料 QT400—18、HT20—15 表示的含义。

3-6　什么叫做热处理工艺？

3-7　什么叫做退火？其目的是什么？

3-8　什么叫做淬火？什么叫做调质处理？

3-9　试比较退火、正火和淬火工艺之间的区别。

3-10　铰链四杆机构有哪几种基本类型？试说明他们的运动特点，并举例说明。

3-11　什么叫平面连杆急机构的死点位置？

3-12　试述铰链四杆机构类型的判别方法。

3-13　凸轮机构有哪些特点？常用的凸轮机构有哪几种类型？

3-14　齿轮的失效形式有哪几种？产生的原因是什么？有哪些防止措施？

3-15　蜗杆传动一般用于何种场合？有何特点？

3-16　什么叫轮系？它有哪几种类型？

3-17　带传动的工作原理是什么？

3-18　为什么链传动具有运动不平稳性？

3-19　键的功用是什么？

3-20　试述销连接的主要类型及其应用。

3-21　试述螺纹连接的基本类型、结构特点及应用场合。

3-22　联轴器和离合器的功用是什么？他们之间有什么区别？

3-23　轴的功用是什么？

3-24　轴承的作用是什么？

3-25　滚动轴承代号是由哪几部分构成的？其中，基本代号又是由哪几部分构成的？

3-26　弹簧有哪些功用？试举例说明。

3-27　焊接时为什么要保护？说明各电弧焊方法中的保护方式及保护效果。

3-28　什么叫焊接热影响区？低碳钢焊接热影响区组织与性能怎样？

3-29　影响焊接接头性能的因素有哪些？如何影响？

3-30　焊接的实质是什么？熔焊、压焊、钎焊三者的主要区别是什么？哪种最常用？

3-31　影响腐蚀的因素有哪些？各种管道如何防腐？

3-32　起重机有哪些装置组成？

3-33　桥式起重机由哪几部分组成？大车、小车各指什么？

第四章 机械识图基础知识

教学要求 要求掌握如下内容：机械制图的表达方法；三视图的投影规律；机械识图的分析方法；阅读机械零件的零件图和机械装配图。

以上内容要求初级工掌握基本投影规律和三视图的形成，以及识读简单的零件图和机械装配图；中级工和高级工要求识读图形的复杂程度更深一层，高级工必须掌握。

第一节 制图的基本知识

国家标准《机械制图》是一项重要的技术标准，对图样画法、尺寸标注等都作了统一的规定，是绘制和识读图样的依据。

一、图纸面幅及内容

1. 图样及看图方向

图样布置在图框内，要求布置均匀、合理。每张图样的右下角都画有标题栏，标题栏中的文字方向为看图的方向。

2. 比例

比例是指图样中线条的线性尺寸与实际零件相应线条的线性尺寸之比。图样中的比例按照国家规定的有：缩小的比例 $1:1.5$、$1:2$、$1:2.5$、$1:3$、$1:4$、$1:5$、$1:10$ 等；放大的比例有 $2:1$、$2.5:1$、$4:1$、$5:1$、$10:1$ 等。

图样的比例应在图幅内标出。图样无论放大或缩小，**在标注尺寸时都标注的是零件的实际尺寸。**

同一零件的各个视图都采用相同的比例。当有某个视图采用不同的比例时，其应另外标出。

3. 线条及其画法

图样中的图形时由各种线条构成的。每种线条主要用途为：

(1) 粗实线。表达零件可见轮廓线，其线宽 b 为 $0.5\sim2\text{mm}$。

(2) 细实线。主要用在尺寸线、尺寸界线、剖面线、引出线和作投影关系时的投影线。其线宽约粗实线的 $\dfrac{1}{3}$。

(3) 波浪线。零件断裂处的边界线，视图和剖视图的分界线，线宽与细实线相同。

(4) 虚线。表示零件的不可见部分，线宽与细实线相同。

(5) 细点划线。表示轴线和对称中心线。

除此之外，还有双折线、双点划线等。

4. 尺寸标注

图形只能反映零件的形状，零件的大小是依靠图样上标注的尺寸来确定的。一个完整的尺寸一般由尺寸界线、尺寸线、箭头和尺寸数字四部分组成。零件的每一个尺寸在图样上一般只标注一次。图样中的尺寸单位一般为 mm，无需标注；若采用其他单位则必须注明。

尺寸数字的方向以标题栏为准，水平方向的尺寸数字字头朝上，垂直方向的尺寸数字字头朝左，倾斜方向的尺寸数字字头有朝上的趋势。

标注直径尺寸时在数字前加注"ϕ"，标注半径尺寸时在数字前加注"R"，标注球面的直径或半径尺寸时，应在直径 ϕ 或半径 R 前再加"S"。

二、投影法的知识

根据光线照射物体，在地面或平面上出现影子的现象，找出了影子与物体之间的几何关系，逐步形成了投影法。

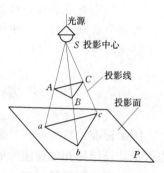

图 4-1 中心投影法

如图 4-1 所示的空间一个 $\triangle ABC$，在光源的照射下，在地面上出现它的影子。我们把光源 S 称为投影中心，S 点与 $\triangle ABC$ 各顶点的连线（如 SA 等）称为投影线，平面 P 称为投影面，从 S 点通过 A、B、C 各点引一条投影线与投影面 P 分别相交于 a、b、c，连接 ab、bc、ac 所得的 $\triangle abc$ 称为空间 $\triangle ABC$ 在 P 面的投影。

1. 投影法的类型

投影法分为中心投影和平行投影。中心投影法如图 4-1 所示，所有投影线都从投影中心发出。中心投影法常用于建筑图，在机械制图中很少采用。当投影中心 S 假想移至无穷远处，如图 4-2 所示，所有投影线可看作互相平行的，这种投影法称为平行投影法。

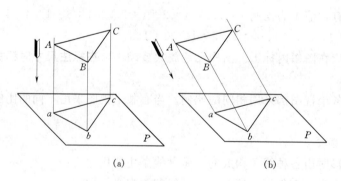

(a)   (b)

图 4-2 平行投影法
(a) 正投影法；(b) 斜投影法

在平行投影法中，投影线的方向称为投影方向。根据投影方向是否垂直于投影面，其投影分为正投影法（投影方向垂直于投影面）和斜投影法（投影方向倾斜于投影面）两种，如图 4-2 所示。

用正投影法作出的投影称为正投影，正投影广泛应用于机械图样。

2. 正投影的基本特性

平面形或直线段相对于一个投影面所处的位置有平行、垂直和倾斜三种情况，其正投影分别具有如下特性：

（1）真实性。当平面形或直线段平行于投影面时，其投影反映平面形的真实形状或线段的真实长度，这种投影特性称为真实性。

（2）类似性。当平面形或直线段倾斜于投影面时，其投影是缩小了的类似形或缩短了的直线段，这种投影特性称为类似性。

（3）积聚性。当平面形或直线段垂直于投影面时，其投影积聚成一条直线或一个点，这种投影特性称为积聚性。

第二节 三 视 图

在机械制图中，用正投影法将零件形体向投影面进行投影所得的图形，称为视图，如图 4 - 3 所示。画图时，把形体摆放在观察者和投影面之间不动，假想观察者的视线是相互平行的、且垂直与投影面的。

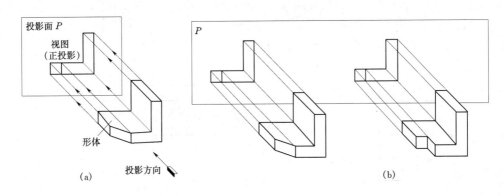

图 4 - 3 视图

（a）形体的一面视图；（b）不同形体的一面视图

一、三视图的形成

1. 三投影面体系的建立

如图 4 - 4 所示，三投影面体系由三个互相垂直的投影面组成。三投影面分别为：正立投影面（简称正面，记为 V 面）、水平投影面（简称水平面，记为 H 面）、侧立投影面（简称侧面，记为 W 面）。

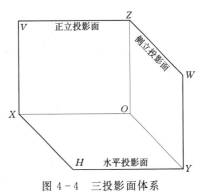

图 4 - 4 三投影面体系

两投影面的交线称为投影轴，它们分别为：V 面与 H 面的交线是 OX 轴，它代表零件的长度方向；H 面与 W 面的交线是 OY 轴，它代表零件的宽度方向；V 面与 W 面的交线是 OZ 轴，它代表零件的高度方向。三投影轴互相垂直，其交点 O 称为原点。

2. 零件形体的三视图

如图 4-5（a）所示，将零件形体放在三投影面体系中，按照正投影法分别向各投影面投影，即可得形体的三面视图。国家标准规定了基本视图的名称和投影方向。即：

（1）形体的正面投影，由前向后投影在 V 面上所得的视图，称为主视图。

（2）形体的水平投影，由上向下投影在 H 面上所得的视图，称为俯视图。

（3）形体的侧面投影，由左向右投影在 W 面上所得的视图，称为左视图。

3. 三面投影的展开

为了把三个视图画在同一平面上，规定正面 V 保持不动，水平面 H 绕 OX 轴向下旋

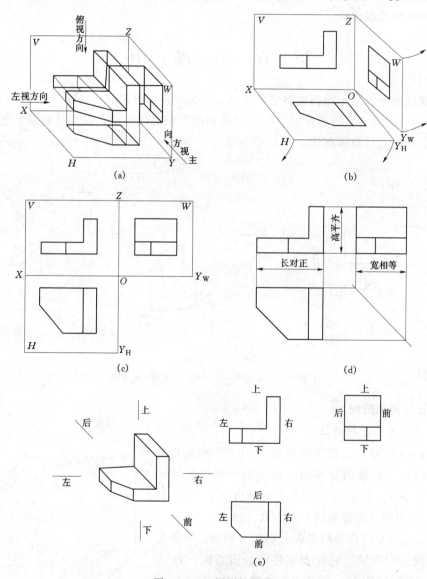

图 4-5 三视图的形成

（a）形体向投影面投影；（b）投影面的展开；（c）三视图的位置；
（d）三视图及其投影规律；（e）形体的方位关系

转 90°，侧面 W 绕 OZ 轴向右旋转 90°，使它们和正面处于同一水平面上，如图 4-5（b）、（c）所示。投影面展开后 Y 轴分为两处，H 面上的用 Y_H 表示，W 面上的用 Y_W 表示。

在三视图中，投影面的边框线和投影轴线不用画出，投影面和视图名称不必标注。

二、三视图的投影关系

（1）位置关系。以主视图为准，俯视图在其正下方，左视图在其正右方，如图 4-5（d）所示。

（2）尺寸关系。如图 4-5（d）所示，主视图反映零件形体的长度和高度；俯视图反映零件形体的长度和宽度；左视图反映零件形体的宽度和高度。因三视图反映的同一个形体，所以它们之间具有如下关系：主、俯视图——长对正（等长），主、左视图——高平齐（等高），俯、左视图——宽相等（等宽）。"长对正，高平齐，宽相等"是画图和识图时必须遵循的规律。

（3）方位关系。如图 4-5（e）所示，从正面观察时，形体有上下、左右和前后六个方位。三视图对应地反映了形体这六个方位关系：主视图——反映形体的上下和左右；俯视图——反映形体的前后和左右；左视图——反映形体的前后和上下。

俯、左视图靠近主视图的一边（里边）为形体的后面；远离主视图的一边（外边）为形体的前面。

【**例 4-1**】 如图 4-6 所示，根据形体的直观图（立体图）和主、俯视图，画出左视图。

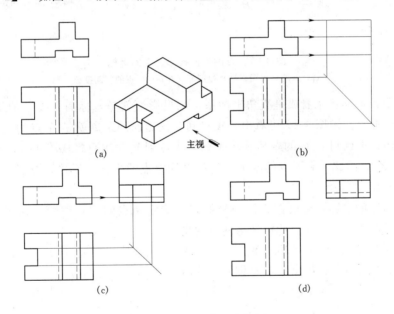

图 4-6 画形体的左视图
（a）已知两视图；（b）画主要部分；（c）画细节部分；（d）检查、加深

解：如图 4-6 所示，根据直观图想象形体的投影过程，并对照直观图看懂主、俯视图。按照三视图的投影关系，应用"三等"投影规律进行作图。因为左端和底部凹槽的投影分别在主、俯视图中为不可见的，所以按照国家标准的规定将它们的轮廓线画成虚线。

第三节　基本要素的投影

一、点的投影

构成零件形体的基本几何要素是点。为了正确识别零件形体的三视图，必须首先掌握点的投影规律。

如图 4-7（a）所示，假设在三面投影体系中有一空间点 A，有 A 点分别作垂直于三个投影面的投影线，它们与投影面的交点 a、a'、a'' 就是点 A 的三面投影。将投影面展开在一个平面上，便得到点的三面投影，如图 4-7（b）、（c）所示。其中，a 是 A 点的水平投影，a' 是 A 点的正面投影，a'' 是 A 点的侧面投影。

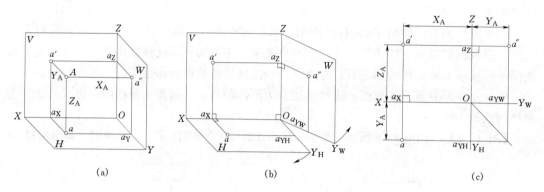

图 4-7　点的三面投影与空间坐标
(a) 点的直观图；(b) 投影面展开；(c) 点的三面投影

如果把三投影面体系看成是直角坐标系，则投影面就是坐标面，投影轴就是坐标轴，O 点就是坐标原点。由图 4-7 可看出，A 点到三投影面的距离就是 A 点的三个坐标 X_A、Y_A 和 Z_A，即：A 点到 W 面的距离 $Aa''=X_A$，A 点到 V 面的距离 $Aa'=Y_A$，A 点到 H 面的距离 $Aa=Z_A$。因此，有了点的两个投影就可确定点的坐标，反之，有了点的坐标，就可作出点的投影。

若已知两点的投影，可根据它们的坐标差来确定两点的相对位置。如图 4-8 所示，已知 A、B 两点的投影，并由此可知道两点的坐标 A（X_A、Y_A、Z_A）和 B（X_B、Y_B、Z_B）。因 $X_A>X_B$，故 A 点在左、B 点在右；因 $Y_A>Y_B$，故 A 点在前、B 点在后；因 $Z_A<Z_B$，故 A 点在下、B 点在上。

二、直线的投影

直线的投影一般仍为直线。由于两点决定一直线，所以，空间一直线的投影，就可由直线上两点的同面投影来确定。

（一）直线的三面投影

作图 4-9（a）所示直线 AB 的三面投影

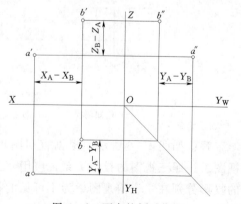

图 4-8　两点的相对位置

时，先作直线两端点 A、B 的三面投影，再分别连接两点的同面投影，即为直线 AB 的三面投影 ab、$a'b'$ 和 $a''b''$，如图 4-9（b）、（c）所示。

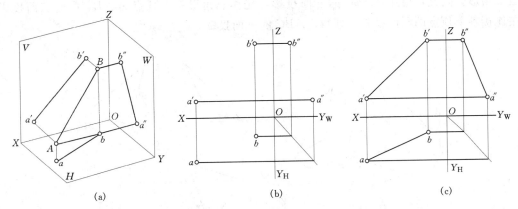

图 4-9　直线的三面投影

（a）直线的直观图；（b）两端点的投影图；（c）直线的投影图

（二）特殊位置的直线投影

1. 垂直于投影面的直线

若直线垂直于一投影面，必然平行于其他两投影面。根据对其投影特性的分析，在与直线垂直的投影面上，其投影积聚成一点，而在与直线平行的两投影面上，其投影均反映实长，且分别为垂直位置或水平位置。如图 4-10 所示，直线 AB 垂直与 V 投影面。同理，还有直线垂直于 W、H 面的情况，读者可自己分析。

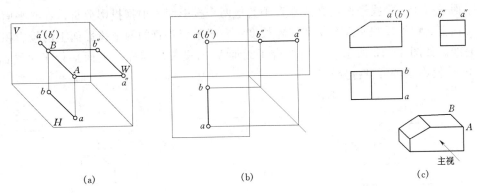

图 4-10　直线 AB 垂直于 V 面的投影

（a）直观图；（b）直线的投影；（c）实例

2. 平行于投影面的直线

平行于一投影面而倾斜于其他两投影面的直线称为投影面平行线。根据对其投影分析可知，在与直线平行的投影面上，其投影反映实长且位置倾斜；在与直线倾斜的两投影面上投影为缩短了的直线，且分别为水平位置或垂直位置。如图 4-11 所示，直线 AB 平行于 V 面的投影。同理，还有直线平行于 W、H 面的情况，读者可自行分析。

三、平面的投影

常用平面图形来表示平面。平面图形的投影一般仍然是类似于原形的平面图形。

119

（一）平面的三面投影

如图 4-11 所示，△ABC 的水平投影△abc、正面投影△a'b'c' 和侧面投影△a"b"c" 都是三角形。因此，要作△ABC 的三面投影，先作三角形三个顶点 A、B、C 的三面投影，在连接各个顶点的同面投影，即得△ABC 的三面投影。

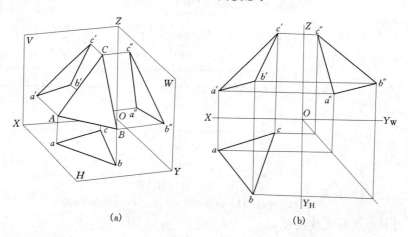

图 4-11　平面的三面投影
(a) 平面的直观图；(b) 平面的投影图

（二）特殊位置平面的投影

平面与投影面之间成垂直或平行的位置，为特殊位置。

1. 平面平行于投影面

平面平行于一个投影面，必然垂直于其他两个投影面。根据投影分析，在与平面平行的投影面上其投影反映实际形状和实际长度；在于平面垂直的两个投影面上的投影积聚成一条直线。如图 4-12 所示，平面平行于正面 V 的投影。同样，平面平行于水平面 H、侧面 W 的投影读者可自行分析。

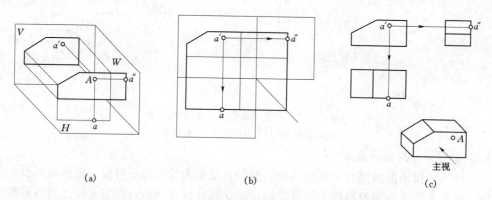

图 4-12　平面平行于正面 V 的投影
(a) 平面投影直观图；(b) 平面的三面投影；(c) 实例

2. 平面垂直于投影面

平面垂直于一个投影面而倾斜于其他两个投影面，称为与投影呈垂直位置关系。根据

120

对其投影分析，在与平面垂直的投影面上其投影积聚成一条直线，且位置倾斜；而在与平面倾斜的两个投影面上其投影均为类似形。如图 4-13 所示，平面垂直于正面 V 的投影。同样，平面垂直于 H、W 面的情况自己分析。

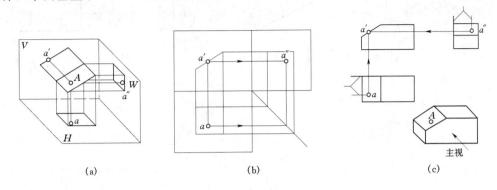

图 4-13　平面垂直于正面 V 的投影
(a) 平面投影直观图；(b) 平面的三面投影；(c) 实例

　　根据对上述基本要素点、直线、平面的投影分析，进一步熟悉和掌握正投影的方法和规律。在工程实际中，为了简化图形或反映零件的实际形状和实际长度，通常要求零件的大部分平面或直线尽可能平行或垂直于投影面。读者在分析图形投影时，特别要注意平行和垂直特殊位置的直线和平面的投影关系。

第四节　基本形体的投影

　　一般零件无论形状如何复杂，都可以看成是由一些基本几何体按照一定方式组合而构成的。掌握和熟悉基本体的投影是分析组合体投影的基础和前提。
　　按平面体性质的不同，基本体分为平面体和曲面立体两类。

一、平面体

　　由于平面体的各表面都是平面形，而平面形是由若干棱线所组成，棱线又由各顶点所确定。所以，平面体的视图实质上是作出各平面形的投影，也就是作出各顶点和棱线的投影。
　　现以如图 4-14 所示的正六棱柱为研究对象，来分析其投影情况。正六棱柱的顶面和底面为水平面，在六个侧面中，前后两个为正平面，其余四个为铅垂面，六条棱线为铅垂线。
　　在俯视图中，正六边形是顶面和底面的重合投影，反映实际形状。而六边形的边和顶点是六个侧面和六条棱线的积聚性投影。在主视图中，中间的矩形是前后两侧面的重合投影，反映实形，左右两矩形分别为左右两侧的前后侧面的重合投影，为类似形。上下两条水平线是顶面和底面的积聚性投影，四条竖线直线是六条棱线的投影，反映实长。左视图为两个矩形，有关投影情况，读者可自行分析。
　　在工程上，为了满足一定的要求，在很多零件上常常开有切口，而切口可以看作是用某一个或几个平面截去立体的某一个部分所形成。如图 4-15 (a) 所示的带切口的四棱

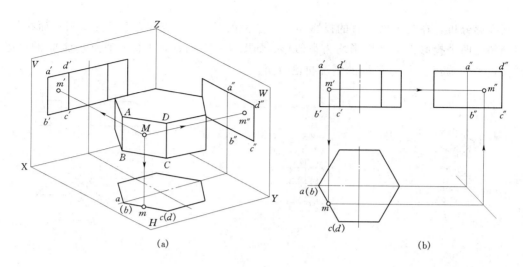

(a)   (b)

图 4-14　正六棱柱
(a) 直观图；(b) 三视图

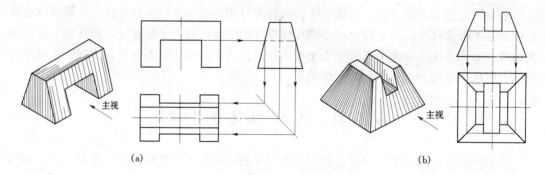

(a)   (b)

图 4-15　带切口的棱台投影
(a) 四棱台；(b) 正四棱台

台的投影，如图 4-15（b）为带切口的正四棱台的投影，其投影规律，读者自行分析。

二、回转体

由一条母线（直线或曲线）围绕轴线回转所形成的表面称为回转面。由回转面或回转面与平面围成的立体称为回转体。现以圆柱体为研究对象，来分析其投影情况。

圆柱由圆柱面和两个底圆围成，圆柱面由一条母线围绕与它平行的轴线回转而成，圆柱面上任意一条平行于轴线的直线称为素线，如图 4-16 所示。

圆柱的俯视图为一个圆，是圆柱两底圆的重合投影，反映实形，同时，圆周又是圆柱面的积聚性投影。圆柱的主视图为一矩形，是圆柱前后两个半圆柱的重合投影，矩形的上下两边为两底圆的积聚性投影，左右两边 $a'a'$ 和 $b'b'$ 是圆柱面正面投影的转向轮廓线，它们分别为圆柱面最左、最右两条素线（也是前后可见与不可见两个半圆柱的分界线）AA 和 BB 的投影。AA 和 BB 在水平面上的投影积聚成点 a、b，分别位于圆周与圆的前后对称中心线的两个交点处。AA 和 BB 在侧面上的投影都与圆柱轴线的投影（点划线）相重合，因圆柱表面是光滑的，所以不应画出它们的投影。

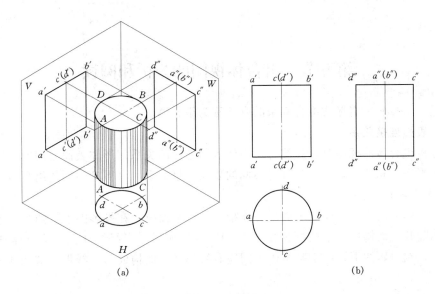

图 4-16　圆柱

(a) 直观图；(b) 三视图

　　圆柱的左视图为一个与主视图全等的矩形，是圆柱左右两个半圆柱的重合投影，矩形的上下两边为两底圆的积聚性投影，矩形的前后两边 $c'c'$ 和 $d'd'$ 是圆柱面侧面投影的转向轮廓线，它们分别为圆柱面最前、最后两条素线（也是左右可见与不可见两个半圆柱的分界线）CC 和 DD 的投影。CC 和 DD 的水平投影和正面投影情况，读者可自行分析。

　　在工程上，不少由回转体组成的零件，往往由于某种需要而带有切口，就相当于用一个或几个平面截去立体的某一个部分，变成带切口的不完整的回转体。如图 4-17 所示的圆柱体带切口的主视图和俯视图，求作圆柱切口的左视图。

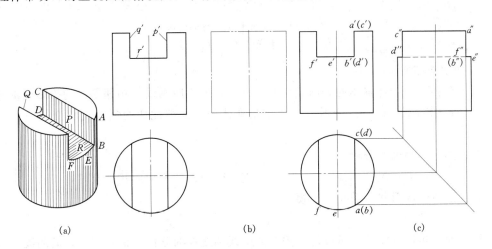

图 4-17　圆柱体带切口

(a) 立体图；(b) 已知条件；(c) 作图

　　分析视图时应注意，由于圆柱面上最前、最后两条素线在切口处被切去，故在左视图中的转向轮廓线在切口处向内"收缩"。由于切口部位平面 R 的侧面投影中间部分不可

123

见，而画成虚线。

第五节　组合体视图的分析和阅读

由基本体按照一定形式组合起来的立体称为组合体。

一、表面连接关系

在分析组合体的视图时，要注意基本体表面连接的关系。形体表面之间的连接关系有平齐和不平齐、相切、相交等几种。不同的表面连接关系，会得到不同的组合体形状。

1. 平齐与不平齐

当组合体上两个基本体的表面平齐连接成一个平面时，在投影图上，两个基本体中间不应有线隔开，而构成一个线框，如图 4-18（a）所示。当组合体上两个基本体的表面不平齐时，在投影图上，两个基本体中间应有线隔开，而构成两个线框，如图 4-18（b）所示。

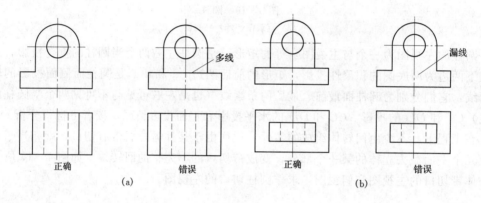

图 4-18　平齐和不平齐的画法
（a）平齐；（b）不平齐

2. 相切与相交

当组合体上两个基本体的表面相切时，在相切处不应画线，相邻平面的投影应画至切点对应处，如图 4-19（a）所示。当两个基本体的表面彼此相交时，在相交处应画出交线，如图 4-19（b）所示。

二、组合体视图的分析

一般来说，分析组合体视图一个视图不能反映零件的确切形状，有时，仅看两个视图也难以确定零件的形状，需要三个视图联系起来看。

1. 线面分析法

用线面分析法看图就是通过对视图上的图线和线框的分析，识别零件表面的线、面的空间位置和形状，从而想象出零件的形状。

（1）视图中一条线（粗实线或虚线）可能有下列三种含义，如图 4-20 所示。

1）表示形体上面与面的交线（序号 4）；

2）表示形体上的某一表面，该表面的投影具有积聚性（序号 1、序号 5）；

124

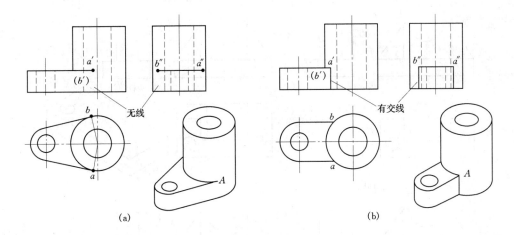

图 4-19　相切和相交的画法

(a) 相切；(b) 相交

3）表示形体上曲面的转向轮廓线（序号 2、序3）。

（2）视图中每一个封闭的线框可能有下列三种含义：

1）表示形体上一个平面(序号 8)或曲面(序号 7)；

2）表示形体上平面与曲面（或曲面与曲面）相切而成的复合面（序号 6）；

3）表示形体上的孔。

视图中相邻的封闭线框表示形体上相交或不平齐的两个平面，线框中包围的线框则可能是大的平面体（曲面体）上凸起或凹下的小平面体（或曲面体）。如图 4-20 的俯视图上，大线框的右边包围了两个圆，表示了底版上凸起一个圆锥台；而大线框左边包围了一个矩形和圆，则表示底版先向下切一个方槽再穿一个小圆孔。

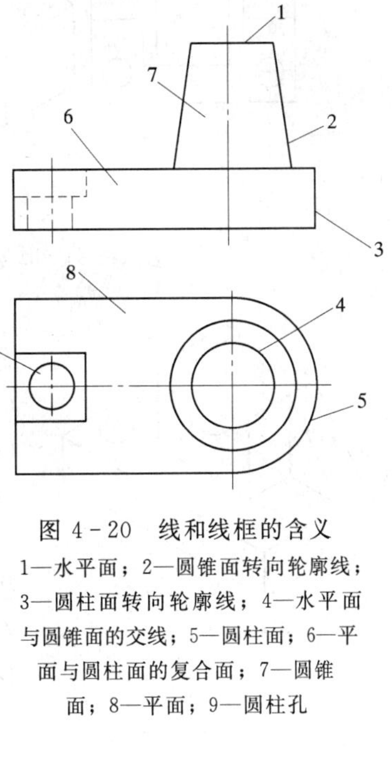

通过分析视图、想象和构思空间物体的形状，是学习识图的难点和关键，需要经过大量的练习，才能提高看图能力和空间思维能力。

图 4-20　线和线框的含义

1—水平面；2—圆锥面转向轮廓线；3—圆柱面转向轮廓线；4—水平面与圆锥面的交线；5—圆柱面；6—平面与圆柱面的复合面；7—圆锥面；8—平面；9—圆柱孔

2. 形体分析法

用形体分析法看图是根据视图的特征，把视图按线框分解为若干部分，然后按投影分别想象出各部分的形状，最后综合起来，想象出零件的整体形状。

以图 4-21 为例，说明形体分析的看图方法。

（1）按线框分部分。一般从主视图入手。如图 4-21（a）所示，主视图有四个线框，则分Ⅰ～Ⅳ四部分。

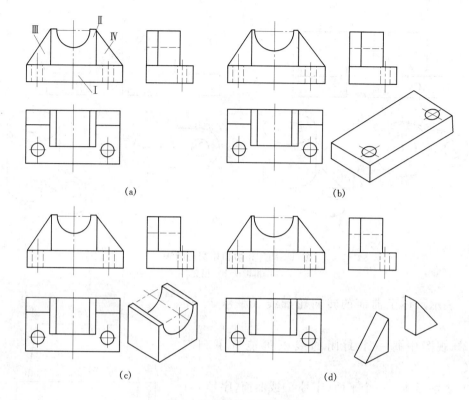

图 4-21 形体分析法看图

(a) 三视图；(b) 分析 Ⅰ 部分；(c) 分析 Ⅱ 部分；(d) 分析 Ⅲ、Ⅳ 部分

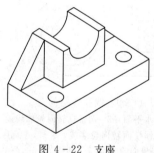

图 4-22 支座

（2）对投影想形状。在图 4-21（b）、（c）、（d）中分别表示出各部分在其他视图中的投影。如从图 4-21（b）可知 Ⅰ 为长方体，左右各有一个圆柱孔；从图 4-21（c）可知 Ⅱ 为上方切去一个半圆槽的长方体；从图 4-21（d）中可知 Ⅲ 和 Ⅳ 均为三角块。

（3）综合起来想物体。由图 4-21（a）的主视图可知物体左右对称，Ⅱ、Ⅲ 和 Ⅳ 在 Ⅰ 的上方，Ⅲ 和 Ⅳ 在 Ⅱ 的左右两侧，有俯视图可知四部分的后表面平齐，从而建立起整体概念，如图 4-22 所示支座。

第六节 其他视图和剖视图

在生产实际中，对于形状和结构复杂的机件，要做到完整、清晰和简便地表达它们的内外形状，仅用前面所讲述的三视图是不够的。为此，国家标准还规定了其他常用的表达方法，如斜视图、局部视图和剖视图等。受篇幅的限制，这里仅介绍斜视图和剖视图。

一、斜视图

零件向不平行于任何基本投影面的平面投影所得的视图称为斜视图。如图 4-23（a）

所示的零件，其倾斜结构在基本视图上不反映真实形状，此时可设置一个与零件倾斜结构平行且垂直于正面的辅助投影面，然后向该投影面作正投影，就得到反映倾斜结构实形的视图，如图4-23（b）所示。

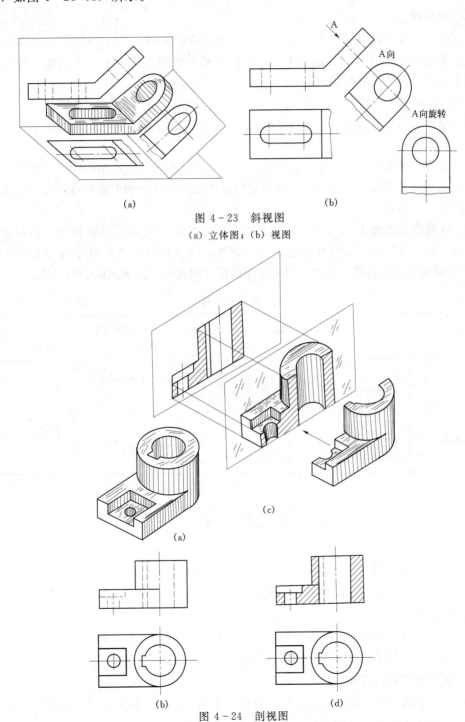

（a）

（b）

图 4-23　斜视图

（a）立体图；（b）视图

（c）

（a）

（b）

（d）

图 4-24　剖视图

（a）零件的立体图；（b）视图的画法；（c）剖视图的形成；（d）剖视图

斜视图只要求表达零件倾斜结构的真实形状，其余部分在斜视图上不必全部画出，可用波浪线表示断裂边界。所画出的斜视图必须在上方标出视图名称"×向"，在相应的视图附近用箭头指明投影方向。

二、剖视图

在视图中，零件内部结构形状是用虚线来表示的，如图 4-24（b）所示。零件的内部形状越复杂，视图中的虚线就越多，不仅使图形不清晰，而且不便于画图、看图。因此，国家标准规定了剖视图的画法。

如图 4-24（c）所示，假想用剖切面（平面）剖开零件，将处在观察者与剖切面之间的部分拿掉，而将其余部分向投影面投影，所得的图形称为剖视图，如图 4-24（d）所示。

剖切面的位置通常取平行于正面的对称面（如经过水轮发电机组的轴线平行于正面的平面）为剖切面。剖视图的绘制只画出与剖切面接触的断面及剖切面后面所有可见部分轮廓线的投影。

为了区别剖切面和非剖切面，在与剖切面接触的断面上画出剖面符号，如图 4-24（d）所示。常用材料的剖面符号见表 4-1。例如，金属材料的剖面符号为与水平方向成 45°角、间隔均匀的细实线。注意：同一零件的所有剖面线方向和间隔必须一致。

表 4-1　　　　　　　　　　　　剖　面　符　号

材料名称	剖面符号	材料名称	剖面符号	材料名称	剖面符号
金属材料	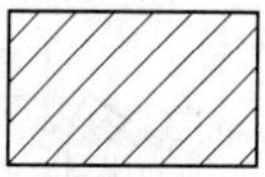	木　材	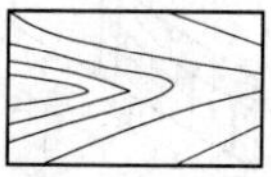	钢筋混凝土	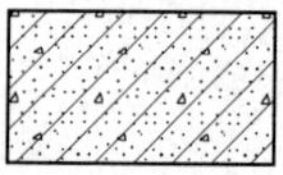
非金属材料	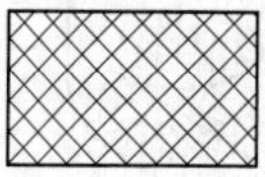	混凝土	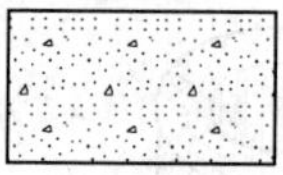	砖	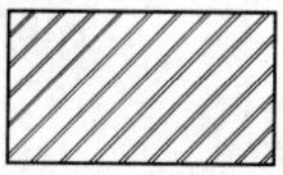

第七节　装　配　图

一、装配图的作用

表达机器的图样称为装配图。装配图表达机器的工作原理、装配关系、零件的主要结构和技术要求等。

在研究水轮发电机组的结构组成时，广泛应用到装配图，可用来分析其工作原理、结构组成、主要零件的形状以及相互装配关系等。

二、装配图的表达方法

根据装配图的特点，除了前面介绍的机件常用的三视图、局部视图、剖视图等外，还采用一些特殊表达方法和规定画法。

128

1. 沿结合面剖切或拆卸画法

在装配图中，可假想沿某些零件的结合面剖切，或假想将某些零件拆卸后绘制。

2. 简化画法

在装配图中，还采用一些简化画法。

（1）在装配图中，零件的工艺结构，如倒角、圆角等可不画出。

（2）对于若干相同的零件组，如螺栓连接等，可详细画出一组或几组，其余只需用电

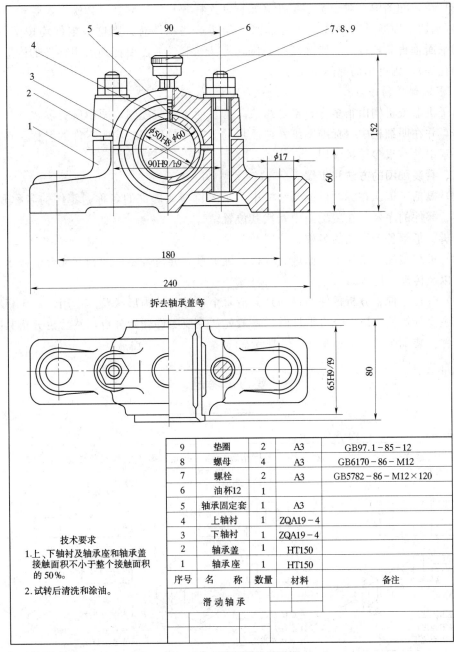

拆去轴承盖等

技术要求
1. 上、下轴衬及轴承座和轴承盖
   接触面积不小于整个接触面积
   的50%。
2. 试转后清洗和涂油。

序号	名 称	数量	材料	备注
9	垫圈	2	A3	GB97.1-85-12
8	螺母	4	A3	GB6170-86-M12
7	螺栓	2	A3	GB5782-86-M12×120
6	油杯12	1		
5	轴承固定套	1	A3	
4	上轴衬	1	ZQA19-4	
3	下轴衬	1	ZQA19-4	
2	轴承盖	1	HT150	
1	轴承座	1	HT150	

滑动轴承

图 4-25 滑动轴承装配图

划线表示其装配位置。

（3）对于标准件，如滚动轴承、螺母和螺栓等，允许采用简化画法。

3. 规定画法

（1）两零件的接触表面处画成一条线，若两零件不接触，则应画出间隙。

（2）在装配图中，相互邻接的金属零件的剖面线，其倾斜方向应相反，或倾斜方向一致而间隔不等，便于区别。在各视图中，同一零件的剖面线应方向相同、间隔相等。

（3）在装配图中，对于实心零件（如轴、连杆等）和紧固件（如螺母、螺栓、键、销等），若剖切平面通过其轴线（或对称面）剖切这些零件时，则这些零件均按不剖绘制。但剖切平面垂直其轴线时，则必须按照剖切方法绘制。如需要特别表明零件的构造（如键槽、销孔等），则可用局部剖视图表示。

4. 零、部件的序号

由于机器或机构由很多零、部件组成，为了便于看装配图，图中所有零、部件必须编写序号，并在明细栏中（标准图纸）或图形的下方（教科书）注明零件的名称。在本教材后面各章中就有很多这种应用。

三、看装配图的方法和步骤

（1）概括了解。在标题栏或明细栏中可了解机器或部件的名称、零件的名称和数量，对照零、部件的序号，在装配图中查找其位置。

分析、了解各个视图的名称、位置及关系。

（2）了解装配关系和工作原理。分析装配关系，弄清各零件间相互配合的要求、连接方式，以及传动情况等。

（3）分析零件。分析零件的目的是弄清每个零件的结构形状及其作用。对于标准件和常用件主要分析其作用。分析零件时，一般先从主要零件开始分析，然后再分析其它较次要的零件。装配图的式样如图 4-25 所示。

<h2 style="text-align:center">复习思考题</h2>

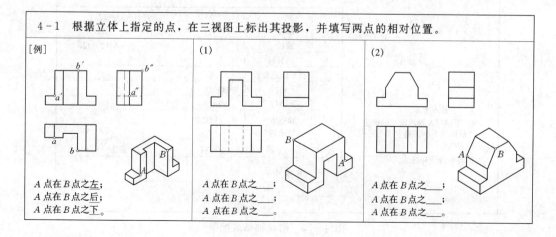

| 4-1 根据立体上指定的点，在三视图上标出其投影，并填写两点的相对位置。 |

[例]

A 点在 B 点之 <u>左</u>；
A 点在 B 点之 <u>后</u>；
A 点在 B 点之 <u>下</u>。

（1）

A 点在 B 点之___；
A 点在 B 点之___；
A 点在 B 点之___。

（2）

A 点在 B 点之___；
A 点在 B 点之___；
A 点在 B 点之___。

4-2 根据三视图上指定点的投影，在立体图上标出其位置，并填写两点的相对位置。

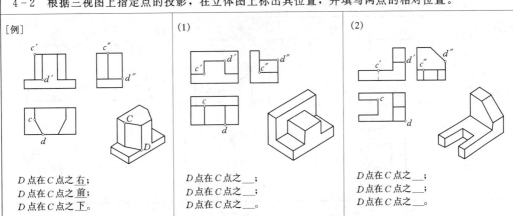

[例]

D 点在 C 点之 右；
D 点在 C 点之 前；
D 点在 C 点之 下。

(1)

D 点在 C 点之 ___；
D 点在 C 点之 ___；
D 点在 C 点之 ___。

(2)

D 点在 C 点之 ___；
D 点在 C 点之 ___；
D 点在 C 点之 ___。

4-3 对照立体图，在三视图中标出直线 AB 和 CD 的投影，并判别它们对投影面的相对位置。

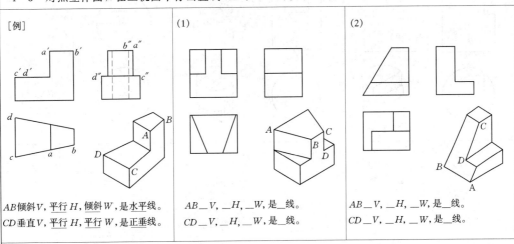

[例]

AB 倾斜 V，平行 H，倾斜 W，是 水平线。
CD 垂直 V，平行 H，平行 W，是 正垂线。

(1)

AB __ V，__ H，__ W，是 __ 线。
CD __ V，__ H，__ W，是 __ 线。

(2)

AB __ V，__ H，__ W，是 __ 线。
CD __ V，__ H，__ W，是 __ 线。

4-4 在三视图中标出直线 AB 和 CD 的第三投影；在立体图中标出直线端点 A、B、C 和 D 的位置，并差别直线 AB、CD 对投影面的相对位置。

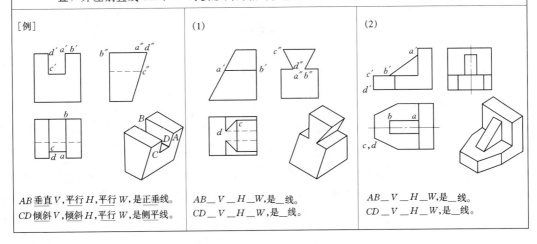

[例]

AB 垂直 V，平行 H，平行 W，是 正垂线。
CD 倾斜 V，倾斜 H，平行 W，是 侧平线。

(1)

AB __ V __ H __ W，是 __ 线。
CD __ V __ H __ W，是 __ 线。

(2)

AB __ V __ H __ W，是 __ 线。
CD __ V __ H __ W，是 __ 线。

4-5 分析立体的截交线并补全其投影。

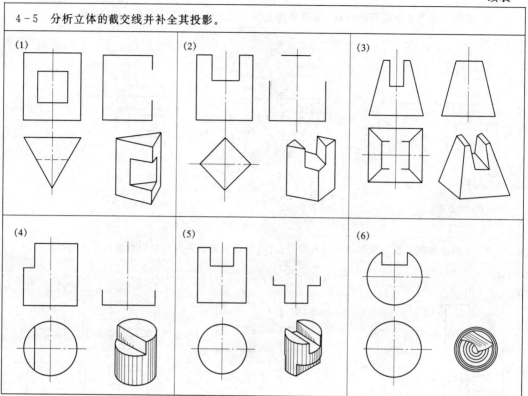

第五章 水 轮 机

教学要求 本章要求掌握如下内容：水轮机能量转换的基本特征及工作参数；小型水轮机的类型和结构组成；水轮机的能量转换的原理；气蚀产生的原理与类型和防止措施；水轮机吸出高度和安装高程的确定；水轮机的特性和特性曲线的应用；小型水轮机选择的一般原则和方法。

以上内容要求：初级工掌握水轮机的基本参数、型号，结构组成，气蚀的类型和破坏，吸出高度和安装高程的定义，特性曲线的类型和组成。中级工掌握水轮机的工作原理和参数分析，气蚀的破坏作用机理和防止措施，吸出高度和安装高程的确定与分析，水轮机特性曲线的分析。高级工掌握水轮机的利用水流能量原理，气蚀系数的分析，吸出高度和安装高程的计算与分析，特性曲线的分析和水轮机选型设计等。

第一节 水轮机的基本工作参数

一、概述

水力发电是利用水流的能量来发电，也就是将水流的机械能转换为旋转机械能，再由机械能转换为电能。水轮机是一种将水流能量转换成主轴旋转机械能的机器，是水轮发电机组的动力装置。通常把水轮机与发电机连成一整体合称为机组。

水力发电工程就是在地势较高处形成水库，通过引水管道将具有一定势能、流量的水流送入水轮机，使水能消耗在水轮机中，而驱使机械旋转。因此，建设水电站所具备水力资源的条件为需要具有一定的水位落差 H 和一定的流量 Q。

水流所具有的能量为

$$N_s = 9.81QH \text{（kW）} \tag{5-1}$$

式中 N_s——水轮机的输入功率，kW；

     Q——进入水轮机的流量，m^3/s；

     H——水流作用于水轮机的工作水头，m。

水轮机在将水能转换成旋转机械能的过程中，不可避免地存在能量损失，即

$$\Delta N = N_s - N \tag{5-2}$$

式中 N——水轮机的输出功率，或简称出力，kW；

     ΔN——水轮机的能量损失，kW。

则水轮机的效率 η 为

$$\eta = N/N_s = (N_s - \Delta N)/N_s = 1 - \Delta N/N_s$$

$$N = 9.81QH\eta \text{ (kW)} \tag{5-3}$$

水轮机的出力是由旋转力矩 M 的作用而产生的，则

$$N = M\omega \tag{5-4}$$

式中　ω——水轮机旋转角速度，l/s；$\omega = 2\pi n/60$，n 为水轮机转速（r/min 或表示为 rpm）。

二、水轮机的基本工作参数

水流通过水轮机时，水流的机械能转换为水轮机转轮机械能的工作状态，需要用一些参数指标进行描述，来表征能量转换的过程。这些参数称为水轮机的基本工作参数，主要包括：工作水头 H、流量 Q、出力 N、效率 η、转速 n 等。

1. 工作水头 H

如图 5-1 所示，通常把水电站上游水库的水位与下游尾水位之间的高度差，称为落差，也叫做水电站毛水头 H_s。

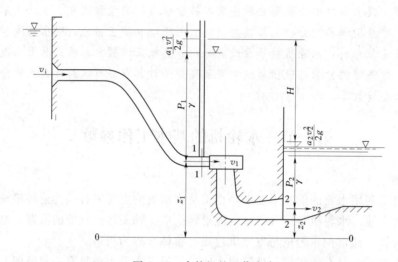

图 5-1　水轮机的工作水头

水流从水库进水口经压力引水管道进入水轮机，在水轮机内进行能量交换后通过尾水管排至下游。

水轮机的工作水头 H 定义为：水轮机进口处 1—1（蜗壳进口）的水流单位机械能与水轮机出口处 2—2（尾水管出口）的水流单位机械能之差。则

$$E_1 = z_1 + p_1/\gamma + \alpha_1 v_1^2/2g \qquad E_2 = z_2 + p_2/\gamma + \alpha_2 v_2^2/2g$$

$$H = E_1 - E_2$$

式中　z_1、z_2——进、出口断面相对于基准面的位置高度，m；

　　　p_1、p_2——进、出口断面处的压强，Pa；

　　　α_1、α_2——进、出口断面动能不均匀系数；

　　　v_1、v_2——进、出口断面的平均流速，m/s；

　　　γ——水的容重，$\gamma = 9.81 \text{kN/m}^3$；

　　　g——重力加速度，m/s²。

水轮机的工作水头 H 是水轮机的重要工作参数，它的大小反映水轮机利用水流单位能量的多少。它与水电站毛水头之间的关系为

$$H = H_s - \Delta h \tag{5-5}$$

式中　Δh——水库入口至水轮机进口断面1—1之间压力引水管道中的水头损失。

水轮机的设计水头 H_R，是指水轮机在额定转速运转时发出额定出力所需的最小水头。水轮机的最大水头 H_{max}，是指在上游水库最高水位与下游尾水在最低水位时所对应的水头；水轮机的最小水头 H_{min}，是指在上游水库最低水位与下游尾水在最高水位时所对应的水头。水轮机运行时，其工作水头必须在最大水头和最小水头之间变化。

根据设计水头的高低可以划分为低、中、高水头，相应的范围1~80m、80~150m、150m以上（仅供参考）。

2. 流量 Q

单位时间内通过水轮机的水流体积称为流量，用 Q 表示，单位为 m³/s。

3. 出力 N 和效率 η

单位时间内水轮机轴输出的功称为水轮机的出力，也称功率，用 N 表示，单位为kW。水轮机的输出功率 N 与输入功率 N_s 的比值称为效率，用 η 表示，即 $\eta = N / N_s$。效率 η 为小于1的系数，它表征水轮机对水流能量有效利用程度。现代小型水轮机的效率为80%~90%。

4. 转速 n

水轮机每分钟的转数，单位为 r/min，或 rpm。水轮机的转速必须与发电机的转速同步，即

$$f = pn/60 \text{ 或 } n = 3000/p$$

式中　p——发电机的磁极对数。

对于发电机与水轮机采用间接传动的小型水轮发电机组，水轮机转速可不与发电机转速同步。机组的额定转速用 n_r 表示。

第二节　水轮机的类型和型号

一、水轮机的主要类型

由于水资源开发的条件不同，各水电站利用水头大小相差很大，实践中出现了多种不同类型的水轮机。根据利用水流能量特征不同，水轮机可分为两大类。每类水轮机又有多种不同的结构型式和布置型式。

（一）反击型水轮机

反击型水轮机利用水流能量基本特征为：以压能为主，动能为辅。由于需要利用水流的压能，故水流流经水轮机时应与大气隔绝，必须在封闭的流道中进行能量交换，以充分利用其压能的转换。在进行能量交换时，水轮机进口处水流压力很大，而出口处（尾水管）的压力较小（一般为真空），其压力差即压力势能差被水轮机所利用。

根据水流流经水轮机转轮的方式不同，又可分为以下几种类型。

1. 轴流式

水流轴向进入、流出转轮的水轮机称为轴流式水轮机,如图5-2所示。转轮由转轮体和叶片组成。小型轴流式水轮机的转轮叶片位置固定不变,故也称轴流定桨式,用 ZD 表示。根据利用水能具体条件不同,叶片的位置通常有 $0°$、$+5°$、$+10°$、$+15°$ 四种装置角度,以适应电站流量不同的需要。若电站条件特殊,也可与制造厂家联系制造非标准产品,将叶片装置角度定在最高效率对应的位置。

小型 ZD 水轮机多用于低水头、大流量的小型水电站中,适用水头范围 $H=2\sim30\text{m}$。叶片数 $Z_0=3\sim6$;只能设置为立轴装置。

ZD 小型水轮机的转轮标称直径 D_1 规定为:叶片轴线与转轮室相交处的转轮室内径。

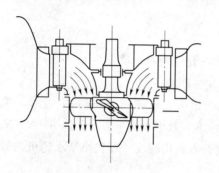

图 5-2 轴流式水轮机

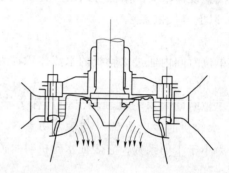

图 5-3 混流式水轮机

2. 混流式

水流沿径向进入转轮、轴向流出转轮的水轮机称为混流式水轮机,用 HL 表示,如图5-3所示。其转轮由上冠、叶片和下环等组成,叶片与上冠、下环之间固定,叶片数 $Z_0=13\sim21$。

混流式水轮机结构简单,运行可靠,效率高,是应用最广泛的机型之一。小型 HL 水轮机适应水头范围 $H=10\sim60\text{m}$。根据转轮的大小,其装置形式可设置为立式和卧式两种。

HL 水轮机的转轮标称直径 D_1 规定为:叶片进口边处的最大直径。

3. 贯流式

水流由管道进口到尾水出口为直贯轴向流动,因而得名为贯流式。其转轮与轴流式相同,如图5-4所示。小型贯流式水轮机转轮的叶片均为定桨式,用 GD 表示,其叶片装置角度随机组布置型式和水能开发条件不同而变化。竖井式贯流式水轮机的装置角度有 $+5°$、$+7°$、$+7.5°$、$+8°$、$+12°$ 等;轴伸式贯流式水轮机叶片的装置角度有 $-5°$、$0°$、$+5°$、$+10°$、$+15°$、$+20°$、$+25°$ 等。

贯流式水轮机的过水能力好,因水流流动的方向不需改变,其水能利用效率较高,最高可达90%以上。贯流式水轮机适用水头范围 $H=1\sim30\text{m}$,常应用于河床式、潮汐式等低水头电站。机组装置型式为卧式。转轮标称直径的规定与轴

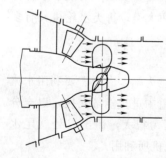

图 5-4 贯流式水轮机

流式相同。

（二）冲击型水轮机

冲击型水轮机利用水流能量基本特征为：只利用水流的动能。由于无压力势能的变化，转轮进行能量交换的周围有大气存在。来自压力钢管的水流通过喷嘴将水流能量全部转换成高速射流的动能，冲击安装在转轮外圆周轮盘上的部分水斗使转轮转动，实现机械能的转换。

按照射流是否在转轮旋转平面内，冲击型水轮机可以分以下三种。

1. 切击式（水斗式）

射流在转轮旋转平面内，如图 5-5 所示，是冲击型水轮机中应用最广泛的一种机型，用 CJ 表示。其适用于高水头、小流量的水电站，水头适用范围 $H=100\sim800\mathrm{m}$。CJ 式水轮机转轮标称直径 D_1 规定为：射流中心线与转轮相切处的节圆直径。

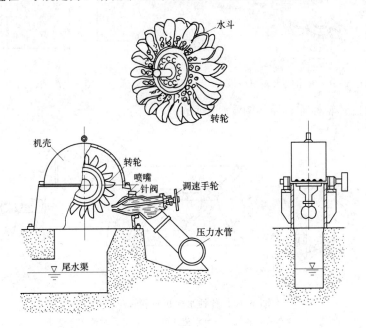

图 5-5　水斗式水轮机

2. 斜击式

射流与转轮旋转平面成一斜射角 α，射流从勺斗一侧进入，从另一侧流出，增加了水轮机的过流量。如图 5-6 所示。由于射流避免了斗叶背面的影响，提高了水流能量的利用，但相应产生了轴向水推力。

斜击式水轮机用于中小型水电站，适用水头范围 H 在 300m 以下，最大出力可达 4000kW。

3. 双击式

射流具有一个很宽的长方形截面，与主轴垂直。射流先从转轮外周流向中心，穿过中心空腔后再从内向外流处，二次对叶片发生作用，故称双击式，如图 5-7 所示。双击式水轮机结构简单，制造容易，但效率低，只适用于小型水电站，应用水头 $H=5\sim80\mathrm{m}$。

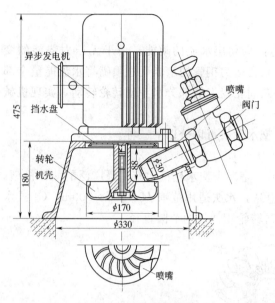

图 5-6 斜击式水轮机

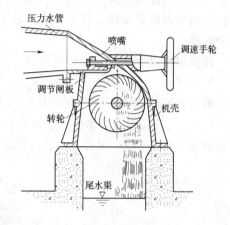

图 5-7 双击式水轮机

各种水轮机转轮标称直径如图 5-8 所示。

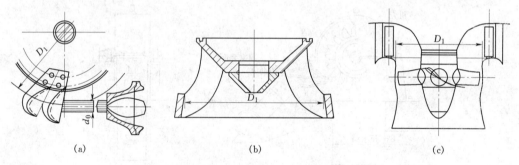

图 5-8 各种水轮机转轮标称直径
(a) 水斗式水轮机；(b) 混流式水轮机；(c) 轴流式水轮机

我国转轮型谱中规定：对于 D_1 不小于 1m 的混流式水轮机和 D_1 不小于 1.4m 的轴流式水轮机为大中型水轮机，其余为中、小型水轮机。

二、水轮机的型号

我国水轮机产品型号由三部分组成，各部分之间用一短线分开，如下所示反击型代号：

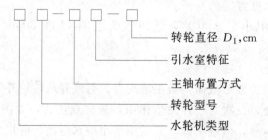

转轮直径 D_1,cm

引水室特征

主轴布置方式

转轮型号

水轮机类型

水轮机类型用汉字拼音字母表示，见表5-1。

表 5-1 水 轮 机 类 型 代 号

水轮机类型	代　号	水轮机类型	代　号
混流式	HL	贯流转桨式	GZ
轴流定桨式	ZD	切击式（水斗式）	CJ
轴流转桨式	ZZ	斜击式	XJ
斜流式	XL	双击式	SJ
贯流定桨式	GD		

转轮型号为一组数字，采用统一规定的比转速（效率为88%、水头为1m、出力为1kW时计的比转速）。

主轴布置方式分为立轴（L）和卧轴（W）布置。引水室特征以汉语拼音字母表示，见表5-2。

表 5-2 引 水 室 代 号

引水室特征	代　号	引水室特征	代　号
明槽引水	M	罐式	G
金属蜗壳	J	竖井式	S
混凝土蜗壳	H	虹吸式	X
灯泡式	P	轴伸式	Z

例如：HL240—WJ—84　表示混流式水轮机，转轮型号（特征比转速）为240，卧轴金属蜗壳，转轮标称直径为84cm。又例如ZD560—LH—120，表示轴流定桨式水轮机，转轮型号为560，立轴混凝土蜗壳，转轮标称直径为120cm。

冲击型水轮机型号表示有所区别，表示如下：

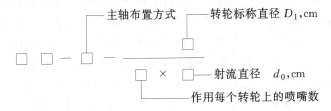

类型和型号的表示与反击型水轮机相同。

例如CJ20—W—140/2×10　表示切击式水轮机，转轮型号为20，卧轴布置，转轮标称直径为140cm，一个转轮，作用的喷嘴数为2，喷嘴射流直径为10cm。

第三节　反击型水轮机的结构与组成

反击型水轮机是应用最广泛的水轮机。水库的水通过压力钢管引水进入引水室，然后经过导水机构引入水轮机转轮，将水流的机械能转换为转轮的旋转机械能输出。从转轮流出的水经尾水管泄向下游。

对水轮机进行能量交换有直接影响的过流部件称为水轮机的基本部件。反击型水轮机一般有四大基本部件，即引水部件、导水部件、工作部件和泄水部件。不同型式的水轮机上述四大部件也不尽相同。

工作部件即转轮，是水轮机的进行能量交换的核心部件。转轮四周设有均匀分布的调节流量大小的导水机构（即导叶），以便随时改变水轮机的进水量和机组出力，以适应用户负荷变化的需要。导水机构外围包围着水轮机引水室。转轮出口连接泄水部件（即尾水管），回收离开转轮的水流中的部分能量。

以立式混流式机组为例，如图 5-9 所示，其组成大体包括：水轮机、主轴、发电机、永磁机、上机架、下机架和励磁机（新型机组大部分采用可控硅励磁，已取消励磁机）等。

以立轴混流式水轮机为例，如图 5-10 所示，说明水轮机的结构组成：其组成部件有转轮、导叶、座环、蜗壳、下环、顶盖、尾水管、基础环、控制环、导叶传动机构（包括导叶套筒、拐臂、连接板、连杆、剪断销等）、主轴、水轮机导轴承以及有关附属设备（如真空破坏阀、补气装置等）等组成。各部件之间相互连接和安放位置关系为：转轮位于水轮机的中心，上部与主轴连接组成转动部分；转轮外围四周均匀分布一定数量的活动导叶，导叶短轴装置在底环预留的孔内，底环安装在座环的下环上，导叶长轴穿过水轮机顶盖装置在对应的导叶套筒内，并与导业传动机构相连；座环由上环、下环和固定导叶组成；顶盖盖住转轮和导叶，固定安装在座环的上环上；控制环安放在顶盖上，是接力器与导叶传动机构之间的动作传递件；座环四周与蜗壳相连，下部与基础环连接，基础环下部连接尾水管里衬；蜗壳、座环、基础环是埋设部件；导轴承安装在顶盖的内法兰上，导轴承下部设有停机密封等。

小型水轮机在立式大中型水轮机的基础上，对结构作了很大简化和变动。如图 5-11 所示为卧轴 HL 式水轮发电机组结构组成，转动部分由转轮、主轴、飞轮等组成，飞轮与水轮机轴及发电机轴法兰连在一起，以增加机组的转动惯量。径向推力轴承布置在前端盖的外侧。取消基础环，尾水弯管直接与座环外侧法兰相连，座环内侧法兰连接顶盖等。

水轮发电机组的工作原理：水库的水经压力引水钢管进入引水室蜗壳，以均匀轴对称的方式流进导水机构和转轮，把水流的机械能转换为转轮的旋转机械能；从转轮流出的水经尾水管回收部分余能排向下游；旋转的转轮通过主轴带动发电机转子旋转，在旋转磁场中进行切割磁力线运动，定子绕组中产生感应电动势，经输电设备向用户供电；当用户负荷发生变化时，给调速器输入一个频率变化信号，由调速器控制接力器的动作，经控制环、导叶传动机构，改变导叶的位置和进入水轮机的流量，实现水轮发电机组的出力与负荷之间新的平衡。水轮发电机组的原理如图 5-12 所示。

一、水轮机的引水部件

1. 引水部件的功用

引水部件是水轮机的第一个过流部件，其主要功用为：①以最小的水力损失将水流引入导叶和转轮，提高水轮机的效率；②以均匀、轴对称方式引水，提高转轮工作的稳定性；③使水流进入导叶和转轮前产生旋转，形成环量；④保证空气不进入转轮。

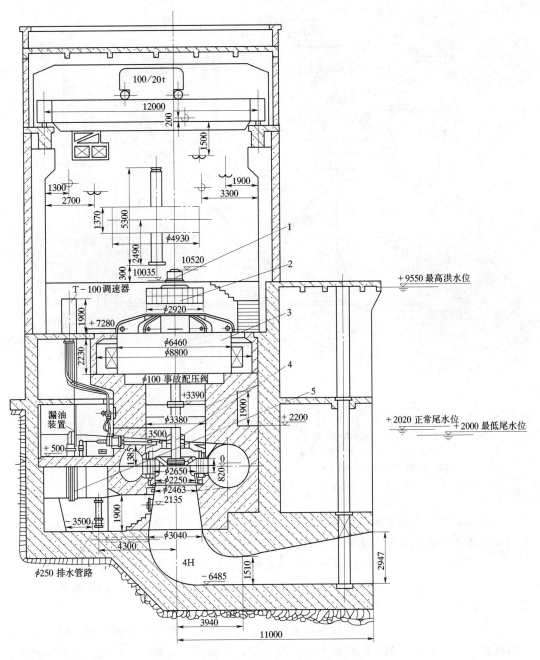

图 5-9　立式混流式机组剖面图（单位：mm）

1—永磁机；2—励磁机；3—发电机；4—水轮机；5—压力钢管

2. 引水部件的类型及结构

小型水电站的水轮机引水室随水能资源开发条件的不同而有较大差异，具有以下多种不同型式。

（1）蜗壳引水室。这种引水室以沿水流方向过水断面面积逐渐减少的蜗形流道紧紧围

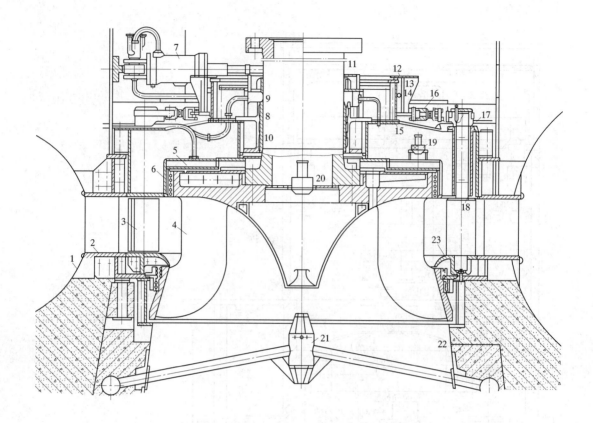

图 5-10 立轴混流式水轮机结构图

1—蜗壳；2—座环；3—导叶；4—转轮；5—减压装置；6—止漏环；7—接力器；8—导轴承；
9—平板密封；10—停机密封；11—主轴；12—控制环；13—抗磨板；14—支持环；
15—顶盖；16—导叶传动机构；17—轴套；18—导叶密封；19—紧急真空破坏阀；
20—空气阀；21—补气架；22—尾水管里衬；23—座环

住导水机构，使进入导水机构的水流具有一定的旋转环量，并基本保证水流的均匀、轴对称流动。根据水流具体条件不同，又有如下两种不同型式：

1）金属蜗壳。对于水头在13～80m的水电站，发电量又相对较小的小型水轮机，采用圆形断面的金属蜗壳是经济合理的。金属蜗壳能承受较高水流压力，防渗性能好，结构紧凑，制作安装方便，在卧轴小型水轮机中应用广泛。

金属蜗壳的结构如图 2-13 所示，垂直于压力水管来水方向的蜗壳断面，叫做蜗壳的进口断面，或叫首端；蜗壳断面面积为零的一端，称为蜗壳的末（鼻）端。由末端到任意断面之间所形成的圆心角叫做包角。由末端到首端之间所包围的圆心角为最大包角 φ_{max}。最大包角越大，水力损失越小，水流均匀、轴对称流动情况越好，有利于提高水轮机的效率和稳定性。金属蜗壳的最大包角为345°。

为了保证水流均匀、轴对称流动，蜗壳内周的高度应保持不变，但蜗壳的断面向末端逐渐减少，故蜗壳的结构从进口断面的圆形将逐步过渡为椭圆形断面。

在结构上，金属蜗壳包括引水室和座环两部分，小型卧轴水轮机将两者铸造为整体结

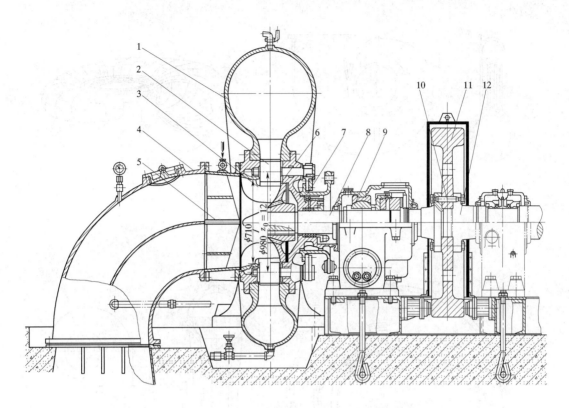

图 5-11　卧轴混流式水轮机总图

1—蜗壳；2—活动导叶；3—转轮；4—弯管；5—尾水管补气装置；6—前端盖；7—控制环；
8—水轮机主轴；9—径向推力轴承；10—螺栓；11—飞轮；12—发电机轴

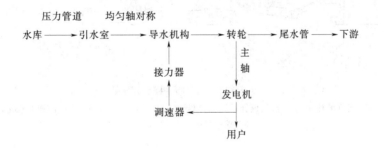

图 5-12　水轮发电机组原理

构。如图 5-14 所示。

2）混凝土蜗壳。对于水头在 3～25m 的小型水轮机，因水头低，水流压力小，非均匀轴对称流动对水轮机稳定性影响小；同时发电引用流量大，需要采用较大断面过较大流量，采用钢筋混凝土蜗壳更加经济。

钢筋混凝土蜗壳的流道实际上是直接在厂房水下部分混凝土中做的蜗状空腔，断面形状为多边形，蜗状部分较小，蜗壳的最大包角常用的为 180°，部分水流直接进入导水机构，如图 5-15 所示。

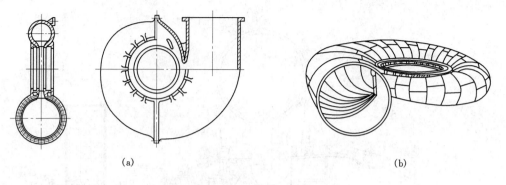

图 5-13 金属蜗壳

(a) 铸造蜗壳；(b) 焊接蜗壳

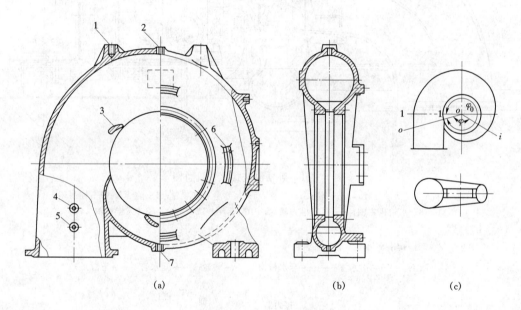

图 5-14 卧轴机组浇铸蜗壳

1—起重吊耳孔；2—放气阀孔；3—固定导叶；4—压力表孔；5—机组冷却取水孔；
6—控制环座；7—放水阀孔

混凝土蜗壳的断面根据电站具体情况可以采用如图 5-16 所示的四种不同形状。小型水电站的混凝土蜗壳多采用平顶型［见图 5-16（d）］，有利于调速器的布置。

与混凝土蜗壳连接的座环，常用的有两种：一种是整体结构座环，上环、下环和固定导叶（也称立柱）为一整体结构，如图 5-17（c）所示。另一种是装配式结构座环，有固定导叶和上环组成，固定导叶和上环装配后埋入混凝土中，如图 5-17（b）所示。对于小型水轮机，多采用取消上、下环的座环结构，单个固定导叶上下端呈法兰形状用以承受压力，按照预定位置直接埋入混凝土中，如图 5-17（a）所示。

（2）贯流式引水室。小型灯泡贯流式水轮机的引水室为贯流式引水室，水流从进口引进后直贯流过水轮机，水流方向不变，引水室中的水流呈均匀、轴对称状态，水力损失很小，水轮机效率高。由于水流在进入导水机构前不能产生一定环量，所以，转轮要求的进口环量全由导叶形成。这种引水室适用于低水头水轮机，如图5-18所示。

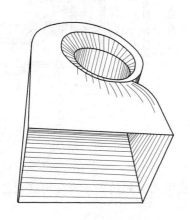

图 5-15 钢筋混凝土蜗壳

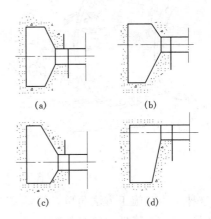

图 5-16 混凝土蜗壳断面

(a) 对称式；(b) 下伸式；(c) 上伸式；(d) 平顶式

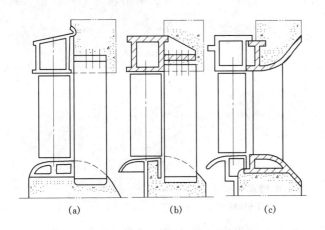

图 5-17 混凝土蜗壳座环

(a) 单支柱型；(b) 半整体型；(c) 整体型

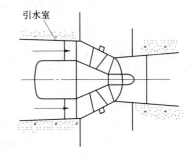

图 5-18 贯流式引水室

(3) 罐式引水室。罐式引水室一端于压力水管连接，另一端于尾水弯管连接。如图5-19所示。罐示引水室水流在进入导水机构前发生急转弯，因而使进入导水机构的水流不均匀，水流状态混乱。水轮机主轴穿过尾水管与发电机主轴连接，所以水力损失大，水轮机效率低。但这种引水室通流特性好，过流能力较大，机组结构紧凑，安装方便，操作简单，在低水头的农村小型水电站被广泛应用。

(4) 明槽式引水室。小型轴流定桨式水轮机多采用明槽式引水室。导水机构的外围为开敞式明槽，其上游侧与引水渠道相连，其余三边为引水室槽壁，下面为底板，如图5-20所示。明槽式引水室能保证水流均匀、对称地进入水轮机，水力损失小。引水室的平面尺寸通常需要很大。常用平面形状有以下三种：

1) 矩形明槽。水轮机位于明槽中间位置，水流自进口引入引水室，如图5-20 (a)

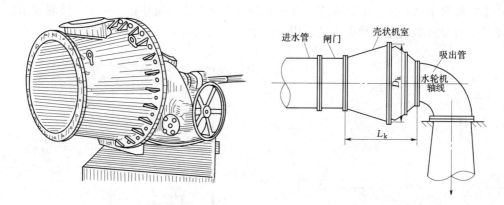

图 5-19 罐式引水室

所示。这种引水室施工方法简单，技术要求较低；但在引水室死角处水流易形成涡流，造成水力损失增大，降低水轮机效率。

2）不完全蜗槽。明槽平面形状为蜗形，其包角为 180°。其水流状态比矩形明槽式好，水力损失小，水轮机效率较高，如图 5-20（b）所示。由于明槽轮廓形状复杂，施工方法要困难，技术要求高。

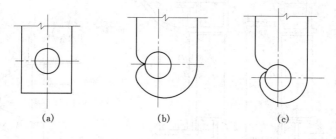

图 5-20 明槽式引水室
（a）矩形明槽式；（b）不完全蜗槽；（c）完全明槽

3）完全明槽。为了改善水流条件，减少水力损失，提高水轮机效率，可以增大蜗槽包角至 270°，使水流均匀、轴对称地进入水轮机。由于蜗线曲线的施工难度加大，并增大了蜗槽平面尺寸，所以，只有在容量相对较大的小型轴流式水轮机中应用，形状如图5-20（c）所示。

二、水轮机导水机构

导水机构是水轮机的第二个过流部件。

1. 导水机构的作用

导水机构能形成和改变进入水轮机的水流环量；根据机组所带负荷的变化情况适时地调节水轮机的流量，以改变机组出力，适应用户负荷变化的要求；进行开机和停机操作；在机组甩负荷时防止产生飞逸事故。

2. 导水机构的类型

根据水流流经导叶时的特点，导水机构可分为以下两种：

（1）径向式导水机构。导叶的轴线与水轮机轴线平行，水流沿径向进入导水机构，各导叶的轴线均匀分布在同一圆柱面上，如图 5-21（a）所示。径向式导水机构结构简单，操作方便，应用广泛。

（2）轴向式导水机构。导叶轴线与水轮机轴线垂直，水流沿主轴轴向进入导水机构，各导叶的轴线分布在一个与主轴轴线垂直的圆盘面上，如图 5-21（b）所示。轴向式导水机构应用于贯流式水轮机。

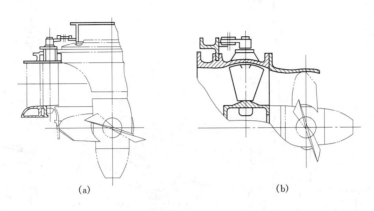

(a)   (b)

图 5-21　导水机构的形式

(a) 径向式；(b) 轴向式

3. 径向式导水机构的结构组成

小型水电站明槽式水轮机导水机构的控制环在导叶分布圆的内面，称为内调节式导水机构。小型混流式卧轴水轮机导水机构的导叶分布圆在控制环外面，称为外调节式导水机构。

径向式导水机构的操作，除了农村小型水轮机采用手动或电动外，一般均采用液压操作。低压水轮发电机组的调速功率较小，导水机构的操作采用单接力器。当机组负荷变化时，调速器中的接力器输出机械位移信号，通过调速轴带动控制环转动，并使全部导叶同时绕自身的导叶轴线转动，作开启或关闭方向动作，达到调节流量的目的。

导水机构的部件有：

（1）导叶。导叶即为活动导叶，是直接调节水轮机流量的主要过流部件，其水力性能影响水轮机的工作效率。为了适应水流的流动条件，减少水力损失，导叶的断面形状为翼型，如图 5-22 所示。进水边为首端，厚度较厚，形状为圆弧；出水边为末端，在满足强度的条件下，厚度较薄；翼型中间为一条骨线。

根据导叶断面的形状不同，有如下三种类型：负曲率导叶，适用水头高于 100m 的混流式水轮机；正曲率导叶，用于水头 40～100m 的水轮机，采用完全包角的蜗壳，这种形状的导叶已经标准化，适用于中水头的混流式水轮机和水头相对较高的轴流式水轮机；对称形导叶，用于水头低于 40m 具有混凝土蜗壳的轴流式水轮机，这种导叶也已经标准化。如图 5-23 所示。

1）导叶开度 a_0。表征导叶调节位置的参数，规定为相邻两导叶首、末端之间的最短距离，如图 5-24 所示。导叶处于径向位置时的开度为最大开度，表示为 a_{0max}，按下式确定

$$a_{0\max} = \pi D_1 / Z_0 \qquad (5-6)$$

式中 D_1 ——转轮标称直径；

Z_0 ——导叶数目。

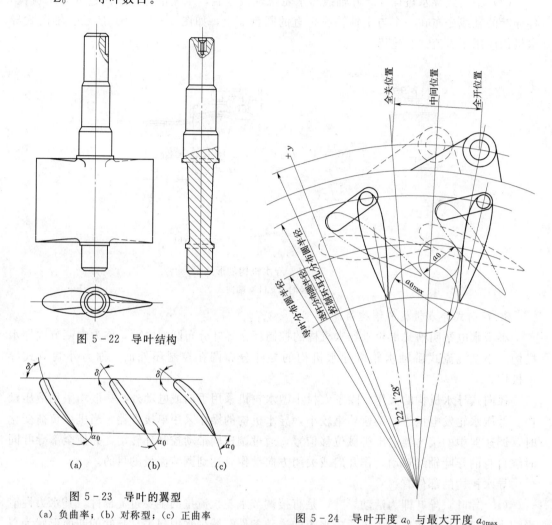

图 5-22 导叶结构

图 5-23 导叶的翼型

(a) 负曲率；(b) 对称型；(c) 正曲率

图 5-24 导叶开度 a_0 与最大开度 $a_{0\max}$

2）导水机构的高度 b_0。即导叶高度。为了保证水流均匀轴对称流动，所有导叶的高度必须一致。但不同水轮机因对进口环量的要求不同，必须采用不同的导叶高度。导叶高度 b_0 通常按照转轮直径 D_1 的比例系数选取。

3）导叶数 Z_0 及导叶分布圆直径 D_0。导叶数量的多少将直接影响水轮机的效率。水轮机尺寸越大，导叶数量越多；对小型水轮机为了简化结构，导叶数量较少。根据导水机构尺寸系列规定，导叶数按表5-3选取。

导叶分布圆直径 D_0 是导叶轴线所在圆周的直径，是很重要的水轮机结构参数。确定 D_0 / D_1 数值以导叶在最大开度时不与转轮叶片相碰为原则。

4）导叶轴承。导叶转动要求灵活，因此导叶轴颈处装有导叶轴承。小型卧轴水轮机

表 5-3 　　　　　　　　　　　**导 叶 数 量 选 取 表**

水轮机型式	HL—LJ，HL—WJ； ZD—LH			ZD—LM，ZD—WM		HL—WM		
D_1（cm）	25～35	42～60	71～160	60～80	100～120	25～35	42～50	60～71
Z_0	10	12	16	12	16	10	12	16
D_0/D_1	1.35～1.4	1.27～1.3	1.2～1.21	1.30	1.25	1.35～1.4	1.30	1.26

为简化结构，导叶常采用双支点结构布置导叶轴承，导叶与导叶轴制成一整体，导叶的长、短轴安装在对应的套筒内，短轴装在座环预留孔内，长轴装在水轮机顶盖上的导叶套筒内，并与导叶传动机构相连。对于水头较高的 HL 式水轮机，导叶高度 b_0 较小，则采用取消短轴的悬臂结构，而在导叶长轴上采用两个轴承，使导水机构简化，如图 5-25 所示。因此，小型水轮机的导叶轴承均采用两支点结构，轴承的润滑根据轴套的材料不同而异，铜轴套为油润滑，尼龙轴套为水润滑，后者结构简化，成本降低。

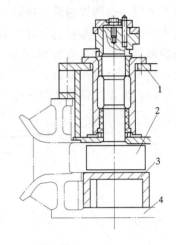

图 5-25　两支点导水机构
1—顶盖；2—导叶；3—低环；4—座环

5）导叶的密封。导叶全关闭时，相邻两导叶的接搭面和导叶与顶盖及导叶与底环（或座环）之间应全闭无间隙。导叶关闭时存在间隙会对水轮机导致一定的危害：降低相邻运行机组的引用流量；使导叶产生间隙气蚀；调相运行时会漏气；若漏水量较大时，会导致机组停机时停止不下来，使机组在低速状态下运转，破坏机组导轴承的正常工作，出现烧瓦现象。为此，应对导叶间隙有严格的质量要求。

导叶的间隙包括导叶关闭时导叶与导叶立面之间的间隙、导叶与顶盖以及导叶与底环之间的端面间隙两种。小型水轮机导叶的立面间隙一般在相邻导叶首、末两端接搭处进行精密加工，甚至喷镀较好抗磨材料进行密封。小型水轮机的导叶端面间隙一般不设置密封装置，依靠较小的安装间隙加以保证。

机组安装、检修后，导叶局部间隙按表 5-4 选择。

表 5-4　　　　　　　　　　**导叶允许局部立面间隙（GB 8501—83）**

项　目	允许局部立面间隙				说　明
	导　叶　高　度				
	≤600	600～1200	1200～2000	≥2000	
不带密封条	0.05	0.10	0.13	0.15	
带密封条	0.15		0.20		密封条装入后检查应无间隙

6）导叶轴承的密封。为了防止水从导叶轴颈漏出，在导叶轴颈处通常装有轴颈密封。导叶轴承目前广泛采用倒 L 形密封圈的结构型式密封。实践证明，这种结构密封止水性能良好，结构简单，如图 5-26（a）所示。密封圈的材料一般为模压成型的中硬度耐油

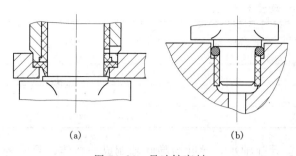

图 5-26 导叶轴密封

（a）L 形密封；（b）O 形密封

橡胶。倒 L 形密封圈主要靠水压压紧密封。导叶下轴颈为了防止泥砂进入轴套造成轴颈磨损，可在下轴套处装密封，多为 O 形密封圈密封，如图 5-26（b）所示。

用于高水头的小型水轮机，运行中导叶有可能在水压作用下上浮，为了防止导叶向上抬起而碰撞顶盖和影响连杆的受力，通常采用带止推槽的导叶转臂。

（2）底环。底环是安放导叶短轴的底部圆环，由铸铁制成，卧轴水轮机中称为前环。底环圆周上按导叶分布圆直径 D_0 圆周线为基准，均匀布置着与导叶数量相等的圆孔，内镶轴套支撑导叶短轴。安装导叶长、短轴的两孔必须在垂直方向同轴，否则会导致导叶歪斜，以至导叶端面间隙分布不均，为此，底环和顶盖在制造、安装时必须同时铰制定位孔。

（3）顶盖。顶盖盖住转轮，防止水流外溢，并安装导叶上套筒。轴流式水轮机还起引

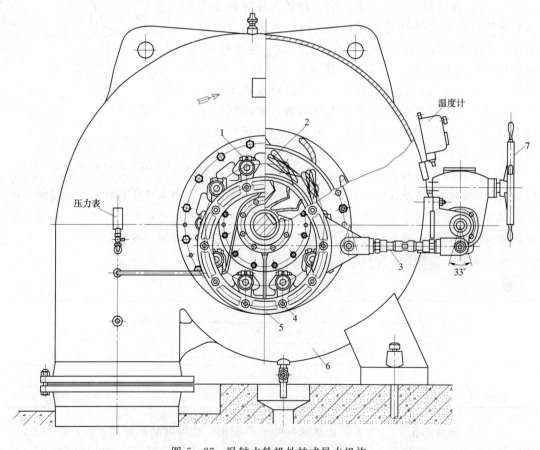

图 5-27 卧轴水轮机外挂式导水机构

1—开口拐臂；2—活动导叶；3—推拉杆；4—剪断销；5—控制环；6—金属蜗壳；7—调速手轮

150

导水流平稳转弯的作用。顶盖上通常还布置若干水轮机辅助设备，如水轮机导轴承、主轴密封、导叶操作机构和真空破坏阀等。卧轴水轮机中顶盖也叫做后环。在立轴明槽水轮机中，顶盖仅作为安放导叶上轴套的部件与装设水轮机导轴承。

（4）导叶传动机构。导叶传动机构布置在顶盖上，与导叶长轴直接连接，用以转动导叶，调节导叶的位置，达到调节水轮机流量的目的。

小型卧轴混流水轮机中，导叶传动机构由小型调速器中的接力器、推拉杆、控制环、连杆和拐臂等组成。推拉杆与控制环通过耳柄用销钉连接；控制环通过连杆和销钉与拐臂相连，而拐臂用半圆键与导叶轴周向连接。如图 5-27 所示为小型卧轴水轮机使用的挂环式导水传动机构。控制环悬挂在拐臂上，控制环与导叶布置圆是偏心布置的。在导叶启闭操作时，控制环并不转动，仅与推拉杆一起作水平和竖向移动，从而带动拐臂，导叶作开启或关闭的旋转运动，省略了连杆。在拐臂和控制环连接处用剪断销连接。当导叶在动作过程中被异物卡住时，所需操作力急剧增大，当操作力达到正常操作力的 1.5 倍时，剪断销被剪断，事故导叶退出导叶传动机构，从而起到保护传动机构与其他部件的作用。剪断销的中心孔内装有信号装置，当剪断销被剪断时发出信号。这种传动机构结构简单，但操作力较大。应用于 250kW 以下的小型水轮机。

图 5-28 为定轴式导叶传动机构，一般应用于明槽水轮机中。双孔连杆与定轴式导叶的头部下端用连板销直接连接带动导叶转动，省略了拐臂。在连杆与控制环的连接处装有剪断销起保护作用。导叶轴的上端用螺母固定在顶盖上，

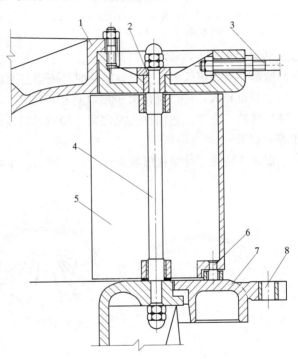

图 5-28 定轴式导叶传动机构
1—水轮机顶盖；2—顶盖衬套；3—顶盖拉杆；4—固定导叶；
5—活动导叶；6—连接销；7—控制环；8—推拉杆轴套

下端用相同的方法固定在转轮室上。导叶的上、下端分别设有导叶轴套。这种传动机构结构简单，操作力不大。

三、水轮机转轮

水轮机转轮是水轮机最主要的基本部件，其实现将水流的机械能转换成转轮旋转机械能。水轮机的类型和性能取决于转轮的形状和特性。一个良好的转轮，其能量性能好，气蚀系数小。

下面分别介绍反击型混流式和轴流式水轮机的转轮。

1. 混流式转轮

混流式转轮在运转时，水流径向进入，经过形状为空间扭曲形的叶片，到达流道出口

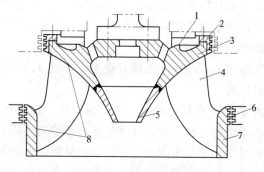

图 5-29 混流式转轮

1—减压装置；2、6—止漏环；3—上冠；4—叶片；
5—泄水锥；7—下环；8—焊缝

时变为轴向流出，水流从尾水管排向下游。由于空间扭曲叶片流道改变了水流前进的方向和流速大小，引起水流动量的变化，反过来，水流给叶片一个反作用力，形成转轮旋转力矩，即将水流的机械能转换成了转轮的旋转机械能。其结构形状如图 5-29 所示。

小型混流式水轮机的转轮因适用各种不同大小的水头和流量，其转轮结构形状不同。当应用高水头小流量的电站时，受水力损失的限制，流速取某一定值，所需过水断面面积较小，转轮进口高度和出口直径较小，进口直径大于出口直径，如图 5-30（c）所示；当应用低水头大流量电站时，所需过水断面面积较大，要求转轮的进口高度和出口直径也较大，进口直径大于出口直径，见图 5-30（a）所示；应用于中水头中流量电站的转轮，介于上述两种情况之间，转轮进口高度适中，转轮进口直径与出口直径近似相等，如图 5-30（b）所示。

混流式转轮三种结构形状如图 5-30 所示。主要有以下几部分组成：

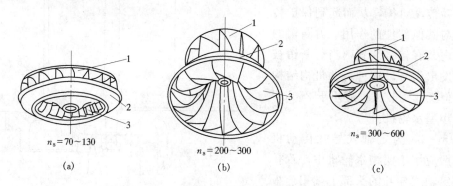

$n_s = 70 \sim 130$ $n_s = 200 \sim 300$ $n_s = 300 \sim 600$

（a）   （b）   （c）

图 5-30 混流式转轮结构形状

1—上冠；2—下环；3—叶片

（1）上冠。上冠的外形与圆锥体相似，沿圆锥面均匀分布着叶片并与下环组成过流通道。上冠外圆周处安装有上部转动止漏环，中心部分为法兰，开有数个螺栓孔以便与主轴法兰连接，下部固定泄水锥，法兰外围开有均布的减压斜孔，外周斜面上装有引水钢板，以便将运行时漏入上冠平面的压力水排走，从而减少作用于上冠上表面的附加轴向水推力。在上冠中心开有中心孔用来减轻转轮重量，对立轴混流式水轮机也可由此补气。小尺寸的上冠不设法兰面，而在中心开设带有锥度的中心孔，用以与主轴实现锥度配合和连接。

（2）叶片。叶片是转轮的最主要的零件，是直接将水流能量转换成转动刚体机械能的部件，叶片的形状和数量对水轮机的效率和气蚀性能影响很大。

混流转轮叶片呈空间扭曲状，下部扭曲较大，上部扭曲平缓，叶片断面形状为翼型。由于叶片厚度薄、外形细长，在水流冲击力和旋转离心力作用下容易振动，为增加叶片刚度，在叶片下部位置用下环连成整体。叶片数一般为10～24，减少叶片数目可增加水轮机过流能力，但转轮的强度和刚度降低；增加叶片数目，可保证转轮的强度和刚度，但过流能力下降，水轮机效率降低。

（3）下环。下环为圆环形部件，它固定叶片下端。上冠、叶片、下环三者构成具有一定强度和刚度的整体转轮，下环的外圆周装设有下部转动止漏环。

（4）泄水锥。泄水锥的外形为锥形体，用螺栓连接在上冠的下方，用以引导由叶片流出的水流顺利地轴向流出，避免水流相互撞击和向上旋转产生漩涡而增大水力损失，提高能量利用。

（5）止漏环。混流转轮的转动部分与固定部件之间应设置止漏环，减少上冠与顶盖、下环与基础环之间的间隙漏水量，提高水量的利用，减少容积损失。混流转轮都装有上、下部两道止漏环，每道止漏环有转动部分和固定部分组成，在其间形成忽大忽小的或直角拐向的间隙，使压力水流在该处受到很大的局部阻力和沿程阻力而不易通过，以达到减少压力水流的漏损。止漏环是混流式转轮特有装置。

止漏环的类型很多，小型卧轴混流式水轮机转轮常采用迷宫式止漏环，止漏效果好，结构简单，安装方便，成本低。也可采用间隙式止漏环，利用沿程阻力止漏，制造安装方便，但止漏效果差。止漏环结构如图5-31所示。

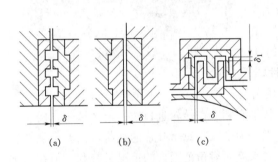

图 5-31 止漏环形式
(a) 迷宫式；(b) 间隙式；(c) 梳齿式

图 5-32 轴流式转轮

2. 轴流式转轮

轴流式转轮位于水轮机的转轮室内，径向流过导叶的水流经转轮支持盖和转轮室的引导而变为轴向流动进入转轮叶片，又从出口轴向流出转轮，进入尾水管后泄向下游，这样的转轮称为轴流式转轮。如图5-32所示。

轴流式水轮机转轮适用于低水、大流量的电站。小型轴流水轮机转轮的叶片相对于转轮体都是固定不动的，故也称为轴流定桨式。小型轴流式水轮机的转轮体为圆球形。同一种型号的ZD水轮机为了适应不同电站的需要，可制造不同位置的叶片装置角。工程上规定：设计工况时叶片所在的位置为0°，并规定叶片向开启方向变化的叶片装置角度为正，叶片向关闭方向变化的装置角度为负。当叶片装置角度达到最大负值时，叶片相互接搭，处于关闭状态。叶片根部法兰与转轮体之间用螺栓连接，可针对不同的电站条件或不同季节的水能条件，更换叶片装置位置，以提到水轮机的适应性能。叶片的装置角有0°、

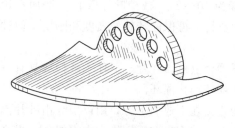

图 5-33 轴流转轮叶片

+5°、+10°、+15°四种。

轴流式转轮叶片呈空间扭曲面，叶片断面形状为翼型，叶片悬臂固定在转轮体上，如图5-33所示。水轮机运转时，叶片一方面承受正、背面水流压力差所形成弯矩，另一方面承受水流作用的转矩，同时还承受离心力，受力最大的位置在叶片的根部，所以叶片根部较厚，边缘处较薄。叶片数的多少与应用水头有关，水头越高，水流作用力越大，则叶片数越多，通常为3～8片。

但是，ZD式水轮机因叶片数较少，叶片又固定不动，对水流的控制、约束的能力较差，当水轮机的流量和出力变化时，难以适应水流的各种状态，导致水轮机的效率急剧变化。所以，ZD式水轮机只适应于水头变化而流量和出力变化的较小的水电站。实际运行时，一般带固定负荷运行（发基荷）。

泄水锥安装在转轮体下方，用焊接或螺栓方式相连，其作用与混流式水轮机泄水锥相同。小型轴流式水轮机转轮泄水锥一般为整体铸造。

3. 新型转轮

（1）带有副叶片（分隔叶片）的混流式转轮。所谓副叶片就是在转轮的两片主叶片（全叶片）之间加以较短的叶片，如图5-34所示，这样在不影响转轮区流态的情况下，减小转轮出口的叶片排挤，保证了满负荷时具有良好的水流特性。

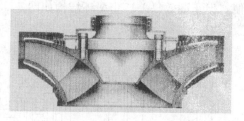

图 5-34 带有副叶片的混流式转轮

高水头运行的水轮机转轮外径比喉部直径大得多，在这种情况下应用副叶片（分隔叶片）特别有利。在转轮进口边一定区域内，转轮叶片所受的水流冲击以及载荷较大，从强度上考虑，为了减小每个叶片的载荷，只有增加转轮的叶片数目。从水力设计上考虑，叶片数量多对水流入射角范围大的情况很有利。但在增加叶片数后，势必影响整个转轮的流态。与此同时也提高了叶片的排挤系数，较小叶片出口的过流断面，加剧了转轮在叶片出口处的气蚀和磨损。因此，从整体优化的角度考虑，采用带有副叶片的转轮，能在最大程度上保证在不影响转轮气蚀性能、抗泥沙磨损性能和转轮内流态的同时提高转轮的整体性能。

理论分析和电站的运行试验证明这种有副叶片的转轮具有良好的抗气蚀磨损特性且振动较小，同时还能大大减轻机组重量。云南鲁布革电站的水轮机运行情况充分说明了这种转轮的优越性。

（2）X形叶片混流式转轮。X形叶片转轮的主要结构特点为：叶片进口具有负倾角，同时靠近上冠处翼型为负曲率。为适应能量转换和出口条件的要求，叶片出水边不在轴面上，而是一条空间曲线。与传统叶片转轮叶片相比，X形叶片转轮在较大流量、较大水头变幅范围内的效率很高，空化性能好，压力脉动水平较一致。X形叶片转轮非常适合于水头变幅较大的电站，也特别适用于电站增容改造。X形叶片混流式转轮如图5-35所示。

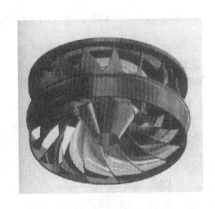

图 5-35　X 形叶片混流式转轮

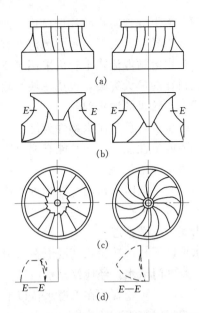

(a)

(b)

(c)

$E—E$　$E—E$

(d)

图 5-36　X 形叶片转轮与常规叶片转轮比较

（左图为常规叶片转轮，右图为 X 形叶片转轮）

由于 X 形叶片采用了负倾角，其结构与常规叶片有较大差别。从径向侃叶片进水边与出水边交叉成 X 形；从正面看叶片进水边向后倾斜，如图 5-36（a）；从轴截面看上冠处出水边十分靠近中性，如图 5-36（b）；从下往上看出水边不在一个轴面上，如图 5-36（c）；从横截面看，上冠处叶片为负曲率，如图 5-36（d）。

与传统混流式转轮叶片比较，X 形叶片具有如下几何特点：

（1）叶片进口边的周向呈后倾布置，出口边倾斜。

（2）叶片区空间流线长、叶片包角大。

（3）叶片头部形状特殊，叶片最大厚度靠近头部，但头部圆弧小。

（4）接近上冠的叶片区域，叶片出口安放角大。

（5）上冠叶片出口接近转轮中心，半径很小。

X 形叶片混流式转轮在水力性能上具有其独到的优点，主要体现在以下几个方面：

（1）叶片间流道内的流动趋于顺畅，消除了常规叶片正面常见的"横流"现象，有利于提高水轮机的运行效率。

（2）转轮内的流动更加均匀，负荷分布趋于均匀，减轻了叶片靠近下环处的负荷集中，有利于提高转轮的过流量和改善转轮的空化性能。

（3）由于叶片上的受力更加均匀以及叶片上冠的特殊形状，使得这种叶片的受力趋于合理，减少了叶片根部的应力集中。使转轮具有较好的受力特性。

（4）对公开的变化尤其是对水头的变化有很好的适应性，转轮的平均效率高。

（5）能更好地防止叶片进口边背面的脱流和空化，这对高水头小导叶开度运行很有利，尤其是转轮靠下环区。

（6）在综合特性曲线上，X 形叶片的进口背面空化初生线离最优区更远一些，几乎与单位流量轴平行，也就是说，转轮进口背面的无空化区更大。

（7）能更好地防止叶片进口边背面尤其是下环区叶片背面脱流产生的流道漩涡，这对改善水头小导叶开度下的水力稳定性有利。

三峡水电站混流式水轮机采用了 X 形叶片转轮，是大水头变幅混流式水轮机转轮水力优化设计的重大突破，也是三峡水轮机转轮水力设计的必然选择。

四、水轮机的泄水部件

反击型水轮机的泄水部件为尾水管，是水轮机过流的最后一个部件。尾水管的性能对水轮机的能量性能和气蚀性能有明显影响。

1. 尾水管的作用

（1）起平顺泄水作用，并为方便检修水轮机创造条件。反击型水轮机在压力状态下工作，转轮可安装在下游水位以上，也可安装在下游水位以下，当转轮安装在下游水位以上，出流为飞溅状态，影响正常运行。装设尾水管可平顺将水流泄向下游。当转轮安装在下游水位以下时，转轮长期浸泡在水中，检修安装不便。装设尾水管后，可在尾水管末端安装检修闸门堵水，经检修排水后可方便安装与检修。

（2）回收转轮安装在下游水位以上的那部分位能。在转轮为安装在下游水位以上的状态时，若无尾水管，转轮出口为大气压。装设尾水管后，形成一个封闭空腔，具有相当流速的水流形成低于大气压力的真空，加大了转轮叶片正、背面的压力差，增加了水流对转轮叶片的反作用力，提高了机组出力。即装设尾水管后，水轮机多利用了转轮至下游水位之间的压力水头。这个真空称为静态真空。

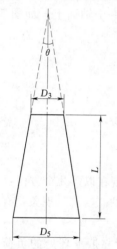

图 5-37 直锥形尾水管

（3）回收尾水管中水流的部分动能。由于尾水管的形状为从进口到出口逐渐扩大，在流量一定时，根据水流连续性，断面面积增大，流速减小，即动能减小，而压力增大；动能减少的差值，就是压能增加的数值。这个动能差也在转轮出口的封闭空腔中形成真空，增大了转轮进出口的水流压力差，增加机组出力。这个真空值称为动力真空。

静态真空只取决于水轮机的安装位置高程，与尾水管的性能无关。动力真空值则直接取决于尾水管的性能和水轮机的工作状态。

2. 尾水管的型式

根据不同水能条件，小型反击型水轮机的尾水管的型式主要有以下两种：

（1）直锥形尾水管。这种尾水管是一种最传统的结构型式，为一简单的直锥圆管，截面面积从进口至出口逐渐扩大，如图 5-37 所示。直锥管的长度 L 与锥管进口直径 D_3 的比值与锥管的锥顶角 θ 之间的关系应使水流在尾水管中不产生脱流且水力损失最小。即每一个 L/D_3 均应对应一个最优锥角 θ，通常按表 5-5 选取。

表 5-5 　　　　　　　　　　　　直锥型尾水管最优圆锥角

L/D_3	2	3	4	5	6	10	12	14
最优圆锥角 $\theta°$	17~18	13~14	12~13	10~11	9~10	6~7	6~7	5~6

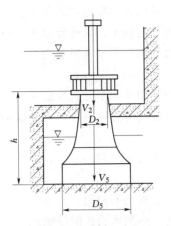

图 5-38 截短形直锥形尾水管

表中 $D_3 = D_2 + (0.5\sim1.0)$，其中 D_2 为转轮出口直径。当 $L/D_3 = 3\sim4$ 时，尾水管的效率为 $77\%\sim82\%$，相应的锥顶角 $\theta = 13°\sim14°$。若 L/D_3 再减小，尾水管效率将降低，影响水轮机效率；若 L/D_3 再增大，尾水管效率增加不大，但基础开挖深度加大，增加工程造价。

直锥型尾水管常用 $6\sim12$mm 厚 A 镇静钢钢板卷制焊接而成。贯流式水轮机的直锥管则常用钢筋混凝土浇注而成。当管道中流速大于 5m/s 时，应采用钢板里衬防护冲刷。

直锥型尾水管一般仅应用于贯流式水轮机和 $D_1 < 1.2$m 的立轴水轮机。对于尾水管因长度过大而增加厂房基础开挖量时，小型水轮机的尾水管可采用喇叭形出口的截短形尾水管，如图 5-38 所示。为防止运行中空气进入尾水管，尾水管的出口必须淹没在下游最低运行水位以下 30～50cm。

（2）弯管型尾水管。在小型卧轴 HL 式水轮机中，由于水轮机安装在发电机的平面层，金属蜗壳的平面垂直于机组的水平轴线，水轮机的尾水管与下游的衔接必须连接 90°弯管转弯。所以，在实践中采用具有 90°弯管加直锥管型的尾水管，如图 5-39 所示。

此种尾水管的水流从转轮流出后经过一段弯管再进入直锥管，由于弯管内流速较大，且水流方向发生急剧变化，因此水力损失大、效率低。

卧轴贯流定桨式水轮机也采用 90°弯管加直锥管型的尾水管。

五、水轮机导轴承

水轮机的转轮、主轴、发电机的转子、励磁机转子和飞轮（卧轴机组的）等组成水轮发电机组的转动部分。在机组运转过程中，因机组旋转部分的重量、水流作用于转轮上的水推力和发电机中的电磁力等的作用，转动部分会产生两种不同方向的作用力：与主轴轴线垂直的径向力和与轴线平行的轴向力。径向力主要由转轮水力不平衡、发电机转子磁拉力不平衡以及转动部分的质量不均等造成的静不平衡与动不平衡引起的；轴向力则主要由水流附加轴向水推力引起。卧轴机组中的转动部分

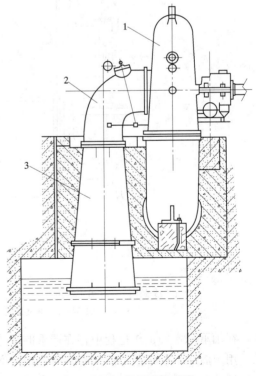

图 5-39 弯管形尾水管
1—蜗壳引水室；2—弯管；3—直锥管

重量产生径向力，立轴机组中的转动部分重量产生轴向力。径向力由机组中轴承承受，防止和减少轴的振动与摆动。这种承受机组径向力的轴承称为径向轴承，常称导轴承。机组轴向力由设置在主轴上的推力轴承承受。实践中，常把推力轴承与导轴承组装在一起，称为径向推力轴承。

对于立轴机组，安装在水轮机主轴下端，位于顶盖上的导轴承为水轮机导轴承，简称水导轴承，用来承受水轮机径向力。水导轴承越靠近转轮，转轮的悬臂越小，水轮机运转越稳定。

卧轴机组在飞轮与水轮机之间装设径向推力轴承，承受径向力和轴向推力；而在飞轮与发电机之间的径向轴承只承受径向力。

根据水轮机的装置方式不同、容量不同，采用的导轴承结构也不相同。根据导轴承润滑的方式不同，可分为水润滑导轴承和油润滑导轴承两大类。小型水轮机的导轴承一般采用橡胶导轴承或胶木导轴承。

1. 橡胶导轴承

橡胶导轴承由橡胶轴衬和轴瓦（也叫支撑）组成。轴瓦用螺栓固定在支架上。在轴衬内周上开有8～32条沟槽，如图5-40所示，用以保证轴承良好润滑的条件。

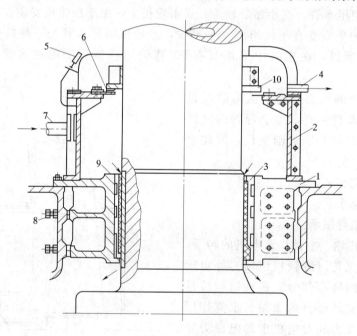

图5-40 橡胶导轴承
1—轴承体；2—压力水箱；3—橡胶瓦；4—排水管；5—压力表；6—平板密封；
7—进水管；8—调整螺栓；9—钢制瓦衬；10—转环

在轴承与主轴工作过程中存在严重的摩擦现象，需要设置相应的润滑设备。橡胶导轴承采用水润滑，经过过滤后的清水引入轴承润滑水箱，润滑水经橡胶轴瓦内周表面和沟槽流过轴承，一方面起润滑作用，另一方面带走摩擦热量，起冷却作用。

橡胶导轴承具有很好的耐磨性和良好的弹性，能对主轴的振动起消振作用；要求润滑水有良好的水质，但要求不是很高。轴承结构简单，安装、检修方便，成本低。但橡胶导热性差，不能耐高于 65～70℃ 的水温；对带有酸性或碱性的水质较敏感，易使轴锈蚀。由于润滑水兼顾润滑和冷却两项作用，对供水的可靠性要求很高，必须设有两个以上独立供水水源。

2. 胶木导轴承

胶木导轴承的轴衬用螺钉紧压在轴瓦内周，如图 5-41 所示。胶木轴衬是用 0.5～1.5mm 白桦木制干后浸透石炭酸，再使之烘干，叠成一捆，然后在 140～150℃ 高温下用 15～17MPa 压力压制而成。胶木轴承也用水润滑，需设置水润滑装置，但对水质要求很高。

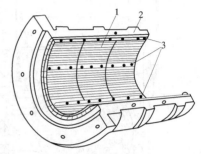

图 5-41 胶木导轴承
1—轴衬；2—支架；3—轴瓦

胶木导轴承的摩擦系数小，耐磨性好，机械性能高，成本低廉。但导热性差，对润滑水中的含砂量要求极严，不清洁的水质会使轴衬很快磨损。浸水后轴衬的膨胀性、机械性能等在纵横方向上差异很大，使轴瓦间隙较难控制。这种轴承适用于河流含砂量很小的水质条件非常好的水轮机上。

3. 油润滑导轴承

油润滑径向推力轴承为分半结构轴瓦，轴瓦的内表面浇铸巴氏合金。为了可靠地向轴瓦供油，在轴瓦的进油侧和上半瓦开有一定宽度和深度的油沟，采用油环随主轴旋转带动润滑油进入主轴和轴瓦之间，形成动压润滑油膜。径向轴承一般采用油冷却器，小机组也采用自然冷却。

径向推力轴承结构如图 5-42 所示，在轴承油箱内，扇形推力瓦 10 沿主轴 1 圆周均匀分布，一般为 6～10 块，安装在轴承支座 5 的端面圆盘内，用螺钉 17 支撑并调整瓦块与大推力盘 9 之间的接触程度；另一端的副推力瓦分别与上导瓦 4 及下导瓦 15 铸成整体，防止转动部分轴向移动。大推力盘 9 和小推力盘 3 热套固定于主轴上。油箱内的油在主轴旋转离心力带动下，被推力盘带至轴承上部，在推力盘顶部设置刮油板 18，将带上的油刮集至油罩 7 内，在推力瓦支座上沿半径方向开有几条径向油沟与主轴表面相通，如图 5-42（c）所示。主轴旋转时的离心力起泵的作用，将油罩内的油吸入整个径向轴瓦和推力瓦表面形成油膜。动压油膜形成的能力与主轴旋转的转速或离心力存在直接关系，当转速过高或降低时，都对油膜的形成不利。从轴承外侧出来的热油，经过下部的冷却器 14 后进入右边的进油管循环。

六、水轮机主轴

主轴是水轮机与发电机之间的连接件，实现两者之间的能量传递。水轮机吸收水流的能量产生旋转力矩，通过主轴带动发电机转子旋转。主轴是承受机械扭矩的重要零件。

小型水轮机的主轴一般有两种结构型式：无法兰的光轴和单法兰轴。

光轴的一端采用圆锥面和键与转轮实现紧固配合，如图 5-43 所示。圆锥面的锥度为 1:15，实现转轮的轴向定位；键实现转轮与主轴之间的扭矩传递。泄水锥与主轴之间用螺纹连接，并用中心孔螺钉锁紧。光轴的另一端装置弹性联轴器，以便与发电机主轴

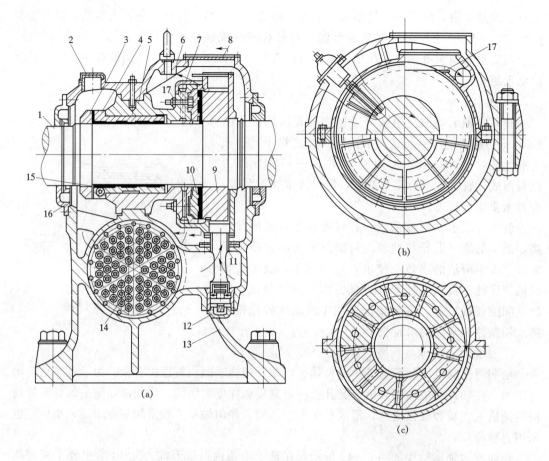

(a)

(b)

(c)

图 5-42 径向推力轴承

1—主轴；2—小观察孔；3—小推力盘；4—上轴瓦；5—轴承支座；6—轴承上盖；7—进油罩；
8—观察孔；9—大推力盘；10—扇形推力瓦；11—进油管；12—油塞；13—轴承座；
14—冷却器；15—下轴瓦；16—轴承端盖；17—刮油板

连接。

　　单法兰轴同转轮连接的轴段，与无法兰轴的结构相同，也是用圆锥面和键与转轮实现
连接；带法兰的一端采用连接螺栓与发电机主轴法兰连接，法兰端面上带有凸台止口，安
装时便于与发电机主轴对中。

七、飞轮

1.飞逸的概念

　　飞逸是水轮机运转中的一种特殊工况，即机组
正常运行时，水轮发电机组的输出功率与用户负荷
之间相平衡，机组在额定转速下运转，保证电能频
率质量。当因某种原因时机组突然甩掉全部负荷，
发电机输出功率为零，此时调速器失灵或导叶关闭
时间过长，则水流能量过剩，水轮机转速迅速上升，

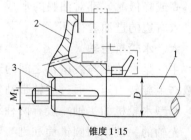

锥度 1:15

图 5-43 圆锥面和键配合的结构形式

1—主轴；2—转轮；3—键槽

只至输入的水流能量与因转速上升而增加的机械能量消耗相平衡时，机组达到某一最大转速而稳定下来，这种现象称为飞逸。最大的转速叫做飞逸转速，用 n_p 表示。$K_p = n_p/n_r$，称为飞逸系数，一般在 $K_p = 1.6 \sim 2.4$。

水轮机在飞逸转速下运行时，会对机组造成严重的破坏：①容易引起机组固定部件、厂房的强烈振动；②发出强烈的振动和噪音；③轴承磨损加剧，出现烧瓦现象；④机组转动部件出现"飞车"事故等，甚至会造成更严重的后果。在电站设计和运行中，通常都采用必要的技术措施来防止飞逸事故扩大，以保证机组和电站的安全。

飞逸现象危害很大，在运行中必须高度重视，但也不必太紧张。因为，我国在设计水轮发电机组时，可确保在 $2 \sim 3 \text{min}$ 内不发生破坏；同时在引水管道上设置快速事故闸门（低水头的采用蝴蝶阀、高水头采用球阀、小型水轮机采用闸阀），兼作机组发生飞逸时的保护装置，能在动水状态下关闭。当机组转速达到 $1.4 \sim 1.5$ 倍额定转速 n_r 不能关闭导叶时，快速事故闸门自动动作，切断水流。

2. 飞轮的作用

在水轮机正常运行时，突然减负荷，调速器按照预定的时间关闭导叶，则引水压力管道中的水流会产生具有危害性的水击压强，因此导叶关闭时间不能设置太短。另一方面，负荷是在瞬间变化，而导叶关闭则有一个时间过程，则造成该时间内输入水流的能量过剩，剩余能量必然会转化为机组转速上升，机组转速升高过大，时间过长，机组将遭到破坏。为此，必须研究影响机组转速升高的因素，从而控制机组转速升高不致过大。

对于某一机组，在其他条件不变的情况下，当旋转部件的质量较小时，其旋转惯性也较小，在一定旋转力矩作用下，其转速容易上升。由于卧轴机组相对立轴机组而言，其转动部件的重量一般较轻，径向尺寸较小。为了增加其旋转惯性，降低转速升高率，通常在主轴上装设飞轮，以增大其转动惯量 GD^2。

3. 飞轮结构

飞轮可整体铸造，可也焊接而成。飞轮铸造时应严格控制质量，不允许存在铸造缺陷。为了安全，飞轮应设防护罩。

机组飞轮应防止运行破坏，故应限制飞轮圆周线速度大小。对铸钢飞轮，线速度不超过 $100 \sim 110 \text{m/s}$；铸铁飞轮线速度不超过 $50 \sim 60 \text{m/s}$；焊接飞轮线速度不超过 $120 \sim 150 \text{m/s}$。

机组停机时，当转速下降至额定转速的 35% 时，应使用飞轮两侧的制动风闸刹车，防止低速转动时烧坏轴瓦。

第四节　冲击型水轮机的结构

冲击型水轮机是开发利用高水头水能资源的水力机械，其应用水头一般在 100m 以上。冲击型水轮发电机组的工作原理：从压力管道引入的具有很高压能的水流经喷嘴射流，把水流的压能变成动能；高速自由射流作用于水轮机转轮的水斗上，促使转轮产生旋转力矩，把水流的动能转换成转轮的旋转机械能；离开转轮的水流自由泄向尾水槽，排向下游；旋转的转轮通过主轴带动发电机转子旋转，在定子绕组中产生感应电动势，经输电设备向用户供电；当用户负荷发生变化时，给调速器输入一个频率变化信号，促使接力器操纵喷针移动和折向器动作，改变水轮机的流量和作用于转轮上的水能，实现机组的出力和用户负荷之间新的平衡。

冲击型水轮机的结构组成如图 5-44 所示，由带有水斗的转轮、喷嘴、喷管、机壳、折向器、引水板、尾水槽及制动喷嘴等组成。转轮是能量交换最主要的部件；喷嘴的作用是将压力水流形成高速射流；流量大小的调节是靠移动喷针的位置自动实现的，同时，为了在机组发生甩负荷工况时不产生飞逸和压力钢管中水击压强不致过高，水轮机还设有折向器来偏流。

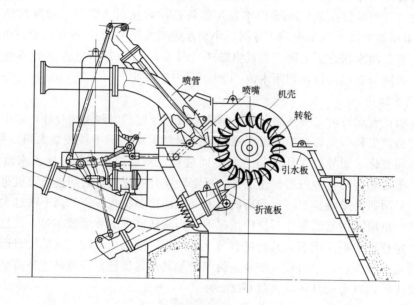

图 5-44　冲击型水轮机的结构

冲击型水轮机与反击型水轮机相比，具有下列特点：

（1）因能量交换是在大气中进行的，其气蚀性能良好。应用在高水头下不受气蚀的限制，因而转轮制造材料不需考虑抗气蚀性能的要求。

（2）水斗式水轮机的最高效率比反击型低，但它的效率曲线平坦，高效区域宽广，平均效率高，负荷变化时可保持在高效区域运行。

（3）因水斗是悬臂布置，在进行能量交换时，受射流的冲击，水斗根部容易产生弯曲疲劳，产生疲劳裂纹。

（4）水斗式水轮机结构简单，它既无反击型的引水室（蜗壳），也无尾水管；它安装在下游水位以上，土建开挖量小，工程造价低，运行、维护方便。

一、转轮

根据水电站的水头和流量条件不同，冲击型水轮机有三种型式：切击式（水斗式）、斜击式和双击式。

1. 水斗式转轮

从喷嘴射出的水流以与水斗相垂直的方向进入转轮，在转轮平面内与转轮节圆相切。

水斗的分水刃将射流分成两股水流对称地沿着水斗的内表面流动，在转过接近$180°$后达到出口边流出。由于水斗改变了水流的速度大小和方向，水流对水斗产生了作用力，形成了转轮的旋转力矩，射流的动能转化为转轮的旋转机械能。

小型水斗式水轮机适用于水头在$100\sim150m$及以上，是应用最广泛的冲击型水轮机。

水斗式水轮机转轮由轮盘和水斗组成，轮盘位于中心，水斗则均匀分布在轮盘的圆柱面上，如图5-45所示。常见的小型水斗式转轮结构有两种型式：即整体铸造和铸焊结构。

图5-45　水斗式水轮机转轮

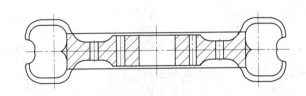

图5-46　整体铸造结构转轮

整体铸造转轮结构简单，强度较高，安装方便，如图5-46所示。但由于水斗排列很密，水斗之间距离很小，加工难度较大，且铸造技术要求较高。若水斗损坏，无法修复，须更换整个转轮。

铸焊结构的转轮是转轮的轮盘和水斗分别铸造后再焊接成型，如图5-47所示。它的水斗可以单个铸造，也可两个或三个铸造在一起。铸焊转轮强度高，易保证质量。但焊接工艺、焊接技术和热处理要求高。

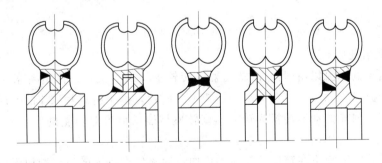

图5-47　铸焊结构转轮

每个水斗的外缘开有一个缺口，目的是使前面的水斗不阻碍射流对后续水斗的作用，提高效率。为了增加水斗强度，在水斗背面制有与半径方向一致的肋缘。水斗数一般为$18\sim24$个。

水斗形状比较复杂，制造和加工要求很高。水斗转轮的材料与水头有关，当水头 H

小于 200m 时，采用球墨铸铁或一般碳素钢；当 $H = 200 \sim 500 m$ 时，采用碳素钢或低合金钢；当水头 H 大于 500m 时，采用低合金钢或不锈钢。

水斗在转轮上的安放角与其射流的相对位置，对水斗中的水流运动影响很大，因此，必须正确确定水斗安放角、进出口角和直径。射流在水斗中的运动情况如图 5-48 所示，分水刃边缘与水斗边缘平面夹角 φ 有利于减少射流冲击力的径向力，一般为 $4° \sim 12°$。分水刃边缘夹角 θ 在保证分水刃强度的条件下应尽量小，以减少局部水力损失，常取 $10° \sim 18°$。水斗出口水流方向与径向方向的夹角 β_2 越小，射流方向变化幅度越大，能量转换越高；但当 β_2 为 $0°$ 时，从水斗出口边出来的水反射到后续水斗的背部形成转轮旋转阻力，故 β_2 一般为 $3° \sim 4°$。

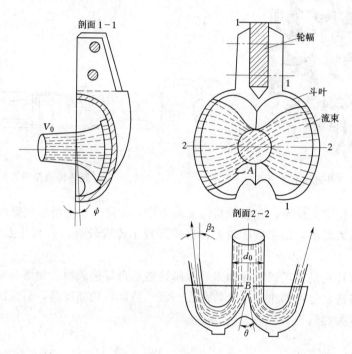

图 5-48　水流运动情况

2. 斜击式转轮

从喷嘴射出的水流以斜射角 α_1 斜向射入转轮水斗的一侧，射流沿着水斗的沟形内表面流动并改变方向，然后从水斗的另一侧流出。同理，由于射流对水斗的作用力形成了转轮的旋转力矩，射流的动能转换为转轮的旋转机械能。射流对转轮的作用方向如图 5-49 所示。

斜击式转轮的射流不在转轮的旋转平面内，射流斜向进入转轮，增加了过流能力，避免水斗间的相互影响，但同时形成了轴向力。

斜击式转轮应用在 $30 \sim 400 m$ 的水头范围内。斜击式转轮的结构与水斗式基本相同，由内轮环、外轮环和水斗三部分组成，如图 5-50 所示。外轮环用以增加转轮强度并减少风损。

斜击式转轮射流的斜射角 $\alpha_1 = 22° \sim 25°$，多数取 $22.5°$。

164

斜击式转轮结构简单，加工方便，造价较低。

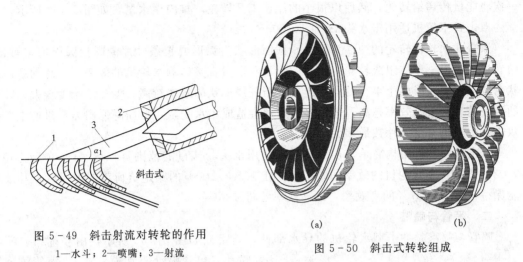

图 5-49 斜击射流对转轮的作用
1—水斗；2—喷嘴；3—射流

图 5-50 斜击式转轮组成

3. 双击式转轮

喷嘴截面为长方形的射流冲击圆筒形状的转轮，射流方向与主轴轴线垂直。进入转轮的射流先沿着轮叶的曲面从转轮外缘向转轮内缘流动，将水流中的大部分能量传递给转

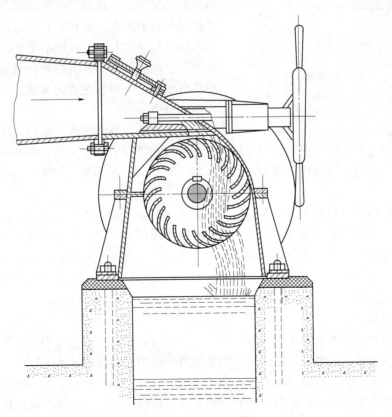

图 5-51 双击式水轮机

165

轮；从内缘流出的水流第二次从转轮内缘空腔重新进入转轮的轮叶，沿轮叶流向外缘，再一次将能量传递给转轮，然后以很小的流速离开转轮，排向尾水槽，如图5-51所示。

双击式水轮机适用于水头 H 为1～300m。

双击式水轮机转轮的两端为圆盘，截面形状为弧形的长条叶片沿圆盘圆周均匀布置，两者连接成为一整体组成转轮。叶片的形状和数量直接影响水轮机的效率。叶片的断面形状为圆弧渐开线或两个半径的圆弧组成。渐开线形状的效率较高，但加工难度较大。叶片的数量越多，最高效率越高，但过多的叶片会造成出水受阻，反而降低出力，目前生产的双击式水轮机转轮叶片数最多为37片。

双击式水轮机结构简单，加工容易，适用水头与流量的范围宽：$H=1～300m$，$Q=0.02～15m^3/s$。水轮机的效率曲线平坦，在16％～100％的额定负荷范围内运行，其效率能保持在82％～87％的高效率，最高效率已超过90％。

二、喷管与喷嘴

喷管与喷嘴是冲击型水轮机的导水部件，其组成如图5-52所示，由喷嘴口、喷嘴头、喷针（包含喷针头和喷针杆）、喷管体、导水栅、操作机构等组成。喷嘴口、喷嘴头和喷针头组成喷嘴。压力管道的水流经喷嘴光滑收缩，在喷嘴内逐渐加速，从喷嘴口处形成密实的水柱以最高的速度、最优的方向射向水斗。运行中根据机组负荷的变化，调速器自动改变喷针杆的操作机构（接力器）活塞两侧的油压，或人工用手轮操作，通过调节喷针头的轴向位置，从而改变喷嘴口处过流面积和射流的流量大小，从而改变机组的出力。

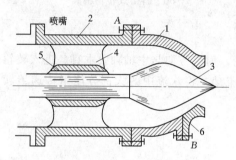

图5-52　喷管与喷嘴
1—喷嘴；2—喷管体；3—喷针；4—导叶栅；
5—导轴承；6—喷嘴口

由于喷嘴处水流的流速很高，压力降低，在喷嘴口处会产生严重的气蚀和磨损。因此，喷嘴口和喷针头均应采用抗气蚀性能好的材料如不锈钢等，结构上设计成可拆卸的形式，便于检修和更换零件。喷嘴头的锥角在60°～90°之间。

导水栅的作用是用来支持喷针杆，并引导从弯管来的旋转水流变为沿喷针杆轴线方向的均匀流动。在导水栅与喷针杆的接触处，需设置导轴承，减少喷针杆移动的阻力。

喷管一般为等直径的弯管，一端与压力管道连接，另一端固定在机壳上，管径逐渐减少。喷针杆在弯管处伸出管外与接力器活塞相连。在喷针杆伸出弯管的部位设置喷针杆后部轴承和密封装置。

三、折向器

冲击型水轮机一般应用水头较高，压力引水管道较长，在运行过程中，当机组突然甩部分或全部负荷时，若喷针快速关闭，会在压力管道中引起强大的水击压力；若喷针关闭太慢，水击压力不会上升过高，但机组转速会急剧上升而超过允许值。为了解决这一问题，对冲击型水轮机设置折向器为最有效的方法。折向器装设在喷嘴口处，正常运行时折向器与射流水柱之间保持1～2mm距离，当甩负荷时，它在1～3s内快速动作，部分或全部水流偏转射流方向至引水板，避免转轮转速上升，同时受调速器操作接力器使喷针向关闭方向较慢移动，一般为 15~30s，直至转速稳定为止，最后使出力与负荷相平衡。当新的工况稳定后，折向器应回到原来位置，以准备下一次动作，如图 5-53 所示。

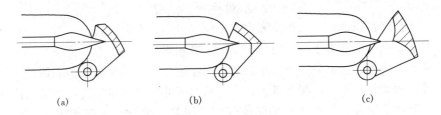

$$(a) \qquad (b) \qquad (c)$$

图 5-53　折向器

(a) 自下向上结构；(b) 自上而下结构；(c) 射流折向至水斗背面

四、机壳

机壳结构简单，但它是一个重要部件。机壳的形状和尺寸对水轮机的工作有一定影响。卧轴水斗式水轮机机壳一般分半制造，用螺栓紧固连接。

应保证机壳内的压力为正常的大气压力，以便使水流由水斗正常流出；对于和滑动轴承连在一起的机壳结构或转轮安装较低的水轮机，正常的大气压力可防止轴承中润滑油吸出和尾水涌浪对转轮工作的影响。因此，机壳内应补入适量空气，补入空气量一般应等于水轮机设计流量。

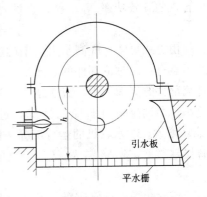

机壳应能顺畅地将水斗中排泄出来的水流引向下游，避免水流飞溅回落在转轮和射流上，为此，机壳内设置引水板，如图 5-54 所示。

机壳的下部装有平水栅，它可削减排水能量，避免水流冲刷尾水槽；安装、检修时也可作工作平台。

图 5-54　冲击式水轮机机壳

另外，卧轴冲击型水轮机在机壳上还装有制动喷嘴，停机时为了防止轴承损坏，不允许机组长时间在低速旋转，当机组转速下降至额定转速的 35% 时，制动喷嘴启动，将压力水流射到水斗的背面，迫使机组迅速停下来。制动喷嘴还可兼作防止飞逸的一种措施。

第五节　水轮机工作原理

一、水轮机的能量损失与分析

本章第一节已提到进入水轮机的水流功率 N_s（即水轮机的输入功率）大于水轮机的输出功率 N，两者之差便是水轮机工作过程中的能量损失。按照损失特性可把能量损失分为：容积损失、水力损失和机械损失。各种损失相应的效率分别称为容积效率、水力效率和机械效率。

1. 容积效率

水轮机转轮与固定部分之间存在间隙，因此进入水轮机的流量 Q 不可能全部进入转轮作功，有一部分流量 q 会从间隙中漏损掉，这部分漏损掉的流量称为容积损失。那么对转轮作功的流量为 $Q_e = Q - q$，Q_e 称为有效流量，它所对应产生的功率为有效流量功率 N'_e。容积效率 η_v 为

$$\eta_v = Q_e/Q = 1 - q/Q \tag{5-7}$$

可见，要提高容积效率，必须使漏水量 q 应尽量小。在保证转轮正常运行和安装检修方便的前提下，应尽量减少止漏环的间隙。影响容积损失的因素有：①止漏环的类型，间隙式漏水量大，迷宫式漏水量小；②止漏环的间隙值大小；③止漏环的制造精度（圆度），圆度精度低，间隙分布不均，漏水量大；④主轴摆度的安装测量精度，安装精度低，间隙分布不均，漏水量增大；⑤止漏环的间隙气蚀，间隙气蚀会使止漏坏间隙增大，漏水量增大。

2. 水力效率

水流流经引水室、导水机构、转轮、尾水管等过流部件，必然要产生沿程水头损失和局部水头损失，这些水头损失，称为水力损失，用 $\sum \Delta h$ 表示。水轮机的工作水头 H 减去总的水力损失 $\sum \Delta h$，便是水轮机的有效水头 H_e。对应有效流量和有效水头时的功率称为水轮机的有效功率 N_e。水力效率 η_s 为

$$\eta_s = H_e/H = 1 - \sum \Delta h / H \tag{5-8}$$

由上式可知，提高水力效率的途径是尽可能减少过流部件的水力损失。影响水力损失的因素有：①过流部件的表面粗糙度，表面粗糙度精度越低，$\sum \Delta h$ 越大；②流经水轮机过流部件的流速大小，流速越大，$\sum \Delta h$ 越大；③过流部件的形状，符合流线形状，$\sum \Delta h$ 越小；④过流断面的变化情况，过流断面存在突变，会使水流存在脱流、漩涡现象，$\sum \Delta h$ 增大；⑤水轮机的运行工况，偏离最优工况，$\sum \Delta h$ 增大；⑥水流的泥砂磨损，泥砂磨损越严重，$\sum \Delta h$ 越大；⑦水轮机发生气蚀，气蚀使 $\sum \Delta h$ 急剧增大。

3. 机械效率

转轮获得的有效功率并不能全部输出给发电机，有一部分能量会消耗在各种机械损耗上，如主轴与轴承间的摩擦、与密封装置的摩擦、转轮外表面与水流的摩擦等，这些损耗称为机械能量损失，用 ΔN_j 表示。$N_e - \Delta N_j = N$，N 为水轮机的输出功率。机械效率为 η_j，且

$$\eta_j = N/N_e = 1 - \Delta N_j/N \tag{5-9}$$

要提高机械效率，应尽可能减少机械摩擦损失。影响机械摩擦损失的因素有：①机组轴线的处理精度，主轴摆度越小，ΔN_j 越少；②导轴承的间隙大小，间隙过大或过小，ΔN_j 会增大；③导轴承的润滑条件，润滑油粘度越低、油质劣化，ΔN_j 增加；④导轴承冷却效果，冷却水温度过低或过高，影响润滑油的粘度和散热，ΔN_j 增加；⑤导轴承支架的刚度，支架的刚度不足，引起轴瓦位置变化，轴瓦间隙不稳定，ΔN_j 增大；⑥主轴密封，密封安装不良，ΔN_j 增加。

综合考虑这些损失的影响，水轮机的总效率表示为

$$\eta = \eta_s \eta_v \eta_j \tag{5-10}$$

即水轮机的效率等于容积效率、水力效率、机械效率三者的乘积，它是评价水轮机能量性能的主要依据。水轮机的效率表征了水轮机对水流能量的有效利用程度，在设计、

运行、检修和安装中，都应采取一系列的措施，力求减少各种损失，以提高水轮机效率。

二、反击型水轮机的基本方程式

1. 转轮内的水流运动

水轮机内水流运动是相当复杂的。水流通过水轮机流道时，一方面沿着扭曲的空间曲面作相对运动，同时又随转轮旋转。另一方面水轮机的水头和流量在不断变化，使水流某一点的流速与压力也随时间不断变化。所以水轮机内的水流是一种复杂的空间不稳定的流动，称为非恒定流。

根据物理学原理，任一复杂的运动都是由几种简单的运动组合而成的。则转轮内水流运动的合成为：一种是假使转轮不动，只是水流从转轮进口沿叶片流道运动至转轮出口的运动，如图 5-55 所示，水流由 1 点至 2 点的运动，称为相对运动，水流相对叶片流道的速度称为相对速度，用 W 表示；另一方面假设转轮流道内无水流或流道内的水流不流动，此时只是转轮相对于固定部件的旋转运动，这种运动称为牵连运动，转轮旋转相对于固定部件的速度称为牵连速度，用 U 表示；水流在转轮内的实际运动（相对于地面）是以上两种运动综合的结果。称为绝对运动，其速度称为绝对速度，用 V 表示。三者之间的关系为

$$V = W + U \tag{5-11}$$

即三种速度的矢量和。根据三种速度各自的方向、大小可绘制一个平行四边形：对角线为绝对速度 V，平行四边形的两边为 W、U。四边形中的两个三角形完全相等，取一个作为研究对象，称为速度三角形。图 5-55 绘出了水流质点在进口 1、出口 2 处速度平行四边形及速度三角形，W_1、W_2（用下标 1、2 分别表示转轮叶片进口、出口）的方向分别在 1、2 点处与叶片翼型骨线相切，U_1、U_2 在 1、2 点处分别与所处的圆周相切，即线速度方向。其中，α_1、α_2 分别表示叶片进、出口边处水流绝对速度与圆周方向的夹角，称为绝对水流角度；β_1、β_2 分别表示叶片进、出口边处水流相对速度与圆周方向的夹角，称为相对水流角度。

从速度三角形可知，绝对速度 V 和相对速度 W 在圆周方向（牵连速度方向）上的投影

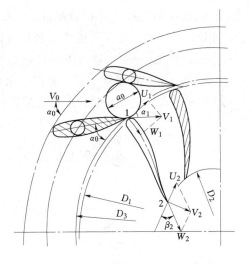

图 5-55 叶片进出口速度三角形

V_u、W_u 及牵连速度 U 空间垂直于水轮机主轴，形成速度矩，三者之间的关系为

$$V_u = U + W_u \tag{5-12}$$

V 和 W 的另一个速度分量 V_m、W_m 为作用于通过主轴的轴平面内，显然，对主轴不产生速度矩。因此，转轮流道内水流质点对主轴形成速度矩的只有 V_u，其速度矩为 $V_u r$。

2. 水轮机基本方程式

根据物理学中动量定理，可以得出流过反击型水轮机转轮流道中得水流对叶片产生的反作用力形成的功率为

$$N = \rho Q(V_{u1} U_1 - V_{u2} U_2) \tag{5-13}$$

式中　　　N——水流对转轮叶片产生的有效功率；

　　　　　ρ——水体的密度；

　　　　　Q——通过叶片流道的有效流量；

V_{u1}、V_{u2}——水轮机叶片进、出口处水流绝对速度在牵连速度方向上的投影；

　U_1、U_2——水轮机进、出口处水流牵连速度。

通过转轮的水流所输出的出力可表示为

$$N = \gamma QH\eta = \rho gQH\eta \tag{5-14}$$

式中符号意义同前。

由式（5-13）和式（5-14）可得

$$N = \rho gQH\eta = \rho Q(V_{u1} U_1 - V_{u2} U_2)$$

$$H\eta = (V_{u1} U_1 - V_{u2} U_2)/g \tag{5-15}$$

或　　　　　　　$$H\eta = \left[(V_1 \cos\alpha_1) U_1 - (V_2 \cos\alpha_2) U_2 \right]/g \tag{5-16}$$

式（5-15）和式（5-16）称为水轮机的基本方程式，其实质是水流能量转化为水轮机机械能的能量平衡方程式。

由式（5-15）和式（5-16）可知，水流作用于转轮的有效能量 $H\eta$ 是依靠转轮叶片进、出口速度矩之差（$V_{u1} U_1 - V_{u2} U_2$）来保证的。只有合理确定叶片的进、出口角度 α_1、α_2，才能使速度矩之差尽可能大，转轮获得的能量才更多，转轮的效率才最高。通常把转轮叶片进口的 $\Delta\alpha_1 = 0°$（称为无撞击进口）和叶片出口的 $\alpha_2 = 90°$（称为法向出口）的状态，定义为水轮机的最优工况，此时，水轮机的效率最高。$\Delta\alpha_1$ 称为叶片进口冲角，如图 5-56 所示。在进行设计时，水轮机的设计工况一般就是取最优工况。水轮机偏离最优工况时，水流的水力损失会增加，水轮机的效率会降低。因此，在实际运行中，尽可能保持

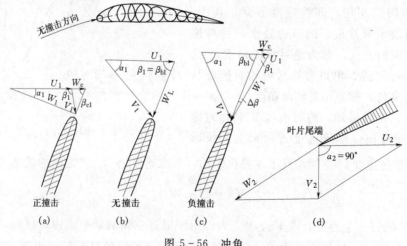

图 5-56　冲角

水轮机在最优工况下工作，增加机组出力。

但实践中，由于叶片进口有一定的厚度，$\Delta\alpha_1$ 允许有不超过 $8°$ 的正冲角，在此范围内水力损失增加甚微，且可减少叶片弯曲程度，有利于改善水力性能；叶片出口边 $\alpha_2 = 83°$ ~$84°$，使转轮出口的绝对速度 V_2 略带有正向圆周分量 V_{u2}，可改善尾水管水力性能，降低水力损失，有利于气蚀性能的改善。

三、冲击型水轮机的基本方程式

反击型水轮机基本方程式（5-15）和式（5-16）同样适用于冲击型水轮机。水斗式水轮机进口为水斗的分水刃，出口为水斗的两侧边缘，其进出口的速度三角形如图 5-57 所示。

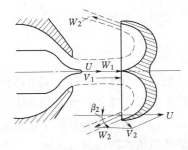

图 5-57　冲击式水轮机
进出口速度三角形

射流在进、出口位置时距离水轮机主轴的距离近似相等，即 $U = U_1 = U_2$；进口绝对速度于牵连速度的夹角 $\alpha_1 \approx 0°$，则进口的水流速度三角形为一直线，故 V_1 为 U_1 和 W_1 的代数和；若忽略射流在水斗内运动的水力损失，则近似认为 $W_1 = W_2$，得 $W_1 = W_2 = V_1 - U_1$，基本方程式可简化为

$$H\eta = (V_1 - V_2\cos\alpha_2)U/g \tag{5-17}$$

由图 5-53 出口速度三角形可知

$$\begin{aligned}
V_2\cos\alpha_2 &= U_2 - W_2\cos\beta_2 \\
&= U - (V_1 - U)\cos\beta_2 \\
&= U(1 + \cos\beta_2) - V_1\cos\beta_2
\end{aligned}$$

上式代入式（5-17）经简化可得

$$H\eta = (V_1 - U)(1 + \cos\beta_2)U/g \tag{5-18}$$

由式（5-18）可知，为了获得更多的水流能量，应使 $(1 + \cos\beta_2)$ 尽可能大，即 $\beta_2 = 0°$；$(V_1 - U)$ 为最大，即 $U = V_1/2$。即冲击型水轮机的最优工况条件为 $\beta_2 = 0°$ 和 $U = V_1/2$，水轮机效率最高。但实践中采用 $\beta_2 = 3° \sim 4°$；$U = (0.45 \sim 0.48)V_1$。

第六节　水轮机的气蚀

一、气蚀的现象和特性

气蚀现象是水轮机在运行中水流固有的、内在的特性。在日常生活中，任何一种液体在一定的压力下，当温度上升到一定数值时，液体开始沸腾；反过来，若将液体保持一定的温度，而改变作用在液体上的压力，当压力降低到某一数值时，液体也开始沸腾。例如，水在一个标准大气压下，加热到 100℃ 才会沸腾汽化；如果改变作用在水面上的压力，当压力降低到 0.24mH$_2$O 时，水温仅 20℃ 便汽化了。在一定温度下水开始汽化的临界压力，称为汽化压力，用 p_v 表示。高温下引起的汽化状态称"沸腾"，环境温度不变而降低压力所引起的汽化状态则称为"空化"。水的汽化压力与温度的关系见表 5-6。

在反击型水轮机中，水流绕流过流部件，由于边界条件的变化，流速增大，压力降低。由于水中含有小气泡、空气和杂质等物质（称为气蚀核，或气蚀坯胎），当压力低于当时水温下的汽化压力 p_v 时，水会发生汽化，溶解在水中的气体释放出蒸汽气泡。这些微观气泡的形成、发展、溃灭以及对过流部件所产生的破坏过程简称为气蚀。

表 5-6　　　　　　　　　　　　水的汽化压力与温度的关系

温度（℃）	10	20	30	40	50	60	70	80	90	100
汽化压力（kPa）	1.2	2.4	4.3	7.6	13	20	32	50	74	100
水柱高（mH₂O）	0.12	0.24	0.43	0.76	1.27	2.07	3.25	4.97	7.41	10.33

气蚀的机理目前还未被完全认识，根据经验和实验，气蚀对过流部件的破坏作用，主要有下列形式。

1. 机械破坏

当水流流经水轮机流道时，水流的某个局部区域产生真空，压力降到当时水温下的汽化压力时，水流中发生空化现象，水体中释放大量气泡。当这些气泡随着水流流到高压区时，由于外界压力作用，气泡迅速溃灭、收缩，产生瞬时真空，气泡周围的高压水以很高的速度向真空中心冲击，形成极高的局部水击压力，并以很高的频率冲击金属表面。周期性的冲击作用使金属表面产生疲劳破坏，金属表面的微观晶粒逐渐脱落，表面越来越粗糙，应力集中现象产生，导致金属材料逐渐破坏。机械作用的结果使金属表面出现凹坑，但具有局部性。

2. 化学破坏

由于金属表面的微观水击造成局部高温，使金属表面形成氧化腐蚀。气泡溃灭时水流的机械性冲击使金属表面的氧化膜剥落，新母材不断裸露，在高温、高压下，化学腐蚀极易出现。水体中存在的化学活性物质，或具有强腐蚀性溶液会使化学腐蚀加剧。

3. 电化破坏

当转轮中的水流出现空化现象时，在金属表面产生微观水击。由于微观水击的冲击致使材料局部加热，温度高达 300℃以上，局部受热材料与周围材料之间出现温度差，导致形成热电偶，产生电流。电流的电解作用引起电化腐蚀，致使金属层遭到破坏。

4. 气蚀与泥砂磨损的联合作用

水中含有泥砂，除了泥砂颗粒本身对固体金属表面的机械磨削作用外还促进气蚀现象的破坏。带有各种固体微观颗粒的水比清洁的水更容易产生气蚀。另外，气泡的强烈脉动，增大水流的紊乱，也加速泥砂的磨损。气蚀与泥砂磨损的联合作用引起的侵蚀比一般气蚀严重。

在四种气蚀破坏作用当中，最主要的是机械破坏。在机械破坏作用的同时，化学破坏和电化破坏作用，加速了机械破坏进程。

气蚀对金属表面的破坏作用过程为：首先使金属表面失去光泽而变暗，接着变毛糙而发展成为麻点，进而成蜂窝状，严重时出现叶片穿孔、开裂和成块脱落。

由于受气蚀的机械破坏作用，金属材料出现疲劳破坏，降低材料的承载能力；同时，金属表面晶粒的脱落，过流表面粗糙，存在应力集中现象，材料的抵抗载荷能力也将降低，气蚀破坏加剧。因此，在一个运行周期（检修后至下一次检修之前）内，前阶段的运行时间长（约占 60％～70％），气蚀破坏轻微，称为潜伏期；在材料疲劳、出现应力集中后的后阶段运行时间内，虽然时间短（约占 30％），但气蚀破坏严重。如果不及时检修，气蚀将进一步加剧。

气蚀现象的危害：直接破坏水轮机过流部件的表面；引起水轮机的出力和效率急剧下降；产生严重的振动和噪音。由于气蚀破坏的直接影响，缩短了机组检修周期，延长了检修工期，气蚀检修耗用大量的金属材料和人力物力。因此，在设计、制造、安装、运行和检修中，应采取积极有效的措施，以防止和减缓水轮机的气蚀程度，是极为重要的。

气蚀是一个很复杂的物理—化学作用过程。气蚀气泡的产生与溃灭不仅以极高的速度进行，而且是微观的，给气蚀侵蚀的机理研究带来了很大困难。

二、气蚀类型

根据气蚀发生的部位和发生的条件不同，水轮机的气蚀一般可分为四种。

1. 翼型气蚀

翼型气蚀是指发生在转轮叶片上的气蚀，是反击型水轮机的主要气蚀形态。反击型水轮机转轮叶片迫使水流的动量矩发生变化，导致叶片的正面和背面存在压力差，叶片正面（工作面）为正压，而背面一般为负压。当负压区的压力低于汽化压力时，就可能发生气蚀。因此，叶片背面的低压区是造成气蚀的条件。

翼型气蚀破坏区域位于叶片的不同部位，与转轮型号及运行工况有关。在大多数情况下，混流式水轮机产生翼型气蚀侵蚀破坏区域分布在叶片背面出口边靠近下环处。

2. 间隙气蚀

间隙气蚀是水流流经狭小缝隙或断面时，其局部流速升高，而压力下降时所发生的一种气蚀形态。它通常发生在导叶间隙处和止漏环处，以及轴流式水轮机叶片和转轮室间隙处；在水斗式水轮机中，喷嘴和喷针间隙处。

3. 局部气蚀

水流在不平整表面绕流时由于局部压力降低而发生的局部气蚀。局部气蚀与水轮机的运行工况无关，主要取决于过流部件表面加工的精度。如果过流部件的表面出现局部凸台和凹坑，水流流经时产生局部小漩涡而产生的气蚀。

4. 空腔气蚀

反击型水轮机在非设计工况运行时，转轮出口水流具有一定的圆周分量，水流在尾水管中产生旋转，旋转水流的中心产生涡带如图 5－58 所示。涡带中心形成很大的真空。真空涡带周期性地扫射尾水管管壁，造成尾水管管壁的气蚀破坏。这种气蚀类型称为空腔气蚀。

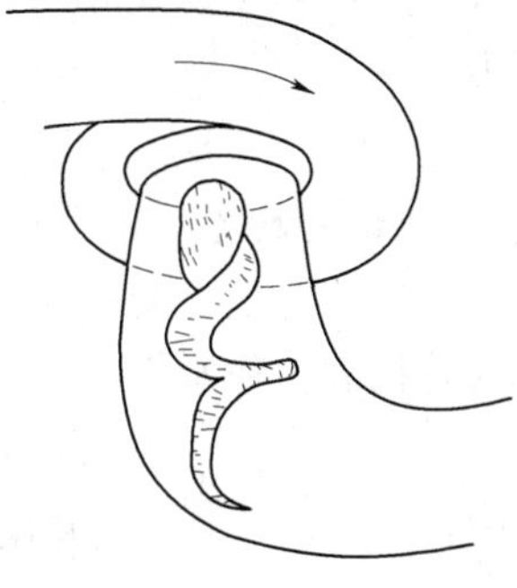

图 5－58　尾水管中的涡带

在低出力、低水头状态下运行时，会出现很大的 V_{u2}，尾水管中的水流离心力很大，产生旋转真空涡带，空腔气蚀严重。

空腔气蚀不仅使尾水管管壁遭到气蚀，而且由于涡带产生压力脉动，形成强烈的噪音和剧烈的振动，严重时使机组不能稳定运行。

三、水轮机的吸出高度与安装高程

1. 气蚀系数

气蚀系数是反映水轮机气蚀性能的一个重要指标。气蚀系数可以通过气蚀实验得到。水轮机气蚀性能的好坏，通常是对翼型气蚀而言。反击型水轮机的翼型气蚀主要发生在叶片背面靠近出口的区域。

如图 5-59 所示为转轮流道中水流流经叶片时的压力分布情况。水流以相对速度 W_1 进入叶片，在进口处速度转换为压力水头 P_A。接着水流沿进口边向正面、背面绕流，正面流速开始加大压力下降；背面流速也加大，且背面液体有脱离叶片的趋势，压力下降急剧。叶片正面大部分为正压，而背面则全部为负压，背面接近出口边某一点 K 压力下降到最低，而在叶片出口边处，由于正面和背面的压力趋向一致，背面压力有所回升。

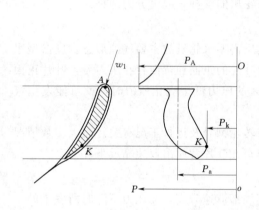

图 5-59　叶片上的水流压力分布

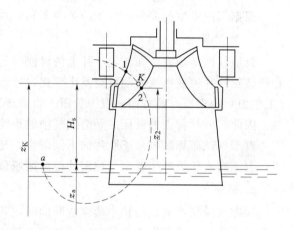

图 5-60　转轮流道

如图 5-60 所示，转轮流道出口处叶片背面某一点 K，其正常运行时的压力为 P_k，相应压力水头为 P_k/γ；设大气压强为 P_a。由第三节所述，反击型水轮机装设尾水管后，在转轮出口处形成了静态真空（用 H'_s 表示）和动态真空（用 H_v 表示），则 K 点的真空度为

$$P_k/\gamma - P_a/\gamma = H_s + H_v = H_s + \sigma H \qquad (5-19)$$

式中：H_s 为转轮叶片中水流压力最低点 K 到下游水位的高度差，即静态真空，其大小与水轮机安装高度有关；σH 为动态真空，它与水轮机运行工况和尾水管性能有关，其中 H 为水轮机的工作水头；σ 为水轮机的气蚀系数，由下式计算

$$\sigma = \left[(\alpha_k V_k^2 - \alpha_5 V_5^2) - 2g\Delta h_{k-5} \right]/2gH \qquad (5-20)$$

式中：α_k、α_5——K 点和尾水管出口断面 5-5 的流速系数；

$\qquad$ V_k、V_5——K 点和尾水管出口断面 5-5 的流速；

$\qquad$ Δh_{k-5}——转轮出口至尾水管出口间的水头损失。

由式（5-20）可知，气蚀系数为动力真空的相对值，是一个没有单位的系数。σ 随水轮机的工况而变，不同工况 σ 不同。

影响气蚀系数 σ 的因素比较复杂，直接用理论计算或进行测量均有较大的困难。目前通常是用模型试验方法求得水轮机的气蚀系数，称为模型气蚀系数，用 σ_m 表示。在工程上是用模型气蚀系数 σ_m 的大小，来反映不同系列水轮机的气蚀性能。

由式（5-19）可得 K 点的压力水头

$$\frac{P_k}{\gamma} = \frac{P_a}{\gamma} - H_s - \sigma H$$

则水轮机不发生叶片翼型气蚀的条件为：K 点的压力大于当时水温下的汽化压力 P_v，得

$$P_k/\gamma \geqslant P_v/\gamma$$

$$P_a/\gamma - H_s - \sigma H \geqslant P_v/\gamma \tag{5-21}$$

2. 吸出高度的确定

反击型水轮机转轮叶片中压力最低点 K 出现在叶片背面接近出口边，该区域的真空值由静态真空和动态真空两部分组成。静态真空与水轮机本身无关，它仅取决于转轮装置在下游水位的相对高度，常用 H_s 表示水轮机的吸出高度。

根据式（5-21）不发生翼型气蚀的条件，可得

$$H_s \leqslant P_a/\gamma - P_v/\gamma - \sigma H \tag{5-22}$$

在海拔 3000m 高程以下，每升高 900m 高程，大气压力降低 1m 水柱高度，若当地海拔为 ▽ 时，则大气压力为 $P_a/\gamma = 10.33 - \triangledown/900$。当水温在 $5 \sim 20℃$ 时，$P_v/\gamma = 0.09 \sim 0.24$m 水柱高度，则式（5-22）成为

$$H_s \leqslant 10.33 - \triangledown/900 - (0.09 \sim 0.24) - \sigma H$$

为了计算简便，将上式变为

$$H_s \leqslant 10 - \triangledown/900 - \sigma H \tag{5-23}$$

考虑到气蚀系数 σ 是由模型试验而获得的，且试验本身存在误差以及模型水轮机与真实（也称为原型）水轮机制造工艺的误差等原因，为了安全起见，在 σ 中加入一个气蚀修正系数 $\Delta\sigma$，则式（5-23）变为

$$H_s \leqslant 10 - \triangledown/900 - (\sigma + \Delta\sigma)H \tag{5-24}$$

H_s 为转轮叶片中水流压力最低点 K 到下游水位的高度差。但在实际水轮机中，压力最低点 K 的位置很难确定，为了统一计算方便，特对各种类型水轮机的吸出高度 H_s 作如下规定：

（1）立轴 HL 式水轮机，H_s 为下游水面至导水机构底环平面的距离。

（2）立轴轴流式水轮机，H_s 为下游水面至转轮叶片旋转中心线与转轮室内壁交点的距离。

（3）卧轴反击型水轮机，H_s 为下游水面至转轮叶片最高点的距离。

上述三种情况如图 5-61 所示。

式（5-24）中的 $\Delta\sigma$ 值可根据设计水头从图 5-62 中查得。由式（5-24）计算出的 H_s 为正值，则表示水轮机装在下游水位以上；若 H_s 为负值，则表示水轮机装在下游水位以下。

3. 安装高程

上述吸出高度 H_s 为一相对值，反映不出绝对高程。在实际工程中，要确定安装的标

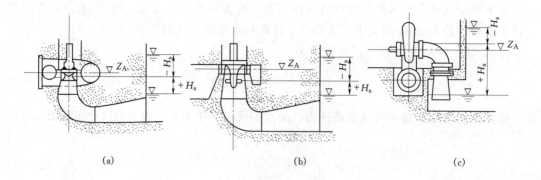

(a)　　　　　　　　　　　(b)　　　　　　　　　　　(c)

图 5-61　吸出高度的规定

（a）立轴混流式水轮机；（b）立轴轴流式水轮机；（c）卧轴水轮机

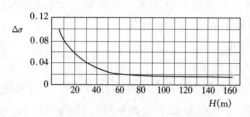

图 5-62　汽蚀系数修正曲线

记基准，即安装高程。安装高程是水轮机安装的控制高程，也是水电站设计的高程依据，对电站经济效益和水轮机的气蚀有直接影响，需慎重选择确定。

不同型式、装置的水轮机，其安装高程 $\nabla_安$ 规定为：

（1）立轴 HL 式水轮机，为导叶中心水平线（即导叶高度的一半）处的海拔。得

$$\nabla_安 = \nabla_下 + H_s + \frac{b_0}{2} \tag{5-25}$$

（2）立轴轴流式水轮机，为转轮叶片中心线处的海拔。得

$$\nabla_安 = \nabla_下 + H_s \tag{5-26}$$

（3）卧轴反击型水轮机，为主轴轴线水平位置所处的海拔。得

$$\nabla_安 = \nabla_下 + H_s - \frac{D_1}{2} \tag{5-27}$$

式中：$\nabla_下$ 为下游最低尾水位高程。下游最低尾水位的选择可根据水电站的运行方式和机组台数选择水轮机的过流量，从下游流量水位关系曲线中查取。单机电站可采用半台机运行时的下游水位；3～4 台机组的电站可采用 1 台机额定流量确定下游水位。

四、防止水轮机气蚀的主要措施

水轮机的气蚀危害是相当严重的，如何防止气蚀是水力机械中一个重要的研究难题。目前研究水轮机气蚀的防治措施主要有：从流体力学理论研究气蚀发生的根本原因；进行气蚀模型试验研究；研究抗气蚀材料保护措施；研究原型水轮机零气蚀运行技术。

我国对气蚀防止研究的主要措施是从以下几个方面。

1. 设计方面

叶片翼型对气蚀性能有显著影响，应重视翼型的设计。叶片进口边应具有一定半径的圆弧；翼型断面应呈光滑流线型，使水流平顺流畅；减少叶片的弯曲程度，改善叶片背面的压力分布；在满足强度条件的前提下，尽量减少叶片出口边的厚度；整个叶片流道的几

何尺寸比例应配合适当等。此外，改进尾水管及转轮上冠设计、改善泄水锥设计能有效减缓空腔气蚀。但是，为了避免叶片翼型气蚀，需增高叶片背面水流压力，必然减少叶片正面与背面的压力差，转轮利用能量减低，水轮机的能量性能降低。因此，水轮机的能量性能与气蚀性能是一对相互矛盾的两项指标，设计叶片时必须统筹兼顾。

进行水电站优化选型设计，可改善叶片翼型气蚀。为了减缓气蚀破坏，应选择适合电站自然条件而气蚀性能良好的水轮机。另一方面，水轮机的比转速、气蚀系数 σ、吸出高度 H_s 均是密切相关的。比转速越高，气蚀系数 σ 越大，H_s 越小，土建开挖量越大。

2. 制造方面

提高叶片表面的表面粗糙度的精度可有效改善气蚀性能。在选用抗气蚀材料上，硬度高的材料抗气蚀能力强；极限强度高的材料抗气蚀能力强；富有弹性的材料能吸振消能，具有较高的抗气蚀能力；材料的晶粒越细密，抗气蚀能力越强；材料内部组织质量越好，抗气蚀能力越强。

提高加工工艺水平，严格控制加工精度，提高检测水平，确保叶片制造与叶片设计一致。

3. 运行方面

根据电站机型的特点和电站运行方式，合理拟定水电厂运行方式，避免在气蚀区域运行。当负荷一定，对于装设 2 台以上机组的电站，存在机组之间的合理分配，尽量避免水轮机产生气蚀，尤其是在低出力、低水头运行状态。

补气对破坏空腔气蚀、减轻振动有一定的作用。将空气送入气蚀区，可使真空区的气泡内部压力上升，减少真空度。一般小型水轮机采用尾水管补气。补气的效果，取决于补气量、补气位置、补气时间和补气装置的结构型式。

4. 检修方面

（1）气蚀破坏在潜伏期内，能有效控制气蚀破坏。但机组出现微细疲劳裂纹和轻度气蚀后，未及时处理，若继续运行，将发生严重裂纹。因此，应严格执行电站的检修规程，到期必修，修必修好，有效防止气蚀的破坏。

（2）对气蚀破坏区域的处理措施主要为金属堆焊修整。先对气蚀区进行刨削、打磨清理，然后再堆焊抗气蚀焊条。同时要注意堆焊质量，不得有气孔、夹渣等。

（3）由于叶片的面积大、厚度薄，在进行堆焊的局部加热时，容易出现变形，故应采取一定防变形和加固措施。

（4）实践表明，同一转轮上不同叶片的气蚀程度不同，有的叶片气蚀严重，有的叶片气蚀轻微，气蚀轻微的叶片说明适合本电站的实际条件和大部分的运行工况。在气蚀堆焊时，可根据气蚀轻微或未气蚀的叶片翼型为样板，来修整和检测相应堆焊部位的翼型。

（5）在水轮机过流部件的表面喷涂抗气蚀非金属弹性涂层。涂层的材料主要有合成环氧树脂、聚胺酯、硫化聚乙烯、合成橡胶、粉末塑料等。弹性涂层吸附在金属表面，具有一定的抗冲击能力，降低水流冲击破坏，减少检修费用，延长检修周期。

五、水轮机的振动

水轮机的振动是一个普遍存在的问题，一般来说，机组都存在着振动和摆动。在水电站安全运行中，当机组振动振幅超过一定范围时，轻者要缩短机组的使用年限或增加检修的次数和延长检修周期，振动强烈的机组不能投入运行，否则危害电站和机组的安全。因此，应将机组的振动规定在某一允许范围内，超过允许值则要找出原因和采取消除措施。

（一）振动的类型

振动可分为自激振动和强迫振动。在自激振动中，产生或控制的干扰力是由物体运动本身所引起的，运动停止则干扰力消失。受迫振动中干扰力的存在与运动无关，即使不运动，干扰力仍然存在。

使机组产生振动的干扰力来自以下三个方面：①机械部分的惯性力和摩擦力所引起的振动为机械振动；②过流部件的动水压力所引起的振动称为水力振动；③发电机部分的电磁力所引起的振动叫做电磁振动。

根据振动方向可分为轴向振动和径向振动。

在机组振动中，轴的振动占着重要地位，大部分振动因素都与轴振动紧密相连。轴的振动主要有两种类型：弓形回转和振摆。

（二）引起振动的原因

1. 机械振动

引起机械振动的因素有：①机组旋转部件存在质量不平衡，导致主轴弓形回转；②机组轴线质量较低；③导轴承的缺陷，如轴瓦间隙过大或过小、机架松动或刚性不足、油膜厚度不稳定、油质劣化、润滑条件不好等；④回转部件与静止部件的不连续接触。

水轮机与发电机轴线不正要引起振动和摆动。机组轴线在安装时要进行测量调整，将其摆渡值控制在规定许可范围之内，一般认为不会引起大的振动。

机组旋转部件存在质量不平衡引起主轴弓形回转和导轴承的缺陷都会引起机组径向振动。

2. 电磁振动

引起电磁振动的因素有：①发电机转子与定子之间的空气间隙不均匀，引起电磁拉力不平衡；②绕组间出现匝间短路；③三相电流不对称；④磁极极性错误。

3. 水力振动

引起水力振动的因素有：①进入转轮的水流失去均匀轴对称流动的水力不平衡，如蜗壳形状不对、导叶开度不均匀、叶片流道尺寸比例不一致、转轮止漏环间隙不均匀等，引起流入转轮水流不对称和转轮压力分布不均匀；②尾水管中的水流压力脉动；③水轮机产生翼型和空腔气蚀；④卡门涡列。

尾水管中的水流压力脉动情况比较普遍，这种压力脉动除了引起尾水管本身过大的振动外，还可压力钢管的振动、轴承振动和出力波动等。由于在变工况下运行，尾水管水流状态混乱，发生周期性压力脉动和振动。

叶片翼型气蚀和尾水管的空腔气蚀都伴随强烈的振动和噪音。空腔气蚀一般发生在低水头、低出力（低流量）状态，叶片出口边存在较大的正环量，在离心力作用下，尾水管中心出现由气泡组成的涡带，随转轮旋转，压力脉动值很大，引起机组轴向振动。

当水流绕流叶片时，由于出口边有一定的厚度，便会产生涡列。旋涡交替出现形成对叶片测向的变应力，产生有规则的周期性振动，这种现象称为卡门涡列。当其振动频率与叶片自振频率相同便产生共振。

（三）消除振动的措施

水力机组由许多部件组成，机组振动是个方面缺陷的集中表现。当振动的振幅超过允许范围时，必须采取措施降低振动幅值。消除机组的振动关键在于找出振动的根源，才能采用针对性的措施，对症下药。

影响振动的因素很多，寻找振动的根源往往比较困难，要进行多方面调查研究，了解振动的各种表现，并进行一系列试验研究和分析。机组的振动通常是有规律的，其规律性一般与振幅和频率有关。

进行振动试验的项目有：①励磁电流试验，振幅随励磁电流增加而增加，属于电磁原因。它是区别机械振动和电磁振动的主要方法；②转速试验，转速增加而振动加剧，属于机械振动原因；③负荷试验，增加机组出力而振动加剧，一般属于水力原因。

机组产生振动，通过现场调查、振动试验及综合分析，通常情况下可查明振动原因，然后针对不同情况采取具体措施消除或减轻振动。如果振动原因不明，则尽可能避开振动区域运行。

对于水力因素引起的振动，可采取下列方法处理：①调整止漏环间隙；②轴心孔或尾水管补气；③在叶片之间加焊支撑，可减少涡列引起的叶片振动；④在尾水管内设置导流栅，可减少出力摆动和压力脉动。

第七节　水　轮　机　特　性

一、相似定律

同一种型号的水轮机根据各个电站的具体水力资源条件，其水轮机结构尺寸相差很大，同一种型号转轮直径大小不等的水轮机，工作参数之间存在一定的规律，即相似定律。满足相似定律的条件为力学相似，包括几何相似、运动相似和动力相似。满足几何相似的水轮机，必须是过流部件形状相同、对应尺寸成比例、对应零件的安装角度相等（如叶片进、出口安放角度和 ZD 转轮叶片装置角度等）、表面粗糙度相同。

几何形状相似而直径尺寸不同的水轮机，称为同系列水轮机。

运动相似系指几何相似的水轮机过流部件对应点处各水流速度三角形相似，即各速度方向相同、大小成比例。三角形相似必定对应角度相等，故把满足运动相似的工况也称为等角工况。

在三个相似条件中，几何相似为前提，运动相似为关键。

1. 反击型水轮机的单位参数

在研究水轮机特性时，需要应用水轮机单位参数。

（1）单位转速 n'_1。单位转速是指转轮直径 D_1 为 1m，作用水头 H 为 1m 时水轮机所具有的转速。单位为 r/min。按下式计算

$$n'_1 = \frac{nD_1}{\sqrt{H}} \tag{5-28}$$

式中　n——水轮机额定转速，r/min；

　　　D_1——转轮直径，m；

H——水轮机工作水头，m。

（2）单位流量 Q'_1。单位流量是指在转轮直径 D_1 为 1m，水轮机工作水头 H 为 1m 时水轮机所具有的过流量（单位：m^3/s）。按下式计算

$$Q'_1 = \frac{Q}{D_1^2 \sqrt{H}} \tag{5-29}$$

式中　Q——水轮机的额定流量，m^3/s。

（3）单位出力 N'_1。单位出力是指在转轮直径 D_1 为 1m，水轮机工作水头 H 为 1m 时水轮机所具有的出力（单位：kW）。按下式计算

$$N'_1 = \frac{N}{D_1^2 H^{3/2}} \tag{5-30}$$

式中　N——水轮机额定出力，kW。

2. 冲击型水轮机的单位参数

（1）单位转速。根据水力学的速度公式，速度 $u = k_u \sqrt{2gH}$；与切击型水斗的线速度关系为

$$\frac{\pi n D_1}{60} = k_u \sqrt{2gH}$$

$$n'_1 = 84.6 k_u \tag{5-31}$$

式中　$k_u = 0.42 \sim 0.48$。

（2）单位流量。喷嘴过流面积 $F = \frac{\pi Z_0 d_0^2}{4}$（$Z_0$ 为喷嘴数，d_0 为射流直径），根据式（5-29）可得

$$Q'_1 = 3.38 Z_0 \left(\frac{d_0}{D_1}\right)^2 \tag{5-32}$$

由上式可知，冲击型水轮机单位流量与喷嘴数 Z_0 和 $\left(\frac{d_0}{D_1}\right)^2$ 成正比。

（3）单位出力。

$$N'_1 = \frac{N}{D_1^2 H^{3/2}} = \frac{9.81 Q H \eta}{D_1^2 H^{3/2}} = \frac{9.81 Q'_1 D_1^2 \sqrt{H} H \eta}{D_1^2 H^{3/2}}$$

$$= 9.81 Q'_1 \eta$$

取 $\eta = 0.86$，则可得单位出力计算公式为

$$N'_1 = 28.5 Z_0 \left(\frac{d_0}{D_1}\right)^2 \tag{5-33}$$

3. 比 转 速

比转速是指在转轮直径 D_1 为 1m，水轮机出力 N 为 1kW 时水轮机所具有的转速。用 n_s 表示，反击型水轮机按下式计算

$$n_s = n'_1 \sqrt{N'_1} = \frac{n \sqrt{N}}{H^{5/4}} \tag{5-34}$$

冲击型水轮机的比转速按下式计算

$$n_s = (39 \sim 40)\sqrt{N'_1} = (208 \sim 214)\frac{d_0\sqrt{Z_0}}{D_1} \tag{5-35}$$

式中符号意义同前。

二、水轮机的特性曲线

为了表征水轮机的结构特征和运行工作状态，水轮机的参数相当多。按照表述的类别可归纳为三种：结构参数，如转轮标称直径 D_1、转轮出口直径 D_2、导叶高度 b_0、导叶开度 a_0、叶片的装置角度 φ 等；工作参数，如工作水头 H、流量 Q、转速 n、水轮机出力 N、气蚀系数 σ、吸出高度 H_s、效率 η 等；综合参数，如效率 η、气蚀系数 σ、单位转速 n'_1、单位流量 Q'_1、单位出力 N'_1 和比转速 n_s 等。

由于水轮机参数之间关系目前尚不能用单一的数学公式来表达，而常用曲线表示。水轮机的特性曲线就是表达水轮机在各种运行工况下特性参数之间变化规律的曲线。

水轮机特性曲线可分为线性特性曲线和综合特性曲线。仅用来表达水轮机某两个参数之间的关系曲线，称为线性特性曲线；表达多个参数之间的关系曲线称为综合特性曲线。在实际运行中，用得最多的是综合特性曲线。综合特性曲线包括模型（主要）综合特性曲线和运转综合特性曲线。

1. 工作特性曲线

工作特性曲线属于线性特性曲线中的一种。它是指结构尺寸（D_1）一定的水轮机，在转速 n 和水头 H 不变时，以导叶开度 a_0 为变量，表达其与水轮机流量 Q、出力 N 和效率 η 之间的关系曲线，如图 5-63 所示。从图中可知，当 $a_0 = 0$ 时，流量 Q、出力 N 和效率 η 都等于零。a_0 增大，流量 Q 增加。当 a_0 增大到空载开度 a_{0k} 时，水轮机以额定转速空载运转。出力 N 和效率 η 都等于零，对应的流量为空载流量 Q_k。当 $a_0 > a_{0k}$，水轮机才有功率 N 输出，效率 η 也同时上升。当 a_0 达到某值时，效率出现最大值 η_{max}；当 a_0 继续增大时，水轮机内的水流状态变坏，损失增加，N 虽有增加，但效率 η 下降。当 a_0 达到最大时，出力 N 和效率 η 都下降。

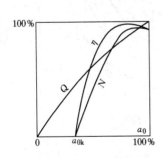

图 5-63　工作特性曲线

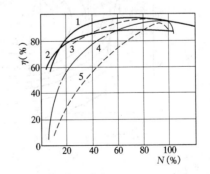

图 5-64　不同型式水轮机工作特性曲线
1—XL；2—CJ；3—ZZ；4—HL；5—ZD

如果把水轮机各运行工况下的出力 N 和效率 η 之间建立起对应的关系，得到如图 5-64 所示的工作特性曲线。从图中可知，不同类型水轮机的出力 N 和效率 η 之间的变化规律不同。轴流定桨式水轮机效率随出力变化最大，曲线出现尖峰。这是因为轴流定桨式水轮机叶片不能转动且叶片数少，对水流控制能力差，只要导叶开度 a_0 偏离最优工况，则水力损失急剧增加，水轮机转换的有效能量减少。在接近最大出力时，出力 N 和效率 η 的曲线出现了"勾子区"。在此区内运行，水轮机的一个出力对应两个效率，运行工况不稳定。

混流式水轮机虽然叶片固定不动，但叶片数较多，转轮流道较长，对水流的控制能力较 ZD 好，所以出力在一定范围内变化时，能保持较高的效率。但偏离最优工况较远时，转轮进口的撞击损失、出口的脱流损失及转轮叶片出口旋涡损失增大，其效率下降明显加快。HL 式水轮机也存在"勾子区"。所以，经常限制在最大出力的 95％以内运行。

切击型水斗式水轮机效率随出力的变化较小，高效率区域宽广。

轴流转桨式和斜流式水轮机由于导叶开度和叶片转角协联动作，负荷变化时能保持或接近无撞击进口和法向出口的水流流态，所以其高效区域宽广。

2. 模型（主要）综合特性曲线

通过模型试验，将试验结果以单位流量 Q_1' 为横坐标、单位转速 n_1' 为纵坐标，建立起 η、a_0、σ、n_1'、Q_1' 之间的相互关系曲线，即为模型综合特性曲线。HL 式水轮机还绘有 5％的出力限制线。

（1）HL 式水轮机模型综合特性曲线。如图 5-65 所示，图内包含以下内容的曲线：

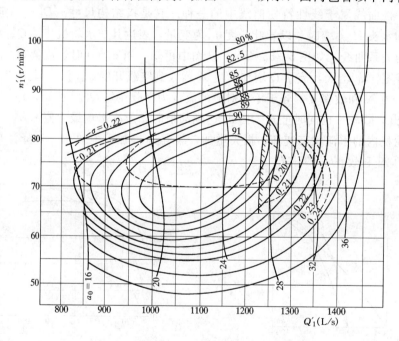

图 5-65　HL240—46 模型转轮综合特性曲线

1）等开度曲线 $a_0=c$。表明在同一开度下 n_1' 和 Q_1' 之间的关系，以 a_0 表示，即图中的竖线 a_0 分别为 16mm、20mm、24mm、28mm、32mm、36mm。

2）等效率曲线 $\eta=c$。表明不同运行工况下的效率变化情况，即图中的封闭"鸭蛋"曲线。曲线越小，表明效率越高，效率较低时曲线越大。HL 式水轮机一般在 75％以上效率区域运行。

3）等气蚀系数曲线。表明不同运行工况下气蚀系数的变化情况，即图中的虚线 σ 分别表示 0.20、0.21、0.22、0.23、0.24 等。

4）5％出力限制曲线。为了避免水轮机在不稳定区域运行，限制区域为最大出力的5％，允许运行区域在最大出力的95％以内，即图中到达阴影的竖线。在阴影线的左边为稳定运行区域，右边为不稳定运行区域。

（2）ZD 式水轮机模型综合特性曲线。轴流定桨式水轮机叶片固定在轮毂体上，叶片位置不能变化；为了适应不同电站的需要，同一种型号、大小的水轮机，其对应于叶片的每一装置角如 $\varphi=-5°$、$\varphi=0°$、$\varphi=+5°$ 等，都有一特性曲线，如图 5-66 所示。

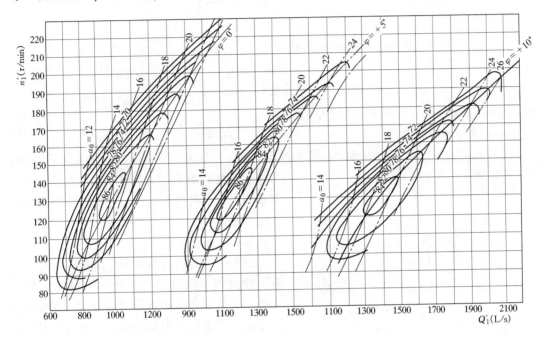

图 5-66　轴流定桨式水轮机 ZD560 模型综合特性曲线

从图 5-66 中可以看出，φ 角愈小，Q'_1 愈小，综合特性曲线窄而高，说明高效率区域窄。在一个等 φ 角度时，等效率曲线沿 Q'_1 变化很陡，且 σ 值增大快，说明其不仅高效区域狭窄，而且抗气蚀性能低。出力的变化会引起效率的急剧变化，所以 ZD 式水轮机仅适应于带固定负荷工况工作。为了发挥 ZD 水轮机的潜力，通常限制其出力为最大出力的 2％～3％，多数不绘制出力限制线，而由气蚀条件限制出力。

图 5-66 中绘制有等效率曲线和等导叶开度曲线。

（3）水斗式水轮机模型综合特性曲线。如图 5-67 所示，水斗式水轮机模型综合特性曲线上仅有等效率 $\eta=c$ 曲线和等开度 $a_0=c$ 曲线，而等开度曲线实际上是模型装置的喷针行程。

由于 CJ 型水轮机是在大气压环境下进行能量交换，不发生翼型气蚀，故无等气蚀系数曲线。

等效率曲线平而窄，Q'_1 变化时，η 变化很小。但单位转速 n'_1 变化时，效率变化较

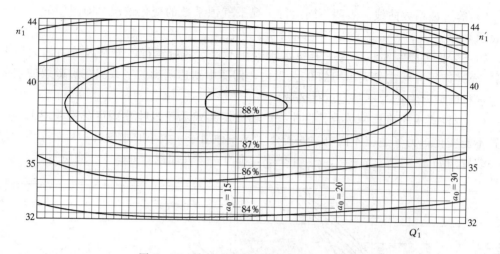

图 5-67 水斗式水轮机模型综合特性曲线

大，说明 CJ 水轮机不适用于水头变化的工作。

3. 运转综合特性曲线

水轮机的运转综合特性曲线，表示在转轮直径 D_1 一定、转速 n 一定的实际水轮机，

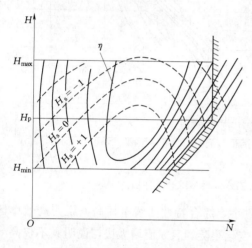

图 5-68 运转综合特性曲线

主要运行参数 H、N、η、H_s 和 φ 之间的变化关系曲线。这种曲线是通过相似定律公式从模型综合特性曲线换算绘制出来的。表达了实际水轮机的运行工作状况。

图 5-68 所示为某一 HL 水轮机的运转综合特性曲线，纵坐标为水头 H，横坐标为水轮机出力 N。图中绘有等效率曲线、等吸出高度曲线、发电机出力限制线和水轮机出力限制线等。

发电机出力限制线和水轮机出力限制线的交点对应的纵坐标即为水轮机的设计水头 H_p，是水轮机发出额定出力所需的最小水头。

运转综合特性曲线作为水轮机运行的依据，指导、确定水轮机运行工况点的选择。

第八节 水轮机选型

一、水轮机选型的一般原则及原始资料

水轮机是水电站的主要动力设备，在水电站的设计中，正确、合理地选择水轮机，对于充分利用水力资源，保证水电站机组的安全运行、降低电站造价以及节省运行管理费用等方面，都有直接的影响。根据各个电站的水力资源条件和综合利用的要求，选择技术上合理、经济上能获得最大效益的水轮机，有利于电站今后的运行管理和生产工作的安排

等，便成为水轮机选型设计的主要任务。

水轮机选型涉及的技术经济内容错综复杂，包括水力资源的综合利用、设备的制造和安装及运输、土建工程、电力系统和用户、电站机组运转方式等。在选择设计水轮机型号时必须全面考虑，进行综合经济、技术比较，确定最终理想的型号。

1. 水轮机选型的基本原则

水轮机选型应遵循以下基本共同原则：

（1）机型特性应符合该电站的水利条件，能保证足够的额定出力和较高的运行效率；抗气蚀性能良好，无过大的振动和噪音。

（2）机组设备运行稳定可靠，机动灵活。

（3）设备投资及运行费用应尽可能少。

（4）电站建设周期短。对于机组台数较多的电站，所选设备应考虑水库蓄水初期低水头运行的经济性与可靠性，特别对于以灌溉为主的水电站。

（5）机组设备供货、运输无较大困难，现场安装方便。机型符合通用化、系列化、标准化要求。

（6）所选机型应能适应该电站特殊自然条件的要求，如多泥沙河流上电站的机型应具有良好的抗气蚀和抗磨损性能。

（7）设备机型、参数和规模应考虑流域总体开发规划。

（8）设备选择应适应电站自动化控制要求。

2. 原始资料

为了做好选型设计工作，通常需要收集下列基本资料：

（1）水电站枢纽资料。包括水电站开发方式、水库调节性能、综合利用要求、水电站的特征水头（最大水头、最小水头、设计水头、平均水头）、水电站的引用流量及下游水位流量曲线、上下游水位变化幅度、电站装机容量、站址地形地质资料、枢纽总体布置及运输交通条件等。

（2）电力负荷资料。包括水电站在电力系统中的作用与地位、电站目前的负荷情况、设计水平年的年负荷等。

（3）水轮机设备产品技术资料。小型水电站的水轮机应采用标准化产品。

（4）电站的运输及安装条件。包括水陆运输交通条件及现场设备安装条件等。

（5）河流含砂资料。

二、水轮机选型内容

水轮机选型设计一般在水电站初步设计阶段进行，主要任务是通过技术经济比较选择水轮机主要参数和经济技术指标。根据电站水力资源条件，按照系列型谱先拟定若干可能适用的机型比较方案，计算每个方案的动能经济性能指标，经比较后优选方案。

（1）根据水能资料，合理选择水轮机的台数与单机容量。

（2）选择水轮机型号及装置方式。

（3）计算水轮机的标称直径及同步转速。

（4）计算水轮机的最大吸出高度和安装高程。

（5）绘制水轮机运转特性曲线。

（6）确定蜗壳、尾水管的型号及主要尺寸。

（7）选择调速器。

电站运行人员应了解电站机组选型的基本方法和内容，以便在同流域小水电开发中也能参与小型水轮机的选型工作；并有利于结合电站运行实际情况提出提高电站运行效率的措施和技术改造方案。

三、水轮机选型

1. 机组台数的选择

水电站的装机容量确定后，可以装置不同的机组台数。机组台数不同，转轮直径和转速不同，甚至可导致水轮机型号也不同，从而使电站的投资、运行效率、运行条件、产品供应条件等各不相同。因此，选择机组台数是一个技术经济比较问题。机组台数选择应考虑以下因素：

（1）台数与电站投资及运行费用的关系。在一定装机容量时，机组台数多，单机容量小，单位千瓦耗材多，费工费时，单位千瓦造价高；同时，辅助设备套数多，厂房平面尺寸大，投资增加；台数多，操作频繁，运行管理费用增加。但是，小型机组起重设备能力小，安装场地及厂房基础开挖量会有所减少。

总体发展趋势是减少机组台数，增大单机容量，降低设备造价，但应受设备制造加工能力及运输条件的限制。

（2）台数对运行效率的关系。机组台数少，单机效率高，但当负荷变化时调节性能差，因而难以避开低效率区域运行，导致电站平均效率低；台数多，可以改变开机方式，合理调整机组负荷，避开低效率区域运行，以提高电站平均运行效率。尤其是轴流定桨式水轮机，高效区域窄，为了提高效率，机组台数宜多。冲击型水轮机高效区范围宽，采用少台数仍能保证高效率运行。

（3）台数与运行维护的关系。台数多，运行方式灵活机动，事故停机少，供电可靠性高，易于安排机组检修，因此，为了便于管理，机组台数应不少于2台。但是，台数多，开停机操作频繁，事故率增加，检修工作量大。

（4）台数与其他因素的关系。区域电网中的骨干电站，因未并入大电网运行，为了尽可能保证供电的可靠性，确定台数应考虑单机容量不大于电网总容量的10%，或不要大于电网的事故备用容量。

考虑与电气主接线的扩大单元接线的要求，一般选择为偶数。

综合上述的各项要求，对于小型水电站台数为2~4台，河床式电站为4~8台。特殊情况，由于制造等原因其台数可以更多。

2. 转轮型号选择

（1）根据水轮机型谱选择机型。根据已确定的单机容量和水头范围 $H_{max} \sim H_{min}$，从水轮机型谱中选择适宜的机型。水轮机型谱见表5-7和表5-8。

型谱中推荐了各种机型适用的水头范围，上限水头由水轮机过流部件的结构强度和气蚀特性等条件限制，下限水头主要由经济因素决定。

（2）利用水轮机应用范围总图选择机型。水轮机应用范围总图以水头为横坐标，出力为纵坐标，各种水轮机适用范围为一斜方框，两竖线为水头范围，两斜线为该型号转轮最大、最小转轮直径的出力范围。图 5-69 为中小型反击型水轮机应用范围总图，图 5-70 为中小型冲击型水轮机应用范围总图，图 5-71 为小型斜击式水轮机应用范围总图。

表 5-7　　　　　　　　　中小型轴流式与混流式水轮机转轮型谱参数

适用水头 H （m）	转轮型号		最优单位转速 n'_{10} （r/min）	设计单位转速 n'_1 （r/min）	设计单位流量 Q'_1 （L/s）	模型气蚀系数 σ_m	备注
	使用型号	旧型号					
2～6	ZD760	ZDJ001	150	170	2000	1.0	$\varphi=+10°$
4～14	ZD560	ZDA30	130	150	1600	0.65	$\varphi=+10°$
5～20	HL310	HL365	90.8	95	1470	0.36*	钢板压制叶片
10～35	HL260	HL300	73	77	1320	0.28*	钢板压制叶片
30～70	HL220	HL702	70	71	1140	0.133	
45～120	HL160	HL638	67	71	670	0.065	
20～180	HL110	HL129	61.5	61.5	360	0.055*	
125～240	HL100	HLA45	61.5	62	270	0.035	

* 模型气蚀系数为装置气蚀系数。

表 5-8　　　　　　　　　CJ22、CJ20 水轮机转轮型谱参数

适用水头范围 （m）	转轮型号	水斗数 （个）	转轮节圆直径与射流直径比 D_1/d_0	使用最大单位流量 Q'_1 （L/s）	最优单位转速 n'_{10} （r/min）
100～200	CJ22	16～18	8	45	40
200～400	CJ22	18～20	10	34	40
400～600	CJ20	20～22	12.8	27	39
600～800	CJ20	22～24	15.6	22	39

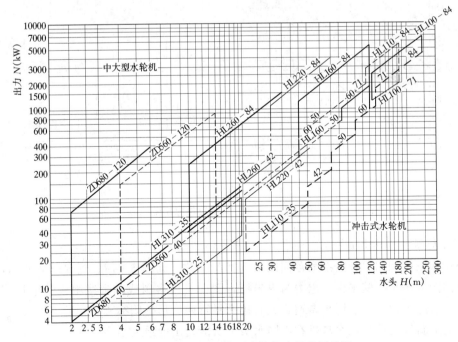

图 5-69　中小型反击型水轮机应用范围总图

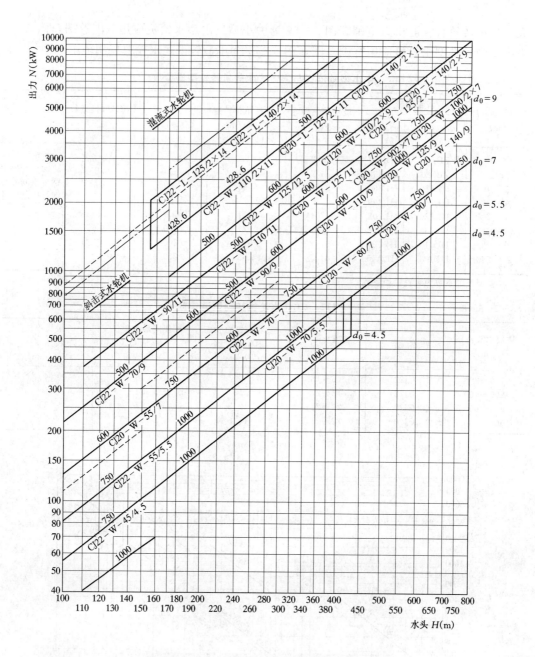

图 5-70 中小型冲击型水轮机应用范围总图

3. 水轮机主要参数选择

小型水轮机利用水轮机系列范围图来选择其参数。如图 5-72、图 5-73 所示，系列应用范围图以水头为横坐标，出力为纵坐标，图中有许多斜线和垂线组成的平行四边形，每个平行四边形内表明了同步转速，最右边的平行四边形标明标称直径的不同档次，平行四边形的上斜线为该直径水轮机在不同水头下所能发出的最大出力。

反击型水轮机的主要参数有转轮直径 D_1、转速 n 和吸出高度 H_s。根据电站设计水头

H_p 和单机出力 N，在应用范围图中找出交点所在的小方格，小方格内的数字即为该型号水轮机转速，最右边框内数字即为转轮标称直径 D_1。

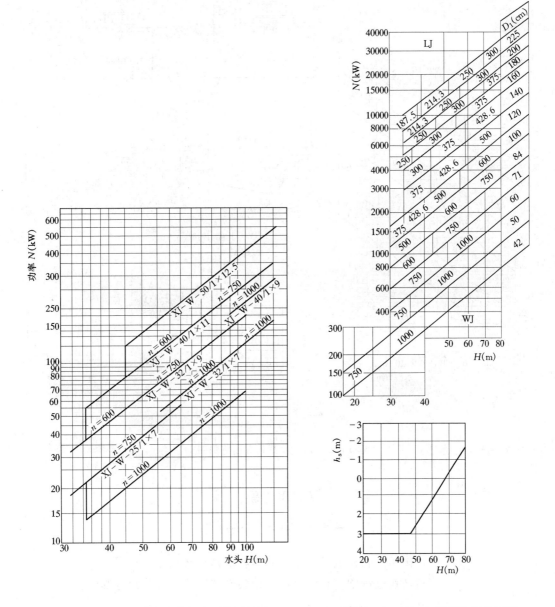

图 5-71　小型斜击式水轮机应用范围总图　　　　图 5-72　HL220 系列应用范围图

在图 5-73 内的 $h_s = f（H）$ 关系图上，根据电站水头查出 h_s 值，按照电站建设地点的海拔进行修整，即 $H_s = h_s - \nabla/900$。

有关系列应用范围图和利用型谱选择进行水轮机主要参数的计算参阅《水电站机电设计手册》。

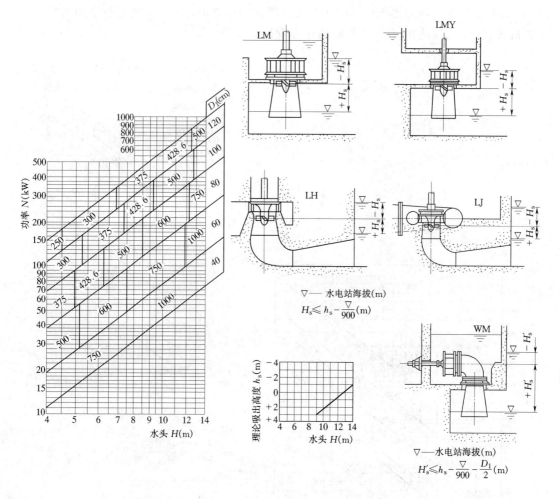

图 5-73 ZD560 系列应用范围图

复习思考题

5-1　反击型和冲击型水轮机能量转换的基本特点是什么？

5-2　水轮机能量转换过程中存在哪些能量损失？其影响因素分别有哪些？

5-3　水轮机的基本工作参数有哪些？如何确定？

5-4　反击型水轮机的工作特点如何？有哪些类型？应用水头范围如何？

5-5　冲击型水轮机的工作特点？有哪些主要类型？应用水头范围如何？

5-6　反击型水轮机有哪些基本过流部件？各有何功用？其各部件的应用类型如何？

5-7　水轮机的型号如何表示？写出几种水轮机的型号。

5-8　反击型水轮机导水机构有哪些类型？有哪些零部件组成？动作原理如何？

5-9　混流式水轮机转轮有哪些零件组成？各有何作用？

第六章 水轮发电机组

教学要求 要求掌握小型水轮发电机组的结构组成和布置方式；掌握小型立式和卧式机组的构造。

以上内容要求初级工和中级工基本掌握，高级工必须掌握。

第一节 水轮发电机组的组成与布置方式

水轮机将水流的能量转换成主轴的旋转机械能，通过主轴带动发电机转子旋转，实现将机械能转换为电能，经输电线路、用电设备向用户供电。水轮机与发电机连接组合成水轮发电机组，简称机组。由于各个水电站的自然条件不同，机组的布置、类型和构造相差很大。本着能量转换效率高、运行安全稳定可靠、安装检修方便的要求，实践中各个电站的机组情况出现了多种布置形式。

一、水轮发电机组的类型

按照水轮发电机组的布置方式不同，有立式、卧式和斜式三种。卧式（即横轴）装置的水轮发电机组，大多数适用于小型机组以及部分中型水斗式机组；斜式装置的水轮发电机组，主要适用于明槽贯流式、虹吸贯流式机组以及低水头的其他型式的小型水轮发电机组；而中速和低速大、中型水轮发电机组绝大多数采用立式（竖轴）装置方式。农村小型水电站的水轮发电机组经常通过齿轮、摩擦轮和皮带传动实现水轮机主轴和发电机主轴之间的连接，而大多数水轮发电机组采用水轮机主轴和发电机主轴直接连接的装置形式。

水轮发电机的型号，是水轮发电机的类型和特点的简明标志。我国采用汉语拼音标注法。例如 SF225—48/12640，"SF"表示立式空冷水轮发电机；"225"表示水轮发电机的额定有功功率为 225MW；"48"表示水轮发电机的磁极个数；"12640"表示发电机定子铁芯外径为 12640mm。此外，"SFW"表示卧式空冷水轮发电机，"SFG"表示贯流空冷水轮发电机，"SFD"表示立式空冷水轮发电—电动机。

二、水轮发电机组的组成

水轮机是水轮发电机组的动力设备。水库的水经压力引水钢管至主阀进入水轮机，经转轮能量转换后的尾水通过尾水管或尾水槽排泄至下游。

水轮发电机是水轮发电机组的发电设备。发电机由转子和定子组成，定子支架上有主引出电缆，发出的电流经过电缆进入母线。为了防止发电运行时水轮发电机的温度过高，发电机设有通风冷却措施。

为了建立发电过程中的旋转磁场，机组配置永磁机提供磁源，由励磁系统向发电机提供励磁电流。

水轮机主轴和发电机主轴之间的扭矩传递,不同的机组有不同的连接方式。小型机组中的容量较大者采用直接连接,即通过主轴法兰用螺栓连接;单机容量低于400kW以下的机组则采用间接连接,如齿轮、摩擦轮和皮带传动等。

为了维持机组的正常运转,需在基础与主轴之间设置支承即导轴承,用来承受主轴的径向力和轴向力,并采用润滑措施减少主轴与轴承之间的摩擦,降低磨损,提高能量利用。水轮发电机组的轴承系统布置各不相同,承受轴向力的径向推力轴承位置决定了机组结构布置型式。

水轮发电机组的支承系统,均设置相应的润滑冷却系统,严格控制轴瓦的温度,保证机组正常运行。

为了防止在机组停机时低速运转会烧坏轴瓦,需设置制动装置通入压缩空气进行刹车制动。

调速器是水轮发电机组的控制设备。当用户负荷发生变化时,给调速器输入转速或频率变化信号,通过调速器操作带动接力器改变导叶开度,实现进入水轮机流量和机组出力的改变,达到与用户负荷新的平衡。调速器的工作方式有自动和手动两种,小型水电站大多数采用手动运行方式。

三、水轮发电机的主要参数

水轮发电机的基本参数,通常有额定电流 I、额定电压 U 和额定容量 S 或额定功率 N_f、额定功率因素 $\cos\varphi$、额定转速 n、飞逸转速 n_p、转动惯量 J、效率 η 等。其中 I、U、S 或 N_f、$\cos\varphi$ 等参数在"电工与电子基础知识"中已作初步介绍,下面只介绍其他几个参数。

1. 额定转速

由于绝大多数的水轮发电机均与水轮机直接连接,所以,水轮发电机的额定转速即是机组主轴及其旋转部分的每分钟旋转的次数,以单位每分钟多少转表示,代表符号为 r/min 或转/分钟。其转速的大小取决于同轴水轮机的最优转速,并符合国家规定标准转速作为水轮发电机的同步转速,即

$$n = \frac{60f}{p} \qquad\qquad (6-1)$$

式中　f——频率,我国交流电的标准频率 $f=50\text{Hz}$;

　　　p——水轮发电机转子的磁极对数。

例如,某台水轮机的计算最优转速 $n=125\text{r/min}$,那么,与它同轴运行的水轮发电机的转子磁极对数必须选取 $p=24$ 才能满足国家标准频率

$$f = \frac{pn}{60} = \frac{24 \times 125}{60} = 50 \ (\text{Hz})$$

的要求。从水轮发电机的角度出发,希望用比较高的转速,这样可以减少转子的磁极数量和转子的几何尺寸。

2. 飞逸转速 n_p

水轮发电机的飞逸转速即机组的飞逸转速。飞逸转速越高,旋转离心力越大,水轮发电机对材料的要求就越高,材料的消耗越多,发电机的造价就越高。

3. 转动惯量

转动物体绕定轴旋转时，其旋转的转动惯量 J 与其质量和回转半径成正比。水轮发电机转动部分的转动惯量 J 与其惯性直径平方（GD^2）的关系

$$J = \frac{GD^2}{4g} \qquad (6-2)$$

GD^2 称为转子力矩，又称为水轮发电机的飞轮力矩。在工程实践中经常用水轮发电机的飞轮力矩 GD^2 来代替水轮发电机的转动惯量 J。因 GD^2 主要集中在转子上，即转子的飞轮力矩约占机组飞轮力矩的 $80\%\sim90\%$，因此，水轮发电机组的飞轮力矩一般即指转子的飞轮力矩。

在电力系统发生故障时，机组与电网突然解列，水轮机导水机构关闭需要一定时间，在该时间内，机组转速将迅速上升，如果这种转速上升不加以控制，则会造成十分严重地后果。因此，为了将机组转速上升率 β 控制在一定的范围内，就需要水轮发电机具有一定的飞轮力矩。

当机组率部分负荷时，水轮机的动力矩大于发电机的电磁阻力矩，因此，机组转速也会上升。GD^2 越大，机组转速上升率 β 将越小。但飞轮力矩过大，将增加水轮发电机的尺寸和重量，增加制造成本。反之，如果飞轮力矩太小，机组转速上升率 β 将越大，影响供电频率质量。小型 GD^2 或转动惯量 J 是水轮发电机的一个重要综合技术经济参数，它影响着机组及电力系统的稳定性，它与机组的转速上升率 β、水击压力上升率 ζ 以及调节时间等参数相互矛盾又相互制约。在同等技术条件下，转动惯量 J 越大，水轮发电机的容量越大，尺寸越大，重量越重，转速越低。

4. 效率

水轮发电机的效率与其能量损耗密切相关。水轮发电机的损耗包括电磁损耗和机械损耗两大类。电磁损耗分为基本损耗和附加损耗两项。基本损耗一般由铜损、铁损和励磁损耗组成。附加损耗包括附加铜损和附加铁损。机械损耗包括通风损耗、风摩损耗、滑环损耗和轴承损耗等。

附加损耗在总损耗中所占比例很小，所以为次要损耗。而主要损耗通常由铜损、铁损、风损和轴承损耗等。下面介绍几种损耗的概念。

（1）铁损。指发电机定子铁芯在交变主磁通作用下而产生的涡流损耗和磁分子间的摩擦所引起的磁滞损耗。当发电机电压和功率因素一定时，铁损与负荷无关。

（2）铜损。指发电机的负荷电流通过定子绕组时所产生的电阻损耗。其值大小与发电机负荷电流、定子铁芯内径和定子绕组每匝长度成正比。

（3）励磁损耗。指转子的励磁电流通过磁极绕组时的电阻损耗以及电刷与滑环的接触损耗。其值大小主要与励磁电流的平方成正比，还与磁极数量、磁极长度、绕组温升、额定转速等因素有关。绕组温度越高，励磁损耗越大。

（4）通风损耗。指发电机的通风冷却系统中，空气与风道、风洞、风扇与转子表面等部位的摩擦而造成的能量损耗。

（5）轴承损耗。指轴承与主轴之间的摩擦以及油槽中油流扰动等所造成的能量损失。

水轮发电机的效率高，说明其总损失功率小。效率是水轮发电机的重要技术经济指标

之一，对水轮发电机的经济运行有较大影响。

四、水轮发电机组的布置方式

小型水轮发电机组的布置有立轴机组、卧轴机组和斜轴机组。斜轴机组一般应用较少。立轴机组又分为直接连接机组和间接连接机组。

1. 立轴机组

小型水轮发电机组较多采用立轴布置。立轴装置的水轮发电机组多采用直接连接，机组效率高；机组运行稳定；导轴承受力条件好；水轮机与发电机在高度方向上下布置，结构协调、紧凑；发电机位置较高，不易受潮；安装检修方便。但推力轴承载荷集中，厂房

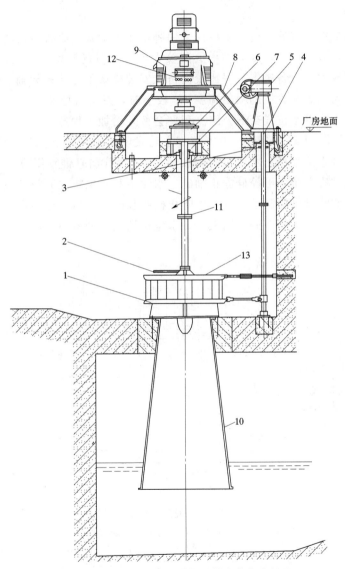

图 6-1 ZD760—LM—100 立轴水轮发电机组

1—转轮室；2—导水机构；3—调速轴止水箱；4—调速轴；5—调速器；6—轴承箱；
7—主轴止水箱；8—发电机机座；9—发电机；10—尾水管；11—连接法兰；
12—发电机引出线；13—水轮机顶盖

基础开挖量大，土建工程量大，造价较卧轴机组高。

如图6-1所示为直接连接的ZD760—LM—100立轴水轮发电机组。小型轴流定桨式水轮机转轮布置在包角为225°的压力蜗槽内，转轮装在转轮室1内，定桨式内调节导水机构2控制进入水轮机的流量，水轮机主轴通过法兰与发电机主轴直接连接，水轮机导水机构2通过调速轴4与电动或手动调速器5连接，机组转动部分的重量由轴承箱6内的推力轴承承担，发电机机座8内设有导轴承，水轮机顶盖13内设有水轮机导轴承，两个导轴承支承机组主轴运行中的横向振动和摆动。机组主轴和调速器在发电机层板面处分别设有止水箱7、3，防止漏水。

2. 卧轴机组

农村小型水电站的水轮发电机组广泛采用卧轴布置形式。卧轴机组的厂房较低，土建工程量相对较少，节省投资，推力轴承负荷较小，设备布置较集中，运行管理比较方便。但机组占地面积较大，设备布置显得比较拥挤；安装检修不方便；导轴承受力集中在轴瓦下半部分，不均匀；当水轮机的吸出高度 H_s 较小时，发电机层地面位置较低，发电机容易受潮；若低于下游洪水位或交通公路高程，会额外增加工程造价。

图6-2为卧轴HL240—WJ—50混流式水轮发电机组，发电机为SFW320—8，水轮机主轴与发电机轴直接连接。水轮机的尾水管为90°弯管加直锥管组成，发电机端部布置有永磁机，机组励磁系统为可控硅静止励磁。水轮机和发电机之间设有飞轮和轴承，在地面靠近飞轮的两侧装设停机制动装置，可防止机组长时间在低速运转而烧坏轴瓦。水轮机的径向推力轴承和导轴承装在同一底板上。水轮机调速器型号为YDT—300或YT—300。

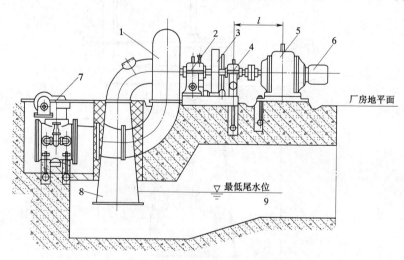

图6-2 卧轴混流水轮发电机组

1—水轮机；2—径向推力轴承；3—飞轮；4—径向导轴承；5—发电机；
6—永磁机；7—蝴蝶阀；8—尾水管；9—尾水渠

图6-3为小型卧轴斜击式水轮发电机组。水轮机型号为XJ02—W—42/1×9，配套发电机为SFW320—6。水轮机喷嘴与转轮回转平面成22.5°夹角，水流从水斗的一侧进入，从水斗的另一侧流出，从而冲击转轮旋转。

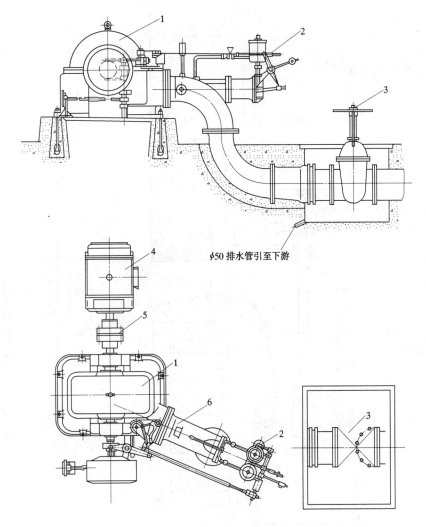

$\phi50$ 排水管引至下游

图 6-3　斜击式水轮发电机组

1—水轮机；2—自动调速装置；3—闸阀；4—发电机；5—联轴法兰；6—喷嘴及针阀

图 6-4 所示为小型轴伸式贯流式水轮发电机组。水轮机型号为 GD006—WZ—140，发电机型号为 SFW320—16，水头为 9.3m，流量为 4.438m³/s，水轮机出力为 360kW，发电机出力为 320kW。水流由压力引水钢管引入，经过蝴蝶阀进入水轮机，将水流能量转换成转轮旋转机械能。控制水轮机的调速器为 YT—600 自动调速器。

3. 微型整装机组

对于边远山区的小河小溪水能资源，开发 3～100kW 微型整装水轮发电机组，可解决大电网输送的困难，为促进当地的经济发展和脱贫，起到积极作用。

微型整装机水轮发电机组是将水轮机和发电机连成整体，呈立式布置。机组整装出厂、运输、安装，操作和维修都很方便。根据水电站所在水能资源不同，有以下几种形式。

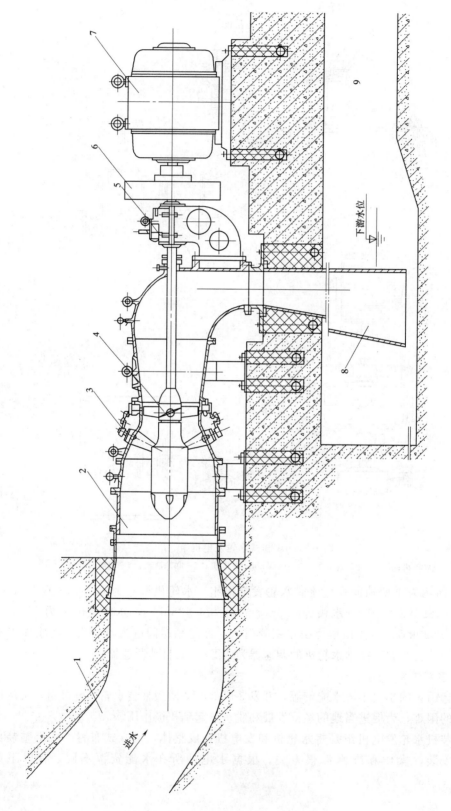

图 6 - 4　轴伸式贯流式水轮发电机组

1—压力管道；2—转轮室；3—导水机构；4—转轮；5—径向推力轴承；6—飞轮；
7—发电机；8—尾水管；9—尾水渠

（1）轴流机组。图 6-5 所示为整装轴流 560 轴流机组，水流经压力钢管引入，进入金属蜗壳，以均匀轴对称的形式进入轴流式转轮，实现能量转换，带动同轴连接的发电机旋转而输出电能。从转轮流出的水流经直锥形尾水管排泄至下游。

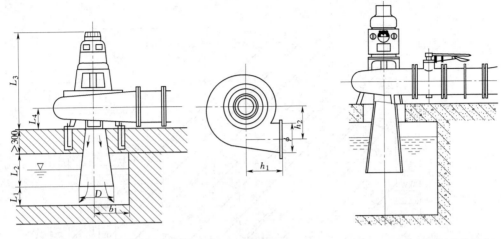

图 6-5　微型整装轴流 560 机组　　　　图 6-6　混流微型整装机组

（2）混流机组。图 6-6 所示为微型整装混流机组，立式布置的整装机组上部为发电机，下部为混流式水轮机。

（3）贯流机组。图 6-7 所示为微型整装贯流机组，水轮机转轮装在引水弯管后部，水轮机尾水经尾水管排泄至下游。这种机组的水流进入弯管后直贯流过轴流式转轮，水轮机效率较高。

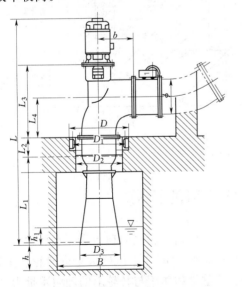

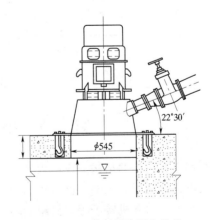

图 6-7　贯流微型整装机组　　　　　图 6-8　微型整装斜击机组

（4）斜击机组。对于流量较小水头较高的微型水电站，可采用如图 6-8 所示的微型整装斜击机组，斜击式水轮机的转轮平面成水平布置，喷嘴射流与转轮旋转平面成 22.5°

角度从转轮一侧进入，从转轮另一侧流出后经尾水槽泄向下游。

微型整装机组的选择可按照图6-9进行选取。根据电站的水头和流量，以及地形条件，修建简单的引水管道（渠道）和尾水渠以及厂房，便可方便地安装机组，投入正常运行。

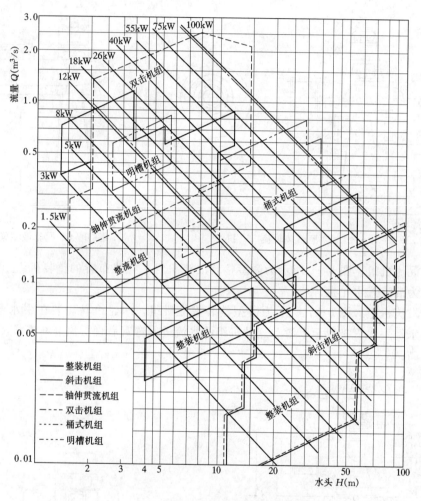

图6-9　微型整装水轮发电机组应用范围

第二节　小型立式机组的结构

小型立式机组的结构分成两大部分：固定部件，包括水轮机的顶盖、导水机构及转轮室和发电机的定子、机架、推力轴承箱、永磁机等；转动部件，包括水轮机转轮、主轴、发电机转子、永磁机转子等。机组旋转部件的全部重量和作用与转轮上的轴向水推力支承在推力轴承上。为了承受径向力，固定机组轴线，还设置几个导轴承。

小型立式低压水轮发电机组的水轮机大多数为轴流定桨式水轮机，其结构组成和布置见图6-1所示。推力轴承箱位于发电机层板面上，轴承箱上面为发电机，下部为水轮机。

一、立式机组的轴承结构

小型立式机组的轴承包括推力轴承和导轴承。

1. 推力轴承

小型机组推力轴承承受机组旋转部件的重量和作用于转轮上的轴向水推力，并经过荷重机架传递到基础上。其工作性能好坏直接影响机组的安全正常运行。

如图 6-10 所示为 ZD760—LM—100 水轮发电机组的推力轴承，在轴承箱中装设承受径向力的双列滚子滚动轴承 7 和承受轴向力的推力球轴承 15，推力球轴承 15 位于底座 4 上。推力球轴承采用稀油润滑方式，整个推力球轴承浸没在油面以下。双列滚子滚动轴承 7 的润滑依靠推力头 13 的旋转离心力使润滑油沿内腔的斜面上升而实现自动循环润滑。机组转速过低，旋转离心力较小，润滑油供给不足，轴承磨损加重；机组转速过高，旋转离心力很大，虽然润滑油供给充足，但轴承磨损同样加重。

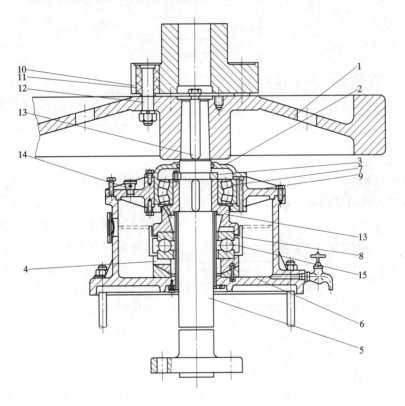

图 6-10 立式水轮发电机组直接连接轴承

1—飞轮；2—端盖；3—卡环；4—底座；5—发电机主轴；6—轴承箱体；
7—双列滚子轴承；8—油罩；9—箱盖；10—联轴法兰；11—弹性圈；
12—柱销；13—键；14—油塞；15—推力球轴承

图 6-11 所示为立式水轮发电机组间接连接的推力轴承结构。小型立式水轮发电机组采用滚动轴承，结构简单，成本低廉，摩擦力小，使用和互换方便。但滚动轴承承载能力较小，故只限于应用在小容量机组中。

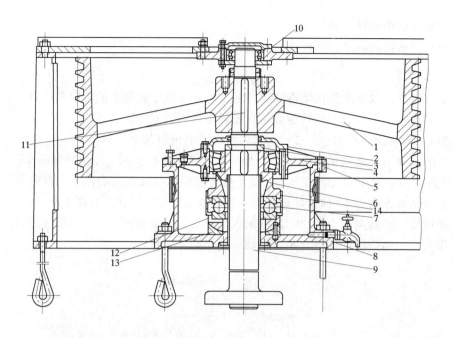

图 6-11　立式水轮发电机组间接连接轴承

1—皮带轮；2—端盖；3—卡环；4—双列滚子轴承；5—箱盖；6—推力头；7—推力球轴承；

8—轴承箱体；9—主轴；10—双列滚子轴承；11—键；12—支座；13—底座；14—油罩

2. 导轴承

用来承受机组主轴的径向振摆力、固定机组轴线、维持机组稳定运行的轴承称为导轴承。径向振摆力来自径向不平衡力和电磁不平衡力。

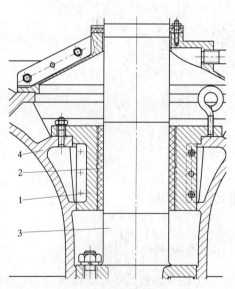

图 6-12　水导轴承结构

1—轴承体；2—橡胶瓦；3—水轮机主轴；4—支承盖

小型低压水轮发电机组常设置两个导轴承：水轮机导轴承（简称水导）和发电机导轴承。水轮机导轴承装设在水轮机顶盖内；发电机导轴承装设在推力轴承箱内。

如图 6-12 所示为 ZD760—LM—100 型水轮机的导轴承结构。水导轴承多采用水润滑的橡胶轴瓦，其润滑水需经过过滤而保证水质，润滑水流经轴瓦表面起到润滑作用，同时带走因磨损而产生的热量，维持稳定的轴瓦温度。橡胶轴瓦的水导轴承结构简单，成本低廉，运行技术要求较低，在小型水轮发电机组中广泛采用。但橡胶瓦导热性差，对水的质量要求较高。

小型立式水轮发电机组推力轴承箱中的导轴承多为双列滚动轴承，其结构和工作要求如图 6-10 所示。

对于因特殊地形条件等原因而造成机组主轴长度过长时，为了防止主轴摆度过大，需要在主轴中间位置设置中间导轴承。中间导轴承用支架支承在混凝土基础上，轴瓦一般采用木质材料。

二、立式机组水轮机与发电机主轴的连接

水轮机与发电机主轴的连接有直接连接和间接连接两种。

1. 直接连接

直接连接是指水轮机与发电机的主轴通过法兰盘用均布螺栓进行的连接。采用直接连接，水轮机与发电机的主轴转速同步，传动效率高，结构布置紧凑，机组运行稳定。

容量较大的小型立式机组多采用直接连接。

直接连接有弹性连接和刚性连接两种。对于容量较大，需要传递较大的扭矩，且轴的同心度要求较高的，一般采用刚性连接；反之，小容量、轴的同心度要求较低的直接连接一般采用弹性连接。

两法兰盘中的连接螺栓为铰孔制的过渡配合，使每个螺栓所受到的剪力均匀，防止个别螺栓首先破坏而引起机组主轴的振动。

2. 间接连接

对于小型水轮发电机组，因水头低，流量小，水轮机的转速较低。为了减少发电机的投资，需要提高发电机的转速，采用中间传动装置，把水轮机主轴的低转速增速至发电机的高转速，要求采用间接连接。所以中间传动装置也称为增速装置。由于中间传动装置存在能量损耗，间接传动连接的机组效率低于直接连接的机组。

间接连接的主要方式有齿轮传动、带传动两种。

(1) 齿轮传动。常见的小型机组齿轮传动有以下三种：

1) 圆柱齿轮传动。这种传动的水轮机主轴与发电机主轴相平行，两轴旋转方向相反。大齿轮安装在水轮机主轴端，小齿轮安装在发电机主轴端，两轴的转速比一般在 3～5 之间。如图 6-13 所示。

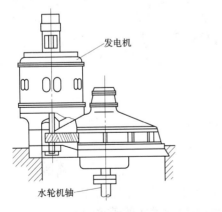

图 6-13 圆柱齿轮传动

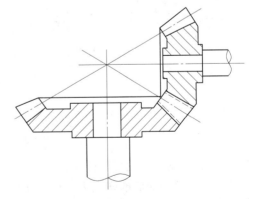

图 6-14 圆锥齿轮传动

2) 圆锥齿轮传动。这种传动的水轮机主轴与发电机主轴相垂直，一般水轮机主轴为立式，发电机轴为卧式，也有卧式水轮机带动立式发电机，如图 6-14 所示。

3）行星齿轮传动。这种传动的水轮机主轴与发电机主轴在同一轴线上，如图6-15

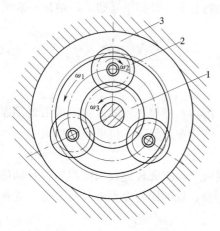

图 6-15　行星齿轮传动
1—发电机轴端的从动齿轮；2—水轮机轴端
齿轮盘上的行星小齿轮；3—圆柱内齿轮

所示。在水轮机轴端的齿轮盘上有三个相隔120°对称布置的小行星轮2，绕自己的轴线旋转，外周与固定不动的内齿轮3啮合，内周与发电机的齿轮1啮合。在三个小行星轮的传动下，发电机轴的旋向与水轮机轴的旋向相反。

齿轮传动是利用轮齿逐个啮合进行传动的，两轴之间的转速比在不考虑传动精度情况下基本稳定，运动传递准确，有利于负荷变化时对机组的调节，且传动效率一般在97%～98%，能量利用较高。

（2）带传动。利用带与带轮之间的摩擦力来传递运动。当传动力大于摩擦力时会出现打滑现象，虽然可保护零件不被损坏，但不利于机组在负荷变化时对转速的调节。

常见用于小型水轮发电机组带传动的类型有：

1）平行带传动。水轮机主轴和发电机主轴的端部各安装一个皮带轮，其直径大小应满足两轴的转速比要求，水轮机主轴皮带轮直径大于发电机主轴皮带轮直径，而实现增速要求。

为了防止皮带打滑，皮带对皮带轮的包角不能太小，一般发电机轴上的带轮包角大于120°，所以，发电机轴上的皮带轮直径不能太小，两轴之间的距离不能太近。如图6-16（a）为开口式皮带传动。若两轴相距太近，或发电机轴上的皮带轮直径太小，可采用如图6-16（b）所示的交叉皮带传动，但此时两轴的旋转方向相反。

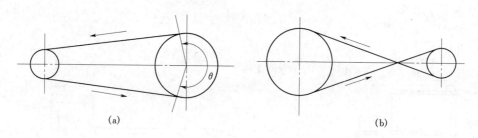

（a）　　　　　　　　　　　　　　　　　（b）

图 6-16　平行带传动
（a）开口式；（b）交叉式

2）三角带传动。在皮带轮圆柱面上开有数道具有梯形断面的轮槽，利用截面形状为梯形的三角带与轮槽侧面的摩擦力来传递动力。由于皮带对皮带轮的正压力增大，增加了传递扭矩，减少了打滑的可能性，从而可进一步缩小两轴之间的距离。

皮带传动节省投资，技术简单，但传动效率低。

三、立式机组的制动装置

对于立式机组的推力轴承为油润滑的滑动轴承，设置制动装置的目的在停机过程中保护轴瓦不被烧坏。

水轮发电机组的运行规程规定：在机组停机过程中，为了避免机组长时间在低速运转，减轻推力轴承的磨损，当关闭导叶切断水流，机组转速下降至额定转速的30％～40％时，自动投入制动风闸进行刹车，使机组快速停止下来；对于新安装的机组，或停机时间较长（一般规定超过72h），在再次启动机组前需要顶起转子一次，向镜板与推力瓦缝隙中充油，以便机组启动时迅速形成润滑油膜。

机组制动时，通入的是压缩空气；而顶转子时通入的是压力油，所以有时也称为高压油顶起装置。实际上是一个部件起两种作用。

机组停机时自动投入制动装置，一般由电磁阀等控制元件自动执行。当机组转速下降至整定值时，电磁阀动作，自动同时向各个制动器活塞下部送入压缩空气，操作气压一般为6～8kg/cm²，制动板与转子磁轭下部制动环相摩擦，使机组快速停止下来。当转速降至零时，电磁阀又动作，制动板活塞下部自动排气，同时向活塞上部通入压缩空气，将制动板压下复位，然后复位腔自动排气。

对于装置滚子推力轴承的立式机组，不设置制动器。

第三节　卧式机组的结构

小型水轮发电机组多采用卧式装置形式。常见较多的有混流式和水斗式机组。

一、卧式机组结构形式

因机组对转动部件支承形式不同，小型混流式水轮发电机组的结构主要有以下几种：

1. 四支点布置

四支点布置的机组发电机主轴和水轮机主轴上各有两个轴承支点，其中三个为径向轴承，另一个为径向推力轴承，布置在水轮机旁；水轮机与发电机的主轴采用标准弹性圆柱销联轴器连接，可降低对两轴同心度的安装技术要求；飞轮布置在水轮机的两个轴承支点之间，如图6-17所示。

四支点布置机组由于支点多，结构复杂，机组主轴长度过长，占地面积大，厂房布置拥挤，使投资增加，运行管理、维护工作量大。所以，常用于500kW以下的小型机组。

2. 三支点布置

对于容量较大的机组，弹性联轴器不能适用要求，需要采用刚性连接；同时为了避免四支点的结构复杂、主轴过长的不足，减少一个水轮机径向导轴承，形成三支点布置形

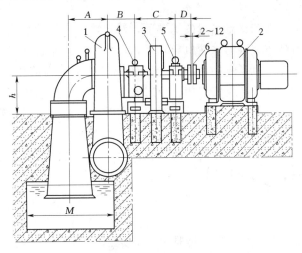

图6-17　四支点机组

1—水轮机；2—发电机；3—飞轮；4—径向推力轴承；
5—径向导轴承；6—弹性联轴器

式。如图 6-18 所示，飞轮布置在发电机与水轮机之间的主轴上，常用于 500kW 以上的中小型机组。

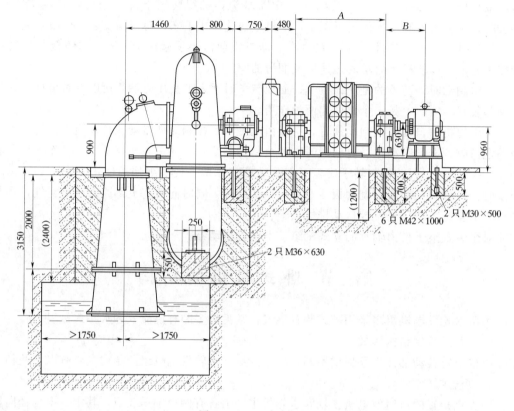

图 6-18　三支点机组

3. 两支点布置

在三支点布置的基础上，对于较大容量的卧式机组，把水轮机主轴与发电机主轴锻造为整体，取消水轮机导轴承，形成两支点布置形式。此时，水轮机转轮和飞轮均悬臂安装在发电机延长的两端轴上，使机组结构大为简化，缩短了主轴长度，机组安装、调整方便，降低了投资费用。但对安装检修技术要求较高。

如图 6-19 所示为两支点端盖式滚动轴承结构卧式机组，两个滚动轴承安装在发电机两个端盖上，取消了冷却水及润滑系统。

与四支点布置形式相比，两支点布置的机组重量轻，造价低，主轴长度缩小，厂房面积小，减少土建投资；机组整体结构性增强，安装方便，易于保证质量；取消冷却水及油润滑系统，减少轴承支承数量，机械摩擦损失减少。所以，两支点布置机组应用逐渐广泛。

二、卧式机组的轴承

卧式机组的轴承有径向推力轴承和径向导轴承两种。径向推力轴承在承受径向力的同时还承受轴向力，其结构已在第五章第三节作了介绍，以下主要介绍径向导轴承的结构。

卧式机组常用的径向导轴承结构如图 6-20 所示。轴承的轴瓦采用分半结构，下半轴

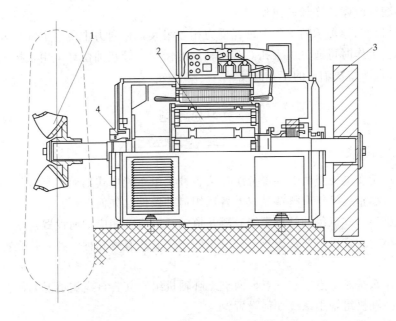

图 6-19　两支点端盖式滚动轴承卧式机组
1—水轮机；2—发电机；3—飞轮；4—滚动轴承

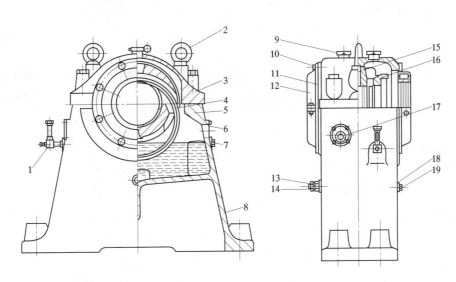

图 6-20　油环甩油式径向导轴承
1—油位计；2—起重吊环；3—轴承盖；4—油环；5—下轴瓦；6—观察孔；7—溢油塞；
8—轴承座；9—注油杯；10—螺栓；11—垫圈；12—轴承端盖；13、18—铝垫圈；
14—油管；15—定位销；16—上轴瓦；17—温度信号器；19—放油塞

瓦 5 安装在轴承座 8 内。安装时，先在主轴上套装两个直径稍大的油环 4，再安装两端各带一个径向缺口的上轴瓦 16，最后将轴承盖 3 安装在轴承座上，用螺栓连接固定。两个油环从上轴瓦径向缺口伸出，并套装主轴和下轴瓦，而油环下部则浸没在轴承座中的润滑油内，主轴旋转时，两个油环随主轴旋转，而将轴承座内的润滑油带到轴瓦与主轴的摩擦接触面，起润滑减摩、冷却散热作用。

卧式机组径向导轴承的上下两轴瓦受力相差很大，径向力主要由下轴瓦承受，而上轴瓦受力很小。工作时可通过观察孔 6 观察轴承的情况。管状油位计 1 用来指示油位，温度信号器 17 可自动监视轴瓦的工作温度。

复习思考题

6-1 水轮发电机组由哪些部分组成？各种机组布置形式如何？有哪些相互关系？

6-2 微型整装机组有哪些型式？各适用何种条件？如何选择？

6-3 小型立式机组的轴承系统有哪几道轴承组成？相应如何设置？

6-4 小型立式机组的水轮机与发电机的连接方式有哪几种？各有什么特点？适用何种条件？

6-5 什么是四支点、三支点、两支点卧轴机组？其各自应用情况如何？

6-6 卧轴机组轴承系统如何设置？

6-7 水轮发电机的主要参数有哪些？发电机的损耗有哪几部分？

第七章　低压水轮发电机组辅助设备

教学要求　本章要求掌握低压水轮发电机组辅助设备油、水、气系统的作用、基本要求，掌握运行与维护的基本内容。

初级工和中级工为必须掌握，高级工为一般掌握。

水轮发电机组的辅助设备是为了确保机组正常运行而设置的相关的设备。辅助设备的设置应根据机组最优、安全运行的需要为前提，综合考虑实施操作、保护、控制、维护、检修和运行管理。对于机组来说归属于辅助设备，但其作用的发挥直接影响、威胁机组的安全、正常运行。机组和辅助设备之间互相协调，有机结合，共同完成生产电能的任务。低压水轮发电机组的辅助设备可以根据机组设备和电站的具体条件简化设置，既能满足机组高效、安全运行，又能节省电站投资。

低压水轮发电机组的辅助设备包括油、水、气等系统。为了节省投资，其设置一般比较简单。

第一节　油　系　统

一、油的用途与分类

水电站中机电设备使用的油品，有润滑油和绝缘油两大类。

1. 润滑油

水电站机械设备的润滑和液压操作所用的油都属于润滑油。润滑油的主要作用是在轴承间形成楔形油膜，以润滑油内部液体摩擦代替固体金属干摩擦，降低摩擦系数，从而减少设备磨损和能量损失，延长机器使用寿命。

润滑油根据其性质和用途不同，可分为以下几种：

（1）透平油。透平油又称汽轮机油，常用于机组滑动推力轴承和导轴承的润滑。在润滑油起润滑作用的同时，由于油的循环流动，可以带走摩擦产生的热量，起到散热、冷却作用。

调速器和其他液压操作设备的用油也是润滑油，它起着传递能量的作用。

（2）机械油。俗称机油，粘度较大，供电动机、水泵和容量较小的机组轴承以及起重机等润滑使用。

（3）空气压缩机油。供空气压缩机专用的润滑油，一般在180℃以下工作。

（4）润滑脂。俗称黄油，供滚动轴承润滑使用。

2. 绝缘油

（1）变压器油。用于变压器，具有绝缘、散热作用。

（2）油开关油。用于油开关，具有绝缘、灭弧作用。

以上各类油中，以透平油和变压器油用量最大，为水电站中主要用油。

二、油的质量指标

为了保证设备良好运行，对油的性能和质量及成分有严格要求。国家规定的常用透平油和绝缘油新油质量标准内容如下。

1. 粘度

液体质点受外力作用而相对运动时，在液体内部产生阻力的特性称为粘度。粘度常用绝对粘度和相对粘度两类标准。绝对粘度又分为动力粘度和运动粘度。动力粘度是指以液体中面积为 $1cm^2$、相距 $1cm$ 的两层液体相对移动速度为 $1cm/s$ 时所受阻力来衡量的。运动粘度是指在相同温度下液体的动力粘度与它的密度比值，单位为 m^2/s。

相对粘度以液体的动力粘度与同温度的水的动力粘度比值来表示。

油的粘度随温度而变化，温度越低粘度越大。对于透平油来说，粘度大时，易形成润滑楔形油膜；但粘度过大会增加摩擦阻力，流动性差，不利于散热。一般在轴承面传递压力大和低速的设备中使用粘度较大的油，反之，使用粘度较小的油。

2. 酸值

中和质量为 1g 油中含有的有机酸所需要氢氧化钾的数量，称为油的酸值，以毫克（KOH）/g 来表示。酸能腐蚀金属，同时酸和有色金属接触能产生皂化物，妨碍油在管道中的正常流动，降低油的润滑性能。油在使用过程中，因油会被氧化而使酸值增加。酸值是衡量油劣化程度的一个重要指标。

3. 闪电

在一定条件下给油加热，使油的温度逐渐升高，油的蒸汽和空气混合后，遇火呈蓝色火焰并瞬间消失时的最低温度，称为闪点。当油温高于闪点以后，火焰越来越大，闪烁的时间越来越长。闪点反映油在高温下的稳定性，闪点低的油特别是绝缘油易引起燃烧和爆炸。

4. 凝固点

油在低温下失去流动性的最高温度称为凝固点。油中含有石蜡、水分会使其凝固点增高。当油温低于凝固点以后，油不能在输送管道中流动，润滑供油不足，油膜遭到破坏。对于绝缘油，也会大大降低散热和灭弧作用。因此，在寒冷季节或寒冷地区使用的油要求有较低的凝固点。

5. 抗氧化安定性

油在较高温度下抵抗发生氧化反应的性能称为抗氧化安定性。油温过高，酸值增大，油被劣化。

6. 杂质和灰尘

油中所含有的杂质和矿物性物质等固体物质含量过多，会影响油的润滑和绝缘性能。它是判别油污染程度的重要指标。

7. 抗乳化度

将油和水掺和在一起搅拌后，油水完全分离所用的时间，称为抗乳化度。时间越短，说明抗乳化性能越好。润滑油乳化后，粘度增加，产生泡沫，水分破坏油膜，影响润滑效果。

8. 油的介质损失角正切值

绝缘油在交流电磁场中单位时间内消耗电能转变成热能，其消耗的电能称为介质损失。绝缘油的分子在交流电磁场中不断运动，产生热量，造成电能损失。表征绝缘油这种性质的参数为介质损失正切值。其变化值可以很敏感地显示出绝缘油的污染和受潮程度，因此是衡量绝缘油质量的重要指标之一。

9. 水分

对于新的透平油和绝缘油不允许含有水分。绝缘油中含有水分能使油的绝缘强度降低；透平油中含有水分，形成乳化液，加速油的劣化，造成油的酸值增大。

新的透平油为透明的橙黄色。

水电站常用透平油为 HU—22、HU—30（符号中的数字"22、30"为 50℃时运动粘度的平均厘泊数 [1 厘泊=1×10^{-6} m²/s]）；变压器油为 DB—10、DB—25（符号中的数字"10、25"为凝固点℃的负值），DB—10 号变压器油用于气温不低于—15℃地区的变压器，DB—25 号变压器油用于气温不低于—35℃地区的变压器；开关油为 CDU—45（符号中的数字意义与变压器油相同）。

三、油系统组成

油系统的组成是根据油系统所承担的任务确定的。油系统通常包括以下设备：用油设备、贮油设备、净油设备、管道与测量、控制元件等。低压机组用油量相对较少，其用油设备相对简单。油的存放常用机油桶代替贮油桶，透平油与绝缘油各自分开。新油的接受、充油、添油，污油的排放，油的更换等均由人工操作。油的再生可在同一流域或附近较大电站中的油再生设备中进行，不必另行设置。厂内应备有手摇油泵和若干充油器具，以便操作中使用。

低压机组的油桶一般放置在安装间的旁边。容量较大的电站也可考虑设置专门的贮油间放置油桶。油桶间与周围建筑物及设备之间应满足消防要求。

为了便于运行人员的识别和操作，输油管道都涂有相关的颜色：压力油管和供油管涂红色，排油管和漏油管涂黄色。

四、油的净化

油在使用过程中，因与空气中的氧气发生反应，油质会变差，称为油的劣化。油被氧化后，形成有机酸，酸值增加，闪点降低，颜色变深，粘度增大并形成沉淀物。影响润滑油劣化的因素有：水分、空气、高温、光线照射、轴电流和混油的混合使用，以及输油管道不清洁等。

水分混入透平油后，造成油乳化促使油氧化速度加快，同时也增加油的酸值和腐蚀性。油中水分的主要来源：干燥的油可吸收空气中的水分；油冷却器的漏水等。所以机组在运行中应尽量使润滑油与外界空气隔绝，运行人员应该注意轴承冷却器的水压和轴承油位及油色的变化。

当油温过高时会造成油的蒸发、分解和碳化，同时使油的氧化速度加快，闪光点降低。一般油在30℃时很少氧化，在50~60℃时氧化加快。所以透平油工作温度一般不超过50℃。

空气能使油引起氧化，增加水分和灰尘等。空气和油的接触面越大氧化速度越快。油在运行中常会因充油时速度太快、油被搅动等原因产生气泡，增加与空气接触的面积，加速油的氧化。

任意将油混合使用会使油劣化，因此必须严格防止不同牌号的油混合，如要进行混合使用必须取样化验证明无影响后才能进行混合使用。

天然光线含有紫外线，光线对油的氧化起媒介作用，新油长期经日光照射会使油浑浊，降低质量。

当发电机上、下轴承绝缘损坏时会形成轴电流，电弧高温使油色变深，甚至发黑，并产生沉淀物。发现此种现象应及时处理。

油系统检修不良，设备检修时若不将油系统的油沉淀物、灰尘和杂质等清洗干净，注入新油后很快被污染。

根据油劣化和污染的程度不同，可分为污油和废油。轻度劣化或机械杂质污染的油称为污油，经过简单的净化后任可使用；深度劣化或变质的油为废油，需要经过化学方法处理恢复其性能，称为油的再生。

低压机组润滑油的净化方法有：

1. 澄清

将油在油桶内长时间处于静止状态，依靠比重的不同，水和机械杂质便沉到底部，用油桶底部的排污阀即可将其排出。澄清处理效果较差，但方法简单，故在小型低压机组的水电站应用广泛。

2. 压力过滤

压力过滤采用的是压力滤油机。压力过滤的工作部分为油泵和滤油器，滤油器由许多铸铁滤板和滤框组成，滤板和滤框交错放置。滤油时在滤板和滤框间放一层（2~3张叠成）滤纸，用螺旋夹将三者夹紧。污油经过油泵加压进入滤油器，油液穿过滤纸由净油口流出，而机械杂质与灰尘阻隔在滤纸上，水分被滤纸吸收。

滤纸在使用前，应在烘箱内以80℃的温度烘干24h后，方可使用。

最初过滤的油因水分过多会产生很多泡沫，在更换滤纸后将最初3~4min滤出的油重新过滤。

五、油系统的运行与维护

1. 油系统的监测

油系统监测的目的是为了减缓油的劣化，以保证设备的可靠运行。针对促使油产生劣化的因素，在工程实际中应采取相应的措施，如贮油和用油设备的密封和干燥、轴承冷却器经耐压实验无渗漏、轴承与基础之间设置绝缘垫防止轴电流、加油与排油时为淹没出流及降低油流速度等。同时，在运行中加强对油质、油温和油位的监测，随时注意油质的变化。

（1）油质监测。运行中的油应按照规定时间取样化验。对新油及运行油在运行的第一个月内，要求 10 天取样化验一次；运行一个月后，每隔 15 天取样化验一次。当设备发生事故时，应将油进行简单试验，研究事故的原因以及判别油是否可继续使用。

当电站无化验设备时，运行人员可通过油的颜色和一些简单方法鉴别油质的变化：如油管或调速器中的滤油器很快被堵塞，说明油中机械杂质过多；分别取新油和运行油油样于试管或滴在白色滤纸上，比较两者的颜色、湿迹范围和机械颗粒，也可判别油质劣化与污染程度；还可将运行油取样燃烧，如有"啪啪"响声，说明油中含有水分等。

（2）油温的监测。运行人员在运行中应按照规程规定，按时监视和记录各种用油设备油的温度。为了保证设备正常工作，减缓油的劣化，油温不可过高；但油温过低又会使油的粘度增大。一般透平油油温不得高于 45℃，绝缘油油温不得高于 65℃。

油温高低还反映了设备的工作是否正常，如当冷却水中断、轴承工作不正常时轴承油温就会迅速升高；而当冷却水量过大或冷却器漏水时，油温可能会降低。因此，运行中如果发生油温有异常变化，均应进行全面的检查和处理。

（3）油位的监测。各种用油设备中油位的高度均按要求在运行前一次加够。在运行时某些设备（如轴承）由于转动形成的离心力和热膨胀等原因，油位会比停机时高一些，另外由于渗漏、甩油和取样等原因，运行时油位缓慢下降，属于正常情况。

运行设备的油位若发生异常变化，如冷却器水管破裂或渗漏会使油位上升较快；而大量漏油或甩油又会使油位下降较快。在这种情况下应立即停机检查和及时处理。

2. 油系统的清洗维护

为了保证用油设备的安全运行，应定期对油系统的各种设备及管道进行清洗。用油设备及管道的清洗维护往往结合机组的定期检修或事故检修进行，而贮油和净油设备及其管道往往结合油的净化及贮油桶的更换进行。

清洗工作的主要内容是清洗掉油的沉淀物、水分和机械杂质等。清洗时，各设备及管道应拆开、分段、分件清洗。

目前，清洗溶液除了煤油、轻柴油或汽油外，多采用各种金属清洗剂。清洗剂具有良好的亲水、亲油性能，有极佳的乳化、扩散作用，且价格低廉，安全可靠。

清洗合格后，透平油各设备内壁应涂耐油漆，变压器等绝缘油设备内壁应涂耐油耐酸漆。然后，油系统各设备于管道均应密封以待充油。

第二节 压缩空气系统

压缩空气系统是保证水轮发电机组安全和经济运行所必须的，在水电站的安装、检修工作中也常用到压缩空气。压缩空气由空气压缩机形成和供应，可保证电站各种用气设备对空气的压力、气量、干燥和清洁等方面的要求。容量较大的小型水电站如用气设备较多，用气量较大，可设置较完整压缩空气系统，包括空气压缩机、贮气罐、输送管道、油水分离器、控制元件等。低压机组的单机容量小，机组台数少，厂房用气主要为厂内设备检修时进行除尘、吹扫使用，一般均设置一台小型移动式带贮气罐的空压机，可满足风动工具用气要求。

水电站输送压缩空气的管道均涂白色。

水电站压缩空气的用途：

（1）机组停机过程中制动风闸用气，工作气压通常为 $5\sim7kg/cm^2$。

（2）蝴蝶阀止水围带充气，其工作压力视作用水头而定，一般比作用水头高 $1\sim3kg/cm^2$。

（3）设备维修及检修工作中风动工具和吹扫用气，工作气压一般为 $5\sim7kg/cm^2$。检修时根据电站具体条件确定风动工具，常用的风钻、风铲、风砂轮等。

（4）机组作调相运行时向反击式水轮机转轮室压水充气，工作气压一般为 $7kg/cm^2$。

空压机在生产压缩空气过程中，由于空气压缩释放大量的热量，空气压力越高，产生的温度就越高。当温度超过空压机的润滑油 $180℃$ 的允许最高值时，空压机油将会发生劣化。所以，除了在空压机外表加强冷却措施外，一台单缸空压机提高空气的压力一般不超过 5 倍。要想再提高空气的压力，需要采用多缸空压机，并在缸与缸之间加设冷却器。

压缩空气经空气压缩机产生后，需进行冷却、除湿和干燥才能使用。

尽管空压机本身采取了一定的冷却措施，但排气温度仍然较高，不能直接供给设备使用，必须对压缩空气作进一步冷却。低压机组水电站的压缩空气用量很少，采用自然冷却，让压缩空气在管道和贮气罐中停留，逐渐散热降温，无需专门设备。

空气中总是含有水蒸气的。在一定温度下，$1m^3$ 空气所能容纳水蒸气的克数，称为空气的湿容量。如果空气中的水蒸气过多，超过湿容量的部分就会凝结成水滴，俗称"结露"。

压缩空气在高温下形成，水蒸气含量较多，冷却至常温时，必然凝结水滴；同时，由于空压机的润滑，压缩空气中还夹带一些油滴。水滴和油滴都是设备所不允许的，必须在空压机至贮气罐之间的管道中设置气水分离器来清除。

水分离器只能清除气体中的水滴和油滴，若温度不变，即处于"饱和状态"。如果管道、贮气罐和用气设备等温度降低，则在输送和用气的过程中还会凝结水滴。因此，需要对空气进行"干燥"。

使空气干燥的方法很多，如压缩空气经过吸水剂；使压缩空气先冷却除湿后升温等。但应用最多的是"降压干燥法"，首先将压缩空气升高压力，经过冷却、除湿，贮存在高压贮气罐中，工作时通过减压阀使空气降压膨胀，空气中的水蒸气减少，即变成"干燥"空气了。

由于空气压缩机的效率不高，且压缩空气在输送过程中存在压力损失和容易泄漏，造成气系统对能量的利用率很低，一般用气设备只有 $30\%\sim40\%$。因此，为了减少损耗，提高运行经济性，需要进行节约用气和合理用气。同时保持空压机的正常运行，是保证机组正常运行和提高气系统运行经济性的关键。

压缩空气系统应作好日常检查及必要的清洗、维护工作：

①检查压缩空气的压力、温度；②检查电动机启动和运行中的电流强度；③检查空压机润滑系统的工作情况，如油量、油温、油泵及管道是否正常；④检查及清洗空压机进口滤清器；⑤经常手动操作排污阀排污；⑥贮气罐和管道定期清洗。

气系统运行的常见故障，主要发生在空压机上，管道、阀门和用气设备等故障较少。

活塞式空气压缩机的常见故障见表7-1。

表7-1
空气压缩机常见故障

故 障 现 象	故 障 原 因
排气温度过高（140～160℃）温度信号器发出温度过高信号	(1) 进气温度过高。 (2) 冷却水不畅通或冷却水中断。 (3) 冷却水管道结污。 (4) 风冷式空压机冷却风量不足，或级间冷却器散热不足。 (5) 气缸内壁有油垢，影响散热。 (6) 进、排气阀关闭不严
油温过高（60～70℃），有油温保护装置的空压机自动停止运行	(1) 润滑油供应不足。 (2) 润滑油已劣化。 (3) 运动件之间间隙不当，局部发热。 (4) 活塞环损坏，缸内空气漏入油箱
排气量不足，贮气罐压力恢复的时间过长	(1) 空压机进气口空气滤清器堵塞。 (2) 进、排气阀弹簧压力过大，阻力过大。 (3) 进、排气阀损坏或被卡阻。 (4) 气缸盖结合不严，有漏气现象
排气中油、水增多，除湿排污量增加，用气设备发现较多水滴	(1) 水冷式空压机冷却水进入气缸。 (2) 活塞环损坏或被粘结，润滑油串入气缸，润滑油消耗量加大。 (3) 气水分离器工作不良

第三节 水 系 统

低压机组供水系统主要为技术供水，兼顾消防及生活用水组成统一的供水系统。

技术供水主要是向水轮发电机组及其辅助设备供应冷却水、润滑用水。消防用水是为厂房、发电机、贮油室等提供消防用水，只在发生火灾时使用。

技术供水系统由水源、水质处理设备、管道、测量和控制元件等组成。所提供的技术用水应当满足各种用水设备对水压、水量、水质、水温的要求。水系统管道中，冷却水管涂天蓝色，润滑水管涂深绿色，排水管涂草绿色，消防水管涂橙黄色。

一、技术供水对象及供水要求

1. 供水对象

低压机组技术供水主要是机组轴承的润滑与冷却用水、发电机空气冷却器用水等。

（1）轴承油冷却器。小型水轮发电机组的轴承若采用透平油润滑和冷却，运行中摩擦产生的热量如不及时降低，将使轴瓦和润滑油温度不断上升，过高的温度不仅使油劣化，而且降低润滑油的粘度，润滑油膜变薄，轴瓦磨损加剧，甚至烧坏轴瓦。为此，通常在轴承油箱（油槽）中设置蛇形管式油冷却器，冷却水不断从管内流过，吸收并带走透平油内的热量。

采用各种方式控制轴承的工作温度，是水轮发电机组安全运行的重要条件之一。轴承轴瓦工作温度一般为40～50℃，最高为60～70℃。发现轴承温度过高必须立即停机检修。

（2）水轮机导轴承的水润滑。橡胶轴瓦要以水作为润滑剂。运行时润滑水从橡胶轴瓦与不锈钢轴颈之间流过，形成润滑水膜，同时带走摩擦热量。橡胶轴承结构简单，橡胶具有弹性，对轴的振动起减缓作用，有利于提高运行稳定性。但对润滑水质要求较高，橡胶轴瓦导热性较差。由于价格低廉，在小型机组中仍应用广泛。

（3）发电机空气冷却器。由于电磁损耗等原因，发电机运行中定子、转子的温度较高。过高的温度会降低发电机的效率，降低出力，甚至损坏发电机绕组的绝缘造成事故。发电机允许的温度上升值随绝缘等级而不同，其温度控制需要由一定的冷却措施来保证。

小型机组通常采用开敞式或通流式空气冷却。容量较大的机组则多采用封闭式空气冷却。即将发电机周围的一定空间密封起来构成通风道，在发电机定子外面布置空气冷却器，运行时，发电机转子上的风扇或通风机使空气在密封通道内循环运动，空气经过发电机时吸收热量，通过冷却器时放热降温。空气工作温度一般为 30～60℃。

2. 供水技术要求

低压机组技术供水主要是水压、水量、水质、水温等。

（1）水量。低压机组水轮机导轴承润滑用水的水量可按照下式估算

$$Q = (1 \sim 2)Hd^3 (\text{L/s})$$

式中　H——导轴承入口处的水压，常为 15～20m 水柱高；

　　　　d——导轴承轴颈直径，m。

技术供水量一般由厂家提供数据。

（2）水温。通常以冷却器入口水温 25℃ 作为设计标准。当水温高于 25℃ 时影响冷却效果，需采用特殊冷却器或增加冷却水量；若水温低于 25℃ 时则适当减少水量。冷却水温一般应不低于 4℃，以免水管及设备因温差幅度过大而造成管道出现裂缝损坏。

（3）水压。适当水压是保证技术供水水量的条件，水压过高会使冷却器管道破裂，水压过低则不能提供足够水量。工作水压一般控制在 1.5～2.0kg/cm²，最高控制在 3.5kg/cm² 以内。

（4）水质。技术供水应保证水质，严格限制水源的机械杂质、生物杂质及化学杂质含量。一般要求技术用水中不存在悬浮物；泥砂含量低于 0.1kg/m³，砂粒直径小于 0.025～0.10mm；应水生物的生长；水中的氧化镁与氢氧化钙含量，暂时硬度不超过 60～80mg/L，即暂时硬度为 6°～8°。

二、技术供水系统

1. 水源

低压机组技术供水量较小，一般均取自压力钢管或蜗壳。取水口应布置在压力管道的侧壁上，一般与水平方向为 45° 的范围内，同时设置过滤滤水器，以保证水质。厂房内各台机组技术供水管道相互连通，互为备用。

2. 供水系统

技术供水系统由水源、管路、阀门以及用水设备等组成。低压机组技术供水系统根据机组类型及电站具体情况互有差别，其基本原则为：供水可靠、有效，布置简单，节省投资。

三、厂房生活用水和消防用水

低压机组厂房的消防一般以化学灭火器为主，以免增设消防供水系统。对于容量较大的电站，水头又比较合适时可采用消防供水灭火，但也应配置一定的化学灭火器。

低压机组厂房的生活用水一般取自技术供水水源。对于不能取自技术供水的轴流式明槽蜗壳室厂房，应采用其他经济合理的方法解决生活用水水源。

四、低压机组厂房排水

低压机组厂房内的渗漏水一般采用自流排水。对不能自流排水的卧轴机组厂房与贯流式机组厂房，则需要采用集水井集中后用水泵强迫排水。低压机组厂房的检修排水，一般均为临时排水措施，厂房内配置相应容量的潜水泵以备使用。

五、水系统的运行与维护

1. 管道网络的运行维护

供水管网在运行中的主要问题是漏水或堵塞。作好日常检查和维护工作，一般有以下几个方面的内容：

（1）检查记录各部分供水压力。机组轴承冷却器、发电机空气冷却器等重要对象入口水压，通常每小时观测、记录一次。

（2）检查滤水器前、后的水压力，当压力差达到 $0.04 \sim 0.05$MPa 时，切换并冲洗滤水器。

（3）取水口及供水干管应根据水质情况定时冲洗、吹扫。

（4）及时发现并修复已漏水的管道接头、阀门等。

（5）管网在安装或检修后应进行冲水试验，检查各部的供水压力、漏水情况以及阀门的断水效果。

（6）消防水管道至少每年检查一次，以免长期闲置而损坏。

2. 水泵的运行维护

（1）离心泵的减载启动。离心泵启动前须先冲水，叶轮开始旋转就受到水的反作用，因而存在一定的启动力矩，致使电动机产生过大的启动电流，可能冲击电站的厂用电系统。为了减少起动电流、缩短过电流的时间，常采取起动的减载措施，减少水泵在起动阶段的功率消耗。

减载启动有两种方式：一种是启动前关闭水泵压水管道上的阀门（一般在水泵出口处），待水泵转动正常后再开阀输水；另一种是在水泵压水管道上设置止回阀，水泵启动后转速逐渐上升，输水压力也随之升高，当压力超过止回阀阻力后才逐渐向外输水，转动正常后达到设计流量。

前者方式简单、可靠，但须手动操作；后者使用方便，但必须有可靠的止回阀。当压水管道较长扬程较高时，止回阀后的水压高，减载效果明显。

（2）水泵的流量调节。设计时选用的水泵，其流量一般比实际用水要求偏大，同时水泵的效率随扬程和流量变化，所以运行时存在流量的调节问题，提高水泵运行效率，满足用水要求。水泵的流量调节最简单的方法就是用输水阀门调节流量。

（3）水泵的并联运行。水电站的供水或排水水泵通常都安装两台或更多，正常运行时一台工作，其余备用。当一台工作流量不足时，启动备用水泵，此时，在同一条输水管道上出现两台或几台水泵共同输水情况，这就是水泵的并联运行状态。并联运行的各水泵扬程相同（一般都采用同一型号的水泵），各泵流量之和则为管道总流量。

在水泵并联运行中，备用泵投入后管道流量加大，其水力损失也相应增大。在同一条输水管道上并联的水泵越多，则加大流量的效果越小。因此一般不用三台以上的水泵并联运行。

（4）水泵的日常检查维护。水泵是水系统的主要设备，也是故障较多的设备。离心泵长期运行后也会产生汽蚀、磨损、振动、漏水等问题。应加强日常检查、维护，及时发现并解决问题。

1）检查地脚螺栓、联轴器等连接部分是否牢固；

2）检查轴承润滑情况。对滑动轴承应注意油质、油量，对滚动轴承应及时更换润滑脂；

3）检查吸水管真空度、压水管出水压力是否正常；

4）检查泵体、填料涵、管道接头等的漏水、漏气情况；

5）检查运行中的响声及轴承温度；

6）对备用泵每周至少切换运行一次。

水泵的常见故障、产生原因及处理措施见表7-2。

表7-2　　　　　　　　　　　水泵的常见故障与处理措施

现　象	原　因	处理措施
水泵不吸水，压力表、真空表剧烈摆动	未注水或注水未满，管道接头或表接头漏气	停泵冲水，堵塞漏气处
水泵不吸水，真空表指示高度真空	底阀堵塞或卡死，吸水高度过大，吸水管道阻力过大	检修底阀，降低安装高程
水泵不吸水，压力表指示有压力	压力水管阻力过大，水泵转速不足，叶轮淤积	检查或缩短压水管，检查电动机，检查清洗叶轮
流量减少	水泵或管道淤积，密封环磨损，转速不足	清洗水泵及管道，更换密封环，提高水泵转速
突然停水	底阀露出水面或被堵塞	停泵检查，清洗底阀
水泵不出水或声音反常	吸水高度过大，有空气渗入，吸水管阻力过大，流量过大	降低安装高程，检查漏气情况，减少流量
水泵振动	水泵与电机轴线不在同一直线上，地脚螺栓松动，水泵气蚀	重新安装调整轴线，紧固地脚螺栓，改变水泵运行流量
消耗功率增大	叶轮磨损，填料涵压盖过紧，流量过大	更换叶轮，调松压盖，减少流量
轴承异常发热	缺润滑油，水泵与电机轴线不在同一直线上	检查并添加润滑油，调整轴线

第四节　水轮机主阀

根据水电站运行和检修的需要，引水式的低压机组在每台水轮机蜗壳之前装设有主阀，以便在检修时堵水或在事故时切断水流。

一、主阀的作用

（1）检修时提供安全的工作条件。多机组的电站，当某一台机组检修时，则可关闭该机组的主阀，而不影响相邻机组的正常运行。

（2）减少停机时机组漏水量和缩短机组重新开机的时间。由于水轮机导叶存在间隙，导叶不能完全严密地关闭，造成水能大量损失。当机组停机时间较长时，便关闭主阀。

机组短时间停机时，往往不希望关闭进水口阀门，否则机组再次启动时需要花费较长的充水时间。因此，对于装设主阀对于高水头长压力引水管道的水电站，作用更为明显。

（3）防止机组飞逸事故扩大。当机组和调速系统发生故障时，水轮机的导叶失去控制，此时应紧急关闭主阀，截断水流，防止机组飞逸时间超过允许规定值，避免事故扩大。

二、主阀的设置条件

基于上述作用，装设主阀是必要的。但是因主阀造价昂贵，且增加土建、安装工程量，是否安装主阀需要具备一定的条件。一般来说，一根压力引水主管向数台水轮机供水时，应在每台水轮机前装设主阀；当电站水头大于 120m 的采用单元引水管时，因为水头高，压力管道长，充水时间也较长，而且水头越高水轮机导叶漏水量越严重，可考虑装设主阀。

三、主阀的技术要求

主阀是机组重要的辅助设备，所以，对主阀的结构和性能有一定的技术要求。

（1）工作可靠，操作简便，体积小，重量轻。

（2）关闭时止漏严密，不漏水。

（3）主阀和其操作机构的结构和强度应满足运行要求，能承受各种工况下的水压力和振动，不至于有过大变形。

（4）能在动水状态下关闭，静水状态下开启，关闭时间一般不大于 2min。直径小于 3m 的蝴蝶阀和直径小于 1m 的球阀关闭时间不大于 1min。

（5）开启时水流流经主阀时应具有最小的水力损失。

（6）主阀只有全开和全闭两种工作状态。不能用主阀来调节进入水轮机的流量。

四、主阀的型式和结构

低压机组小型水轮机的主阀主要有闸阀、蝴蝶阀和重锤阀，容量较大的高水头小型机组可采用球阀。

（一）蝴蝶阀

蝴蝶阀主要由圆筒形的阀体和可在阀体内绕轴转动的铁饼形活门以及其他附属部件组成。蝴蝶阀关闭时，活门的圆周与阀体接触封闭水流通路。开启时与水流方向平行，水流从活门两侧流过，如图 7-1 所示。

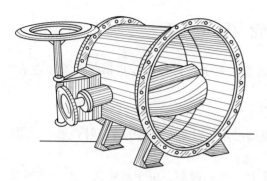

图 7-1 小型卧轴蝴蝶阀

蝴蝶阀是小型水轮机应用最广泛的水轮机主阀。根据阀体转轴的布置型式，蝴蝶阀有竖轴和横轴两种。图 7-2 为小型竖轴蝴蝶阀的结构，活门转轴位置垂直布置，电手动操作机构位于阀体顶部。由于垂直活门转轴需要设置轴向推力轴承，结构较复杂，但结构紧凑，占据空间较小，检修、维护与运行操作比较方便。

图 7-3 为小型横轴蝴蝶阀的结构。活门转轴位置水平布置，电手动操作机构位于

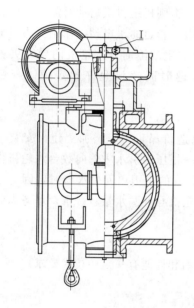

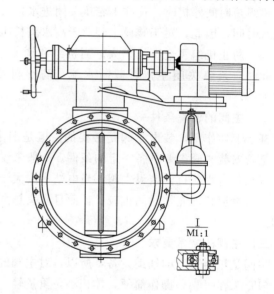

图 7-2 竖轴式蝴蝶阀

阀体侧旁。由于活门转轴不需设置推力轴承，结构比较简单，但阀门所占空间较大，检修、维护与运行操作不如竖轴式方便。

蝴蝶阀结构主要由圆筒形阀体、活门、轴承、密封装置以及附属部件组成。

1. 阀体和活门

阀体是蝴蝶阀的重要部件，呈圆筒形，在运行时要有足够的强度和刚度。小型蝴蝶阀的阀体一般为整体铸造结构。

活门安装在阀体内，呈铁饼形。阀门开启时，活门处于水流中心且平行于水流；阀门关闭时承受静水压力。因此，它不但要有足够的强度和刚度，而且还要有良好的水力性能，以减少水力损失。图 7-4 所示为小型蝴蝶阀常用的几种活门剖面结构。图 7-4（a）为菱形，适用于低水头；图 7-4（b）为铁饼形，适用于高水头。

小型竖轴蝴蝶阀的活门由上、下两轴颈和活门组成，在操作机构带动下，活门绕轴在阀体内转动。为了关闭时能形成关闭活门的力矩，转轴位置常设置为偏心结构，转轴两边活

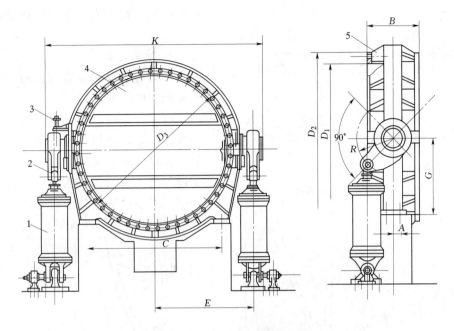

图 7-3 横轴式蝴蝶阀
1—立式接力器；2—转臂；3—锁定装置；4—活门；5—阀体

门面积相差 8%～10%。活门对水流中心线的旋转角为 75°～80°，以便活门关闭时压紧阀体止水。

水头越高，活门在关闭位置时作用在活门上的静水压力越大，为了保证强度和刚度，活门的厚度随水头增加而增厚，会形成很大的水力损失。同时，为了改善蝴蝶阀的密封性能，采用图 7-4（c）所示的双平板形活门。这种结构的活门在全开时，两平板之间也通过水流，水力损失较小；全关时，由于活门为箱体结构，刚度大，能承受较大的水压力，而且密封性能也很好。

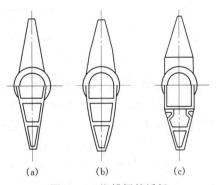

图 7-4 蝴蝶阀的活门

2. 轴承

活门转轴的轴颈由装在阀体上的轴承支承。卧轴蝴蝶阀有左、右两个导轴承，竖轴蝴蝶阀除了上、下两个导轴承外，在转轴下端还有支承活门重量的推力轴承。轴承的轴瓦一般采用铸锡青铜。

3. 密封装置

蝴蝶阀关闭后应严密止水，一是活门转轴处的活门端部，另一个是活门外圆圆周。这些部位应装设密封装置。

活门转轴端部密封，小型蝴蝶阀常采用青铜涨圈式，如图 7-5 所示。

圆周密封，小型蝴蝶阀常采用压紧式圆周密封，如图 7-6 所示。依靠阀门关闭操作力将活门压紧在阀体上，活门由全开至全关的转角为 80°～85°。密封环采用青铜板或硬橡

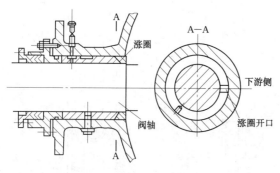

图 7-5 涨圈式端部密封

胶板制成，阀体上与密封接触处加不锈钢衬板。

4. 附属装置

蝴蝶阀的附属装置有旁通阀、空气阀和操作机构等。

（1）旁通阀。为了减少活门开启时的操作力矩，蝴蝶阀应在静水状态下开启。所以，应先关闭导叶，经旁通管和旁通阀将主阀前的高压水向主阀后管道和蜗壳引注，待阀门前后水压大致平衡

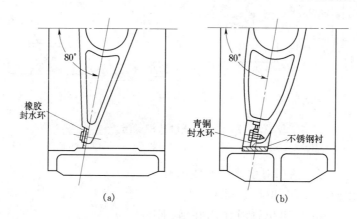

图 7-6 压紧式圆周密封

时，在开启蝴蝶阀。旁通阀多为小直径的闸阀。

（2）空气阀。为了防止蝴蝶阀紧急关闭时阀门后部压力钢管因内部真空而遭到破坏，需要向阀后补气；同时，为了在开启蝴蝶阀前向阀后充水时排气，需设置空气阀。小型蝴蝶阀的空气阀常用自来水龙头代替，用人工操作。

（3）操作机构。小型蝴蝶阀操作一般为手动或电动操作机构，这类操作机构通常由蜗轮蜗杆等传动机械组成。

（二）重锤式蝴蝶阀

如图 7-7 所示，这种阀门的阀体、活门、轴承、密封等均与蝴蝶阀相同，所不同的是操作机构不同于常规的电、手动蝴蝶阀，而是采用液压电控式蓄能重锤。重锤式蝴蝶阀操作机构由本体重锤、释放装置、电动油泵、手动油泵、齿条传动油缸等部件组成。电动（或手动）油泵将压力油输入油缸推动活塞，由活塞上齿条推动阀门主轴上的齿轮旋转开启阀门，并将同轴上的重锤举高蓄能。当阀门全开时，重锤举至最高点，重锤上的棘爪被释放装置上的带钩锁定轴锁定。锁定轴的固定由电磁铁的支托装置控制。

重锤式蝴蝶阀可作为小型机组的可靠后备保护装置，实现无人值守自动控制和操作。

（三）闸阀

水头较高的小型水轮机的主阀多采用闸阀。

闸阀主要由阀体、阀盖和闸板组成。闸阀关闭时，闸板的四周与阀体接触，封闭水流

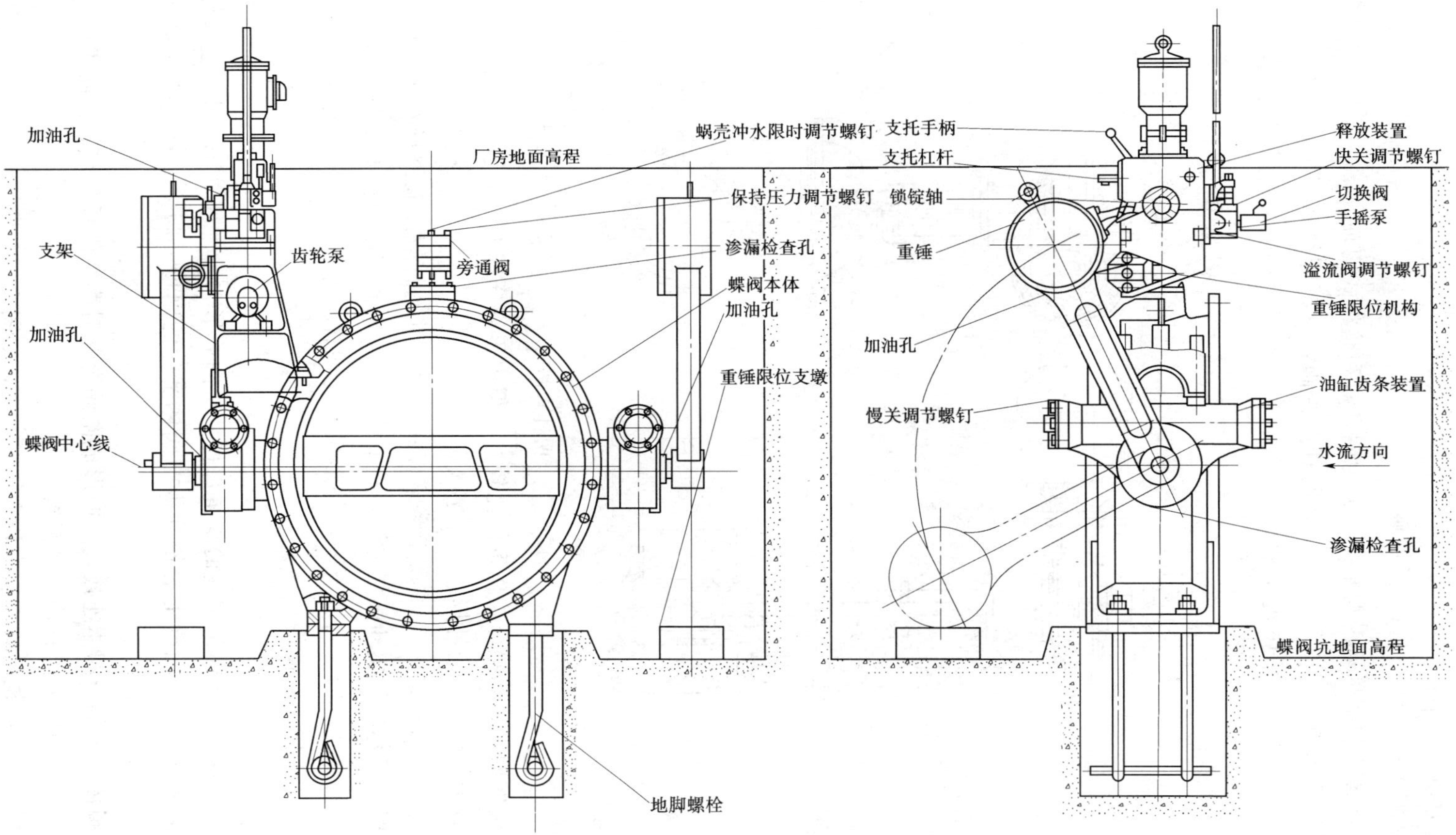

図 7 - 7 重錘式蝴蝶阀

释放装置
快关调节螺钉
切换阀
手摇泵
溢流阀调节螺钉
重锤限位机构
油缸齿条装置
水流方向
渗漏检查孔
蝶阀坑地面高程

蝶壳冲水限时调节螺钉
支托手柄
保持压力调节螺钉
支托拉杆
锁锭轴
渗漏检查孔
重锤
蝶阀本体
加油孔
慢关调节螺钉
加油孔
重锤限位支墩

厂房地面高程
旁通阀
地脚螺栓

加油孔
支架
齿轮泵
加油孔
蝶阀中心线

223

通路。闸阀开启时，闸板沿阀体中的闸槽向上移动至阀盖空腔内，水流通道敞开，水流平顺通过，水力损失很小。

1. 闸阀的型式

按闸阀杆螺纹和螺母是否与水接触分为明杆式和暗杆式两种。

（1）明杆式闸阀。如图7-8所示为明杆式闸阀，阀杆螺纹和螺母在阀盖外面，不与水接触。阀门启闭时，操作机构驱动螺母旋转，从而使阀杆带动阀门闸板向上或向下移动。

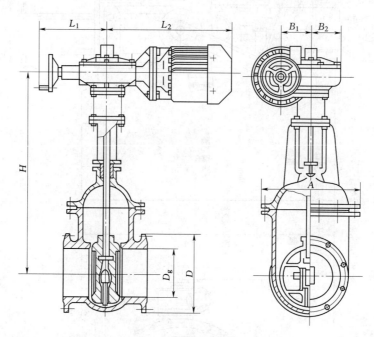

图7-8 明杆式闸阀

明杆式闸阀的螺纹和螺母工作条件比较好，但由于阀杆作上、下移动，因此阀门全开时的总高度较大，使闸阀的外形总尺寸增大。

（2）暗杆式闸阀。如图7-9所示为暗杆式闸阀，其阀杆螺纹和螺母在阀盖内与水接触阀门启闭时，操作机构驱动阀杆旋转，从而使螺母带动阀门闸板向上或向下移动。

暗杆式闸阀全开时的总高度不变，外形尺寸比明杆式小。但阀杆螺纹和螺母与水接触，容易锈死，工作条件较差。

2. 闸阀结构

（1）阀体和阀盖。阀体是闸阀的承重部件，呈圆筒形，水流从中间通过。在阀体上部开有供闸板启闭的孔口，内壁上有使闸板与阀体密封的闸槽。阀体要有足够的强度和刚度，一般采用铸造结构。

阀盖在阀体的上部与阀体连接，共同形成闸阀全开时容纳闸板的空腔。阀盖的顶部装有阀杆密封装置，通常采用石棉盘根密封。

（2）闸板。闸板结构型式有楔式和平行式两类，如图7-10所示。

楔式闸板在阀体中楔形槽内靠操作力压紧而密封。楔式单闸板结构简单，尺寸小，但

224

配合精度要求较高。楔式双闸板楔角精度要求低，密封容易，但结构比较复杂。

平行式双闸板在阀体中平行槽内，在操作力作用下由中心顶锥使两块闸板向两侧压紧密封。这种结构密封面之间相对移动量小，不易擦伤，制造维护简便，但结构复杂。

闸阀密封圈材料多为铜合金。

闸阀由于采用螺纹传动，不需设置锁定装置。但启闭所需的操作力较大，启闭时间长，大多数只能作截断水流用。

（3）转动机构。明杆式闸阀螺母转动，暗杆式闸阀螺纹阀杆转动。

五、主阀操作机构

小型蝴蝶阀和闸阀一般为手、电动操作。小直径的蝴蝶阀和闸阀所需操作力较小，一般

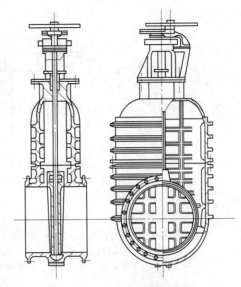

图 7-9　暗杆式闸阀

 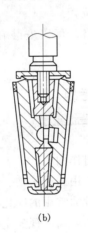  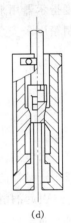

（a）　　　　　　　（b）　　　　　　　（c）　　　　　　　（d）

图 7-10　闸板结构

（a）楔式单闸板；（b）楔式双闸板（明杆）；（c）楔式双闸板（暗杆）；（d）平行式双闸板

采用手动操作，如图 7-1 所示为手动操作小型蝴蝶阀。

小型水电站中的蝴蝶阀和闸阀多采用电动操作，电动操作装置也可进行手动操作。

闸阀电动操作装置有 Z 型和 Q 型两种。Z 型的输出轴可旋转多圈，适用于闸阀。Q 型的输出轴只能旋转 90°，适用于蝴蝶阀和球阀。如图 7-11 为 Z 型电动操作传动装置。

电动操作装置主要有专用电动机、减速器、转矩限制机构、行程控制机构、手-电动切换机构、开度指示器和控制箱等组成。

转矩限制机构是一种过载保护装置，以保证电动机操作输出转矩不超过允许规定值。

行程控制机构保证阀门启闭位置准确，要求灵敏、精确、可靠，便于调整。常用的为计数器结构型式，精度高，调整方便。

手-电动切换机构实现全自动、半自动和人工三种操作方式之间切换。半自动结构简

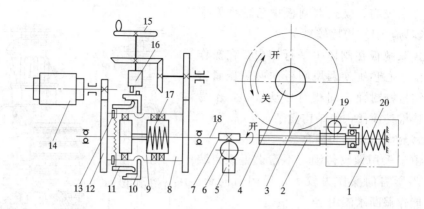

图 7-11 Z型电动操作传动装置

1—转矩限制机构；2—涡杆；3—涡轮；4—输出轴；5—行程控制机构；6—中间传动轮；7—控制蜗杆；
8、12—带离合器齿轮；9—离合器；10—活动支架；11—卡钳；13—圆柱销；14—专用电动机；
15—手轮；16—偏心拔头；17—弹簧；18—花键轴；19—齿轮；20—碟形弹簧

单，工作可靠，应用广泛。

开度指示器用来显示阀门启闭过程中行程位置。

控制箱用来安装各种电气元件和控制线路，可以安装在阀门旁边，也可安装在控制室内。

复习思考题

7-1 水电站油系统有哪些类型？分别有何作用？

7-2 衡量油的质量标准有哪些？水电站常用的透平油、变压器油的代号是什么？

7-3 引起润滑油劣化的因素有哪些？润滑油常用的净化方法有哪些？

7-4 油系统运行时监视的内容有哪些？如何判别现象是否正常？

7-5 水电站输送油、水、气的管道是如何区分的？各涂何种颜色？

7-6 水电站压缩空气系统有何作用？用气对象对压缩空气有何质量要求？

7-7 空气压缩机有哪些常见故障？分别是什么原因引起的？

7-8 水电站技术供水的对象有哪些？对技术供水有何基本要求？

7-9 水泵有哪些常见故障？分析其原因，找出其处理措施。

7-10 水电站设置主阀有何作用？主阀的技术要求有哪些？

第八章　水轮机调速器

教学要求　掌握水轮机调节的任务和调节途径；水轮机调速器的作用及调速器的结构组成；调速器的工作原理和基本操作；小型调速器的基本型号；TT—35、TT—75 小型调速器以及 PO 等水轮机操作器的动作原理和操作过程。水轮机调节保证的概念和导叶关闭时间确定。

要求初级工着重掌握调速器的基本操作，了解各种操作的任务；中级工着重掌握调速器的基本动作原理和操作程序；高级工着重掌握调速器的工作故障分析和调节参数的整定等较综合的技术问题调节保证概念。就基本知识点而言，初级工初步掌握，中级工基本掌握，高级工必须掌握。

第一节　水轮机调节的任务和途径

一、水轮机调节的任务

在电能生产过程中，由于电能不能储存，当用户负荷发生变化时，必须相应改变发电机组的出力，实现负荷与发电机有功出力之间的平衡。

在水电站设备的运行中，有多种类型的调节。其中，为了使水轮发电机组的供电频率稳定在某一范围内而进行的调节，称为水轮机调节。

为了保证电力系统的供电质量，必须保证供电电压和供电频率的波动在允许范围内。我国电力系统规定，频率应保持在 50Hz，系统容量在 50 万 kW 以下的，频率偏差不得超过 ± 0.5Hz，即频率范围为 $49.5 \sim 50.5$Hz 之间。电压的调节由发电机电压调节系统完成，而频率的调节则是水轮机调速器的任务。

根据 $f = \dfrac{pn}{60}$，因 $f = 50$Hz，p 为发电机的磁极对数，n 为水轮发电机组的转速。当发电机的结构一定时，要想保持频率 f 在规定允许的范围内，必须控制机组转速 n 的变化。

水轮机的调速器就是在用户负荷发生变化时，通过调节导叶的开度，改变进入水轮机的流量，从而调整机组出力使其与外界负荷达到新的平衡，而使水轮发电机组的转速保持不变。

水轮机调速器在承担调节机组出力维持机组转速不变的同时，还可以对水轮机实现自动、手动的开机与停机操作、增加与减少负荷、负荷的分配以及事故停机等多种操作。

二、水轮机调节的途径

在水电站调节系统中，调速器称为调节装置，水轮发电机组和用户负荷称为被调节对象。一般实行闭环（即带反馈机构装置）调节。

水轮发电机组是将水流能量转换成电能的机械。水流输入的能量（动力矩）和发电机输出有功功率等（阻力矩）之间满足下列力学运动关系

$$J \times \frac{\Delta\omega}{\Delta t} = M_t - M_g \qquad (8-1)$$

式中　J——机组转动部件的转动惯量；

　　　$\Delta\omega$——机组角速度的变化值，$\omega = 2\pi n$，也间接表示机组转速的变化量；

　　　Δt——时间的变化量；

　　　M_t——水轮机的动力矩，$M_t = \dfrac{N}{\omega}$，$N = 9.81QH\eta$；

　　　M_g——机组的阻力矩，包括发电机的电磁阻力矩 M'_g 和机组旋转部件的摩擦力矩 M_n，即 $M_g = M'_g + M_n$。

从式（8-1）中可以看出，J 为机组转动部件的转动惯量，当结构一定时，其数值大小为定值。要想在单位时间之内机组转速不变，或者 $\Delta\omega = 0$，必须使 $M_t = M_g$。若用户的负荷减少时，M_g 减少，$M_t > M_g$，机组转速升高；当用户负荷增加时，M_g 增大，$M_t < M_g$，机组转速降低。所以，在用户负荷发生变化时，相应改变水轮机的输出动力矩，使随时保持 $M_t = M_g$，才能维持机组的转速不变，保证供电的频率质量为 50Hz。

当用户的负荷为零时，$M'_g = 0$，$M_g = M_n$，此时水轮机的输出功率与机组轴承等摩擦的阻力矩相平衡，维持在机组额定转速运转，称为空载状态。

第二节　水轮机调节系统的组成

一、调速器的类型和型号

我国的分类标准规定，对于特小型和中小型调速器，按照调速器的容量大小来区别。调速器的容量即为接力器的工作容量。所谓接力器的工作容量是指在设计额定油压（一般为 $p = 25\text{kg/cm}^2$）下，接力器活塞作用力 F（$F = pS$，S 为接力器活塞油压作用的有效面积）与接力器从全闭至全开全行程的乘积，也称为调速功，单位为 kg·m。

小型调速器的接力器容量为 $300 \sim 1000$kg·m，我国现有的调速器产品有 YT—300、YT—600、YT—1000 三种。

特小型调速器的接力器容量为 $35 \sim 300$kg·m，我国现有的调速器产品 TT—35、TT—75、TT—150、TT—300 四种。

调速器的型号由三部分组成，其形式为：

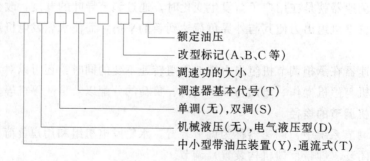

第一部分为调速器的基本特征与类型，用汉语拼音字母表示；第二部分为在额定油压下的调速功；第三部分为调速器的额定油压（2.5MPa以下不表示）。

通常，大型调速器所用的油压装置和主接力器均单独设置。中、小型调速器一般将操作机构和油压装置、主接力器组装成一个整体，其型号前面标注以字母 Y，以示包含了油压装置和主接力器，如 YT—300。

按照调速器的调节规律不同，可以将调速器分作三种。即比例规律（P 规律）、比例-积分规律（PI 规律）、比例-积分-微分规律（PID 规律）。目前由于比例规律的调节质量差，已经淘汰。随着水电站自动化技术的提高，采用微机监控的调速器大多数采用 PID 规律的调速器，其调节质量高。

按照调速器执行机构即主接力器的执行作用对象不同，用于混流式和定桨式水轮机的调速器，仅用来改变导叶的开度，称为单调节调速器。而如冲击型水轮机在改变喷针位置的同时，还要操作折向器的偏转，需要两个执行操作机构，即两个接力器去操作，故称为双调节调速器。

按照构成元件的结构不同，调速器可以分为机械液压型和电气液压型两类。在我国还研制出一些纯电气特小型调速器，其执行机构为电动机，经过机械传动去推动导叶位置改变。

二、小型调速器的组成

水轮机的调速器一般由操作柜、接力器和油压装置三部分组成。

操作柜是调速器的主要控制设备，其作用是在接受机组转速变化信息后，对传递信号加以放大，并发出不同的操作指令，使主接力器向开机或关机方向动作，改变水轮机的导叶开度，维持机组转速在额定范围内运行。此外，操作柜还进行机组的开机、停机操作，负荷的增减，供电频率的调整，以及调速器参数的整定等操作。

根据各元件的作用特性，操作柜中的元件包括：测速元件、液压放大机构、反馈机构、控制元件等。由于水轮机的导叶受到高压水流的作用，要想转动导叶，需要很大的操作力，设置液压放大机构，增大操作力。

接力器是调速器的执行元件，受压力油的控制，而使活塞移动。接力器控制水轮机的控制环改变导叶开度，以改变进入水轮机的流量。

特小型调速器一般无油压装置，操作接力器的压力油是由连续工作的齿轮泵供油的。小型调速器的操作柜、接力器和油压装置组合在一起为组合式。

三、调速器的基本原理

水轮机调速器的基本原理，如图 8-1 所示。

1. 测速元件

测速元件的作用是将机组转速与额定转速相比较，输出反映机组转速偏差的大小和方向的调节信号。机械液压型调速器的测速元件为机械离心飞摆，其输出的调节信号为机械位移偏差；电气液压型调速器的测速元件为测频回路，其输出的调节信号为电压变化差值。

2. 放大机构

调速器的液压放大机构由配压阀、接力器和压力油源组成。如图 8-2 所示，配压阀由阀体和柱塞两部分组成，柱塞有上下两个圆柱盘，阀体上在开有两个孔槽分别与接力器

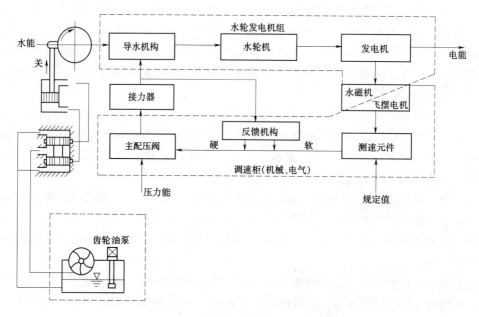

图 8-1　水轮机调速器基本原理框图

的开启腔、关闭腔相连，孔槽的高度小于柱塞高度，柱塞在中间位置时，正好封住阀体上的两个孔槽。压力油进入配压阀的中腔，上、下腔与回油管相连。

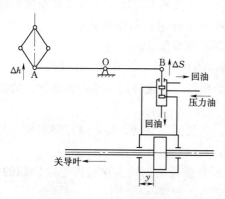

图 8-2　液压放大机构

由于柱塞两圆柱盘直径相等，上、下腔连接回油管而无油压，中间腔连接的压力油在上下圆柱盘产生的压力相等，所以柱塞只要克服柱塞与阀体之间很小的摩擦力就可以移动。但是，当柱塞偏离中间位置时，连接中间腔的压力油会进入接力器的开启腔或关闭腔，高压油作用在接力器活塞上，就会产生很大的推动力。此推动力与移动配压阀柱塞所需的力相比，增大了很多，通过液压传动，实现了作用力的放大。故称为液压放大机构。

当配压阀柱塞获得一个正比于转速偏差的调节信号时，作向开启或关闭移动位移偏差，柱塞控制压力油进入接力器的开启腔或关闭腔，推动接力器活塞产生开启或关闭的调节动作。

3. 反馈机构

为了使调速器的液压调节系统能够稳定，必须及时减弱获得的执行调节信号，避免产生过调节。

机械液压调速器的工作过程，如图 8-3 所示。图中测速元件为机械离心飞摆，其电动机的电源取自永磁发电机。当用户负荷减少时，机组转速上升，飞摆电动机的转速也会升高，重块离心力增大，飞摆向外扩张，使 A 点位置上移至 A′，杠杆 AOB 由水平位置变为 A′OB′位置，配压阀柱塞 2 下移，压力油进入接力器的右腔（关闭腔 a），接力器左腔排油，接力器活塞执行一个从右向左移动的关闭方向动作。

从图中可以看出，接力器活塞的移动是受配压阀柱塞控制压力油的进出而实现的。要想接力器活塞移动一定距离就停止下来，需要配压阀柱塞回到中间位置，但是配压阀柱塞不能自己返回，需要其他传动机构的带动才能返回中间位置，封住连接接力器左、右腔的油孔。

在接力器从右向左移动的同时，经连杆 6 传动，使 L 点上移；经连杆 4、缓冲器 5 使 N 点上移，L、N 点上移的结果，使 O 点上移至 O′ 位置；因 A 点受机械离心

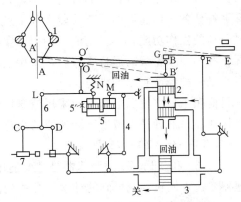

图 8-3　机械液压调速器原理简图
1—离心飞摆；2—配压阀；3—接力器；4—软反馈杠杆；
5—缓冲器；6—硬反馈杠杆；7—转速调整机构

飞摆的力系作用，只要飞摆电动机的转速不变，其位置就会不变，所以，O 点上移至 O′ 位置，必然是带动 B′ 点上移，返回至 B 点原来位置，配压阀柱塞返回到中间位置，接力器停止从右向左移动；此时，杠杆位置为 A′O′B。经上述分析可知，接力器活塞能够停止下来，是因为有杠杆 4、6 的传动作用，而使 B 点和配压阀柱塞返回到中间位置。故把杠杆 4、6 等传动元件称为反馈机构。

但是，此时虽然接力器停止了移动，而 A 点位置在 A′ 处。A 点位置的高低受机组转速控制，A 点位置上升至 A′，说明机组转速高于额定转速，供电频率增大。N 点在弹簧力的作用下，缓冲器内的压力油经节流孔缓慢平衡两腔压力，使 N 点下移，飞摆又恢复到原来位置。

在两路反馈中，全部由杠杆组成的传动，称为硬反馈，在调节系统中使机组执行有差调节，调节结束时使机组转速偏离额定转速，这种残留的转速偏差不随调节过程的结束而消失，故这种机构也称为残留机构。另一种由杠杆和缓冲器组成的反馈传动，在调节结束时，能恢复到原来位置，称为软反馈，软反馈存在于调节过程当中，调节结束后，使机组的转速恢复到额定转速，在调节系统中执行无差调节，有利于保证供电频率质量。

硬、软反馈都是使配压阀柱塞的位移信号减弱，都属于负反馈。

4. 控制机构

调速器中的控制机构主要有开度限制机构和转速调整机构等，如图 8-3 所示。

对于开度限制机构，在接力器执行开机动作时，通过连杆控制杠杆 EFG，限制配压阀柱塞顶部 B 点的上移位置，不允许机组向开机方向动作，达到限制开度的目的。

对于转速调整机构，在机组负荷不变时，通过调整 7，改变 C 点位置的高低，引起 B 点位置的变化，导致接力器活塞移动，达到改变机组转速的目的。

第三节　调速器的结构组成和动作原理

低压水轮发电机组水轮机调速器为特小型 TT—35、TT—75、DST 型调速器。

由于低压水轮发电机组的容量较小，在电力系统中一般担任基荷运行，不参与系统调频和调峰任务。调速器的调节功能实际上就是在运行过程中实现开机、停机、整步并网、增减负荷的操作功能，其自动液压调速器实际上仅起到液压操作器的作用。针对上述实际情况，在小型水轮机的运行实践中，采用液压操作器代替机械液压自动调速器，可以节省投资，是一种经济实用的措施。

目前在小型水轮发电机组中采用液压操作器的类型，有 PO 型液压操作器和 TC 蓄能弹簧操作器。前者是机械液压调速器的简化。

一、TT—35、TT—75 型调速器

TT—35 和 TT—75 型调速器是主要适用于混流式、冲击型和定桨式水轮机的特小型调速器。这种调速器配压阀的柱塞与孔槽的接搭量为负值，或者说柱塞圆柱盘的高度小于孔槽高度，故称为通流式。开启接力器的压力油是靠连续工作的齿轮油泵来供给的。接力器的关闭是通过接力器的排油和始终处于压缩状态的弹簧的恢复来实现的。转速调整机构、开度限制机构和机组的开与停的操作，均系手动进行。

TT—35 和 TT—75 型调速器的组成如图 8-4 所示。

1. 调速器的基本参数

(1) 调速器的工作容量为 750N·m。

(2) 调速器的安装位置：横轴，转角为 35°20′。

(3) 油泵额定转速：750r/min，油泵输油量为 0.31L/s，最高油压为 1.8MPa。

(4) 离心摆的额定转速为 910r/min。

(5) 接力器的行程为 100mm。

(6) 永态转差率 b_p 为 0～6%。

(7) 暂态转差率 b_t 为 0～16%。

2. 调速器的动作原理

如图 8-4 所示，调速器的单臂离心摆 32 通过旋转套 31、斜齿轮 36、主动轴 7、皮带 5，与水轮机主轴 3 联系在一起。当机组正常运转时，水轮机的转速由皮带 5 传递给油泵的皮带轮 6，驱动油泵的主动轴 7 旋转。这样，在供给调速器压力油的同时，又通过主动轴 7 的斜齿轮 36，经平键 37 将水轮机转速传递给旋转套 31，铰接在旋转套上的角型离心摆亦随之转动，与角型离心摆另一端铰接的振动杆 29 也一同旋转。角型离心摆 32 在随旋转套 31 转动时，并绕自己转角处的心轴转动，下端向外张开，另一端就带着振动杆 29 向下压缩弹簧 35 而得以平衡。

当水轮机转速因负荷稳定而保持不变时，离心摆 32 也按正常转速旋转，振动杆 29 就处于图示的正常位置。振动杆 29 上段的中间阀盘与配压阀 26 形成的负搭叠量泄油口大小就一定。由此经配压阀上油口泄出的油量等于齿轮油泵 8 的输油量减去各处的漏油量，并使接力器缸 46 内 A 腔保持一恒定的油压力，以平衡弹簧 45 的压力，从而使水轮机导叶的开度与外界负荷相适应，调节系统处于平衡状态。

当水轮机转速因外界负荷减小而上升时，离心摆 32 的转速也随之升高，角型摆锤的离心力增大，其下端就向外扩张，另一端则压缩弹簧 35，使振动杆 29 克服其下端内冲击塞 41 弹簧阻尼作用而下移。上述配压阀与振动杆上段中阀盘形成的负搭叠量泄油口就增

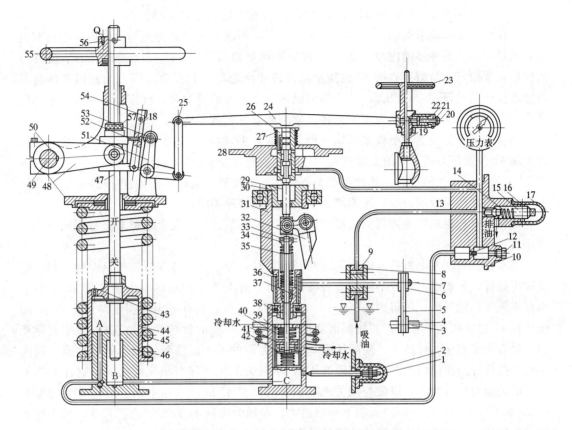

图 8-4 TT—35、TT—75 型调速器系统图

1—螺母；2—节流针；3—水轮机主轴；4、6—皮带轮；5—皮带；7—主动轴；8—齿轮泵；9—垫；10—阀体；11—螺钉；
12—调节螺丝；13—活塞；14、27、35、40、42、45—弹簧；15—调节螺钉；16—圆螺母；17—帽；18—调节板；
9—变速杆；20—圆柱销；21—离合销；22—弹簧帽；23—变速手轮；24—浮杆；25—连杆；26—配压阀；28—上盖；
29—振动杆；30—轴承螺帽；31—旋转套；32—离心摆；33—锁紧螺母；34—弹簧背帽；36—斜齿轮；37—平键；
38—缓冲座；39—外冲击塞；41—内冲击塞；43—排气螺钉；44—油压罩；46—接力气缸；47—操作杆；48—调速臂；
49—调速轴；50—键；51—恢复臂；52—调整螺钉；53—滚轮；54—滑块；55—手轮；56—销杆；57—调整螺母

大，由此口经配压阀上油口泄出的油量增大，接力器缸 46 内 A 腔的油压就降低。在弹簧 45 的作用下，油压罩 44 就向下移动。当油压罩 44 向下移动后就产生以下硬、软两种反馈动作：

（1）永态转差机构动作。油压罩 44 下移时，带动操作杆 47 及和它相连的调节板 18 一起向下移动，通过恢复臂 51、连杆 25，使浮杆 24 绕右端铰支点逆时针向转动，使配压阀 26 向下移动。于是振动杆与配压阀因水轮机转速升高而增大了的泄油口又稍减少。

（2）暂态转差机构（缓冲器）动作。油压罩 44 带动操作杆 47 下移时，接力器缸 46 内的 B 腔容积变小。由于节流针 2 与缓冲座 38 下的节流孔的间隙很小，排油很慢，B 腔和 C 腔的油液则因 B 腔容积变小受压缩而产生正压力，外冲击塞 39 的下端面突然上移。当负荷波动较小时，外冲击塞 39 就通过具有一定预压缩的弹簧 42 和弹簧 40，按照一定的比例将上移值传递给随振动杆下移的内冲击塞 41。内冲击塞又通过与振动杆 29 下端相连的轴承将上移值传给振动杆 29。此暂态反馈的结果，使上述增大的泄油口开度又

233

稍减小。A腔内的油压力又稍增高，油压罩44又稍上移，导叶又稍开启。

这样反复衰减调节的结果，使水轮机导叶开度所决定的主动力矩与发电机的外负荷阻力矩渐趋平衡。缓冲器的内冲击塞41，也由于回复弹簧40与42以及调定好的节流开口的作用衰减稳定。角型离心摆32也随水轮机转速渐趋稳定到正常范围。当此两者的衰减稳定能保证振动杆29与配压阀26之间的泄油口比调节前稍增大，且稳定不变时，水轮机就稳定在比调节前稍偏高的转速下运转。整个调节过程就告结束。

如发电机负荷突然减小较多（如甩负荷）时，振动杆29的下移值较大，克服下端内冲击塞41弹簧阻力而下移的距离就较大，当此值超过6mm时，被内冲击塞堵住的外冲击塞39上的4个小孔便打开，外冲击塞上下的油腔就接通，这样，振动杆29便可更快地往下移动，使配压阀处的泄油口迅速增大，接力器就快速关闭。

水轮发电机组的转速随其负荷增加而下降时的调节过程，与上述调节过程相同，但方向相反。

当水轮机带动发电机投入电力系统并列运行时，为了保证各并列机组负荷的合理分配及稳定运行，各机组需要按不同的有差特性运行。此有差特性的调整由调节板18上调节螺钉来调节其倾斜度，可得到 $b_p = 0 \sim 6\%$ 的永态转差率。具有一定倾斜度的调节板18随操作杆47向关机侧下移后，共倾斜面就推动恢复臂51顺时针转动，经连杆25带动浮杆24，绕右端支点逆时针转动，使配压阀26随接力器的关闭而得到一永态的下移值。因配压阀与振动杆间泄油口的开度是应随油压罩44向关闭侧下移而相应增大的，这样才能使A腔的油压力相应减小，以便与随关机减小后的弹簧45的反力相平衡。故稳定后的振动杆29的下移值应比配压阀的永态下移值稍大，即随油压罩44向关闭侧下移后，离心摆和水轮机的稳定转速必相应升高，才能满足上述振动杆下移值的要求。

显然，调节板18的倾斜值越大（即永态转差率越大），则对相同的油压罩44的下移关闭值，其机组稳定转速的升高值也越大。反之，对相同的机组转速升高值（即相同的系统频率升高值）来说，永态转差率大者，油压罩44下移关闭值较小；而永态转差率小者，油压罩44下移关闭值就较大。即永态转差率越小，机组出力的变化就越大；永态转差率越大，机组出力的变化也就越小。

调整节流针2与节流阀体38上节流孔之间隙，可获得稳定的调节过渡过程。

3. 调速器各操作调整机构的动作原理

该调速器的手动调节机构，具有开机和自动失灵时用以手动调节的双重作用。

（1）开机。做好开机的全面准备工作以后，首先把手轮55上面的销杆56拔下，插入该手轮上面的小孔2中，再反时针旋转手轮55，把接力器开启少许，水轮机就转动起来，油泵也随之工作。调速系统中具有一定的油压之后，即可操作变速手轮23，往下压配压阀26，以减小其泄油口，使接力器缸48上的A腔油压力升高，从而推动油压罩44克服弹簧45的反力而上升。导叶开至空载开度，水轮机稳定运行。带负荷之后，一定要立即把手轮55旋到开机前的位置，并用销杆56把手轮销住，以免手轮自动下降，影响紧急关机。

变速手轮23在机组没有并入电力系统之前，是专管变速的。向下旋是增加转速；向上旋是减少转速。当机组并入电力系统之后，向下旋转是增加该机组所带的负荷；向上旋转则是减少该机组所带的负荷。每次使用变速手轮 23 时，一定要先将离合销 21 拔去。调整完毕后，一定要把它再插入相应的孔中，防止变速手轮自动改变其位置。

（2）手动调节。当自动调节系统失灵时，或是机组负荷固定不变时，均可使用手动调节。此时一定要把皮带 5 取下来，通过手轮 55 来控制水轮机的导水机构。

（3）停机。利用变速手轮 23 向上旋转，加大配压阀处的泄油口，使接力器 46 上的 A 控油压力下降。在弹簧 45 的反力作用下，油压罩 44 就下移关机停转。

此外，在冰冻地区，一定要将冷却水排尽，以防冻裂冷却水管，影响正常供电。

（4）开度限制。开度限制是通过调整螺母 57，改变它在操作杆 47 上的位置来实现的，即调整螺母 57 往下旋，是增大预定开度；反之，是减小预定开度。如将调整螺母 57 旋至与调速臂相并，则油压罩 44 就可作全行程移动，导叶就可由全关至全开移动，若再将调整螺母 57 旋上，则导叶就被限定在某一开度之内移动。

4. 调速器的调整

调速器出厂前，均进行过试验、调整工作，到电站后，还需进行仔细的清洗和主要的调整试验工作。

（1）离心摆的调整。离心摆的调整是通过螺母 33、34 改变弹簧 35 的压缩量来完成的。通常离心摆转速升到 910r/min 时（相当油泵转速为 750r/min）振动杆 29 约下降 6mm。如果振动杆下降过多，说明弹簧 35 的预压缩量过小，应把螺母 33、34 往下调；如果振动杆下降过少，说明弹簧 35 的预压缩量过多，应把两个螺母往上调。调前应将螺母先离开些，调好后应将两螺母拼紧，以免发生松动而自行改变弹簧 35 的预压缩量，影响离心摆的工作。

（2）滑块的调整。滑块 54 的作用在于改善空载开度时的调节稳定性，需在电站调整。调整方法如下：将机组开到空载开度，待滑块 54 的斜面正好与滚轮 53 接触即可。

（3）油压罩 44 上排气螺钉 43 的作用。油压罩 44 上排气螺钉 43 中间有一小孔，通过此孔，可把压力油中的空气排掉。如果压力油中含有空气，会产生振动。这个小孔前面装有一层滤油网，阻止污物杂质等进入小孔。小孔若被堵塞，可拧下来清洗。

（4）缓冲器节流针的调整。缓冲器节流针 2 的调整应在电站调试确定。

（5）油压调整。油压调整是通过安全阀实现的。出厂时已经调整完毕。电站需重新调整时，可按下列顺序进行：

首先把安全阀上的螺堵（图中未示出）拧下来，装上压力表，然后再手动启动水轮机至空载开度，并用调节螺母 57 将水轮机限制在空载开度上，即油泵转速为 750r/min。将变速手轮往下旋转，压下配压阀，使油泵打上来的压力油全部从安全阀排掉。此时调整调节螺钉 15，使压力表的读数为 $1.8+0.5=2.3$MPa 即可（当油压为 1.8MPa 时，安全阀开始排油，升到 2.3MPa 时，来自油泵的油全部被排掉）。调整完毕以后应注意以下问题。

1）用圆螺母 16 把调节螺钉 15 锁紧，以免运行时安全阀的调整值自行改变。

2）调整完毕，一定要立即停机拧下压力表，换上螺堵。这是为了保护压力表，同时运行中并无观看油压值的必要。

（6）关机时间的调整。本调速器的关机时间 T_s，可以在 3～4s 内任意整定。它是通过调节螺丝 12 小孔直径的大小来改变的。小孔直径越小，关机时间越长；反之，关机时间就越短。调整完毕后用螺塞拧紧。此调速器出厂时，已将关机时间整定为 3s。每个电站应根据调节保证计算所推荐的关机时间，重新整定好 T_s 值。

二、PO—Ⅰ、PO—Ⅱ、PO—Ⅲ型水轮机操作器

PO 型小型水轮机操作器是机械液压自动调速器的简化，系带油压装置的机械液压操作器，仅用于占电网容量不大、担任系统基荷、不参与电网调频的小型水轮发电机组。该操作器的操作机构、接力器和油压装置组成一体，为组合式。操作器设有操作机构的远距离控制装置、事故电磁阀和刹车电磁阀，能实现液压手动和远距离电动控制机组启动、并网、带卸负荷以及正常停机和事故停机等操作。

油压装置设有一台叶片泵，用压力继电器控制作断续运行。该装置设有中间罐、补气阀和安全阀，并能根据回油箱油位控制压力罐的正常油压，而且在油压装置首次启动时可以自动向压力罐充气，在正常运行中还可以自动补气。

小型操作器在结构上考虑了水轮机的各种布置形式，能适用于立轴和卧轴反击式水轮发电机组。

PO 型小型操作器有 3 个型号，6 个工作容量，如表 8-1 所示。

表 8-1 PO 型小型水轮机操作器型号

型号	工作油压（MPa）	接力器工作容量（N·m）
Ⅰ型	2.5	350
	4.0	750
Ⅱ型	2.5	1500
	4.0	3000
Ⅲ型	2.5	6000
	4.0	10000

（一）动作原理

图 8-5 为 PO 型小型操作器系统图，图中所示配压阀、接力器和操作机构均位于中间位置，油泵处于停止工作状态。

1. 启动和停机

（1）启动条件。操作器启动前应满足下列条件：

1）油压装置的压力应在规定值的范围内，并处于正常运行状态，压力罐中油位正常；

2）水轮机导叶处于全关位置；

3）操作机构相应处于全关位置，指针在零位；

4）压力油阀 13 开启；

5）事故电磁阀和刹车电磁阀处于机组正常运行时位置，事故电磁阀接入空气开关的辅助接点；

6）发电机灭磁开关投入，制动闸退出；

7）按空载开度和规定负荷的开度整定好位置开关 17；

8）若配备频率跟踪装置的机组，需整定频率跟踪投入的位置开关 17 以及从空气开关辅助接点引入退出信号。

（2）自动液压启动和停机。

1）启动。配压阀针塞 26 处于中间位置。

对自动准同期或手动同期并网的机组，在中控室发出开机信号，启动继电器动作。伺服电机 15 向开启方向转动至机组空载开度时，空载开度位置开关动作。电机停止转动。在此同时螺母 16 向下移动，杠杆向下摆动，针塞 26 在差油压力作用下向下移动。压力油经配压阀下控制口进入接力器开启腔，关闭腔油经上控制口排出，接力器由全关位置向开

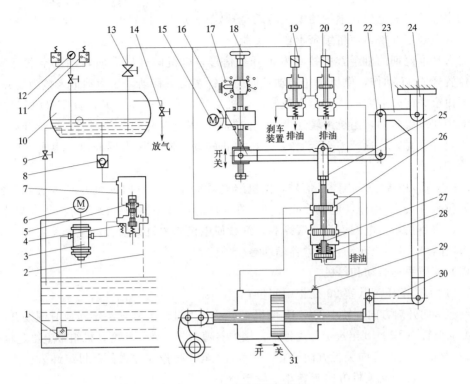

图 8-5 PO 型操作器系统图

1—滤油器；2—补气管；3—叶片泵；4—安全阀；5—补气阀；6—油泵电动机；7—中间油罐；
8—单向阀；9—放油阀；10—压力油罐；11—压力继电器；12—压力表；13—压力油阀；
14—放气阀；15—控制电机；16、25—螺母；17—位置开关；18—操作手轮；
19—刹车电磁阀；20—事故停机电磁阀；21—杠杆；22、30—连杆；
23—摆杆；24—支座；26—针塞；27—停机活塞；
28—弹簧；29—节流螺钉；31—接力器

启方向移动，机组转速从零逐步上升至空载开度对应的转速。随接力器向开启方向移动时，通过连杆 30、摆杆 23、连杆 22 和杠杆 21，使针塞 26 向中间位置移动，使接力器停在给定空载开度位置上。根据机组转速和电网频率的差值，在中控室点动电机，使机组转速跟随电网频率。当符合并网要求时，通过自动准同期装置并网或手动并网。并网后，继续使电机向开启方向转动，到规定开度时，位置开关 17 动作，电机停止转动。在此同时，针塞 26 向下移动，接力器向开启方向移动到规定开度，重复上述动作。针塞恢复到中间位置，此时机组带上给定负荷。

对配备频率跟踪装置的自动准同期并网机组，在中控室发出开机信号，电机向开启方向转动到频率跟踪装置投入位置 95％～98％额定转速的相应位置时，位置开关 17 动作，电机停止转动，同时针塞 26 向下移动，压力油进入接力器开启腔。接力器由全关向开启方向移动，机组转速从零逐步上升，通过连杆摆杆等，使针塞向中间位置移动。当机组转速升至 95％～98％额定转速时，频率跟踪装置投入工作，检测电网和机组频率差间断地向下或向上移动，接力器也缓慢间断地向开启或关闭方向移动，使机组转速跟踪电网频率。当符合并网要求时，通过自动准同期装置使机组并网，同时，通过空气开关的辅助接点使频率跟踪装置退出。继续使电机转动至规定开度时，位置开头动作，电机停止转动，接力器开至规定开度，使机组带上给定负荷。

对自动准同期的机组，中控室发出开机信号，电机向开启方向转动至空载开度位置时，位置开关 17 动作，电机停止转动，同时，针塞向下移动，压力油进入接力器开启腔，接力器由全关向开启方向移动至空载开度，机组转速由零逐步上升，针塞 26 通过连杆摆杆等向中间位置转动，当机组转速上升至同期转速附近时并网。并网后，继续开启电机转动至规定开度时，位置开关 17 动作，电机停止转动，同时接力器开启至规定开度，机组带上给定负荷。

2）停机。中控室发出停机信号，停机继电器动作，电机向关机方向转动至空载开度位置，位置开关 17 动作，电机停止转动，在此同时，接力器向关闭方向移动至空载开度，待机组卸去负荷，与电网解列。解列后，继续使电机向关机方向转动至全关位置，位置开关 17 动作，电机停止转动，接力器随即至全关位置。

（3）液压手动启动和停机。

1）启动。配压阀针塞 26 处于中间位置。

在机旁向开启方向旋转小手轮 18 使机组启动，当机组上升到额定转速时同期并网，然后同方向旋转小手轮 18 至规定开度停下，接力器随即开至规定开度，机组带上给定负荷。

2）停机。在机旁向关机方向旋转小手轮 18 至空载开度位置，待机组卸去负荷，与电网解列，然后继续向关机方向旋转小手轮至全关位置，接力器随即关至全关位置。

（4）事故停机。发生事故（如系统故障而使机组突然解列，水轮机轴承温升超过允许值，操作器油压降至事故低油压等）时，有关检测元件立即发出事故信号，事故电磁阀 20 随即动作。压力油通过电磁阀进入配压阀下端油腔，活塞 27 向上移动推动针塞 20 向上位移，压力油进入接力器关闭腔，接力器关闭，机组停机。若需要长期停机，在切除压力油源前锁定杆必须插入。

2. 油压装置动作原理

电动机 6 通电后，叶片泵 3 将回油箱内的汽轮机油经滤油网 1 吸入，经中间罐 7、单向阀 8 进入压力罐 10。当压力上升到工作油压上限时，压力继电器 11 动作，通过控制回路切断电动机 6 电源。当压力罐内的油压降到工作油压下限时，压力继电器 11 的一对接点动作，通过控制回路启动电动机，叶片泵 3 又向压力罐充油，使压力罐内的油压保持在一定范围内。

当油压下降至事故低油压值时，另一只压力继电器 11 动作，通过控制回路发出紧急停机信号。事故电磁阀动作，机组紧急停机。事故低油压值见表 8-2。

表 8-2　　　　　　　　　　　　PO 型操作器事故低油压值表

项 目 \ 型 号	Ⅰ型		Ⅱ型		Ⅲ型	
名义工作油压（MPa）	2.4	3.9	2.4	3.9	2.4	3.9
接力器、工作容量（N·m）	350	750	1500	3000	6000	10000
事故低油压信号动作压力（MPa）	1.85	3.1	1.85	3.4	2.05	3.3

叶片泵向压力罐 10 供油时，若油压高于工作油压上限值，因故未能切断电动机 5 的电源，则若此时油压高于名义工作压力 7%～8%，安全阀 4 开始排油，以保证操作系统和油压装置的安全。在油压高于名义工作压力 20% 前，安全阀 4 全开，使压力罐油位不再上升。

油压装置把压力能储备在压力罐内以不断供给操作系统的需要。压力罐 10 内应有 2/3 的压缩空气，1/3 是压力油。当油面到达规定位置时，将补气管 2 的管口调整到正好被回油箱油面封住。当叶片泵 3 停止打油时，单向阀 8 关闭，补气阀塞 5 在弹簧作用下向上移动，使中间罐与排油相通，与此同时，中间罐 7 与补气管 2 相通，即图示位置。经过一段时间的运行，如果压力罐内空气过少即油过多时，回油箱内的油面偏低，补气管 2 进口露出液面，与大气相遇，于是中间罐 7 内的油在自重作用下流入回油箱，中间罐 7 被空气充满。当压力罐 10 内油压下降至工作油压下限时，叶片泵 3 再次启动，补气阀活塞 5 在油压的作用下下移，切断中间罐 7 与补气管 2 和排油的道路，压力油将中间罐 7 内的空气经单向阀 8 压入压力罐 10 内，起到了补气的作用。反之，压力罐的空气过多（即油位偏低），即回油箱内油位偏高，补气管 2 进口侵入油面，空气不能进入中间罐，中间罐 7 内油不能流出，油泵再启动打油时，进入压力罐 10 中的全部都是油。利用回油箱的油面高低自动控制补气的方式，不仅可以维持正常运行时压力罐内的正常油位，而且在机组首次启动时，可以用来向压力罐 10 充气，而不需要高压空气压缩机。为缩短首次充气时间，应使油泵的停歇时间刚足以供中间罐的油排空，据此调整压力继电器 11 和放油阀 9。

当压力罐 10 内空气过多时，可用放气阀 14 放气，以维持正常油气比例。

（二）操作器的安装和调整

1. 安装

（1）安装前，用无毛的绒布和适量的煤油（或汽油）彻底清洗操作器，并清除防锈剂。

（2）仔细检查操作器是否完好无损。

（3）按机组布置要求，将操作器安放在基础上合适的位置，并校好水平。

（4）将合格的 22－30 号汽轮机油加入回油箱。

（5）接好油泵电动机、操作机构电动机、位置开关、压力继电器和事故电磁阀的电源线。

油泵电动机是单方向旋转，其正确转向是：从电动机上端朝下看应是顺时针方向旋转。

2. 调整

（1）启动油泵电动机，注意是否有异常噪音。若正常，可向压力罐打油。手动或自动控制油泵启动和停止，以达到正常油气比例和规定油压。按规定要求调整安全阀开始排油和全开及全关的油压值。

（2）调整配压阀针塞，使操作机构刻度值与接力器实际值相对应，然后拧紧针塞 26 上的螺母 25。

（3）根据机组转速上升及引水管蜗壳内压力变化允许值，决定导叶接力器的最短关闭时间，用节流螺针 29 改变过流孔口面积的方向得到接力器所需的关闭时间。

第四节 微机调速器

微机调速器由微机调节器、电液转换器及机械液压系统构成。微机调节器以高可靠性的微机控制器为核心，采集机组频率、功率、接力器位移信号和电站计算机监控系统的控制信号，用计算机程序实现复杂的运算以实现调节和控制功能，并以一定方式输出信号，控制电液转换器及机械液压系统，并向电站计算机监控系统输出微机调速器的工作状态信号。微机调速器具有可靠性高、外围电路少、编程方便、功能扩展好等特点。

一、微机调速器的系统结构和组成

1. 微机调节器的基本结构形式

（1）单微机调节器。单微机、单总线、单输入/输出通道。一些采用可编程序控制器作调节器的微机调速器就属于这种类型。由于可编程序控制器具有很高的可靠性，因而在一些水电站得到了应用，例如葛洲坝水电站的 WBST—A 型、三门峡水电站的 DKST 等。

（2）双微机调节器。双 CPU、单总线、单输入/输出通道。

（3）双微机系统调节器。双微机、双总线、双输入/输出通道。如图 8-6 所示，这种结构实际上是两套微机调节器，其微机部分由采用单板机和 STD 总线工控机等。两套微机调节器的内容完全相同，结构完全独立，运行时在管理部件的调度下，一套系统处于正常运行状态，另一套系统为备用状态。当运行系统出现故障时，通过切换控制器无扰动地切换到备用系统，即所谓互为备用的冗余系统。这种结构形式在我国许多电站得到了应用。

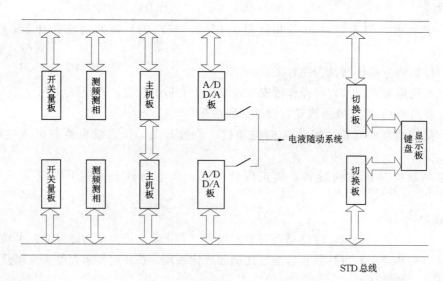

图 8-6 双微机调节器结构图

2. 电液随动装置结构

按照电液转换元件的不同，电液随动装置可以分为两种类型。

（1）采用伺服比例阀＋液压放大装置的结构，如图 8-7 所示。

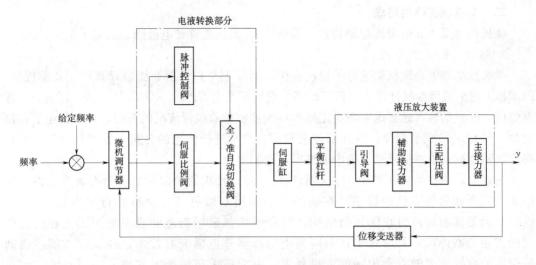

图 8-7　伺服比例阀＋液压放大装置的结构

在这种系统结构中，用伺服比例阀取代了传统的电液转换器，由于伺服比例阀具有较强的防卡能力、抗油污能力和电磁操作力大等特点，其动、静态特性不低于电液转换器，运行情况表明，采用伺服比例阀的调速器机械液压柜，自投入运行以来具有较好的稳定性和可靠性。

（2）采用步进电机或伺服电机＋液压放大装置的结构，如图 8-8 所示。

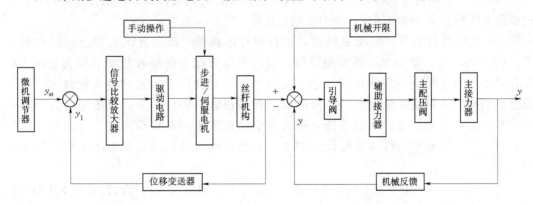

图 8-8　步进电机或伺服电机＋液压放大装置的结构

这种结构的调速器用步进电机或伺服电机取代了电液转换器。由于步进电机与计算机接口简单，不需要数/模转换器，微机调节器的输出信号直接经放大电路驱动步进电机，再由步进电机带动引导阀针塞去控制液压放大装置，因此，这种调速器也有较强的抗油污能力。

除了上述结构外，还有采用电子调节器＋电液比例阀＋插装阀的结构，这种结构取消了传统的引导阀、辅助接力器、主配压阀等元件，用集成插装阀组实现接力器的操作控制。它具有调节精度高、抗油污能力强、液压元件标准化程度高等优点，是对调速器液压系统的一次重大改革。

二、微机调速器的组成

微机调速器主要由微机控制装置、微机输入/输出装置和电液随动装置等组成。

1. 微机控制装置

微机控制装置是微机调速器的控制主体，实际上是一台工业微型计算机，如单板机、PLC、工控机或可编程计算机（PCC）等。它们都是由 CPU、ROM、RAM、总线、时钟等组成，并根据输入通道送来的设定值和反映被控对象运行情况的数据，按照预定的控制规律（PI 或 PID 调节规律）设计的控制程序，自动进行信息的分析、处理和计算，最后将反映调节量大小的结果通过输出通道发出控制命令。

一般大、中型水轮机微机调速器都采用了较高档次的控制微机，为提高可靠性都采用硬件冗余和软件容错的技术。在硬件方面采用双微机或三微机并行工作互为备用，故障自动无扰动切换的硬件冗余结构。每台微机都采用先进的表面贴片工艺和高度集成的工业元器件，并采用分布式的隔离电源和多重电磁兼容技术。在软件方面，借助其较强的数据处理能力和较好的人机界面，一方面采用触摸屏实现软面板技术，将运行有关的能容、数据和在线帮助集中一个窗口图文显示，并代替按键和开关等设备。另一方面利用软件技术，不仅能对设备进行在线检测，封锁错误数据输出，同时利用专家系统指导参数设置，进行故障定位和超前维护及预警，借助计算机辅助分析系统进行故障录波、分析和原因推断。

2. 微机输入/输出装置

微机调节器的输入/输出装置包括与微机控制装置的人机接口、通信接口、现场信号的检测和转换装置、电液随动系统的驱动装置等。

（1）人机接口装置。包括显示器、键盘和打印机等。显示器的类型有：LED 数码管、CRT 显示器、液晶显示器和触摸屏。显示器通常作为数据和状态的图文显示，供操作员了解和掌握设备当前运行状态。键盘和按键主要用于参数的输入和修改、显示信息的切换等，当使用触摸屏时，操作人员在监控软件的作用下，直接用手点击屏幕相应位置即可完成键盘输入的功能，更有利于结构简单化和操作方便。打印机主要用于数据和图形的输出，可将系统设置的参数、设备的运行记录、系统故障记录等数据打印出来。

（2）通信接口。用于与上位计算机进行信息交换，既接受上位机的控制命令或将生产过程信号传送到上位机。对于微机调速器来说，其上位机一般是指机组现地控制计算机，远控来的命令或上传的信息经过机组现地控制计算机来传递。

（3）现场信号的检测和转换。主要包括频率、开度、功率、水头等信号的前期处理和调制。这些物理信号经检测元件取得后，还应转换为微机能接受和处理的信号、并经过隔离处理再送至微机进行采集、频率信号一般包括机组频率信号和电网频率信号。电网频率信号一般取自母线电压互感器，中、小型机组的频率信号一般取自发电机出口端的电压互感器，大、中型机组的频率信号用两种方式同时采集，一路取自发电机出口端电压互感器，常称为残压测频，另一路靠装于发电机轴上的齿盘用电磁开关进行采集，常称为齿盘测速。

（4）电液随动系统的驱动装置，是微机控制装置与电液随动系统的连接部件。微机控制装置输出的调节控制信号必须按电液随动装置的要求，转换为相应形式，并经放大后驱动电液随动装置的电液转换部件。不同的电液转换部件，其要求的信号形式不同，如步进电机的驱动一般采用专用的步进电机驱动模块，该模块要求提供的是方向和转动步数两个信号，而电液伺服阀驱动装置要求提供的是一个直流电流信号。

3. 电液随动装置

电液随动装置的主要作用是将微机调节器送出的调节信号转换为液压信号，并经液压放大后，控制接力器的开和关。各种电液随动装置的主要区别是其电—液转换结构，常见的结构有：步进电机或伺服电机＋液压放大装置形式，伺服比例阀＋液压放大装置形式，电液伺服阀＋液压放大装置形式，电液数字阀＋液压放大装置形式。

不同的微机控制装置和电液随动系统，会有不同的结构和形式，当然也有不同的工作原理。但不管采用何种结构和形式，调速器的基本原理和功能还是一致的。

三、微机调速器的工作原理

微机调速器的硬件系统构成了微机调速器的物质基础，配上合适的程序就构成了一个完整的水轮机微机调速器，以单调整调速器为例，其工作过程结合图 8-9 进行说明。

取机组频率 f_g（或转速 n）为被控参量，水轮机调速器测量机组的频率 f_g（或机组转速 n），并与频率给定值 c_f（或转速给定值 c_n）进行比较得出频率（转速）偏差；另一方面，导叶开度计算值 y_c 与导叶开度给定值 c_y 进行比较，并经过永态差值系数 b_p 折算至控制规律前与频率相对偏差进行叠加形成实际的控制误差 e，微机调速器根据偏差信号的大小，按一定的调节规律计算出控制量 y_c，经 D/A 送到电液随动系统。随动系统将实际的导叶开度 y 与 y_c 进行比较，当 $y_c > y$ 时，导叶接力器往开启侧运动，开大导叶；当 $y_c < y$ 时，导叶接力器往关闭侧运动，关小导叶；当 $y_c = y$ 时，导叶接力器停止运动，调整过程结束，机组处于一种新的平衡状态运行。

由图 8-9 可知，当机组频率因某种原因下降时，机组频率小于给定频率值，出现正的偏差 e，微机调速器的控制值 y_c 增加，控制随动系统增大导叶开度使机组频率上升，进入新的平衡状态。另一方面，增加频率给定值（c_f）或开度给定值（c_y），同样会出现正的

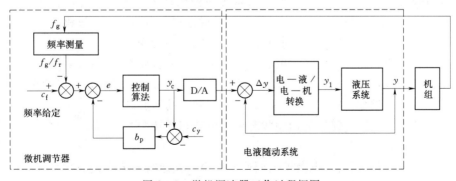

图 8-9 微机调速器工作过程框图

偏差 e，导致导叶开度增加，增大机组频率。

若机组并入大电网运行，当电网足够大时，导叶开度的增加不足以改变系统的频率。此时，导叶开度的增加将导致机组出力的增加。

四、微机调速器的调节模式与控制软件

1. 微机调速器的工作状态

水轮机微机调速器除了承担频率和出力的调整之外，还完成机组的开机、停机等操作，故水轮机调速器的工作状态有如下几种。

（1）停机状态。机组处于停机状态，机组转速为 0，导叶开度为 0。在停机状态下，调速器导叶控制输出为 0，开度限制为 0，功率给定 $c_p=0$，给定开度 $c_y=0$；对于采用闭环开机规律的调速器，频率给定 $c_f=0$。对于双调，桨叶角度开至启动角度，随时准备开机。

（2）空载状态。机组转速维持在额定转速附近，发电机出口断路器断开。在空载状态下，调速器对转速进行 PID 闭环控制，此时，开度限制为空载开度限制值，导叶开度为空载开度，开度给定对应于空载开度值，功率给定 $c_p=0$，频率给定 $c_f=50$。在空载状态下，可按频率给定进行调节，也可按电网频率值进行调节（称为系统频率跟踪模式），以保证机组频率与系统频率一致，为快速并网创造条件。对于双调，桨叶处于协联工况。

（3）发电状态。发电机出口断路器合上，机组向系统输出有功功率。在发电状态下，开度限制为最大值，频率给定 $c_f=50\mathrm{Hz}$，调速器对转速进行 PID 闭环控制，对于带基荷的机组可能引入转速人工失灵区，以避免频繁的控制调节。接受控制命令，按开度给定或功率给定实现对机组所带负荷的调整，并按照永态差值系数的大小，实现电网的一次调频和并列运行机组间的有功功率分配。对于双调，桨叶处于协联工况。

（4）调相状态。发电机出口断路器合上，导叶关至 0，发电机变为电动机运行。在调相状态下，调速器处于开环控制，开度限制为 0，调速器导叶控制输出为 0，功率给定 $c_p=0$，开度给定 $c_y=0$。对于双调，桨叶处于最小角度。

（5）工作状态间的转换。水轮机调速器各工作状态之间的转换如图 8-10 所示。为了实现这种工作状态间的转换，有下述七种过程。

1）开机过程，完成从停机状态到空载状态的转变。

2）停机过程，完成从发电状态或空载状态向停机状态的转变。若是空载状态，直接执行停机过程；若是发电过程，先执行发电转空载过程，再执行停机过程。

3）空载转发电过程，完成从空载状态向发电状态的转变。

4）发电转空载过程，完成从发电状态向空载状态的转变。

5）甩负荷过程，发电机出口断路器断开，机组进入甩负荷过程，机组关至空载。

6）发电转调相过程，完成从发电状态到调相状态的转变。

7）调相转发电过程，完成从调相状态到发电状态的转变。

2. 微机调速器的调节模式

对于机械液压型调速器和电液模拟调速器来说，其运行调节模式通常采用频率调节模式，即调速器是根据频差（即转速偏差）进行调节的，故又称转速调节模式。

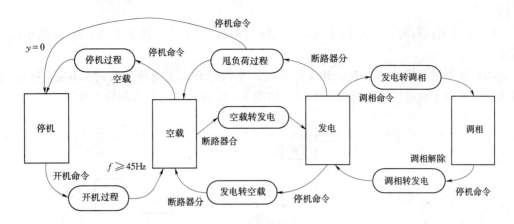

图 8-10　调速器的工作状态与转换

微机调速器一般具有三种主要调节模式：频率调节模式，开度调节模式和功率调节模式。

三种调节模式应用于不同工况，其各自的调节功能及相互间的转换都由微机调速器来完成。

（1）频率调节模式（转速调节模式）（FM）。频率调节模式适用于机组空载自动运行、单机带孤立负荷和机组并入小电网运行、机组并入大电网作调频方式运行等情况。

如图 8-11 所示，频率调节模式有下列主要特征：

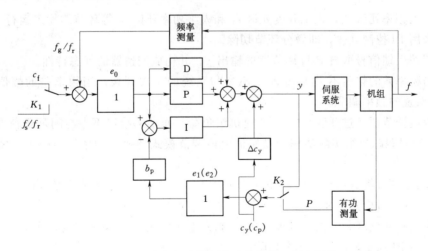

图 8-11　微机调速器调节过程框图（频率调节）

1）人工频率死区 e_0，人工开度死区 e_1 和人工功率死区 e_2 等环节全部切除。

2）采用 PID 调节规律，即微分环节投入。

3）调差反馈信号取自 PID 调节器的输出 y，并构成调速器的静特性，按照永态差值系数的大小，实现电网的一次调频。

4）微机调速器的功率给定 c_p 实时跟踪机组实际功率 P，其本身不参与闭环调节。

5）微机调速器可以通过 c_f 或 c_y 调整导叶开度大小，从而达到调整机组转速或负荷的目的。

6）在控制运行时，可选择系统频率跟踪方式，图中 K_1 置于下方，b_p 取最小值或为 0。

（2）开度调节模式（YM）。开度调节模式是机组并入大电网运行时采用的一种调节模式。主要用于机组带基荷的运行工况。如图 8 - 12 所示，它具有的特点如下。

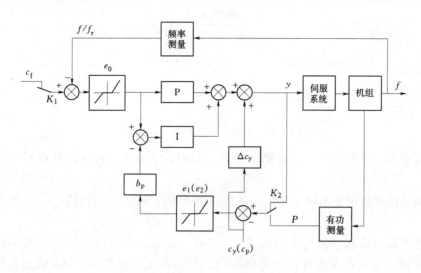

图 8 - 12　微机调速器调节过程框图（开度调节）

1）人工频率死区 e_0，人工开度死区 e_1 和人工功率死区 e_2 等环节均投入运行。

2）采用 PI 控制规律，即微分环节切除。

3）调差反馈信号取自 PID 调节器的输出 y，并构成调速器的静态特性。

4）当频率差的幅值不大于 e_0 时，不参与系统的一次调频；当频率差的幅值大于 e_0 时，参与系统的频率调节。

5）微机调节器通过开度给定 c_y 变更机组负荷，而功率给定不参与闭环负荷调节，功率给定 c_p 实时跟踪机组实际功率，以保证由该调节模式切换至功率调节模式时实现无扰动切换。

（3）功率调节模式（PM）。功率调节模式是由机组并入大电网后带基荷运行时应优先采用的一种调节模式。如图 8 - 13 所示，它具有的特点如下。

1）人工频率死区 e_0，人工开度死区 e_1 和人工功率死区 e_2 等环节均投入运行。

2）采用 PI 控制，即微分环节切除。

3）调差反馈信号取自机组功率 P，并构成调速器的静特性。

4）当频率差的幅值不大于 e_0 时，不参与系统的一次调频；当频率差的幅值大于 e_0 时，参与系统的频率调节。

5）微机调节器通过功率给定 c_p 变更机组负荷，故特别适合水电站实施 AGC 功能。而开度给定不参与闭环负荷调节，开度给定 c_y 实时跟踪导叶开度值，以保证由该调节模式切换至开度调节模式或频率调节模式时实现无扰动切换。

（4）调节模式间的相互转换。三种调节模式间的相互转换过程如图 8 - 14 所示。

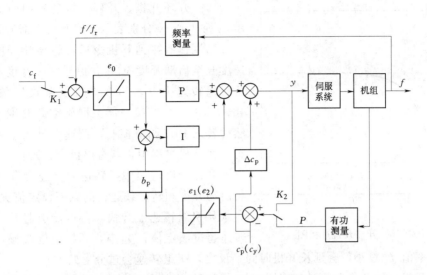

图 8-13　微机调速器调节过程框图（功率调节）

1）机组自动开机后进入空载运行，调速器处于"频率调节模式"工作。

2）当发电机出口开关闭合时，机组并入电网工作，此时调速器可在三种模式下的任何一种调节模式工作。若事先设定为频率调节模式，机组并往后，调节模式不变；若事先设定为功率调节模式，则转为功率调节模式；若事先设定为开度调节模式，则转为开度调节模式。

3）当调速器在功率调节模式下工作时，若检测出机组功率反馈故障，或有人工切换命令时，则调速器自动切换至"开度调节"模式工作。

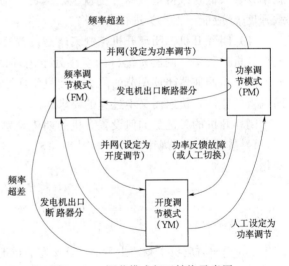

图 8-14　调节模式相互转换示意图

4）调速器工作于"功率调节"或"开度调节"模式时，若电网频率偏离额定值过大（超过人工频率死区整定值），且保持一段时间（如持续15s），调速器自动切换至"频率调节"模式工作。

5）调速器处于"功率调节"或"开度调节"模式下带负荷运行时，由于某种故障导致发电机出口开关跳闸，机组甩掉负荷，调速器自动切换至"频率调节"模式，使机组运行于空载工况。

3．微机调速器的开机控制

当调速器在停机状态接到开机命令时，进行开机控制，将机组状态转为空载。在微机调速器中采用的开机控制有两种方式，即开环控制与闭环控制。

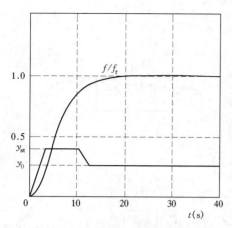

图 8-15　开环开机过程图

（1）开环开机。开环开机过程如图 8-15 所示，图中 f、y 分别表示频率和接力器行程。

当调速器接到开机令后，将导叶开度以一定速度开至启动开度 y_{st}，并保持这一开度不变，等待机组转速上升。当频率升至某设定值 f_1（如 45Hz）时，导叶接力器关回到空载开度 y_0 附近，然后转入 PID 调节控制，调速器进入空载运行状态。在开机过程中，若有停机令，则转停机过程。

开环开机过程中，转速上升速度和开机时间与启动开度和转空载运行的频率设定值关系很大。y_{st} 大，机组转速上升快，但可能引起开机过程中转速超过额定值；y_{st} 小，开机速度缓慢。设定切换点的频率值 f_1 过小，会延长开机时间；反之，机组转速会过分上升。

开环开机规律还与空载开度密切相关，而后者与水头相关。水头高，对应的空载开度就小；水头低，维持空载的开度就大。因此，为保证合理的开机过程，启动开度 y_{st} 与空载开度 y_0 应能根据水头进行自动修正。

（2）闭环开机。闭环开机控制策略是设置开机的转速上升期望特性作为频率给定，在整个开机过程中，调速系统自始至终处于闭环调节状态，实际频率跟踪频率给定曲线上升，即依靠调速器闭环调节的能力，使机组实际转速上升跟踪期望特性。从而达到适应不同机组的特性，快速而又不过速的要求。

闭环开机的关键是如何设置开机的期望频率给定曲线。有两种基本方法。

1）按两端直线规律变换。如图 8-16（a）所示，闭环开机时频率给定 c_f 按两段直线变化。

$$c_f = \begin{cases} k_1 t & (0 \leqslant t \leqslant t_1) \\ k_2(t - t_1) + k_1 t_1 & (t_1 < t < t_2) \\ l & (t \geqslant t_2) \end{cases}$$

式中　t_1——对应机组频率上升到 45Hz 左右的时刻；

　　　t_2——对应机组频率上升到额定值的时刻。

在第一段（$0 \leqslant t \leqslant t_1$），使机组以尽快的速度升速。众所周知，机组升速与其惯性时间常数有关。T_a 越大，转速变化缓慢；T_a 越小，转速变化越快。在机组启动过程中，期望机组转速以最大上升速度平稳地上升到额定值，即频率给定值速度应与机组的升速时间有关，T_a 大，k_1 取较小值；反之，k_1 取较大值。

2）按指数曲线变化。如图 8-16（b）所示。

指数规律能更好地反映机组升速过程，参数调整相对容易。该规律中亦考虑了 T_a 的影响。对 T_a 较大的机组，k 取小值；对 T_a 较小的机组，k 取值可大些。

4. 微机调速器的停机控制

当调速器接到停机命令时，先判别机组与调速器的状态，再执行相应操作。

（1）空载状态时，接收到停机令，将开度限制 O_1 以一定速度关到 0，此时，功率给

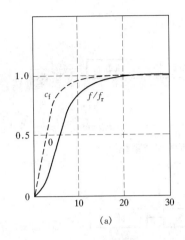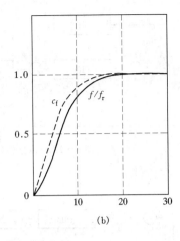

图 8-16 闭环开机过程示意图

定 $c_p = 0$，开度给定 c_y 受开度限制 O_1 限制往下关为 0，对于闭环开机的调速器，频率给定 $c_f = 0$。对于双调，将桨叶角度开至启动角度。

（2）调相状态时，接收到停机令，先执行调相转发电控制，将导叶开度开至当前水头对应的空载开度，并由开环控制进入 PID 闭环控制，等待发电机出口断路器跳开，此过程为调相转发电过程。当发电机出口断路器断开后，按空载停机过程处理。

（3）发电状态时，接受到停机令，将开度限制 O_1 以一定速度关到对应空载的位置，开度给定受开度限制 O_1 限制往下关，功率给定以一定速度关到 0，等待发电机出口断路器跳开。此过程为发电转空载的过程，其过程的完成以发电机出口断路器断开为标志。当发电机出口断路器断开后，按空载停机过程处理。

5. 微机调速器的并网与解列控制

当机组开机后，频率升至大于 45Hz 时，机组进入空载工况。机组在空载工况主要是进行 PID 运算，使机组转速维持在空载额定范围内，等待并网。

空载运行时，可以采用频率给定调节模式，使机组频率与电网频率一致。为了保证频率的控制精度，在电网频率跟踪模式下，一般将 b_p 设为较小值或 0。

理论上，并网时要求机组频率与系统频率的差为 0。但当机组频率与系统频率差为 0 的时刻，两者间的相位差可能不满足并列的条件，即出现同频不同相的现象。为此可采用相角控制，如图 8-17 所示，在投入频率跟踪功能的同时，投入相角控制功能。微机调速器测量发电机电压与电网电压的相位差 $\Delta\varphi$，经 PI 运算后与频差经 PID 运算后的值相加，作为控制信号控制机组电压的频率与相位。合理地整定 PI 控制器的参数，可使发电机电压与电网电压的相位差在 0°附近不停地来回摆动，为同期装置并列提供合适的相位条件。

为避免出现同频不同相的问题，国内微机调速器较多地采用了如图 8-18 的方法，在进行频率跟踪时，始终保持机组频率比电网频率高一个 Δf（0.1Hz 左右），这样发电机电压与电网电压的相位差就在 0~360°间以相同的方向不停变化，为恒定导前时间的周期装置提供了最佳的合闸选择时机。

在空载状态下，若发电机出口断路器合上，则将开度限制开至当前水头对应的最大

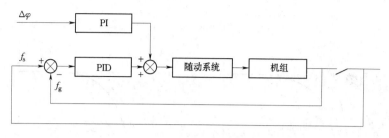

图 8-17　具有相角控制的调节系统原理

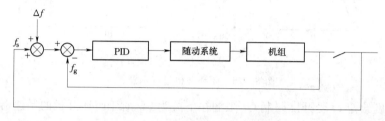

图 8-18　恒频差频跟踪控制

值并转入发电运行状态，b_p 置为正常值，PID 参数置为发电控制参数，并接受功率给定或开度给定命令接带负荷。

发电机的解列控制有两种情况：一种是正常停机解列，其过程见停机过程；另一种是断路器跳开的甩负荷过程。

当断路器跳开时，调速器判断开度限制与空载开度的大小。若开度限制小于空载开度，为正常停机过程。若开度限制大于空载开度则为甩负荷过程，此时，调速器以一定速度将开度限制关至空载，开度给定受开度限制的限制同时关至空载值，功率给定则以一定的速度关至 0，并转入空载运行状态，b_p 置空载值，PID 参数置为空载控制参数。在甩负荷过程中，若有停机令，则转为停机控制。

6. 数字协联

（1）转桨式水轮机的协联曲线。对于转桨式水轮机，设置两个调节机构的目的是为了增加水轮机高效率区的宽窄，以适应负荷的变化。在桨叶角度一定时，水轮机效率曲线的高效率区比较窄，如图 8-19（a）所示，$\varphi_1 \sim \varphi_5$ 为 5 根定桨时的效率曲线，而转桨式水轮机的效率曲线是这组曲线的包络线，显然高效率区变宽了。该包络线与每根定桨曲线的切点为该桨叶角度下的最高效率，该点所对应的导叶开度即为最优开度。据此，可找出不同导叶开度时，桨叶角度应在何值时，水轮机效率最高，即 $\varphi = f(a)$ 的关系曲线，此曲线称为协联曲线。协联曲线与水头有关，在不同的水头下，有不同的协联曲线，图 8-19（b）所示。

转桨式水轮机在运行中不仅要保持机组转速为某数值，而且还要使桨叶角度与导叶开度之间符合协联关系。桨叶与导叶间的协联根据实现手段不同可为机械协联、电气协联（模拟电路构成）和数字协联。

在机械协联机构中，其核心部件为机械凸轮，它实质上就是用机械凸轮的外形来重现给定的协联关系，如图 8-20 所示。在电气协联机构中，也是用函数转换回路来模拟

250

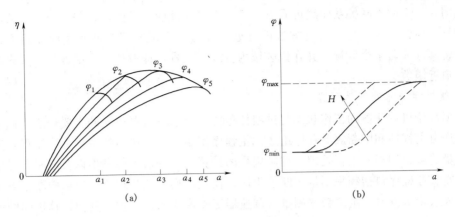

图 8-19 转桨式水轮机的协联关系

(a) 5 根定桨时的效率曲线；(b) 不同水头下的协联关系曲线

给定的协联关系曲线。因此，转桨式水轮机能否保证在当时条件下的最佳工况点（最高效率点）运行，首先取决于所给定的协联关系曲线是否能保证导叶和桨叶的最佳配合关系。

机械协联比较安全可靠，但凸轮加工精度低，一般准确度不高；而模拟电路式的函数发生器虽然其协联的准确度要比机械协联高些，但通常因电路比较复杂，调试复杂。还由于封锁二极管受温度影响较大，导致协联曲线变化。因此，在微机调速器中，广泛采用数字协联。

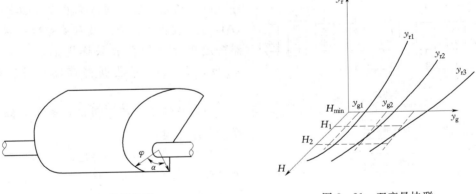

图 8-20 机械协联　　　　图 8-21 双变量协联

（2）数字协联的基本原理。严格讲，转桨式水轮机的协联曲线是一个二元函数，即

$$\varphi = f(a, H)$$

式中　φ——桨叶转角；

a——导叶开度；

H——水轮机工作水头。

若以导叶接力器行程 y_g 与桨叶接力器行程 y_r 表示，则为

$$y_r = f(y_g, H)$$

因此，可用一个三参数的空间坐标系来表示协联关系，如图 8-21 所示。

从图 8-21 的协联关系曲线可看出这是一个非线性的二元函数。若要用一个数学表达式来计算，通常可采用差值逼近方法进行近似计算。为了便于对该非线性二元函数的处理，常将其分成若干个区域，并在该区域内做线性处理，即取该二元函数的一次多项式作为差值逼近函数。

7. 微机调速器的软件配置

根据水轮机调速器的工作状态与过程任务要求及水轮机调速器的主要功能，调速器的软件程序由主程序和中断服务程序组成。主程序控制微机调速器的主要工作流程，完成实现模拟量的采集和相应数据处理、控制规律的计算、控制命令的发出以及限制、保护等功能。中断服务程序包括频率测量中断子程序、模式切换中断子程序、通信中断服务子程序等，完成水轮机发电机组的频率测量、调速器工作模式的切换和与其他计算机间的通信等任务。

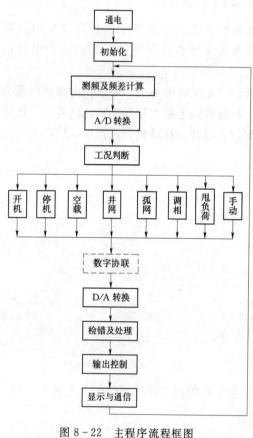

图 8-22　主程序流程框图

微机调速器的控制软件应按模块结构设计，也就是把有关工况控制和一些共用的控制功能先编成一个个独立的子程序模块，再用一个主程序把所有子程序串接起来。主程序框图如图 8-22 所示。

（1）主程序。当微机调速器接上电源后，首先进入初始化处理，即工作单元的接口模块（如对 FX_{2N} 可编成控制器的特定位元件）设置初始状态；对特殊模块（如 FX_{2N}—4AD 等）设置工作方式及有关参数；对寄存器特定单元（如存放采样周期，调节参数 b_p、b_t、T_d、T_n 等数据寄存器）设置缺省值等。

测频及频差子程序包括对机频和网频计算，并计算频差值。

A/D 转换子程序主要是控制 A/D 转换模块把水头、功率反馈、导叶反馈、桨叶反馈等模拟信号变化为数字量。工况判断则是根据机组运行工况及状态输入的开关信号，以便确定调节器应当按何种工况进行处理，同时设置工况标志，并点亮工况指示灯。

对于伺服系统是电液随动系统的微机调速器，各工况运算结果还需要通过 D/A 转换单元变为模拟电平，以驱动电液随动系统，对于数字伺服系统，则不需要 D/A 转换。

检错及处理子程序是保证输出的调节信号的正确性，因此需要对相关输入、输出量及相关模块进行检错诊断。如果发现故障或出错，还要采取相应的容错处理并报警。严重时，要切换为手动或停机。

输出控制是根据检错及处理模块的结果进行相关控制，如电源上电、电源掉电时的控制处理，双冗余系统的双机切换、自动/手动切换等。

（2）功能子程序。在水轮机调速器中，其配置的功能子程序主要有：

1）开机控制子程序；

2）停机控制子程序；

3）空载控制子程序；

4）PID 运算子程序；

5）发电控制子程序，发电运行分为大网运行和孤网运行两种情况，在孤网运行时，总是采用频率调节模式，在大网运行时，可选择前述三种调节模式中的任一种调节模式；

6）调相控制子程序；

7）甩负荷控制子程序；

8）手动控制子程序；

9）频率跟踪子程序。

（3）故障检测与容错子程序。微机调速器检错及处理子程序主要包括：

1）频率测量（含机频、网频）检错；

2）功率反馈检错；

3）导叶反馈检错；

4）水头反馈检错；

5）随动系统故障及处理；

6）电源故障处理等。

五、新型电液随动系统

随着现代电液技术不断引入，新型调速器的电液随动系统更多的采用了标准化、系列化的液压控制元件，调速器内的杠杆机构和油路系统进一步简化，步进电机、伺服电机等电气—位移转换装置，伺服比例阀、电液数字阀等电气—液压转换装置在新型调速器中的应用，基本克服了传统电液转换元件因卡阻而产生的调速器故障，提高了调速器的性能，改善了调节的品质。下面主要介绍部分新型的电液随动系统装置。

1. 步进电机及步进液压缸

（1）步进电机。步进电动机式的微机调速器近年来在中小型水力发电机组中广泛应用。步进电机是一种把脉冲信号变换成相应的角位移或直线位移的机—电执行元件。每施加一个电脉冲，电机轴便会转过一个固定角度，称为一步，这个固定角度称为步距角。当供给连续电脉冲时就能一步一步地连续转动，故称为步进电动机，简称步进电机。

步进电机轴的角位移与输入到电机的脉冲数严格成正比，其转速与输入脉冲的频率有关，控制输入脉冲的个数和频率，就可控制电机的转角和转速。

步进电机按其工作原理可分为反应式和混合式，按相数可分为二相、三相和多相。步进电机的驱动控制方式有单电源供电、高低压供电和恒流斩波等方式，因恒流斩波控制方式性能较好，所以一般微机调速器的步进电机驱动器都采用恒流斩波的方式。

图 8-23 所示为三相反应式步进电机的工作原理图。其定子上有六个磁极，每个磁极上装有一个控制绕组，相对的两极组成一相并在绕组通过时极性相反。转子上有四个均匀分布的齿，其上设有绕组。当 A 相绕组通电时，转子在磁场力作用下与定子齿对齐，即转子齿 1、3 和定子 A、A′ 极对齐，如图 8-23（a）所示。接着 A 相绕组断电，B 相绕组通电，则在磁场力作用下转子转过一个步距角 30°，转子齿 2、4 与定子 B、B′ 极对齐，如图 8-23（b）所示。接着 B 相绕组断电，C 相绕组通电，同上原理，转子又在磁场力作用下转子转过一个步距角，如图 8-23（c）所示。如此往复循环，并按 A—B—C—A 的顺序通电，步进电机便按一定方向不断转动。若改变通电顺序，即 A—C—B—A，则电机转向相反。上述通电方式称为三相三拍方式，若改为 A—AB—B—BC—C—CA—A 的顺序通电，则为三相六拍方式，其步距角也为三相三拍的一半。

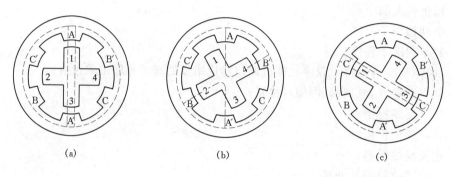

图 8-23　步进电机工作原理图

（2）步进液压缸。步进液压缸由步进电机、滚珠丝杆螺母副和液压缸做成。步进电机将控制脉冲信号转换为电机轴的角位移；电机轴带动滚珠丝杆螺母副的丝杆转动时，螺母将直线移动；螺母再带动液压缸活塞移动，从而最终实现电—液的转换。

2. 比例阀和伺服比例阀

（1）比例阀。早期的比例阀在 20 世纪 60 年代后期出现，仅将比例电磁铁用于控制阀，控制阀的原理不变，性能较差，频响在 1～5Hz，适用于开环控制。到了 80 年代，控制阀的设计原理进一步完善，比例电磁铁也采用了多种反馈和校正技术，操控性能大为提高，稳定性接近伺服阀，频响在 5～30Hz，可用于开环或闭环控制。

典型直控式比例阀结构如图 8-24 所示。由两个比例电磁铁（湿式，最大电流 2.5A 或 2.7A）、两个对中弹簧、一个滑阀、一个位移反馈装置组成（有的无反馈装置，只能用于开环控制）。阀芯上开有 V 形或半圆形节流槽，使阀的流量特性呈抛物线形。阀的开口和方向与输入控制电流的大小和方向成比例。电流为正时一个比例电磁铁工作；电流为负时另一个工作；当无控制信号输入时，阀芯在弹簧作用下处于中间位置，比例阀没有控制油流输出。当左端比例电磁铁内有控制信号输入时，阀芯向右移动，阀芯右移压缩右侧弹簧，直到电磁力与弹簧力相平衡为止。阀芯的位移量与输入比例电磁铁的电信号成比例，从而改变输入流量的大小，同时左端的位移反馈装置把阀芯的位移量反馈至控制装置，从而实现闭环控制。当右侧比例电磁铁工作时，工

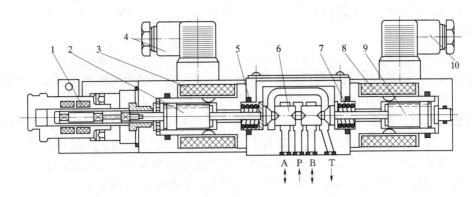

图 8-24　直控式比例阀结构图

1—位移反馈装置；2、9—衔铁；3、8—线圈；4、10—接线盒；5、7—弹簧；6—滑阀

作原理与上述情况相同，从而改变油流方向。

（2）伺服比例阀。伺服比例阀是 20 世纪 90 年代中期出现的一种电液比例阀。与一般的比例阀一样，它也是由大电流的比例电磁铁实现电气—位移转换，并经首级伺服阀阀芯实现位移—液压转换，再经主阀进行液压放大。但与一般的比例阀相比，伺服比例阀的频响可达 30～100Hz，并能实现无零位死区的控制要求，同时，由于伺服比例阀采用了大电流的电磁铁，其操作力远大于采用力矩马达的伺服。伺服比例阀的具体结构有三种，直动式、先导式和插装式。直动式伺服比例阀的结构如图 8-25 所示，左端是一个阀体，中间是一个比例电磁铁，右端是一个位移反馈装置。当电磁铁线圈中通过不同方向和大小的电流时，在左端弹簧的共同作用下，衔铁会向着相应的方向移动不同的距离，并利用右端的位移反馈装置将衔铁的位移量反馈回控制装置，从而可实现对衔铁位置的闭环控制。当电磁铁线圈断电时，在弹簧力的作用下，阀芯

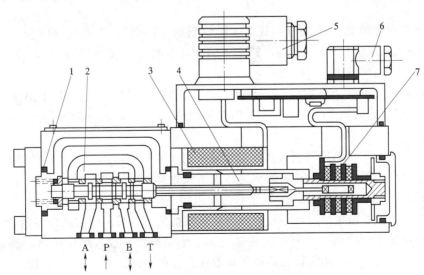

图 8-25　直动式伺服比例阀结构图

1—弹簧；2—阀芯；3—线圈；4—衔铁；5、6—接线盒；7—反馈装置

会自动停在中间位置，从而断开所有油路。同时阀体配置了钢质阀套，可以确保耐磨和实现精确的零遮盖。

3. 电液数字阀

电液数字阀也称开关阀，利用高速开关电磁铁来控制阀芯位置的变化，去改变阀体上各油路的通与断，从而改变各管路中油流的方向和流量的大小。

高速电磁换向阀是一种典型的电液数字阀，按照阀芯位置不同可分为二位、三位和多位换向阀；按阀体上主油路进、出口数目不同，又分为二通、三通、四通和五通等。

由于电液数字阀直接控制油路的通与断，容易在操作油管中形成压力脉动，对液压系统及至机组的稳定都有较大的影响，因此主要应用于一些中小型调速器。

六、BW（S）T型微机调速器

BW（S）T型微机调速器的调节器是以可编程控制器为核心部件，以步进电机或交流伺服电机为电液转换机构的单（双）调节微机调速器。型号中B—步进电机；W—微机；S—双调节；T—调速器。该型微机调速器主要应用于大中小型混流式、轴流定桨式、轴流转桨式、贯流式水轮发电机组。

BW（S）T型微机调速器由基于PLC的微机调节器和步进电机伺服系统两大部分（未考虑油压装置）构成，其系统原理框图如图8-26所示。下面分别介绍其特点和工作原理。

（一）微机调节器

1. 微机调节器的硬件构成

BW（S）T型微机调速器的调节器均采用32位或16位CPU的可编程控制器，其操作系统为嵌入式实时多任务操作系统，采用标准的模块化结构，可多处理器并行运行，速度快，扩展、升级容易，工程化编程语言，易于用户检修、维护，PLC各模块可带电拔插。

可供用户选择的PLC类型有：日本三菱Q系列（32位）、A系列（16位）、FX2N系列（16位）；施耐德Premium系列（32位）、E984系列（16位）；欧姆龙CQM系列（16位）等。

通信接口可选RS—232/RS—485，协议可选用MODBUS协议、MB+协议、PROFI-BUS—DP协议、以太网TCP/IP、三菱PLC协议或自由协议等。平均无故障工作时间不小于30000h。

BW（S）T型微机调速器测频数据的传输采用单片机与可编程控制器的通信来实现，彻底解决了以可编程控制器为核心的调速器的测频数据并行传输不同步的问题。

BW（S）T型微机调速器的操作显示终端采用10.4英寸彩色触摸式工业平板PC机或液晶触摸屏，经通信接口与可编程控制器实现数据交换，采用中文操作界面，界面设计采用了各种防误操作措施，以避免无意触摸而产生误操作，进入操作画面、参数设置画面、实验画面、操作系统均需输入不同级别的密码方可操作。

2. 微机调节器的控制策略及其特点

BW（S）T型微机调速器实现了全数字化，取消了模拟量的输出和调整，对无油转

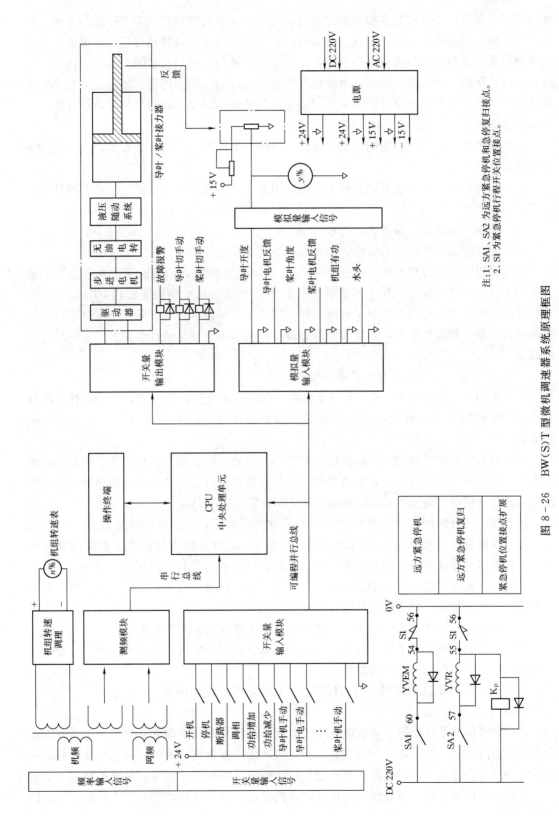

注：1. SA1、SA2 为远方紧急停机和急停复归接点。
2. S1 为紧急停机行程开关位置接点。

图 8－26　BW(S)T 型微机调速器系统原理框图

257

换的定位控制采用鲁棒式数字模糊控制策略，首次将基本型逻辑控制器实际应用于水轮机调速器，基本型逻辑控制器又称九点控制器。该调速器的基本设计思想是根据偏差与偏差变化率将实际运行状况抽象成 9 个工况点，即强加、稍加、弱加、微加、保持、微减、弱减、稍减、强减 9 种工况，控制器根据控制系统的实际运行模式特征，不断改变或调整控制决策，以便使控制器本身的控制规律适应于控制系统的需要，获得良好的响应性能。该调节器具有以下特点：

（1）这种控制器产生的控制作用只取决于被控对象的运行工况，因而对相当广泛的被控对象具有适应性。

（2）不同的工况点对应不同的控制策略，因此又具有适应式变参数变结构非线性控制特点。

（3）控制算法简单，易于实现工程应用。

（4）能改善调节系统的稳定性，提高系统的动态品质。

基本型逻辑控制器在不同工况点采用不同 PID 控制参数，相当于其结构和参数随着工况的不同而不同。因而，基本型逻辑控制器相对于适应式变参数变结构 PID 调节，具有更高的可操作性，更适合控制工程的实际应用，在各种调节模式下采用基本型逻辑控制器都可获得良好的控制效果，调速器的静态特性、动态特性和适应性都得到了不同程度的提高。

3. 采用可视化操作终端功能完善、操作方便

由于采用了工业平板 PC 机作为操作终端，有内嵌式安装调试指南，其测试性、维修性和可用性得到了全面强化，给用户带来了方便。该操作终端主要有以下几个方面的功能：

（1）具有完备的实验功能。调速器内嵌静特性实验、空载频率摆动实验、空载频率扰动实验、接力器不动时间测定、甩负荷实验、过程监视（可记录任何时间的导叶开度和频率曲线及并网信号）等实验功能，所有实验均可计算出实验结果，并形成实验报告打印成册。接力器不动时间测定的分辨率为 10ms，其他实验的采样时间分辨率为 100ms。

（2）故障追忆功能。可记录调速器故障前后 6min 的关键量的曲线，以供故障分析用，关键量包括导叶开度、机组频率、机组有功、导叶平衡值和并网信号。

（3）操作记录和故障记录功能。记录内容包括各项记录的名称、时间、日期等，与其故障追忆功能相结合，可更快地诊断出故障原因。

（4）实时数据和状态显示、参数设置和查询、参数和实验报告打印。

（5）完备的密码管理系统。具有超级密码、系统管理员密码、维护密码和运行密码等不同等级的密码，可进行不同等级的操作。

BW（S）T 型微机调速器的可编程控制器外部端子接线如图 8-27 所示。

（二）步进电机伺服系统

步进电机伺服系统是指由步进电机作为电气—机械位移转换部件（又称步进式电液转换器或步进液压缸，数字缸）构成的数字—机械液压伺服系统。这种伺服系统又分为两种形式，一种为步进式电液转换器＋机械液压随动系统，即步进式电液转换器本身是一个数字—机械位移伺服系统；另一种步进式电液转换器是一种具有自动复中特性的数字—机械

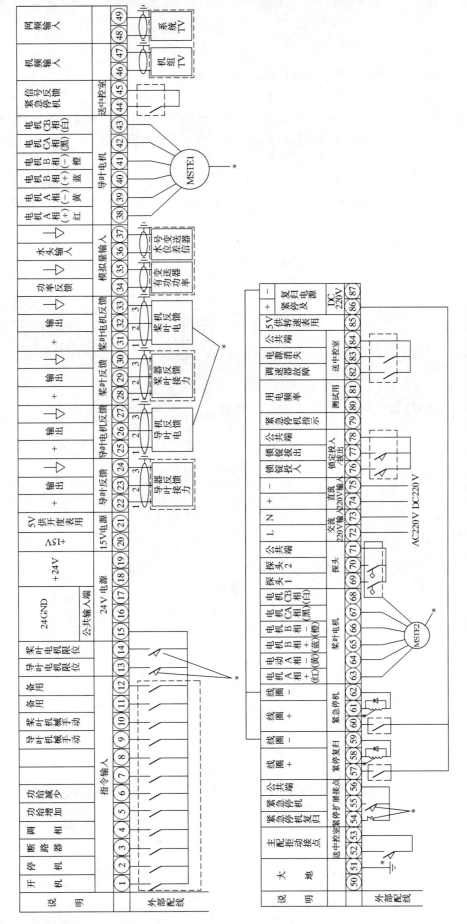

图 8-27 BW（S）T 微机调速器的可编程控制器外部端子接线

位移转换元件。两种形式在中小型微机调速中都有应用。

　　具有自动复中特性的步进式电液转换器，简称为"无油电液转换器"。该装置将步进电机与滚珠螺旋副结合在一起，完全实现了无油电液转换，因而不存在滤油精度对油质的要求，并且输出力大，对引导阀的控制稳定可靠，确保了机组安全运行。

　　步进式电液转换器主要技术数据如下。

　　滚珠自动复中装置：工作行程±12mm；工作角度±216°。

　　主配压阀：工作行程±12mm、±14mm；工作油压2.5MPa、4.0MPa、6.3MPa；直径100mm、150mm。

　　BW（S）T型微机调速器的电气—机械位移转换部件的主要特点如下。

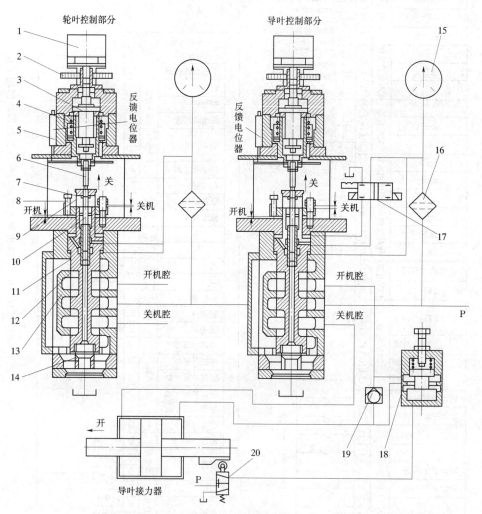

图8-28　BW（S）T型微机调速器步进电机伺服系统结构

1—步进电机；2—手动手轮；3—滚珠螺旋副；4—复中上弹簧；5—反馈电位器；6—零位调整螺杆；7—关机时间调整螺杆；8—开机时间调整螺杆；9—复中下弹簧；10—引导阀活塞；11—引导阀衬套；12—主配压阀活塞；13—主配压阀阀体；14—主配压阀托簧；15—压力表；16—双联滤油器；17—紧急停机电磁阀；18—分段关闭主阀；19—分段单向阀；20—分段先导阀

（1）采用了具有自主知识产权已获国家专利的无油电转作为电液转换机构，对油质无要求，无调节信号时能自动复位。

（2）采用辅助接力器上腔紧急停机电磁阀排油，而非采用强迫引导阀活塞下降的方式实现紧急停机，这样即使引导阀活塞卡死，依然能实现紧急停机，提高了机械液压系统的可靠性。

（3）对无油转换的定位控制采用鲁棒式数字模糊控制策略及基本型逻辑控制器，控制效果好，在提高其定位精度的同时，更提高了其稳定性，使调速器的可靠性和抗干扰能力上了一个台阶。

（4）主配压阀系统结构上采用集成化设计，将辅助接力器与主配压阀做成一体，取消了常规调速器杠杆等所有中间环节，系统无明管、无杠杆。可靠性高、速动性好、控制精度高；主配压阀由锻件构成，整个系统标准化程度高，调试、检修、维护简便，实现了机械系统的免维护。

（5）采用双芯滤油器，它有两组滤网，运行时可用旋塞快速切换工作位，拆卸无油通过的一组滤网进行清洗，不需停机，实现了不中断供油。

步进电机伺服系统主要由步进式电液转换器、引导阀衬套、引导阀活塞、主配压阀阀体、主配阀活塞、紧急停机装置、双联滤油器。分段关闭装置等构成，如图 8-28 所示。

复习思考题

8-1 水轮机调节的任务是什么？

8-2 调速器的型号是如何构成的？试说明 TT—300、YT—600、TT—150 的含义。

8-3 水轮机调速器的基本原理是怎样的？

8-4 水轮机调速器有哪几大部分机构组成？试分析反馈机构的作用原理。

8-5 试分析 TT—75 型调速器的动作原理。

8-6 试分析 PO 型水轮机操作器的工作原理。

8-7 试分析油压装置的工作原理。

8-8 水轮机调节保证的任务是什么？

8-9 什么叫做水击现象？有哪几种类型？

8-10 水电站防止引水系统水击压力上升和机组速率上升的措施有哪些？

第九章 电气一次设备

教学要求 本章要求掌握电气一次设备中主要设备的原理和结构及其主要类型；电气主接线的主要形式；防雷及保护的必备知识。

以上内容要求初级工初步掌握，中级工基本掌握，高级工必须掌握。

第一节 低压水轮发电机

水电站中直接与发电、变电和配电电路相连接的电气设备称为电气一次设备，如水轮发电机、变压器等。水轮发电机是电气一次设备的电源，地位十分重要，直接关系到电力系统的生产和安全。

低压水轮发电机的电压为 400V，由于受到电流的限制，其最大容量不超过 800kW。水轮发电机与其他类型发电机相比具有转速较低，转子惯性较大和较高的强度以承受很高的飞逸转速倍数。

一、水轮发电机的结构和工作原理

水轮发电机由定子和转子两大部分组成，如图 9-1 所示。定子包括铁芯、定子绕组和接线盒等。机座一般由铸造或钢板焊接而成，用来固定定子铁芯和端盖。低压水轮机的定子铁芯外径一般不超过 990mm，由 0.35～0.5mm 厚的硅钢片冲制而成。硅钢片两面涂

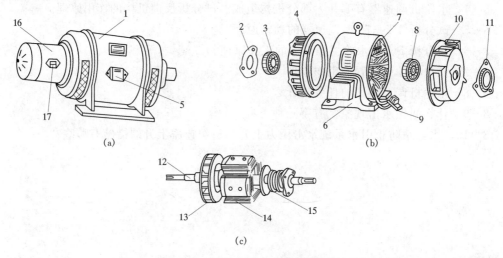

图 9-1 交流同步发电机的结构图

1—发电机；2、11—轴承盖；3、8—轴承；4—前端盖；5—接线盒；6—机座和定子；7—定子绕组；9—电刷；10—后端盖；12—轴；13—风扇；14—转子；15—滑环；16—励磁机；17—励磁机接线盒

以绝缘清漆，压入机座圆内。定子绕组由绝缘电磁线绕制，嵌放在定子铁芯槽内，按一定的连接要求连接，并将三相绕组的头、尾引至接线盒内。发电机的转子包括磁轭、磁极铁芯、磁极绕组和滑环、风扇等，由于水轮发电机的转速低其磁极多为凸极式，且磁极对数较多。水轮发电机的转子由两个端盖支承，都采用滚动轴承，运行和维护方便。励磁装置的直流励磁电源通过电刷滑环引入发电机的励磁绕组，由励磁绕组建立磁场。

交流发电机是一种将机械能转变为交流电能的装置。由电工知识可知

$$e = BLV \qquad\qquad (9-1)$$

式中　e——运动导体产生的感生电势，V；

　　　B——导体在磁场中的磁感应强度，Wb；

　　　L——导体切割磁力线的有效长度，m；

　　　V——导体的运动速度，m/s。

图9-2是交流发电机的工作原理图。发电机的转子由水轮机带动旋转，当转子绕组接通励磁电源后，转子磁场切割定子三相绕组，由于转子磁极的结构特点，使发电机的定子和转子间空气隙中的磁感应强度大致按正弦规律分布。由式（9-1）可知，三相定子绕组的感生电动势也是三相对称的正弦交变电动势，在外电路接通的情况下，发电机就能向负载输出电能。

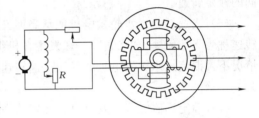

图9-2　凸极式同步发电机的工作原理图

发电机在50Hz时的转速为额定转速。据式（2-10）可知，如果发电机的转速高于或低于额定转速，频率就不能稳定在50Hz，所以要根据负载的变化随时调节水轮机导水机构的开度，使水轮机发电机维持在额定转速下运行。发电机带上负荷后，定子绕组流过负载电流，就会产生电枢反应，使合成磁场发生变化。当为感性负载时，电枢反应会削弱主磁场，由式（9-1）可知，发电机的感应电动势 e 将下降，所以要增加转子的励磁电流，使磁感应强度增大，使发电机端电压维持不变；若为容性负载，则与之相反。

二、小型水轮发电机的类型和主要参数

1. 类型

水轮发电机按主轴布置形式可分为立轴和卧轴两种，按励磁电源供电方式不同可分为自励和他励两大类。

2. 主要参数

（1）额定电压。发电机正常运行时的线电压，发电机的额定电压要比用电设备的额定电压要高5%，以克服线路上的电压损失。电压过高会影响设备的绝缘，引起绝缘老化或造成绝缘击穿；电压过低影响供电质量。一般电压偏差范围为±5%。

（2）额定电流。发电机在额定工况运行时的线电流，要求三相负荷力求平衡，三相不平衡度不超过20%，且任何一相负荷电流都不能超过额定值。小型水轮发电机一般不要随意过载，在特殊情况下允许短时过载，但发电机温度不能超过限值。允许过负荷倍数和时间见表9-1。

表 9-1	发电机允许短时过负荷倍数和时间表				
定子短时过负荷电流/额定电流	1.1	1.12	1.15	1.25	1.5
允许过负荷持续时间（min）	60	30	15	5	2

（3）额定功率。发电机在额定电压、额定电流和额定功率因数下连续运行时，允许输出的最大功率。目前我国低压小型水轮发电机的额定功率有 8kW、12kW、20kW、40kW、55kW、75kW、100kW、125kW、160kW、200kW、250kW、320kW、400kW、500kW、630kW 和 800kW 等几种。由于转子转速越低的机组转子磁极越多，发电机定子和机座尺寸要增大，因此 320~800kW 的水轮发电机也可以采用高压绕组，大大地降低了工作电流，减少损失。

（4）额定频率。我国电网的规定频率为 50Hz。频率的变化对电动机的影响很大，会间接影响工业产品的质量和生产效率。一般频率的允许变化为 ±0.5Hz。

（5）额定转速。同步发电机在额定工况运行时的转速。不同磁极对数的发电机具有不同的额定转速。

（6）飞逸转速。水轮发电机能承受而又不会造成转子任何部件受损或永久变形的最高转速称为飞逸转速。"飞逸"一般发生在机组突甩全部负荷而水轮机导水机构拒绝动作的情况下。混流式水轮发电机的最大飞逸转速是额定转速的 1.8 倍，轴流定桨式水轮发电机为 2.4 倍。

（7）额定励磁电流。发电机在额定功率时的转子励磁电流称为额定励磁电流。发电机在额定空载时的励磁电流称为空载励磁电流。

（8）额定温升。发电机在额定负载和规定的工作条件下，定子绕组允许的最高温度与环境温度之差。发电机绕组采用不同耐热等级的绝缘材料允许有不同的温升，温升过高会加速绝缘的老化，缩短使用寿命。发电机各部位的允许温升见表 9-2。

表 9-2	发电机各部位温升（环境温度 40℃时）				单位：℃
绝缘材料耐热等级	A	E	B	F	H
定子绕组	50	65	70	90	105
与铁芯接触的绕组	60	75	80	85	125
整流子和集流滑环	60	70	80	85	100
不接触绕组的铁芯部件	不能达到任何相近绝缘或其他材料有损坏的危险值				
滑动轴承	不超过 70℃				
滚动轴承	不超过 95℃				

注 1. 上述温升为温度计测得的数值。

2. 各种耐热材料允许的最高温升：Y 级—90℃，A 级—105℃，E 级—120℃，B 级—130℃，F 级—155℃，H 级—180℃，H 级以上—超过 180℃。

三、励磁系统

供给同步发电机励磁电流的电源及其附属设备系统称为励磁系统。目前采用的励磁系统可分为两大类：一类为直流发电机励磁系统；另一类为交流整流励磁系统。但不论何种励磁方式都应满足下列要求：①励磁系统要有足够的功率，电流和电压均流有一定的裕量。②当负载变化时，要有足够的励磁调节范围及调节的稳定性。③励磁系统简单可靠，调节方便和便于检修。

（一）同轴直流发电机励磁系统

同轴直流发电机又称直流励磁机，图9-3为同轴直流发电机励磁方式原理图，同轴直流发电机的励磁绕组 LEE 回路串有可调节的磁场变阻器 R_m，用来调节流过 LEE 回路的电流大小。使同轴直流发电机输出直流电压发生变化，从而调节同步发电机的励磁电流，使发

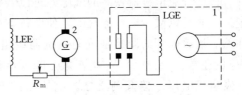

图9-3　直流励磁机励磁方式
1—同步发电机；2—直流励磁机

机的端电压发生改变。由于同轴直流发电机结构复杂，维护困难，现已很少采用。

（二）交流整流励磁系统

1. 三次谐波励磁

小型同步发电机常采用这种励磁方式，这是一种自励励磁方式，图9-4是三次谐波半导体励磁方式原理。在发电机定子槽内安置一套单相或三相三次谐波附加绕组，并将发电机转子磁极极靴形状和气隙作适当的改变，以期适当增大发电机气隙磁场三次谐波磁势的含量。将三次谐波绕组电动势经整流后送回发电机转子励磁由于谐波电动势具有跟随发电机无功负荷增加而相应升高的特性，因此，当发电机负载变动时，谐波电动势会相应变化，自动调整发电机的励磁电流，维持发电机的端电压基本不变，起到一定的恒压作用，因此常用来作为小型发电机组的励磁。谐波励磁的造价十分低廉，而动态特性非常好，是任何其他励磁方式不能比拟的，特别适合于单机运行。

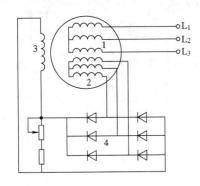

图9-4　三次谐波励磁
1—主绕组；2—谐波绕组；
3—励磁绕组；4—整流器

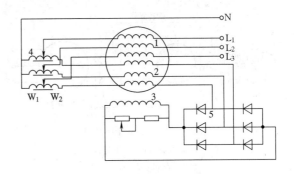

图9-5　双绕组电抗分流式励磁
1—发电机主绕组；2—发电机附加绕组；3—转子
励磁绕组；4—线性电抗器；5—整流器

2. 双绕组电抗分流式励磁

图9-5是双绕组电抗分流式励磁原理图，当发电机由原动机带动升速达到额定值时，由于转子中存在剩磁，在附加绕组2中感应出一定大小的电动势，经整流器5整流后供给发电机励磁，很快使发电机端电压上升达到空载额定值。发电机接通负载后，通过主绕组1的负载电流经线性电抗器4，经电抗器绕组 W_2 分流后送到整流器5，增加整流器的直流

输出电压，使供给发电机励磁绕组 3 的励磁电流能够随负载变化而自动增减，补偿了负荷电流对发电机电枢反应的去磁作用，使发电机端电压基本保持不变，起到"恒压"作用。因此，双绕组电抗分流式励磁也称为"自励恒压"装置。

改变分流电抗器铁芯的气隙，可以调整发电机的空载电压。若发电机空载电压高于额定值，则可以减少电抗器气隙，使电抗器两端的电压降增加，发电机空载电压下降，反之亦然。满载电压的调整是改变电抗器绕组匝数比实现的，若机端电压高于额定值，增加 W_2 的匝数，（或减少 W_1 的匝数）降低负载电流分流的成分，使发电机励磁电流减少，降低发电机电压。偏低则反之。电抗器的气隙和匝数比在出厂时就调整好，一般现场无须调整。

双绕组电抗分流励磁器电压特性比较好，结构简单，造价低，一般在低压小容量机组中应用较多。需要并联运行的机组应采用可控双绕组电抗分流励磁器。可控双绕组电抗分流励磁器增加了自动电压调节器（AVR）和调差环节，以提高电压调节精度和合理分配机组的无功功率，使机组能够稳定运行。

3. 无刷励磁

无刷励磁也称旋转半导体励磁，属于他励励磁系统，如图 9-6 所示。与主发电机同轴安装的一台旋转电枢式交流发电机作为主励磁机，半导体整流装置也安装在主发电机转子上，经整流后直接与发电机转子励磁绕组相连。因为同在一个旋转体上不需电刷和滑环，故称无刷励磁。交流主励磁机的励磁电流可以通过同轴交流副励磁机供给，也可以从主发电机输出端取得。调节交流主励磁机的励磁电流可以改变发电机的端电压。

无刷励磁可分为旋转晶闸管和旋转二极管两类。后者结构简单，动态响应也很好，并且取消了电刷和滑环，运行可靠性高，维护简便，在中小型机组上应用较广泛。

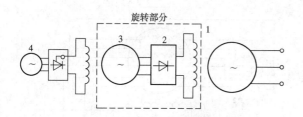

图 9-6　旋转半导体励磁
1—主发电机励磁绕组；2—半导体整流装置；
3—主励磁机；4—副励磁机

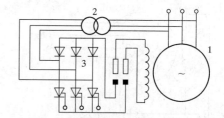

图 9-7　自励式静止半导体励磁系统
1—同步发电机；2—整流变压器；
3—整流装置

4. 自励式静止半导体励磁系统

自励式静止半导体励磁，一般称为晶闸管励磁，励磁系统如图 9-7 所示。发电机的励磁电源取自于机端的励磁变压器，经三相可控整流装置转变为直流。这种励磁系统的主要优点是简单，便于维护，反应速度也快；缺点是强励倍数不固定，且随故障点至电源的距离不同而发生变化。如果发电机端发生短路，将失去励磁功率。此种励磁应用较广泛，适合于较大容量的小型机组。

四、同步发电机的运行特性

同步发电机在转速保持恒定不变的状况下，发电机的端电压 U，电枢负载电流 I 和转

子励磁电流 I_e 三者相互影响。假定三个变量的一个固定，其他两个变量之间的函数关系称为发电机的基本特性，这里主要介绍同步发电机的空载特性、外特性及调整特性。

1. 同步发电机的空载特性

空载时，同步发电机在额定转速下，定子绕组开路时发电机端电压 U_g 随转子励磁电流 I_e 变化的曲线，即 $I=0$，$U_g=f(I_e)$，如图 9-8 所示。

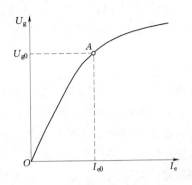

图 9-8 同步发电机的空载特性　　　图 9-9 不同功率因数时同步发电机的外特性

从曲线可知空载特性曲线形状与铁芯磁化曲线相似，A 点为额定空载运行点，相对应 U_{g0} 为额定空载电压，I_{e0} 为额定空载励磁电流。设计时，A 点的选择一般不工作于饱和段，否则，发电机电压调节比较困难，且需要消耗更多的励磁功率；也不选择在直线段，否则，发电机负载变化时电压变化较大，且发电机铁芯材料消耗多，降低铁芯的利用率。

2. 同步发电机的外特性

当发电机在额定转速下，转子励磁额定电流 I_e 和功率因数 $\cos\varphi$ 保持不变的情况下，端电压 U_g 随负载电流 I_g 变化的曲线称为外特性。即 $I_e=$ 常数，$\cos\varphi=$ 常数时，$U_g=f(I_g)$，如图 9-9 所示。

在感性负载和纯阻性负载时，外特性是下降的，因为这时的电枢反应为去磁；在容性负载时，由于电枢反应外为助磁，特性上升。同步发电机的额定功率因数为 0.8（滞后）负载功率因数越低，电枢反应去磁作用越强，必须增大转子励磁电流，以补偿被削弱的合成磁场，保持端电压为额定值。转子励磁电流增加会使转子发热，所以发电机必须按额定功率因数运行。

3. 同步发电机的调整特性

同步发电机在转速一定的情况下，当发电机的负载发生变化，为了保持发电机的端电压不变，必须调整发电机的励磁电流，即 $U_g=$ 常数，$\cos\varphi=$ 常数时，负载电流 I_g 与励磁电流 I_e 的关系 $I_g=f(I_e)$ 曲线，如图 9-10 所示。从图可知，对于感性负载，曲线是上翘的，而容性负载则是下降的，调整特性曲线与外特性曲线恰恰相反。运行人员可根据调整特性曲线来调整发电机的励磁电流，或根据

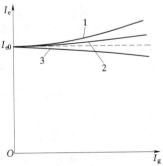

图 9-10 不同功率因数时同步
发电机的调整特性
1—电感性负载；2—电阻性负载；
3—电容性负载

调整曲线利用自动励磁调整装置来调整励磁，以其得到很好的调压特性。

第二节 电力变压器

一、变压器的结构

变压器是一种变换交流电压的静止电器，根据绝缘介质的不同，变压器可分为油浸式和干式变压器。油浸式变压器是小型电站常用的电力变压器，外形如图9-11所示。主要由器身、油箱、冷却装置及出线装置组成。

1. 器身

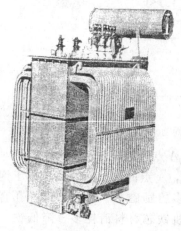

图9-11 油浸式电力变压器

器身由铁芯、绕组、绝缘引线和分接开关等组成，如图9-12所示。铁芯由相互绝缘、0.35～0.5mm厚的硅钢片叠压而成，是变压器的磁路部分。绕组是变压器的电路部分，分高压绕组和低压绕组，一般由绝缘圆铜线或扁铜线绕制并经绝缘处理而成。当通入交流电后绕组和铁芯共同作用产生磁通。由于低压绕组对铁芯的绝缘要求较低，低压绕组套在铁芯柱的内层，高压绕组套在低压绕组的外面。同一铁芯柱上的低压绕组和高压绕组与铁芯之间都要有绝缘隔开，并保证绝对的绝缘性能，且要留有散热通道。

为适应系统的电压波动，每相高压绕组的末端留有3～5个抽头，并将这些抽头接到分接开关上，通过调节分接开关来改变变压器的变比，达到电压调节作用，调节范围为额定电压的±5%。普通分接开关只能在停电后进行调节，称无载调压分接开关，其他的有载调压分接开关。

2. 油箱和油

油箱是油浸式变压器的外壳，用于盛放器身和变压器油，变压器油的主要作用是绝缘和散热。常用的变压器油有10号、25号和45号，号数表示该种油开始凝固的零下摄氏度数。因此变压器油的选择要考虑使用地区的最低温度，以防发生凝固。合格的变压器有良好的电气绝缘性能，要防止受潮，减少油和空气的接触。补充油时要使用相同牌号且经过试验合格的油，严禁不同牌号的油混合使用，防止油质劣化。

油浸变压器一般装有储油柜，俗称油枕，避免油箱中的油与空气接触，致使发生氧化

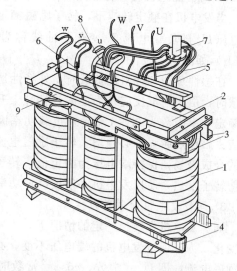

图9-12 三相变压器的器身
1—绕组（低压绕组在内，高压绕组在外）；2—铁芯柱；
3—上夹件；4—下夹件；5—高压绕组引出线；
6—低压绕组引出线；7—分接开关；
8—高压引线架；9—低压引线架

变质或渗入水分降低绝缘性能。由于变压器油的热胀冷缩，油枕可以保证箱内有一定的油压，使油箱在任何运行温度下都充满油，并减少油与空气接触面积。油枕上部空间通过呼吸器与外界大气相通，呼吸器中装有硅胶，以吸收进入油枕空气中的潮气，防止变压器油受潮变质。

3. 冷却装置

小型变压器油箱上装有散热管，增大箱体散热面积，通过油的自然对流作用，将变压器绕组和铁芯产生的热量散发出去，变压器容量较大时，散热器成组装设，甚至加装冷却风扇或进行强迫油循环冷却。

4. 接线套管

高低压绕组从油箱中引出线时要通过绝缘套管，使引出线与变压器的外壳绝缘，套管还起到固定引出线的作用。套管表面要保持清洁，防止表面放电产生击穿。因此要利用变压器停电机会经常擦拭和清扫，保证安全供电。

二、变压器的工作原理

图 9-13 是单相变压器的结构原理示意图，当一次侧（原边）加入交流电压 U_1，则在一次侧形成交变电流 I_1，此电流在铁芯中形成交变磁通 Φ，磁通 Φ 穿过二次绕组（副边）时，在二次侧感应出电动势 E_2。感应电动势的大小根据电工原理可知

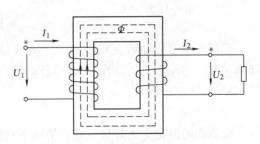

$$E = 4.44 f N \Phi \qquad (9-2)$$

式中　E——感应电动势，V；

　　　f——交变频率，Hz；

　　　Φ——磁通，Wb。

图 9-13　单相变压器的工作原理

由于磁通穿过一、二次绕组而闭合，因此

$$E_1 = 4.44 f N_1 \Phi \qquad (9-3)$$

$$E_2 = 4.44 f N_2 \Phi \qquad (9-4)$$

由上两式可知

$$\frac{E_1}{E_2} = \frac{N_1}{N_2} = K$$

式中　K——变压器的电压比。

因变压器的绕组电阻很小，一般情况下可以忽略不计，因此 $U_1 \approx E_1$，$U_2 \approx E_2$，则

$$\frac{U_1}{U_2} \approx \frac{E_1}{E_2} = \frac{N_1}{N_2} = K \qquad (9-5)$$

由式（9-5）可知，变压器可根据一、二次绕组匝数不同来变换电压，这就是变压器变压的原理。通过实验可知，变压器只变换电压，不能变换功率。在忽略变压器的各种损耗的情况下，可以认为变压器的输入功率等于输出功率，即 $U_1 I_1 = U_2 I_2$，变换可得

$$\frac{I_1}{I_2} = \frac{U_2}{U_1} = \frac{N_2}{N_1} = \frac{1}{K} \qquad (9-6)$$

由此可知，变压器一、二次侧电压的变化与变比成正比，电流变化与变比成反比。

三、电力变压器的主要技术参数

1. 型号

小型电力变压器型号的含义如下：

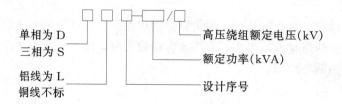

2. 额定容量

变压器的额定容量以视在功率计，单位为千伏安（kVA）。

（1）单相变压器。

$$S_N = U_N I_N \times 10^{-3} \tag{9-7}$$

（2）三相变压器。

$$S_N = \sqrt{3} U_N I_N \times 10^{-3} \tag{9-8}$$

我国小型变压器常见的容量大小有 50kVA、63kVA、80kVA、100kVA、125kVA、160kVA、200kVA、250kVA、315kVA、400kVA、500kVA、630kVA、800kVA、1000kVA 等。

3. 额定电压

变压器的额定电压是指在额定情况下长期运行所能承受的工作电压，有分接开关时指中间挡的电压。

4. 额定电流

在额定负载下，长期运行所允许的工作电流，三相变压器的额定电流指分接开关处于中间位置时的线电流。

5. 额定频率

我国规定的额定频率为 50Hz。

6. 阻抗电压

阻抗电压也称短路电压，是将变压器一侧绕组短路，在另一侧施加额定频率的试验电压 U_{im}，使电流达到额定电流。我们称这一试验电压 U_{im} 与变压器该侧的额定电压 U_e 比值的百分比为阻抗电压。即

$$U_{im}(\%) = \frac{U_{im}}{U_e} \times 100\% \tag{9-9}$$

短路阻抗是变压器的一个重要技术参数。

7. 连接组别

变压器连接组别是指变压器一次绕组和二次绕组按一定的接线形式连接时，一次绕组和二次绕组电压的相位差。通常用时钟法来表示。

8. 空载电流

变压器铁芯的磁通是由一次绕组励磁产生的，由于磁通是交变的，所以在铁芯中产生

了磁滞损耗和涡流损耗，因此空载损耗也称铁损。在频率为工频时，铁损一般是不变的，与负载的大小和性质无关，可通过变压器的空载试验来测定。

9. 负载损耗

变压器带额定负载运行时，一、二次绕组中通有额定电流，由于绕组有一定的电阻，当电流流过电阻时，便产生了损耗，因此负载损耗也称铜损。铜损的大小由负载的性质和大小所决定。铜损的测量是由变压器的短路试验来测定的，因此铜损也称短路损耗。

四、变压器的负载运行

变压器一次侧施加额定电压而二次侧开路，一次侧电流用来建立磁场（激磁），称一次侧的激磁电流为空载电流，空载电流一般为变压器的额定电流的百分之几。当二次绕组带上负载，二次侧电流增加，一次侧的电流也相应增加。因此变压器一次侧的电流是由二次侧的电流所决定的。

当运行电流超过额定电流时，称过负荷运行。变压器可以在正常过负荷和事故过负荷情况下运行。正常过负荷可以经常使用，其允许值根据变压器的负荷曲线、冷却介质温度以及过负荷前变压器所带的负荷等因数计算确定，正常过负荷不会缩短变压器的寿命。事故过负荷只允许在事故情况下运行，并应制造厂的规定。一般情况下，变压器过负荷运行温度会升高，使绝缘老化，并使变压器油变质，缩短使用寿命，变压器事故过负荷倍数和允许时间见表9-3。

表 9-3 变压器事故过负荷倍数及允许时间表

额定负荷的倍数	过负荷允许时间	
	室外变压器	室内变压器
1.3	2h	1h
1.45	80min	40min
1.6	30min	15min
1.75	15min	8min
2.0	7.5min	4min
2.4	3.5min	2min
3.0	1.5min	1min

电力变压器根据用途可分为升压变压器和降压变压器。升压变压器的高压侧比额定电压高5%，以克服输电线路上的电压损失，如电压比为10.5/0.4kV的变压器为升压变压器。降压变压器也称配电变压器，一般在线路的末端，电压比为额定值，如10/0.4kV。无论是升压变压器还是降压变压器，都应装设分接开关，有±5%的调节电压供选用。

在小水电供电区域，有些电站会遇到无功功率送不出去的现象。一般在丰水期，小水电站都希望通过联网向系统输送功率。如果系统的电压比较高，或者电站线路比较长，当发电机电压无法升高时，无功功率就送不出去，甚至还会向系统吸收无功，给电站造成损失。有这种情况的电站可以选用电压比为11/0.4kV的升压变压器，改变分接开关的位置，高压侧电压其最高电压可达11.55kV。

为保护变压器在运行中的安全，常采用熔断器作为变压器的高压侧保护。配电变压器高压侧的熔断器是作为变压器的内部保护。配电变压器高压侧熔丝应按变压器一次额定电流的1.3～1.5倍选择。10～1000kVA降压变压器高压侧熔断器熔丝额定电流选择见表9-4。

升压变压器的熔断器作为变压器过负荷和负载侧短路用，熔丝按最大电流选择。升压变压器10.5kV侧高压熔断器熔丝额定电流选择见表9-5。

表 9-4　　　　　　　　　　变压器事故过负荷倍数及允许时间表

变压器容量 （kVA）	10	20	30	40	50	63	80	100	125	160	200	250	315	400	500	630	800	1000
10kV 侧额定电流（A）	0.58	1.16	1.74	2.31	2.89	3.64	4.62	5.78	7.22	9.24	11.55	14.44	18.19	23.1	28.87	36.38	46.19	57.74
熔丝额定电流 （A）	2	3	5	5	7.5	10	15	15	15	20	30	30	40	50	75	75	100	

表 9-5　　　　　　　　　　变压器事故过负荷倍数及允许时间表

变压器容量 （kVA）	40	50	63	80	100	125	160	200	250	315	400	500	630	800	1000
10.5kV 侧额定电流（A）	2.2	2.75	3.47	4.4	5.5	6.88	8.8	11	13.75	17.32	22	27.5	34.64	44	55
熔丝额定电流（A）	3	3	5	5	7.5	7.5	10	15	15	20	25	30	40	50	60

第三节　高低压开关设备

高、低压断路器，负荷开关和隔离开关都是用以闭合和断开电路的开关设备，但担负的任务各不相同。断路器是开断和闭合电路中的负荷电流、过载电流及短路电流的主要设备，具有可靠的灭弧装置和足够的断流能力，高压断路器都配有专门的操作机构；负荷开关只用于切断负荷电流，回路中的短路电流则由负荷开关中串联的熔断器来断开；隔离开关只在没有负荷电流的情况下断开电路、隔离电源，或分合回路的空载电流。由于用途不同，决定了各自在结构和型式上存在很大的区别。

一、高压断路器及其操动机构

高压断路器（或称高压开关）是发电厂、变电所主要的电力控制设备，具有灭弧特性，当系统正常运行时，它能切断和接通线路以及各种电气设备的空载和负载电流；当系统发生故障时，它和继电保护配合，能迅速切断故障电流，以防止扩大事故范围。因此，高压断路器工作的好坏，直接影响到电力系统的安全运行。型号表示方法为：

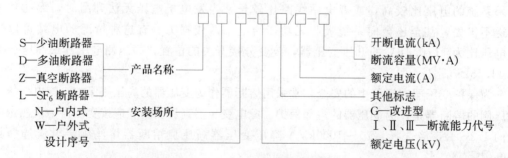

断路器按其所采用的灭弧介质，可分为下列几种类型：

（1）油断路器。采用变压器油作灭弧介质的断路器，称为油断路器，如断路器的油还兼作开断后的绝缘和带电部分与接地外壳之间的绝缘介质，称为多油断路器；油仅作为灭弧介质和触头开断后的绝缘介质，而带电部分对地之间的绝缘介质采用瓷或其他介质的，称为少油断路器。主要用在不需频繁操作及不要求高速开断的各级电压电网中。

（2）六氟化硫（SF₆）断路器。采用具有优良灭弧性能和绝缘性能的SF₆气体作为灭弧介质的断路器，称为SF₆断路器，在电力系统中广泛应用。适用于频繁操作及要求高速开断的场合，在我国推荐在7.2～40.5kV选用SF₆断路器，特别是126kV以上几乎全部选用SF₆断路器。但不适用于高海拔地区。

（3）真空断路器。利用真空的高介质强度来灭弧的断路器，称为真空断路器，现已大量应用在7.2～40.5kV电压等级的供（配）电网络上也主要用于频繁操作及要求高速开断的场合，但在海边地区使用时，应注意防凝露，因为会使断路器灭弧室灭弧能力下降。

目前，在电力系统中主要使用以上三种形式的断路器，而一些旧式断路器，如空气断路器等，已逐步被淘汰。

1. 油断路器

高压断路器按油量不同可分为少油式和多油式两种，按安装地点又可分为户内和户外两种。

SN10—10型少油断路器是小型水电站10kV系统常用的一种断路器。该型号断路器用油量少，仅作灭弧用，断路器外壳带电。SN10—10型断路器结构如图9-14所示。SN10—10少油断路器每相有一个油箱（绝缘筒）1，油箱内的上端装有静触头2，通过上出线座3与外电路相连。带电的油箱由支持瓷瓶15固定在框架12上，动触头通过绝缘拉杆13由操动机构驱动。框架上装有主轴14、分闸弹簧、分闸限位缓冲器和合闸缓冲器等。

断路器的分、合闸操作由操动机构实现。常用的操动机构有CD10型电磁操动机构和CT8型弹簧操动机构等。操动机构的主要作用是使断路器按照指令准确的分闸和合闸。电磁操动机构靠直流螺管电磁铁传动合闸，由已储能的弹簧分闸，操作比较方便，但合闸时间较长，并且需要大容量的直流合闸电源。弹簧操动机构由储能弹簧（电动机和手力储能）合闸和分闸，合闸时间短，能实现快速自动重合闸，操动功小。

多油断路器的油起灭弧和绝缘用，农村10kV电网常采用户外柱上断路器，装设在电杆上，用钩棒和绳索手动操作。10kV多油断路器用油量多，且存在火灾和爆炸的危险，

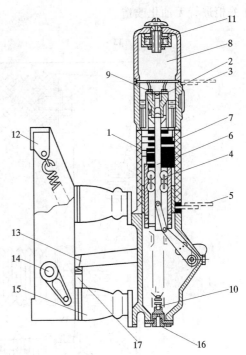

图9-14　SN10—10型少油断路器结构示意图
1—绝缘筒；2—瓣性静触头；3—上出线端；4—滚动触头；5—下出线端；6—导电杆；7—灭弧室；8—铝帽；9—小钢球；10—缓冲器；11—油气分离器；12—框架；13—绝缘拉杆；14—主轴；15—支持瓷瓶；16—放油螺帽；17—弹簧

尤其是这类断路器开断能力小,维护工作量大,已不适应当前农村电网发展的需要,已逐渐被真空断路器所取代。

2. 真空断路器

我国真空断路器技术直到 20 世纪 90 年代初才有较大的发展。真空断路器利用真空作灭弧介质,具有开断能力强,电寿命和机械寿命长、可频繁操作、体积小、不检修周期长、维护简便及无爆炸危险等特点。因此真空断路器正在逐渐取代 10kV 油断路器的地位。下面介绍两种常用的真空断路器。

(1) ZN28A—10 系列户内真空断路器。真空断路器的性能很大程度上决定于真空灭弧室的性能,本质上又取决于真空灭弧室触头的结构形式和触头材料及工艺的先进性。ZN28A 系列真空断路器是一种分装式小型化真空断路器,悬挂式结构,可以配用各类弹簧操动机构和电磁操动机构,安装在各种高压开关柜中,其结构原理如图 9-15 所示。ZN28A—10 真空断路器的安装尺寸和 SN10—10 相同,因此可以对装有 SN10—10 的高压开关柜进行无油化改造。

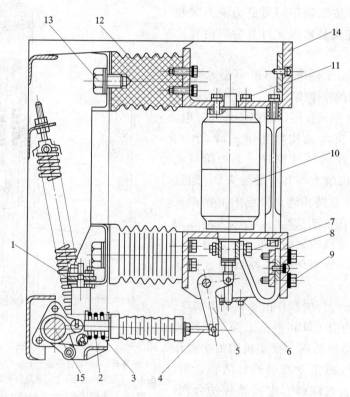

图 9-15 ZN28A—10 型户内真空断路器结构原理示意图

1—开距调整片;2—触头压力弹簧;3—弹簧座;4—接触行程调整螺栓;5—拐臂;6—导向板;
7—导电夹紧固螺栓;8—动支架;9—螺钉;10—真空灭弧室;11—真空灭弧室紧固螺钉;
12—绝缘子;13—绝缘子固定螺钉;14—静支架;15—主轴

(2) ZW₁—10 系列户外高压真空断路器。断路器有导电回路、绝缘系统、箱体和操动机构等部分组成,为三相共箱结构。

导电回路由进出线导电杆、动静端支架、导电夹与真空灭弧室连接而成，外绝缘通过高压瓷套管实现。为防止箱体内部短路、凝露，灭弧室和箱内导电部分都浸在变压器油中，改进的10kV户外真空断路器采用复合内绝缘，干式结构，减轻了重量并且还带有外隔离断口。

断路器由附装的弹簧操动机构操作，可以手动或电动储能，手动或电动分合闸，同时具有过电流保护功能，因此，可以远距离控制和操作，由于结构简单、使用寿命长、开断性能好、无爆炸危险，适合于开断、关合农村电网及城网配电线路的负荷电流、过载电流及短路电流，也可以用于较频繁操作的场所。

3. 六氟化硫（SF$_6$）断路器

SF$_6$断路器的工作原理是：开关利用压缩的SF$_6$气体为灭弧和绝缘介质，利用电弧的能量，产生SF$_6$压缩气体，熄灭电弧。用以切断额定电流和故障电流、转换线路、实现对高压输变电线路和电气设备的控制和保护，并配以操作机构进行分、合闸及自动重合闸。

按所利用能源的不同，将SF$_6$灭弧装置分为三类：

（1）外能式灭弧装置：利用运行贮存的高压力SF$_6$气体或开断过程中依靠操作力产生的压力差，在开断时将SF$_6$气体吹向电弧而使之熄灭。

（2）自能式灭弧装置：利用电弧本身的能量使SF$_6$气体受热膨胀而产生压力差，在开断时将SF$_6$气体吹向电弧而使之熄灭。或者利用开断电流本身依靠线圈形成垂直于电弧的磁场，使电弧在SF$_6$气体中旋转运动而使之熄灭。

（3）混合式灭弧装置：既利用电弧（或开断电流）自身的能量，也利用部分外界能量的综合式灭弧装置按开断过程中，灭弧装置工作特点的不同，将SF$_6$灭弧装置分为：气吹式、热膨胀式、磁吹旋转电弧式、混合式。

下面介绍几种常见的六氟化硫（SF$_6$）断路器。

（1）瓷柱式SF$_6$断路器。结构特点如图9-16所示。开断元件放在绝缘支柱上，使处于高电位的触头、导电部分及灭弧室与地电位绝缘。灭弧室安装在高强度瓷套3中，用支持瓷（即空心瓷柱）4支撑和实现对地绝缘。灭弧室和绝缘瓷柱内腔相通，充有相同压力的SF$_6$气体，通过控制柜中的密度继电器和压力表进行控制和监视。7是绝缘拉杆，它穿过了整个瓷柱4，把灭弧室6里面的动触头和操动机构箱8中的驱动杆连接起来，通过绝缘拉杆带动触头完成断路器的分合操作。

优点是结构重心低，抗震性能好，灭弧断口间电场较好，断流容量大，可以加装电流互感器，还能与隔离开关、接地开关、避雷器等融为一体，组合成复合式开关设备。借助于套管引线，基本上不用改装就可以用于全封闭组合电器之中。缺点是罐体耗用材料多，用气量大，系列性差，难度较大，造价比较昂贵。

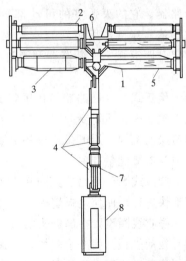

图9-16　瓷柱式SF$_6$断路器

1—并联电容；2—端子；3—灭弧室瓷套；4—空心支持瓷柱；5—合闸电阻；6—灭弧室；7—绝缘拉杆；8—操动机构箱

"I"形布置，一般用于220kV及以下的单柱单断口断路器，如图9-17（a）。

"Y"形布置，一般用于220kV及以上的单柱双断口断路器。

"T"形布置，一般用于220kV及以上特别是500kV的单柱双断口断路器，如图9-17（b）。

（a）　　　　　　　　　　　　　　（b）

图9-17　断路器布置
(a)"I"形布置；(b)"T"形布置

（2）罐式SF_6断路器。如图9-18所示，结构特点是灭弧室安装在接地的金属罐中，高压带电部分用支持绝缘子2支持，对箱体的绝缘主要靠SF_6气体。绝缘操作杆8穿过支承绝缘子，把动触头5与机构驱动轴连接起来，在两个出线套管的下部都可安装电流互感器。结构比较稳定，常在额定电压高的高压和超高压断路器中使用，抗地震性能好，称为外壳接地断路器。实际使用如图9-19所示。

（3）单压力式SF_6断路器旋弧式SF_6断路器。单压式SF_6断路器又称为压气式SF_6断路器。它的灭弧室的可动部分带有压气装置。主要应用在252kV以上的电压等级。它是依靠压气作用实现气吹来灭弧的，按灭弧室结构的不同，可以分为变开距灭弧室和定开距灭弧室。断路器开断过程见图9-20所示，机压气灭弧室的开断过程如图9-21所示。

旋弧式SF_6断路器是在压气式基础上发展起来的，又称第三代SF_6断路器。用电弧能量建立灭弧所需要的压力差。自能式SF_6断路器的开断能力与电弧能量有关。可采用弹簧操动机构。用电弧自身的能量建立灭弧所需要的压力差。自能式SF_6断路器的开断能力与电弧能量有关。

旋弧式SF_6断路器如图9-22所示，旋弧式SF_6断路器利用SF_6气体中电弧在磁场作用下快速转动而使电弧熄灭。旋弧式SF_6断路器多用于中压系统中。

磁吹线圈设置在静触头附近，在开断电流时，线圈被电弧串联接进回路，电流流过线圈，在动静触头间产生磁场，电弧在磁场的驱动下旋转，在旋转时受到冷却而熄灭。

按照磁吹和电弧的运动方式不同可分为径向旋弧式和纵向旋弧式。

二、高压隔离开关

1. 隔离开关的作用

隔离开关无灭弧罩，一般不允许带负荷操作，只能在有电压（或无电压）无负荷情况

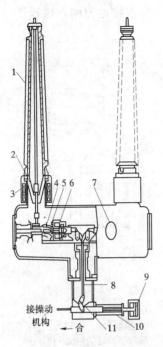

图 9-18 罐式 SF₆ 断路器

1—套管；2—支持绝缘子；3—电流互感器；4—静触头；
5—动触头；6—喷口工作缸；7—检修窗；8—绝缘操
作杆；9—油缓冲器；10—合闸弹簧；11—操作杆

图 9-19 罐式 SF₆ 断路器

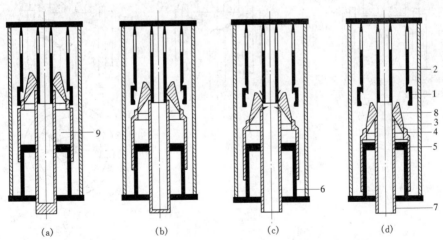

(a)　　　　(b)　　　　(c)　　　　(d)

图 9-20 压气式 SF₆ 断路器开断过程示意图

(a) 合闸位置；(b) 触头分离；(c) 气吹电弧；(d) 分闸位置

1—静主触头；2—静弧触头；3—动弧触头；4—动主触头；5—压气缸；
6—活塞；7—操作拉杆；8—喷嘴；9—压气室

下进行分、合操作。隔离开关的主要作用是：

(1) 隔离电源。用隔离开关可将待检修的线路或电气设备与电源可靠的隔离，形成明显的断开点，以确保检修工作安全进行。有的隔离开关带有接地刀闸，供检修时将出线端接地，以防出线端反送电，危及检修人员。

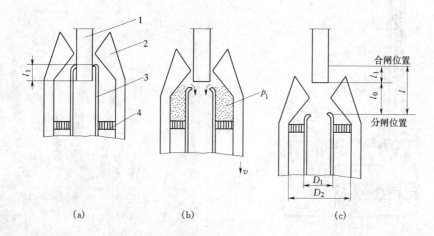

图 9 - 21　压气灭弧室的开断过程

(a) 合闸位置；(b) 开始气吸；(c) 分闸位置

1—静触头；2—绝缘喷嘴；3—动触头；4—固定活塞；l_1—超行程；l_0—触头开距；

D_1—动触头外径；D_2—压气室内径；v—触头（压气室）运动速度

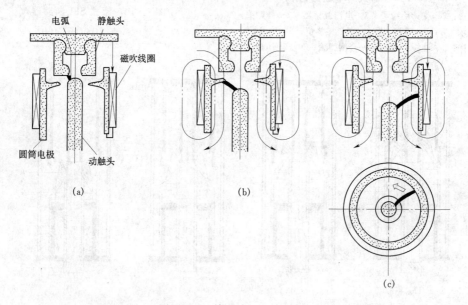

图 9 - 22　旋弧式 SF_6 断路器

（2）倒闸操作。根据需要用隔离开关进行某些电路的切换操作，以改变电力系统的运行方式。倒闸操作时应严格的遵守一定的操作程序，以防发生误操作。

（3）隔离开关通常可以接通和切断下列小电流电路：①投、切电压互感器或避雷器回路；②投、切电压 10kV 以下、容量 315kVA 及以下空载变压器的激磁电流（2A 以下）；③投、切电压 10kV、长 5km 以内的空载线路等。

2. 隔离开关的型号表示方法

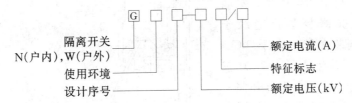

隔离开关
N(户内),W(户外)
使用环境
设计序号
额定电流(A)
特征标志
额定电压(kV)

3. 隔离开关的结构和类型

隔离开关结构简单，由导电闸刀、静触头、绝缘瓷瓶、底架和传动机构组成，通常为三极式结构。户外隔离开关的工作条件比较差，要求有较高的机械强度和绝缘强度。

图 9-23 为 GW_1—10G（D_2）型户外高压隔离开关图，是一种改进型结构，分为不带接地刀闸、动触头带接地刀闸（D_1 型）和静触头带接地刀闸（D_2 型）三种形式。

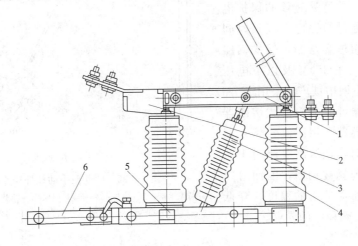

图 9-23　GW_1—10G（D_2）

1—触刀；2—触头；3—操作绝缘子；4—支持绝缘子；5—底架；6—接地刀闸

图 9-24 为 GN19—10C_1/400、630 型户内高压隔离开关的外形尺寸图。每相导电部分由两个支持绝缘子固定在底架上，闸刀中间有拉杆瓷瓶，与安装在底架上的主轴相连。每相闸刀由两片槽形铜片组成，不仅增加了闸刀的散热面积，而且提高了闸刀的机械强

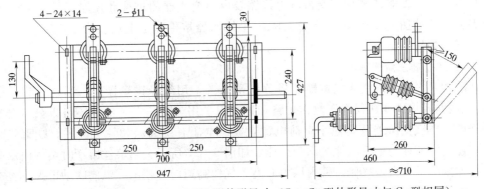

图 9-24　GN19—10C_1/400、630 型外形尺寸（C_2、C_2 型外形尺寸与 C_1 型相同）

度，使隔离开关动稳定性提高。GN19型隔离开关有平装型和穿墙型，穿墙型又分为动触头侧装套管绝缘子（C_1）、静触头侧装套管绝缘子（C_2）以及两侧装套管绝缘子（C_3）三种，供选择使用。户内式隔离开关一般装设在高压配电装置（高压开关柜）内，通过手动杠杆式操动机构操作，常见的隔离开关操作机构为CS6型手动操作机构，如图9-25所示。

三、高压熔断器

熔断器是一种简易有效的保护电器。当电路中通过短路电流或长时间过载电流时，熔体会熔断，保护回路中的电气设备，在35kV及以下电压等级的小容量电网中被广泛采用。

高压熔断器可分为限流式熔断器和跌落式熔断器等。用限流式熔断器保护电气设备时，在短路电流尚未达到其最大值之前就被切断，因而可以减轻电气设备所受危害的程度，降低对电气设备动、热稳定的要求。

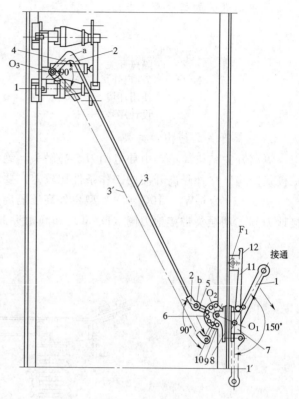

图 9-25 CS6型手动杠杆操作机构

1—操作手柄；2—接头；3—牵引杠杆；4—拐臂；5、6—连接杆；7—前轴承；8—后轴承；9、10、11、12—连接杆

1. 限流式熔断器

RN系列熔断器是限流式熔断器，其额定电压有6kV、10kV和35kV三种，户内结构，由熔管、触头座、支柱绝缘子和底板构成。熔管的熔丝（或片状熔丝）缠绕在六角形瓷管芯上，周围填充石英砂，焊上密封管盖。当电路中出现故障电流并达到最大值（峰值）以前，熔丝即熔化，产生的电弧在石英砂作用下迅速熄灭电弧，开断时间极短。

RN1、RN3、RN5型用于交流电力线路及电力变压器的过载和短路保护，RN1型熔断器及其熔管如图9-26所示。RN2、RN6型熔断器熔件额定电流仅为0.5A，专门用于电压互感器的短路保护。

2. 跌落式高压熔断器

RW系列户外高压跌落式熔断器俗称跌落开关，用绝缘钩棒操作，用在小容量的输（配）电线路及电力变压器高压侧作短路和过载保护用，在一定条件下还可以分、合空载架空线路、空载变压器及其他小负荷电流，额定电压有10kV、35kV两种。跌落式熔断器由瓷质绝缘支柱与熔管组件两部分组成，如图9-27所示。当熔丝熔断时熔管内层钢纸在电弧作用下产生大量气体，管内压力升高，气体高速向外喷出，纵向吹动电弧，在交流电流过零时将电弧熄灭。同时，熔管在触头弹簧力和熔管自重的作用下跌落，形成明显的

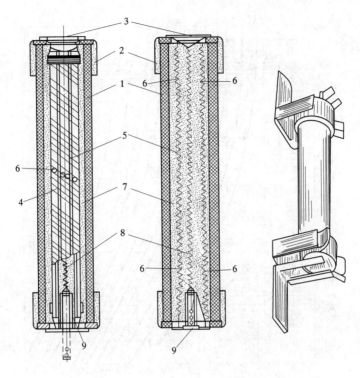

图 9-26　RN1 型熔断器及其熔管

1—瓷管；2—管罩；3—管盖；4—瓷芯；5—熔丝；6—锡球或铅球；
7—石英砂；8—钢指示熔丝；9—与指示熔丝连接的小衔铁

断开点，切断电路。

　　高压熔丝是跌落式熔断器的主要部件，安装于熔管中，以保证熔断器可靠的工作。
6～35kV高压熔丝由熔体、铜套圈和铜绞线等部分组成。熔体由特种合金材料制成，具有
良好的熔化特性和稳定性。图 9-28 为 6～35kV 熔丝
安—秒特性曲线。图中横坐标是通过熔丝的电流，纵
坐标为熔丝的熔断时间（不含灭弧时间）。

四、低压断路器

　　低压断路器是一种不仅可以接通和分断正常负荷
电流和过负荷电流，还可以接通和分断短路电流的开
关电器。低压断路器在电路中除起控制作用外，还具
有一定的保护功能，如过负荷、短路、欠压和漏电保
护等。低压断路器的分类方式很多，按使用类别分，
有选择型（保护装置参数可调）和非选择型（保护装
置参数不可调），按灭弧介质分，有空气式和真空式
（目前国产多为空气式）。低压断路器容量范围很大，
最小为 4A，而最大可达 5000A。低压断路器广泛应用
于低压配电系统各级馈出线，各种机械设备的电源控

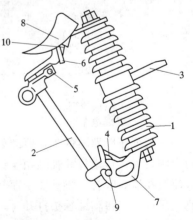

图 9-27　RW 型跌落式熔断器

1—绝缘支柱；2—熔管部件；3—安装固定
板；4—下触头；5—轴；6—压板；7—金属
支架；8—鸭嘴罩；9—轴；10—弹簧钢片

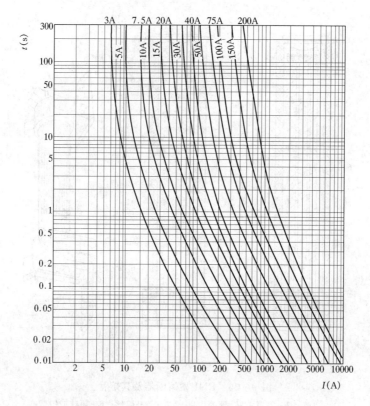

图 9-28 6～35kV 熔丝的安-秒特性曲线

制和用电终端的控制和保护。

国产低压断路器全型号表示和含义如下：

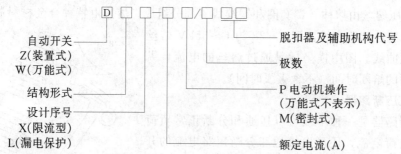

一般低压断路器的工作原理如图 9-29 所示。主触头 2 用于接通和分断主电路，图示为合闸位置。传动杆 3 被锁扣 4 锁住并将分断弹簧 1 拉伸储能。当主回路通过电流时，过电流脱扣器 5 吸合，将锁扣 4 顶开，主触头 2 在分断弹簧 1 的作用下迅速断开。如果电源侧失压或人工将辅助触头打开时，失压脱扣器 6 的衔铁失电释放，顶开锁扣 4，主触头 2 分闸。

低压断路器的保护特性曲线如图 9-30 所示。

低压断路器的种类有以下几类：

（1）按用途分为配电用断路器、电动机保护用断路器、照明用断路器、漏电保护断路器。

（2）按灭弧介质分为空气断路器和真空断路器。

（3）配电用断路器按结构分为塑料外壳式（装置式）断路器和框架式（万能式）断路器。

（4）配电用断路器按保护性能分为：

1）非选择型断路器。①瞬时动作型，只作短路保护用；②长延时动作型，只作过负荷保护用；③两段保护为瞬时和长延时的组合。

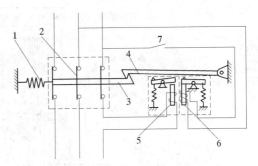

图 9 - 29　低压断路器工作原理

1—分断弹簧；2—主触头；3—传动杆；4—锁扣；
5—过电流脱扣器；6—失压脱扣器；7—辅助触头

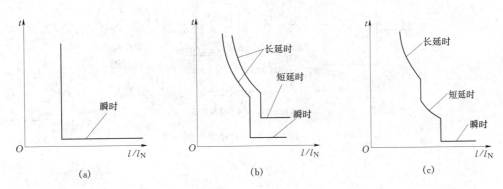

图 9 - 30　低压断路器的保护特性曲线

（a）瞬时动作特性；（b）两段保护特性；（c）三段保护特性

2）选择型断路器。①两段保护特性，瞬时和短延时两段组合；②三段保护特性，瞬时、短延时和长延时三段组合。

1. DW15 系列框架式断路器

DW15 系列断路器分为 200～600A 和 1000～4000A 两类，均可用手柄直接操作。电动机操作时，200～600A 断路器用电磁铁驱动，1000～4000A 断路器采用储能电动机操作。DW15—200～600A 断路器结构如图 9 - 31 所示。

DW15 断路器具有过电流脱扣器、欠电压脱扣器、分励脱扣器和欠电压延时脱扣器中的一种或数种组合脱扣功能，过电流保护种类齐全，是一种功能较多、性能可靠的低压电器。

2. DZ20 系列塑壳（装置式）断路器

塑壳式断路器的种类很多，具有封闭的塑料外壳，仅露出操作手柄和引线头，如图 9 - 32 所示。DZ20 系列断路器在低压网内作为配电保护和电动机保护之用。操作方式可手动和装设电动机操作机构。

低压断路器操作手柄的三个位置：

（1）合闸位置见图 9 - 33 所示，手柄扳向上方，跳钩被锁扣扣住，断路器处于合闸状态。

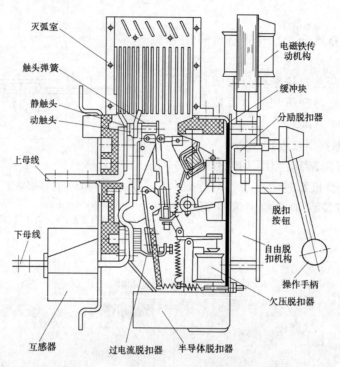

图 9 - 31 DW15 系列自动开关结构图

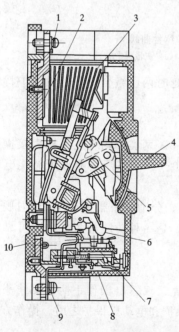

图 9 - 32 DZ20 系列塑壳（装置式）断路器

1—引入线接线端；2—主触头；3—灭弧室；4—操作手柄；
5—跳钩；6—锁扣；7—过电流脱扣器；8—塑料壳盖；
9—引出线接线端；10—塑料底座

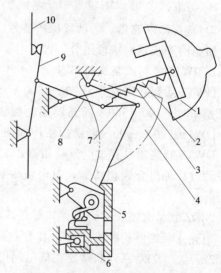

图 9 - 33 合闸位置

1—操作手柄；2—操作杆；3—弹簧；4—跳钩；
5—锁扣；6—牵引杆；7—上连杆；8—下连杆；
9—动触头；10—静触头

284

（2）自由脱扣位置见图9－34所示，手柄位于中间位置，是当断路器因故障自动跳闸，跳钩被锁扣脱扣，主触头断开的位置。

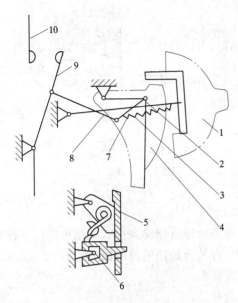

图9－34　自由脱扣位置

1—操作手柄；2—操作杆；3—弹簧；4—跳钩；
5—锁扣；6—牵引杆；7—上连杆；8—下连杆；
9—动触头；10—静触头

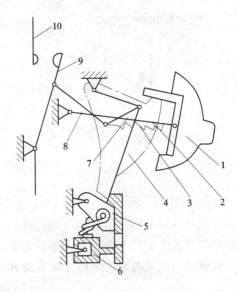

图9－35　分闸和再扣位置

1—操作手柄；2—操作杆；3—弹簧；4—跳钩；
5—锁扣；6—牵引杆；7—上连杆；8—下连杆；
9—动触头；10—静触头

（3）分闸和再扣位置，图9－35所示，手柄扳向下方，这时，主触头依然断开，但跳钩被锁扣扣住，为下次合闸做好准备。断路器自动跳闸后，必须把手柄扳在此位置，才能将断路器重新进行合闸，否则是合不上的。

注：塑料外壳式低压断路器和框架式断路器的手柄操作都如此。

五、其他低压开关电器

1. 刀开关

刀开关是低压配电屏应用广泛的电器，主要用于电源隔离。当刀开关装有灭弧罩并且用杠杆机构操作时，也可以作为负荷开关不频繁的接通和分断额定负荷电流。图9－36是带有灭弧罩的刀开关外形图。

刀开关有单极、双极和三极三种；按投向有单投和双投两种。操作方式分为中央手柄操作、中央正面杠杆机构操作、侧方正面杠杆机构操作和侧面手柄操作。不带灭弧罩的刀开关只能作为隔离开关用。刀开关接线时，上接线头要接电源，以保证闸刀拉开时刀体不带电。

熔断器式刀开关也称刀熔开关，是一种刀开关和熔断器的组合电器，具有双重功能。

2. 负荷开关

负荷开关是介于断路器和隔离开关之间的一种开关电器，具有简单的灭弧装置，能切断额定负荷电流和一定的过载电流，但不能切断短路电流。能在正常的导电回路条件或规

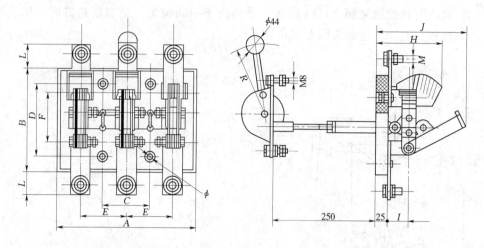

图 9 - 36　HD13—600～1500A 刀开关

定的过载条件下关合、承载和开断电流，也能在异常的导电回路条件（例如短路）下按规定的时间承载电流的开关设备。按照需要，也可具有关合短路电流的能力。

按照使用电压可分为高压负荷开关和低压负荷开关。

（1）高压负荷开关。

1）高压负荷开关功能和型号。高压负荷开关是一种功能介于高压断路器和高压隔离开关之间的电器，高压负荷开关常与高压熔断器串联配合使用；用于控制电力变压器。高压负荷开关具有简单的灭弧装置，因为能通断一定的负荷电流和过负荷电流。但是它不能断开短路电流，所以它一般与高压熔断器串联使用，借助熔断器来进行短路保护。常见的高压负荷开关如图 9 - 37 所示。

目前我国高压负荷开关型号是根据国家技术标准的规定，一般由文字符号和数字按以下方式组成。其代表意义为：

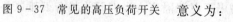

图 9 - 37　常见的高压负荷开关

高压开关已系列化，型号含义如下：

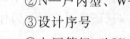

①②③④⑤⑥

①高压开关类别：F—负荷开关、G—隔离开关、R—熔断器

②N—户内型、W—户外型

③设计序号

④电压等级（kV）

⑤R—带熔断器的代号、（不带熔断器不表示）

⑥S—熔断器装于开关上端（装于开关下端不表示）

2）压气式高压负荷开关工作原理。高压负荷开关的工作原理与断路器相似。一般装有简单的灭弧装置，但其结构比较简单。图 9 - 38 为一种压气式高压负荷开关，其工

286

作过程是：分闸时，在分闸弹簧的作用下，主轴顺时针旋转，一方面通过曲柄滑块机构使活塞向上移动，将气体压缩；另一方面通过两套四连杆机构组成的传动系统，使主闸刀先打开，然后推动灭弧闸刀使弧触头打开，气缸中的压缩空气通过喷口吹灭电弧。合闸时，通过主轴及传动系统，使主闸刀和灭弧闸刀同时顺时针旋转，弧触头先闭合；主轴继续转动，使主触头随后闭合。在合闸过程中，分闸弹簧同时贮能。由于负荷开关不能开断短路电流，故常与限流式高压熔断器组合在一起使用，利用限流熔断器的限流功能，不仅完成开断电路的任务并且可显著减轻短路电流所引起的热和电动力的作用。

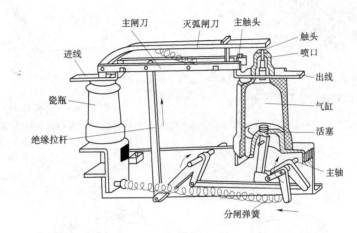

图 9-38　压气式高压负荷开关结构

目前市场上使用较多的是 KLSF 系列负荷开关及开关柜，如图 9-39 所示。

它的基本配置：合闸—分闸—接地的三工位开关，六氟化硫气箱及内部三相母线结构，高压熔断器装置，弹簧储能，脱扣跳闸的操作机构，熔断器脱扣显示牌，电容式高电压显示器，硅橡胶出线电缆头，普通操作手柄，挂锁装置，气压表，电缆支架，吊耳，抗压加强型门板；可选配置：短路故障指示器，电动操作机构，测量用电流互感器，测量电流表，分闸、合闸指示灯，电接点气压表，硅橡胶进线电缆头，直流或交流脱扣器，回退联锁装置，二次控制室，辅助开关。

（2）低压负荷开关。HH 系列负荷开关是由带灭弧罩的刀开关和熔断器组合而成的电器，装在一个封闭的铁壳内，也称铁壳开关，如图 9-40 所示。刀开关用手柄通过弹簧储能机构操作，动刀片可以快速分、合，可以分断额定电流。开关盒上装有连锁装置，可以保证壳盖打开时不能合闸或合闸后不能打开壳盖，确保安全。

HK 系列开启式负荷开关也称胶盖瓷底开关，作为电灯、电热、小容量电动机等设备的控制开关，可以不频繁的带负荷操作，借助熔丝起过载和短路保护。

3. 组合开关

组合开关又称刀形转换开关，每极都有两个静插座和一个转动刀片，铰链支座在中间。图 9-41 为组合开关的外形图和结构图。

组合开关可以不频繁的接通和分断额定电流、转换电源和负荷、测量三相电压和控制 35kV 及以下交流电动机的直接启动等。由于采用弹簧储能机构，组合开关能实现快速

图 9-39　KLSF 系列负荷开关柜

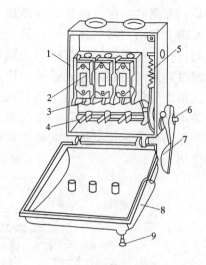

图 9-40　负荷开关
1—底座；2—熔断器；3—接线柱；4—U 形触头；5—弹簧；
6—转轴；7—手柄；8—铁盖；9—起盖螺丝

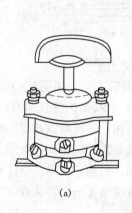

(a)

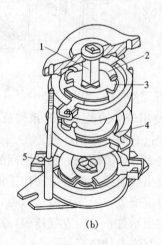

(b)

图 9-41　组合开关
（a）外形图；（b）结构图
1—绝缘杆；2—绝缘垫板；3—动触头；4—静触头；5—接线柱

的分、合操作。组合开关（HZ 型）主要类型有：HZ3、HZ5、HZ5B、HZ10 等系列。

（1）HZ3 系列组合开关。HZ3 系列组合开关是由鼓形动触头和直立式静触头及一组定位机构组式。适用于交流 50Hz 或 60Hz，电压至 500V 的电路中，作为电源引入开关，或作为控制操作频率，每小时不大于 300 次的三相鼠笼式感应电动机用，特殊结构的组合开关，运用于电压至 220V 的直流电路中，控制电磁吸盘用。防护型式有薄钢板外壳防护式和开启式两种，其安装方式有无面板式和有面板式两种，由中间鼓形动触头旋转作其分断和闭合，定位机构能使触头迅速、正确动作，不致停留在任何中间位置。图 9-42 为 HZ3 系列组合开关基本型普通式外形。

图 9-42 HZ3 系列组合开关基本型普通式外形图

（2）HZ5 系列组合开关。HZ5 系列组合开关主要用于交流 50Hz，电压 380V 及以下的电气线路中作电源开关和笼型感应电动机的启动、换向、变速开关。也可作控制线路的换接之用。

HZ5 系列开关型号含义如下：

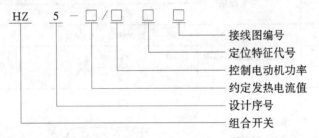

（3）HZ5B 系列组合开关。HZ5B 型组合开关适用于交流 50Hz，电压至 380V 的电路中作电动机、停止、换向、变速之用。其结构特征有：

1）开关按接触系统节数分为 1～8 节、10 节，共九种。

2）开关按用途分为转换电路用和直接开闭电动用两种。

3）开关按操作方式与操动器位置的组合分有九种，见表 9-6。

表 9-6　　　　　　　　　开关按操作方式与操动器位置的组合方式

操作方式	定位特征代号	操作手柄位置（°）	限位角度（°）
自复式	A	0→45	45
	B	45→0←45	90
定位式	C	0 、45	45
	D	45 、0、45	90
	E	45、0、45、90	135
	F	90、5、0、45、90	180
	I	135、90、45、0、45、90、180	无
	P	90、0、90	180
	Q	90、0、90、180	无

289

图 9 - 43 HZ10 系列组合开关基本型
普通式外形图

（4）HZ10 系列组合开关。HZ10 系列组合开关（以下称开关）适用于交流 50Hz 380V 及以下，直流 220V 及以下的电气线路中，供手动不频繁地接通或分断电路，换接电源或负载，测量电路之用，也可控制小容量电动机。图 9 - 43 是 HZ10 系列组合开关外形图。常用规格型号参数见表 9 - 7，10～60A 板前接线图见图 9 - 44，10～25A 板前接线图见图 9 - 45，常用规格型号尺寸表见表 9 - 8。

表 9 - 7   常用规格型号参数

型 号	用途	交流 AC（A）		直流 DC（A）		次数
		接通	断开	接通	断开	
HZ10—10 1，2，3 级	作配电电器用	10	10	10		10000
HZ10—25 2，3 级		25	25	25		15000
HZ10—60 2，3 级		60	60	60		5000
HZ10—10 3 级	作控制交流电动机用	60	10			5000
HZ10—25 3 级		150	25			

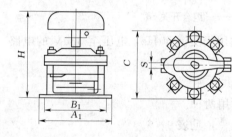

图 9 - 44　10～60A 板前接线

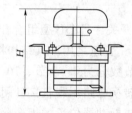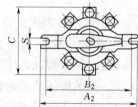

图 9 - 45　10～25A 板前接线

表 9 - 8   常用规格型号尺寸表

型 号	级数	A1	A2	B1	B2	H	⌀	C	S
HZ10—10/1	1	65	86	55±0.5	74	62	6		5
HZ10—10/2	2	65	86	55±0.5	74	68	6		5
HZ10—10/3	3	65	86	55±0.5	74	74	6	−58	5
HZ10—25/2	2	100	114	90±0.5	100	98	8		6
HZ10—25/3	2	100	114	90±0.5	100	108	8	−92	6
HZ10—60/2	2	142	153	128±0.5	139	129	9		7
HZ10—60/3	3	142	153	128±0.5	139	144	9	−154	7

4. 低压熔断器

低压熔断器的种类繁多，其型号表示如下：

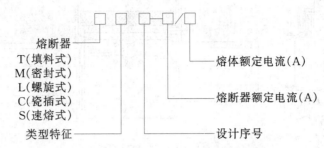

低压熔断器结构简单，使用方便，是一种价格低廉的保护电器。当故障电流通过熔件时，熔体温度上升达到熔化温度，熔体自行熔断，分断故障电路。

（1）RC1型瓷插式熔断器。该熔断器广泛用于民用低压系统，用以线路、照明、小容量电动机以及家用电器的过载和短路保护，是一种简易电器。

（2）RL型螺旋式熔断器。该熔断器熔管内填充有石英砂，熔丝熔断后，指示器会跳出，可以观察检测。RL型熔断器体积较小，价格较低，更换熔管方便，灭弧能力较强，运行安全可靠。常用于控制箱、配电屏、机床设备及震动较大的场合。在低压回路中作短路保护用。

（3）RM型熔断器。图9-46为RM系列熔断器图。该系列熔断器是无填料密封管型熔断器，主要由熔断管、熔体、夹头及夹座等部分组成。该熔断器有两个结构特点：一是采用钢纸管作熔管，当熔体熔断时，钢

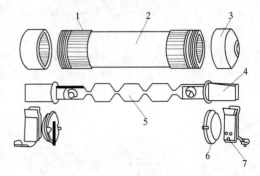

图9-46　RM系列无填料密闭管式熔断器
1—黄铜圈；2—绝缘纸管；3—黄铜帽；4—插刀；
5—熔件；6—密封圈；7—刀座

纸管内壁在电弧热量的作用下产生高压气体，使电弧迅速熄灭。二是采用变截面锌片作熔体，当电路发生短路时，锌片几处狭窄部位同时熔断，形成较大空隙，有利灭弧。

RM系列熔断器主要用于低压动力网络和成套配电设备中，作为导线、电缆及较大容量电气设备的短路和连续过载保护。

（4）RT系列有填料封闭式熔断器。该熔断器是一种高分断能力的熔断器，熔管用耐高温的高频电瓷制成，熔体是两块网状紫铜片，中间用锡桥连接，管内填充石英砂，在熔体熔断时起灭弧作用。该熔断器配有熔断指示装置，可进行熔断监视。其结构如图9-47所示。

RT系列熔断器广泛用于短路电流较大的电力输配电系统中，作为电缆、导线和电气设备的短路保护及电缆、导线的过载保护。

（5）RS型快速熔断器。该熔断器也是有填料封闭式熔断器，特点是动作速度特别快，分断能力高，主要用于电子电路中作过载和短路保护用。硅整流电路及其成套设备常采用。

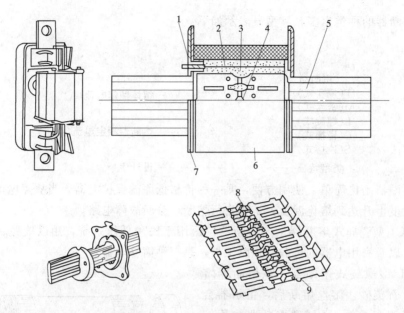

图 9-47 RT0 型熔断器

1—熔断指示器；2—指示熔件；3—石英砂；4—工作熔件；

5—插刀；6—熔管；7—盖板；8—锡桥；9—点燃栅

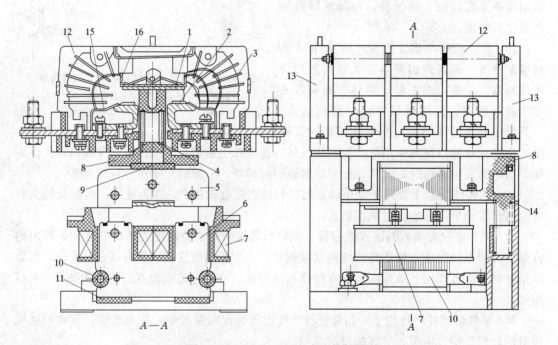

图 9-48 CJ20—250A 交流接触器

1—主动触头；2—主静触头；3—灭弧栅片；4—压缩弹簧；5—衔铁；6—铁芯；

7—电磁线圈；8—绝缘支架；9、11—缓冲器；10—缓冲硅橡胶管；

12—灭弧室；13—辅助触头；14—反作用弹簧；15、16—弧角

5. 交流接触器

交流接触器是一种适用于近距离频繁接通和分断交流电路的控制电器，用于控制电动机等电力负荷，与继电器等配合使用，可实现自动控制和保护功能。由于交流接触器触头灭弧能力有限，单独使用时不能用来切断短路电流和过载电流。

交流接触器由触头系统、电磁系统、灭弧装置、外壳和固定装置等组成，由电磁铁带动动触头实现电路的接通和分断。图9-48是CJ20—250A交流接触器的结构原理图。当电磁线圈7接通电源后，电磁力将衔铁5吸合并带动动触头1动作，接通电路。主触头的上部装有灭弧栅片3，开断电路时起灭弧作用。

第四节　其他常用电气设备和成套配电装置

一、互感器

互感器是一次电气系统与二次电气系统间实现联络的重要设备，包括电压互感器和电流互感器两类。

1. 互感器的作用

（1）配合测量仪表，正确反映一次电气系统的各种运行情况。

（2）配合继电器（或保护设备）对电力系统实现继电保护。

（3）使测量仪表、继电器、信号灯等二次电气系统与一次电气系统的高电压、强电流隔离，保证二次设备和工作人员的安全。

（4）将一次系统的高电压、大电流分别变换成标准的低电压（100V、$100/\sqrt{3}$ V、100/3V）和小电流（5A、1A）。

2. 电流互感器

电流互感器的结构和工作原理与变压器相似，其一次绕组匝数少，串联在一次电路中。二次绕组接入仪表、继电保护装置，电流互感器可以将一次回路中的大电流按一定比例变换成二次小电流，一般二次电流为5A和1A两种。

（1）电流互感器的主要技术参数。

1）额定电压。指一次绕组及主绝缘所能承受的工作电压等级。

2）额定电流。根据长期的工作条件规定的一次额定电流值和二次电流值。一次额定电流有：5A、10A、15A、20A、30A、40A、50A、75A、100A、150A、200A、300A、400A、600A、750A、800A、1000A、1200A、1500A、2000A和3000A等；二次额定电流一般为5A（特殊情况为1A）。

3）额定二次负载。指电流互感器在规定的准确等级下工作所允许通过的最大二次负荷容量（$\cos\varphi = 0.8$ 时）S_{2N}，$S_{2N} = I_{2N}^2 Z_{2N}$。通常 $I_{2N} = 5A$，因此二次额定负荷常用阻抗 Z_{2N}（Ω）表示。

4）1s额定热稳定倍数 K_{rN}。指电流互感器一次侧额定1s热稳定电流对额定一次电流的比值。

5）额定动稳定倍数。指电流互感器一次侧额定动稳定电流对额定一次电流峰值的比值。

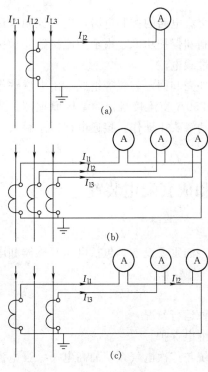

图 9-49 电流互感器的基本接线
(a) 单相接线；(b) 完全星形接线；
(c) 不完全星形接线

（2）电流互感器的基本接线形式。电流互感器的基本接线如图 9-49 所示。图9-49 (a)为单相接线，只测量一相电流，常用于三相对称电路。图9-49 (b) 为星形接线，可测量三相负荷电流，监视三相不对称情况。图9-49 (c) 为不完全星形接线，应用于中性点不接地系统测量三相对称或不对称的电流。

（3）使用中的注意事项。

1）电流互感器在运行中二次侧不允许开路。二次侧开路时，一次电流完全变成激磁电流，铁芯中产生很大的交变磁通，电流互感器二次侧感应很高的电压，可达数千伏，危及人身安全或使仪表、保护装置及电流互感器二次侧绝缘损坏。

2）电流互感器的铁芯和二次绕组同时可靠接地，以免高压绝缘击穿时损坏设备及危及人身安全。

3）负载容量小于额定容量。互感器准确度等级与负载容量有关。

3. 电压互感器

电压互感器又称仪用变压器，其工作原理、构造和接线方式都和变压器相同，主要区别在于容量小，其用途是将高电压变换成低电压，解决高电压测量的困难。电压互感器二次侧额定电压一般为 100V，这样可以使仪表和继电保护等设备电压标准化。

（1）电压互感器的主要技术参数。电压互感器的额定电压和额定容量是其两个最重要的技术参数。额定电压包括一次侧的额定电压和二次侧的额定电压。一次侧的额定电压一般同所接电网的额定电压，二次侧的额定电压一般为 100V（特殊情况为 $100/\sqrt{3}$V 和 $100/3$V）。额定容量是指电压互感器二次侧的带负载能力，一般负载不允许超过额定容量，否则，会影响电压互感器的准确度。

（2）电压互感器的基本接线形式。电压互感器的常用接线方式如图 9-50 所示。

图 9-50 (a) 为一台单相双绕组电压互感器接线，用于测量某一线电压的电路。图9-50 (b)为两台单相双绕组电压互感器组成 V/V 形接线，能测量三相线电压。图9-50 (c)为三台单相三绕组电压互感器组成的 YN/yn/△接线。这种电压互感器有两个二次绕组，主绕组接成星形，额定电压为 $100/\sqrt{3}$，可测量三相线电压和相电压；辅助绕组接成开口三角形，额定电压为 $100/3$，可测量零序电压。图 9-50 (d) 采用三相五柱型三绕组电压互感器，组成 YN/yn/△接线，工作情况与图 9-50 (c) 相同。

（3）使用中的注意事项。

1）电压互感器在运行中二次侧不允许短路。因为二次绕组匝数少，阻抗小，如果发生短路，短路电流将很大，足以烧坏电压互感器。使用时，低压侧电路要串接熔断器作为

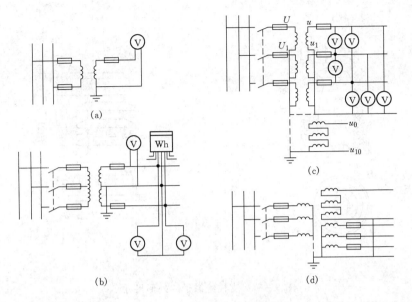

图 9-50 电压互感器的基本接线方式

(a) 单台互感器的接线；(b) V/V 形接线；(c) 三台单相三绕组互感器的接线；

(d) 三相五柱三绕组互感器接线

短路保护。

2）电压互感器的铁芯和二次绕组同时可靠接地，以免高压侧绝缘击穿时损坏设备及危及人身安全。

3）负载容量小于额定容量。互感器准确度等级与负载容量有关。

二、绝缘子、母线和电缆

1. 绝缘子

绝缘子广泛用于水电站和变电所的配电装置、开关电器及输配电线路中，用于支持和固定带电裸导体之用。电站绝缘子主要分为支柱绝缘子和套管绝缘子。

（1）支柱绝缘子。高压支柱绝缘子分户内和户外两大类。户内支柱绝缘子按金属附件对瓷件的胶装方式可分为内胶装、外胶装和联合胶装三种。图 9-51（a）为 ZA—10Y 圆形底座支柱绝缘子，属于外胶装方式。户外棒式绝缘子瓷件为实心结构，均为外胶装，如图 9-51（b）所示。为了增加绝缘表面的爬电距离，户外绝缘子的裙边比较多，阻断雨水造成表面放电。

（2）套管绝缘子。套管绝缘子又称穿墙套管，图 9-52 为 CWL—10/200～600 型穿墙套管外形尺寸图。用于高压配电装置带电导体穿过箱体或墙壁处，起绝缘和支持作用。穿墙套管也可以分为户内和户外两大类，载流芯柱有铜、铝两种，还有不带载流芯柱的母线式套管等。

2. 母线

在配电装置中，通常将发电机、变压器及各种电器之间连接的裸导体称为母线。母线起汇集、分配和传送电能的作用。

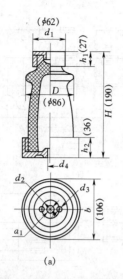

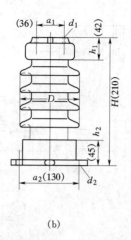

图 9-51 支柱绝缘子的外形尺寸

(a) ZA—10Y 型支柱绝缘子外形尺寸；(b) ZS—10/400 型棒式支柱绝缘子外形尺寸

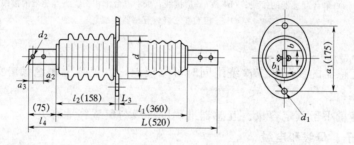

图 9-52 CWL—10/200～600 型绝缘套管的外形尺寸

母线分硬母线和软母线。硬母线有矩形母线和管形（或圆梗）母线。矩形母线常用于主变压器至室内配电装置，应用较普遍。软母线（多股软绞线）一般用于屋外配电装置。

常用的母线材料主要有铜和铝两种，某些接地装置中采用钢母线。

铜母线的电阻率低，机械强度高，防腐性能好，是理想的导电材料。由于我国铜的储量少，价格也较贵，因此只在大电流配电装置中使用较多。铝母线的电阻率、机械强度和防腐性能均比铜差，但铝的密度小，加工方便，储量较丰富，价格也较低。在满足相同电流负荷时，铝母线的重量只有铜母线重量的一半，可见，母线或其他载流导体以铝代铜，有很高的经济价值。

不同材料（如铜与铝）连接在一起，接触面容易产生氧化腐蚀，因此需采用适当措施，如在接触面涂少量中性凡士林；使用特制的铜铝过渡线夹或在接触面搪锡等。

硬母线安装时，要防止热胀冷缩而产生变形的应力使连接的设备受损伤，必要时应加装柔性伸缩节。母线安装完毕，表面要涂漆，便于识别相序，也增加母线热辐射能力，防止氧化腐蚀。母线着色标志如下：

直流：正极—红色，负极—蓝色；

交流：L_1 相—黄色，L_2 相—绿色，L_3 相—红色；

　　　不接地中性线—紫色；

　　　接地中性线—紫色带黑色条纹。

配电装置母线排列方式及按相序涂漆要求见表 9-9。

表 9-9　　　　　　　　　　母线排列要求及按相序涂漆表

相序	涂漆颜色	涂漆长度	母 线 排 列 方 式			
			自上而下	自左而右	从墙壁起	从柜背面起
L_1	黄色	沿全长	上	左	里	后
L_2	绿色	沿全长	中	中	中	中
L_3	红色	沿全长	下	右	外	前

3. 电力电缆

架空线路和电缆线路是输配电线路的基本传输方式。电力电缆具有防潮、防腐、防损伤及布置紧凑等特点，缺点是散热差、载流量小、价格贵及寻找故障和修复困难等。因此，电力电缆仅在不能够或不宜于安装架空线路时使用。

电力电缆由线芯、绝缘层和保护层三部分组成。三芯聚氯乙烯绝缘电缆如图 9-53 所示。导电线芯由经过退火处理的多股单线绞合而成，柔软而不松散，材质有铝芯或铜芯。三相交流系统采用三芯电缆，380/220V 系统采用四芯电缆，其中中性线的截面略小。绝缘层用来保证各线芯之间及线芯与大地之间的绝缘。按绝缘层的材料及绝缘方式不同可分为油浸纸绝缘、橡皮绝缘和塑料绝缘（包括聚氯乙烯、聚乙烯和交联聚乙烯绝缘）三种。保护层的作用是保护绝缘层，分内、外两层。内护层直接挤包在绝缘层上，使绝缘层不受潮气侵袭；外护层用来保证内护层不受外界机械损伤和化学腐蚀。

聚氯乙烯绝缘电缆电气性能和耐水性能好，抗酸碱，防腐蚀，有一定的机械强度，但绝缘受热易老化，较多的应用于 6kV 及以下电压等级。交联聚乙烯绝缘电缆除具有聚氯乙烯的优点外，还具有线芯允许工作温度高、机械性能好、绝缘强度高的特点，并可制成较高电压等级，应用于 35kV 及以下电压等级。

当电缆与电机、电器设备或架空线连接时，需剥去电缆端部的保护层和绝缘层，为保护电缆的绝缘性能，必须采用电缆终端盒（又称电缆头）。图 9-54 为聚氯乙烯带干包电缆头，可用在 6kV 及以下的户内装置中，环氧树脂电缆头密封性能极好，机械强度和绝缘强度高，在 1~10kV 户内、户外装置中使用较多。图 9-55 是低压 500V 电缆的终端头外形尺寸及结构图。

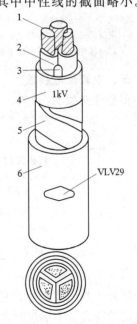

图 9-53　三芯聚氯乙烯绝缘
电缆的结构外形

1—导电线芯；2—聚氯乙烯绝缘；
3—边角填充；4—内衬垫；5—铠
装钢带；6—聚氯乙烯套

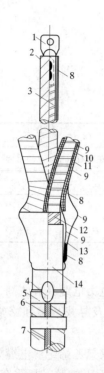

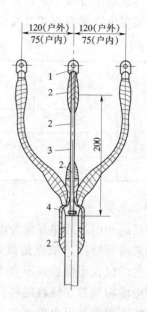

图 9-54 聚氯乙烯带干包电缆头

1—线鼻子；2—压线坑；3—芯线绝缘；4—接地线封头；
5—接地卡子；6—接地线；7—电缆钢带；8—尼龙绳；
9—聚氯乙烯带；10—黑蜡带；11—塑料软管；
12—统包绝缘；13—软手套；14—铅包

图 9-55 500V 电缆终端头外形图

1—接线鼻子；2—自粘性橡胶带；
3—电缆绝缘线芯；4—分支手套

三、成套配电装置

型号含义如下：

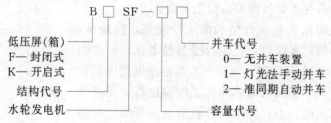

（一）高压成套配电装置

高压成套配电装置内多以断路器（高压开关）为主要设备，故又称高压成套配电装置为高压开关柜。我国生产的高压开关柜种类颇多，有 10kV 和 35kV 两个额定电压等级，有固定开启式、手车封闭式和手车保护式等基本结构。

目前，我国农村用量较多的 GG—1A 型 10kV 固定开启式高压开关柜，是 20 世纪 50 年代的仿苏产品，该型开关柜经过改进有一定的实用性，价格也较低，但高压母线和电源侧隔离开关设备裸露在柜顶（无防护等级）易发生绝缘故障和人身事故，已不适合电网的发展的需要。

298

XGN2—10 封闭箱型固定式高压开关柜是 20 世纪 90 年代初期开发研制的新型固定式开关设备，有较高的绝缘水平和防护等级，保留了固定开启式高压开关柜的特点，结构简单，一次接线灵活，操作维护方便，五防连锁功能齐全可靠，价格也较低，是一种较好的高压开关柜。外形和结构如图 9-56 所示。

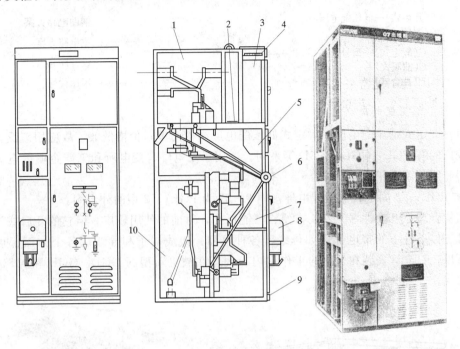

图 9-56　XGN2—10 金属封闭箱型固定式高压开关柜
1—母线室；2—压力释放通道；3—仪表室；4—二次小母线室；5—组合开关室；6—手力操动及连锁机构；7—主开关室；8—电磁操动机构；9—接地母线；10—电缆室

XGN2—10 开关柜采用全空气绝缘，相间和对地绝缘距离大于 125mm，并有足够的爬弧距离。柜内用钢板分隔成母线室、断路器室、电缆出线室和继电器室，采用新型的 ZN28A—10 真空断路器或 SN10—10 型少油断路器，装设带接地刀闸的旋转式隔离开关，安全可靠，性能好。开关柜的外形尺寸为 1100mm×1200mm×2650mm（宽×深×高）。这种开关柜一次接线方案较多，也便于功能组合，可减少用柜量。出线方式有架空出线和电缆出线。最大额定电流可达 3150A。

（二）低压配电柜

低压配电屏（柜）和配电箱，它们是按一定的线路方案将有关的低压一、二次设备组装在一起的一种成套配电装置，在低压配电系统中作控制、保护和计量之用的成套设备称为低压配电柜。

低压配电屏（柜）的类型如下：

（1）固定式，所有电器元件都为固定安装、固定接线。

（2）抽屉式，电器元件是安装在各个抽屉内，再按一、二次线路方案将有关功能单元的抽屉叠装在封闭的金属柜体内，可按需要推入或抽出。

（3）混合式，安装方式为固定和插入混合安装。

新系列低压配电屏（柜）的全型号表示和含义如下：

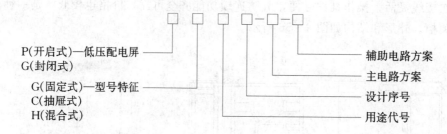

P(开启式)—低压配电屏
G(封闭式)

G(固定式)—型号特征
C(抽屉式)
H(混合式)

辅助电路方案
主电路方案
设计序号
用途代号

1. 常用低压配电屏（柜）

（1）固定式低压配电屏。固定式低压配电屏结构简单，价格低廉，故应用广泛。目前使用较广的有 PGL、GGL、GGD 等系列。适用于发电厂、变电所和工矿企业等电力用户作动力和照明配电用。

1）PGL1、2 固定式低压配电屏。图 9 - 57 为 PGL1、2 型的外形图。

结构合理、互换性好、安装方便、性能可靠，目前的使用较广，但它的开启式结构使在正常工作条件下的带电部件如母线、各种电器、接线端子和导线从各个方面都可触及到，所以，只允许安装在封闭的工作室内，现正在被更新型的 GGL、GGD 和 MSG 等系列所取代。

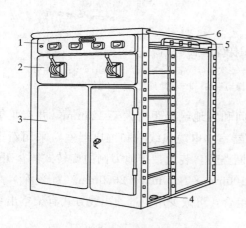

图 9 - 57　GL 型低压配电屏外形

1—仪表板；2—操作板；3—检修门；4—中性母线绝缘子；
5—母线绝缘框；6—母线防护罩

图 9 - 58　GGD 系列交流固定式低压配电屏

2）GGL 系列固定式低压配电屏。技术先进，符合 IEC 标准，其内部采用 ME 型的低压断路器和 NT 型的高分断能力熔断器，它的封闭式结构排除了在正常工作条件下带电部件被触及的可能性，因此安全性能好，可安装在有人员出入的工作场所中。

3）GGD 系列交流固定式低压配电屏。GGD 型交流低压配电柜是根据能源部，广大电力用户及设计部门的要求，按照安全、经济、合理、可靠的原则设计的新型低压配电柜。产品具有分断能力高，动热稳定性好，电气方案灵活、组合方便，系列性，实用性强、结构新颖，防护等级高等特点。可作为低压成套开关设备的更新换代产品使用。

GGD 系列交流固定式低压配电屏的外形如图 9-58 所示。

①产品型号及含义。

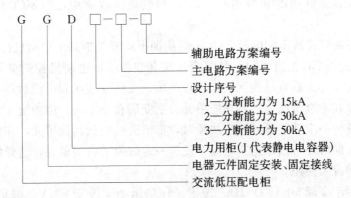

②用途。GGD 型交流低压配电柜适用于变电站、发电厂、厂矿企业等电力用户的交流 50Hz，额定工作电压 380V，额定工作电流 1000～3150A 的配电系统，作为动力、照明及发配电设备的电能转换、分配与控制之用。

③结构特点如下：

a. GGD 型交流低压配电柜的柜体采用通用柜形式，构架用 8MF 冷弯型钢局部焊接组装而成，并有 20 模的安装孔，通用系数高。

b. GGD 柜充分考虑散热问题。在柜体上下两端均有不同数量的散热槽孔，当柜内电器元件发热后，热量上升，通过上端槽孔排出，而冷风不断地由下端槽孔补充进柜，使密封的柜体自下而上形成一个自然通风道，达到散热的目的。

c. 按照现代化工业产品造型设计的要求，采用黄金分割比的方法设计柜体外形和各部分的分割尺寸，使整柜美观大方，面目一新。

d. 顶盖在需要时可拆除，便于现场主母线的装配和调整，柜顶的四角装有吊环，用于起吊和装运。

e. 柜体的防护等级为 IP30，用户也可根据环境的要求在 IP20～IP40 之间选择。

④使用环境条件。

a. 周围空气温度不高于 +40℃，不低于 -5℃。24h 内的平均温度不得高于 +35℃。

b. 户内安装使用，使用地点的海拔不得超过 2000m。

c. 周围空气相对湿度在最高温度为 +40℃时不超过 50%，在较低温度时允许有较大的相对湿度，例如 +20℃时为 90%。应考虑到由于温度的变化可能会偶然产生凝露的影响。

d. 设备安装时与垂直面的倾斜度不超过 5%。

e. 设备应安装在无剧烈震动和冲击的地方，以及不足使电器元件受到腐蚀的场所。

（2）抽屉式低压配电屏（柜）。抽屉式低压配电屏因体积小、结构新颖、通用性好、安装维护方便、安全可靠，被广泛应用于工矿企业和高层建筑的低压配电系统中作受电、馈电、照明、电动机控制及功率补偿之用。（注：国外的低压配电屏几乎都为抽屉式，尤其是大容量的还做成手车式。近年来，我国通过引进技术生产制造的各类抽屉式配电屏也逐步增多。）

目前，常用的抽屉式配电屏有 GCK、GCS、MNS、MCS、BFC、GCL 等系列，它们一般用作三相交流系统中的动力中心（PC）和电动机控制中心（MCC）的配电和控制装置。

1）GCK 型抽屉式低压配电柜。GCK 低压抽出式开关柜是由电动机控制中心（MCC）和动力配电中心（PC）柜组成的一种组合式成套装备。由电动机控制单元和其他功能单元组合而成，柜体分为垂直母线区、水平母线区、元件安装区和电缆区等，并且同一柜体的功能单元并联在垂直母线上。各功能单元分别安装在小室内，因为这 4 个区域是相互隔离的，所以当任何一个功能单元发生故障时，都不会影响到其他单元，在很大程度上防止了事故的扩大，同时还可以根据某些需要设置一定数量的备用单元，这样便于某一单元故障检修时可立即投入使用。

该装置适用于交流 50（60）Hz、额定工作电压小于等于 660V、额定电流 4000A 及以下的三相五线制输配电系统，一般适用于电力系统的变电站、发电厂、或者其他一些工矿企业。同样一些高层建筑中的受电、照明、馈线及电动机等配电设备的电能转换分配控制也常运用 GCK 型交流低压抽出式开关柜。

GCK 开关柜符合 IEC 60439—1《低压成套开关设备和控制设备》、GB 7251.1—1997《低压成套开关设备和控制设备》、GB/T 14048.1—93《低压开关设备和控制设备总则》

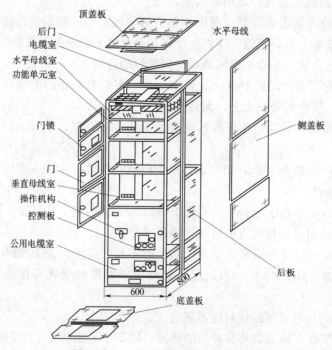

图 9-59　GCK 型低压抽屉式配电柜

等标准。且具有分断能力高、动热稳定性好、结构先进合理、电气方案灵活、系列性、通用性强、各种方案单元任意组合、一台柜体。所容纳的回路数较多、节省占地面积、防护等级高、安全可靠、维修方便等优点。

图 9-59 为 GCK 型抽屉式低压配电柜的结构图。

①产品型号及含义。

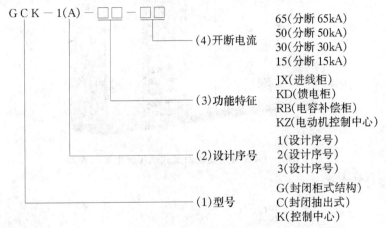

②结构特点。

a. 整柜采用拼装式组合结构，模数孔安装，零部件通用性强，适用性好，标准化程度高。

b. 柜体上部为母线室、前部为电器室、后部为电缆进出线室，各室间有钢板或绝缘板作隔离，以保证安全。

c. MCC 柜抽屉小室的门与断路器或隔离开关的操作手柄设有机械联锁，只有手柄在分断位置时门才能开启。

d. 受电开关、联络开关及 MCC 柜的抽屉具有三个位置：接通位置、试验位置、断开位置。

e. 开关柜的顶部根据受电需要可装母线桥。

③使用环境条件。

a. 海拔不超过 2000m。

b. 周围空气温度不高于+40℃，并且 24 小时内其平均温度不高于+35℃，周围空气温度不低于−5℃。

c. 大气条件：空气清洁，相对湿度在温度为+40℃时不超过 50%，在温度较低时允许有较高的相对温度，例如+20℃时为 90%。

d. 没有火灾、爆炸危险、严重污染、化学腐蚀及剧烈震荡的场所。

e. 与垂直面倾斜不超过 5°。

f. 控制中心适应于以下温度的运输和储存过程，−25～+55℃，在短时间内（不超过 24h）不超过+70℃。

2) GCS 系列。GCS 型低压抽出式开关柜是根据行业主管部门以及广大电力用户的要求研制出来的，它改变了传统意义的用材，选择采用钢板制成封闭固定的外壳。该装置满足了电力市场对增容、动力集中控制、计算机接口等的需要，目前在全国范围内已得到推广及选用。

GCS系列交流固定式低压配电屏的外形如图9-60所示。

图9-60　GCS系列交流固定式低压配电屏的外形

①产品型号及含义。

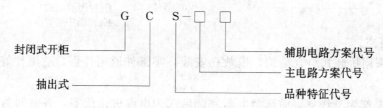

②用途。

GCS型低压抽出式开关柜使用于三相交流频率为50Hz，额定工作电压为400V（690V），额定电流为4000A及以下的发、供电系统中的作为动力、配电和电动机集中控制、电容补偿之用。广泛应用于发电厂、石油、化工、冶金、纺织、高层建筑等场所，也可用在大型发电厂，石化系统等自动化程度高，要求与计算机接口的场所。

③结构特点。

a. 框架采用8MF型开口型钢，主构架上安装模数为$E=20mm$和100mm的$\phi9.2mm$的安装孔，使得框架组装灵活方便。

b. 开关柜的各功能室相互隔离，其隔室分为功能单元室、母线室和电缆室。各室的作用相对独立。

c. 水平母线采用柜后平置式排列方式，以增强母线抗电动力的能力，是使主电路具备高短路强度能力的基本措施。

d. 电缆隔室的设计使电缆上、下进出均十分方便。

e. 抽屉高度的模数为160mm。抽屉改变仅在高度尺寸上变化，其宽度、深度尺寸不变。

f. 相同功能单元的抽屉具有良好的互换性。单元回路额定电流400A及以下。抽屉面板具有分、合、试验、抽出等位置的明显标志。抽屉单元设有机械联锁装置。抽屉单元为主体，同时具有抽出式和固定性，可以混合组合，任意使用。

g. 柜体的防护等级为 IP30、IP40，还可以按用户需要选用。

④使用环境条件。

a. 周围空气温度不高于+40℃，不低于-5℃。24h 内平均温度不得高于+35℃。超过时，需要根据实际情况降容运行。

b. 户内使用，适用地点的海拔高度不得超过 2000m。

c. 周围空气相对湿度在最高温度为+40℃时不超过 50％，在较低温度时允许有较大的相对湿度，如+20℃时为 90％，应考虑到由于温度的变化可能会偶尔产生凝露的影响。

d. 该装置安装时与垂直面的倾斜度不超过 5％，且整组柜列相对平整（符合 GBJ 232—82 标准）。

e. 该装置应安装在无剧烈震动和冲击以及不足以使电器元件受到不应有腐蚀的场所。

3）MNS 系列。

MNS 型低压抽出式开关柜的基本框架为组合装配式结构，全部通过螺钉相互连接而成，再依次装上其他相关组件最终组装成一台完整的开关柜。柜体通过高强度螺钉和高强度螺栓组装而成，确保了柜体的坚固程度，框架及内层隔板经镀锌化处理，从而保护了铁层不被损坏。

①用途。

MNS 型低压抽出式成套开关设备（以下简称开关柜）为适应电力工业发展的需求，参考国外 MNS 系列低压开关柜设计并加以改进开发的高级型低压开关柜，该产品符合国家标准 GB7251、VDE660 和 ZBK36001—89《低压抽出式成套开关设备》、国际标准 IEC439 规定 MNS 型低压开关柜适应各种供电、配电的需要，能广泛用于发电厂、变电站、工矿企业、大楼宾馆、市政建设等各种低压配电系统。

②结构特点。

a. MNS 型低压开关柜框架为组合式结构，基本骨架由 C 型钢材组装而成。柜架的全部结构件经过镀锌处理，通过自攻锁紧螺钉或 8.8 级六角螺栓坚固连接成基本柜架，加上对应于方案变化的门、隔板、安装支架以及母线功能单元等部件组装成完整的开关柜。开关柜内部尺寸、零部件尺寸、隔室尺寸均按照模数化（$E=25\text{mm}$）变化。

b. MNS 型组合式低压开关柜的每一个柜体分隔为三个室，即水平母线室（在柜后部），抽屉小室（在柜前部），电缆室（在柜下部或柜前右边）。室与室之间用钢板或高强度阻燃塑料功能板相互隔开，上下层抽屉之间有带通风孔的金属板隔离，以有效防止开关元件因故障引起的飞弧或母线与其他线路短路造成的事故。

c. MNS 型低压开关柜的结构设计可满足各种进出线方案要求：上进上出、上进下出、下进上出、下进下出。

d. 设计紧凑：以较小的空间容纳较多的功能单元。

e. 结构件通用性强、组装灵活，以 $E=25\text{mm}$ 为模数，结构及抽出式单元可以任意组合，以满足系统设计的需要。

f. 母线用高强度阻燃型、高绝缘强度的塑料功能板保护，具有抗故障电弧性能，使运行维修安全可靠。

g. 各种大小抽屉的机械联锁机构符合标准规定，有连接、试验、分离三个明显的位置，安全可靠。

h. 采用标准模块设计：分别可组成保护、操作、转换、控制、调节、测定、指示等标准单元，可以根据要求任意组装。

i. 采用高强度阻燃型工程塑料，有效加强了防护安全性能。

j. 通用化、标准化程度高，装配方便。具有可靠的质量保证。

k. 柜体可按工作环境的不同要求选用相应的防护等级。

l. 设备保护连续性和可靠性。

③使用环境条件。

a. 周围空气温度不高于+40℃，不低于−5℃，并且24h内其平均气温不高于+35℃。

b. 周围空气相对湿度在最高温度为40℃时不超过50%，在较低温度时允许有较大相对湿度，如+20℃时为90%，但应考虑到由于温度的变化有可能会偶尔产生适度的凝露。

c. 户内使用，使用地点的海拔高度不得超过2000m。

d. 应安装在无剧烈震动和冲击以及不足以使电器元件受到不应有腐蚀的场所。

4）MCS 系列。

①用途。

MCS智能型低压抽出式开关柜是一种融合了其他低压产品的优点而开发的高级型产品，适用于电厂、石油化工、冶金、电信、轻工、纺织、高层建筑和其他民用、工矿企业的三相交流50Hz，60Hz，额定电压380V，额定电流4000A及以下的三相四（五）线制电力系统配电系统，在大型发电厂、石化、电信系统等自动化程度高，要求与计算机接口的场所，作为发、供电系统中的配电、电动机集中控制、无功功率补偿的低压配电装置。

②结构特点。

a. 开关柜的基本框架采用C型（或8MF型）开口型钢组装而成，外型统一、精度高、抽屉互换性好。

b. MCC柜宽度只有600mm，使用空间大，可容纳更多的功能单元，节约建设用地。

c. 柜内元件可根据用户不同需求，配置各种型号的开关，更好的保证产品高的可靠性。

d. 装置可预留自动化接口，也可把智能模块安装在开关柜上，实现遥信、遥测、遥控等三遥功能。

e. 抽屉功能单元可分为MCCI、MCCII、MCCIII三种。

MCCI型：抽屉宽600mm，高度分180mm、360mm、540mm三种，每柜可安装高度为1800mm，按所需抽屉大小进行组合，最多可装10个单元，适用于较大电流的电动机控制中心和馈电回路。

MCCII型：抽屉宽600/2mm，高度分200mm，可安装高度为1800mm，按所需抽屉大小进行组合，最多可装18个单元，适用于100A以下的单元。

MCCIII型：抽屉宽600/2mm，高度分180mm、360mm、540mm三种，可安装高度为1800mm，按所需抽屉大小进行组合，最多可装20个回路，适用于100A以下的单元。

f. 操作机构：每个抽屉上均装有一专门设计的操作机构，用于分断和闭合开关，并具备机械联锁等多种防误操作功能，MCCI 型抽屉有一套"断开"、"试验"、"工作"、"移出"四个位置的定位装置，抽屉为摇进结构，MCCII 型、MCCIII 型抽屉单元为推拉式，设置有定位装置，并有防误操作功能。

2. 混合式低压配电屏（柜）

混合式低压配电屏（柜）的安装方式既有固定的，又有插入式的，类型有 ZH1、GHL 等，兼有固定式和抽屉式的优点。其中，GHK—1 型配电屏内采用了 NT 系列熔断器，ME 系列断路器等先进新型的电气设备，可取代 PGL 型低压配电屏、BFC 抽屉式配电屏和 XL 型动力配电箱。

第五节 小型水电站电气主接线

一、概述

把发电机、变压器、断路器、隔离开关、互感器、母线和电缆等一次设备，按其作用和相互连接顺序绘制的电路图称为电气主接线图，简称一次接线图。电气主接线图一般以单线图表示，是水电站电气设备设计和选择的依据，也是电站电气值班员对电气运行、操作和电路切换的基本依据。

主接线应力求简单、操作简便，有一定的灵活性，能满足电站发展要求，既要技术先进，又要经济合理。

二、电气主接线的基本形式

电气主接线与发电机台数、单机容量、电压等级、电站的运行方式、供电对象、输电距离以及电站在区域电网的地位等因素有关。小型水电站常用的主接线方式有单母线和单元接线等。

低压机组水电站通常采用不分段的单母线接线，发电机电压侧单母线接线如图 9-61 所示。这是一种最简单的接线方式，配电装置造价较低，缺点是不够可靠灵活，如母线侧设备发生故障将使整个电站停电。

电力装置中各元件串联而无横向联系的接线称为单元接线，可分为发电机—变压器单元接线；变压器—线路单元接线和发电机—变压器—线路单元接线三种。单元接线和扩大单元接线如图 9-62 所示。扩大单元接线减少了主变压器及断路器的数量，可减少投资和运行费用，在小型水电站中应用最广泛。

三、电气主接线分析

图 9-63 为具有近区负荷的小型水电站电气主接线图。电站装机容量为 $3 \times 200 kW$，发电机电压 400V，电站向附近村庄供电，其余电能经 800kVA 主变压器送入 10kV 地方电网。

该电站发电机侧为扩大单元接线，厂用电和近区负荷从 400V 母线引出。10kV，5kV 侧为变压器—线路组单元接线，高压侧选用装有灭弧装置的 RW10—10F 型跌落式熔断器，可以带负荷操作，安全方便。在 10kV 电源进线侧装有一台 50（或 30）kVA 厂用变压器，供电站停电时及主变压器检修时使用。

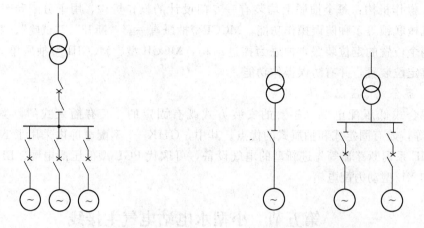

图 9-61　不分段单母线接线图　　　　　　　图 9-62　单元接线和扩大单元接线图

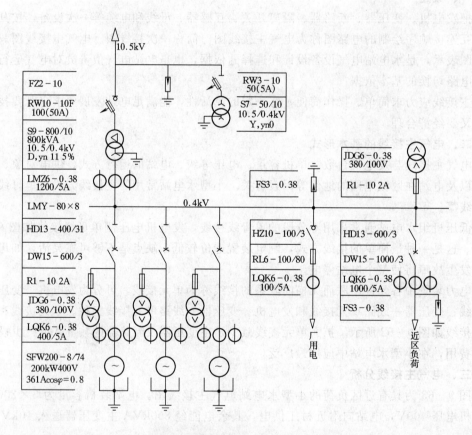

图 9-63　具有近区负荷的小型水电站电气主接线

　　为了满足同期、测量、计量和继电保护的需要，每台发电机回路、400V 母线和主变压器回路等都装有电流互感器和电压互感器。400V 母线和高、低压架空出线回路均装有避雷器，防止雷电波侵入。

第六节　水电站的防雷保护和接地装置

一、雷电及其危害

电压突然升高而危及电气设备的绝缘，称这种电压为过电压。过电压有大气过电压和内部过电压两种。

大气过电压也叫雷电过电压，分直接雷电过电压和感应雷电过电压。内部过电压包括操作过电压、谐振过电压和弧光接地过电压。对于大气过电压，要设法防止其侵入电气设备，并采取措施将侵入的过电压降低到对电气设备无害的程度，对于内部过电压，需了解产生的原因，制定相应的对策、限制内部过电压的幅值。

雷云带有大量的电荷，当带正电的雷云与带负电的雷云相遇时，雷云之间便会发生放电，发出伴有雷声的闪电，这就是常见的雷电。雷云放电的时间极短，能量在瞬间集中释放，因此，遭受雷击会时建筑设施、电气设备和生命财产受到严重损失。

直接雷过电压是雷云直接对设备或架空导线放电而产生的，过电压幅值可以达到几百万伏，是任何绝缘都无法承受的，会引起电气设备绝缘击穿或引发火灾等，因此，必须采用有效的防雷措施，防止直接雷过电压的产生，常用避雷针或避雷线引雷，来防止直接雷过电压的产生。

当雷云对设备或架空线路附近的地面或物体放电时，电磁场剧烈改变，在设备或导线上由于静电感应和电磁感应而产生过电压，这就是感应雷过电压。感应雷过电压幅值可以达到 $500\sim600kV$，同样会引起雷击事故。

电气设备除受直接雷和感应雷的影响外，还会受到架空线路引入雷电冲击波的影响。当远处架空线路遭到直接雷或感应雷时，如果大量电荷不能在传导途中迅速导入大地，在水电站设备中出现侵入波过电压，也会造成设备的损坏。通常采用避雷器或过电压保护间隙来限制，以保证电站设备绝缘不受危害。

二、防雷措施

1. 直接雷的防护

直接雷的防护一般采用避雷针、避雷线、避雷网和避雷带。避雷针一般用于保护水电站和变电所的配电装置。避雷线主要保护架空输电线路。保护民用建筑除避雷针外，还采用避雷网和避雷带。

（1）避雷针由接闪器（针尖）、接地引下线和接地装置三部分组成。接闪器装于避雷针的顶端，用来接受雷电。一般可用直径为 $10\sim12mm$、长度为 $1\sim2m$ 的钢棒制成。引下线常采用圆钢或扁钢，也可以用不小于 $25mm^2$ 的钢绞线制成。接地装置是避雷针的地下部分，埋设在地面以下 $0.6\sim0.8m$ 处，使雷电流泄入大地。

避雷针的保护范围与避雷针的高度、数目及被保护物体的高度和离避雷针的距离有关。保护范围如图 9-64 所示。避雷针在地面的保护半径为避雷针高度 h 的 1.5 倍，即：$r=1.5h$。

（2）避雷线。避雷线由悬挂在架空线上部的接地导线（接闪器）、引下线和接地装置组成，用于保护架空输电线路及处于峡谷地区的小型水电站。10kV 架空线一般不架设避

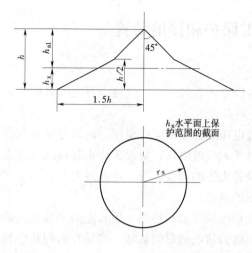

图 9-64 单支避雷针的保护范围图

h_x水平面上保护范围的截面

雷线；35kV 线路仅在距离电站或变电所 1～2km 处架设避雷线，作为进线段防止直接雷的保护。

2. 雷电侵入波的防护

水电站雷电侵入波的防护采用避雷器。避雷器的作用是迅速导泄电流，将过电压限制在规定的数值以下，并迅速切断工频续流，使电力系统恢复正常运行。避雷器还可以用来限制内部过电压。

避雷器的装设应尽量靠近被保护的设备，要可靠接地。

（1）阀型避雷器。带有非线性电阻的避雷器称阀型避雷器。阀型避雷器主要由火花间隙和由碳化硅材料制成的阀型电阻片装入密封的瓷套中构成。正常情况下，火花间隙有足够的对地绝缘强度，不会被正常的工频电压击穿，当有过电压发生时，火花间隙被击穿，非线性电阻片在高电压的作用下阻值迅速下降，立即将雷电流引入大地。异常电压降低后，阀型电阻片的阻值回升，限制工频续流通过阀片，电压恢复正常。水电站雷电侵入波的防护常采用阀型避雷器，如图 9-65 所示。

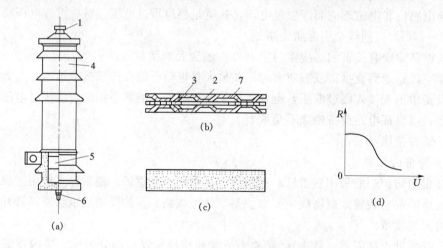

图 9-65 FS4—10 型阀型避雷器

（a）外形结构；（b）单位火花间隙；（c）阀片电阻；（d）阀片电阻特性曲线
1—上接线端；2—火花间隙；3—云母垫片；4—瓷套管；
5—阀片电阻；6—下接线端；7—阀片电极

（2）氧化锌避雷器。氧化锌避雷器使用非线性伏安特性特别优良的氧化锌阀片，在工作电压下，流经氧化锌阀片的泄漏电流极小，仅为 1mA，因此不用串联火花间隙。当过电压时，阀片电阻迅速下降，立即将雷电或过电压泄放。当电压恢复到工频电压时，又恢复到高电阻状态。该型避雷器电气性能优良，响应快，能承受多重雷电和操作过电压等优点。带有串联间隙的氧化锌避雷器实用于中性点非有效接地系统中电气设备的大气过电压保护，结构与氧化硅避雷器相似，具有基本无续流，阀片寿命长，电气性能稳定等特点。

（3）管型避雷器。管型避雷器用于保护输电线路，由外部放电间隙，消弧管和内部消弧间隙三部分组成。管型避雷器的原理结构如图 9-66 所示，图中 S_1 是内部放电间隙，S_2 为外部放电间隙。

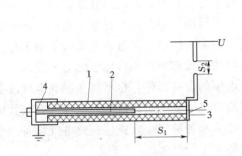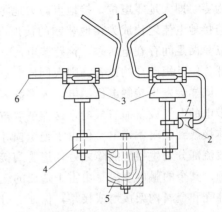

图 9-66　管型阀型避雷器原理结构图

1—消弧管；2—棒电极；3—环型电极；
4—储气室；5—开口

图 9-67　角球双间隙图

1—主间隙；2—辅助间隙；3—针式绝缘子；
4—安装用横梁；5—木横梁；
6—接导线；7—防雨罩

（4）保护间隙。当管型避雷器的开断电流范围不能满足要求或缺少避雷器时，可采用保护间隙，如图 9-67 所示。10kV 保护间隙的角形主间隙为 25mm，辅助间隙间距为10mm。由于角形保护间隙熄弧能力低，线路应该装配自动重合闸装置，以提高系统供电的可靠性。

（5）低压避雷器。低压避雷器用以保护电压为 500V 以下的交流低压电气设备免受大气过电压的损害。常见有 FS 阀型低压避雷器和 JBO 型击穿式保险器。FS 阀型低压避雷器原理同 FS 阀型高压避雷器；JBO 型击穿式保险器是一种低压网络的户内过电压保护装置，如装在配电变压器低压侧的中性点处，防止高电压窜线进入低压系统引起电压升高，以及保护农村有线广播线路等。击穿式保险器的间隙由一对平板电极和云母片组成，一旦过电压并达到保险器放电电压时，间隙自行放电，将过电压限制在一定的数值以下，保护网络上低压设备免遭大气过电压的侵袭。

为保护小型水电站的发电机、电气设备、变压器和配电装置等不受雷电侵入波的危害，必须在发电机电压直馈线（指不经变压器变压而直接向用户送电的线路）、发电机母线及升压后高压配电装置母线和馈线上装设阀型避雷器。避雷器装设位置应尽量靠近变压器，应在中性点装设击穿保险器。

三、接地装置

1. 概述

电气设备的某个部分与接地体之间作良好的电气连接，称为"接地"与大地土壤直接接触的金属导体或金属导体组叫做接地体或接地极。电气设备与接地体之间的连线叫接地线。接地体和接地线统称为接地装置。

接地体按结构分为自然接地体和人工接地体；按形状分为管形、带形和环形等；按人工接地体的布置方式分为外引式和环路式接地两种。

电气设备在运行中，如发生接地短路现象，接地电流流过接地装置时，电流通过接地体以半球面形状向地中扩散，大地表面便形成分布电位，在距接地处 20m 以外的地方电位为零。即大地零电位。接地点与大地零电位之间的电位差称接地点的对地电压。对地电压与接地电流之比成为接地装制的接地电阻。若有人在 20m 范围内行走，特别是靠近接地点，两足间存在电压差，称跨步电压，会形成跨步电压触电；若人站在地面上，手或其他部位触及短路点的设备，则人同样会承受一个电压（脚与手之间）称这个电压为接触电压，同样会发生接触电压触电。大多数人体触电是因为人体过分接近或直接接触带电导线和带电的电气设备而造成的，这类事故占触电事故的绝大部分；人体触电的另一原因，是人体接触到平时不带电，但由于绝缘损坏而出现电压的设备部件，也可能接触到电气设备或载流部分发生接地故障之处，遭受到接触电压或跨步电压触电，这类触电也占有较大的比例；其余的触电事故是由雷击造成的。因此，要采取各种安全措施包括对电气设备的金属外壳和金属构架接地或接零，保证人身和设备的安全。

2. 接地的分类和作用

（1）工作接地。在正常和事故情况下，为保证电气设备安全运行，而将电力系统中的某些点进行接地，成为工作接地。如变压器和互感器的中性点接地等。工作接地可以降低人体触电时的接触电压；能使保护装置迅速动作，切除故障设备；可降低电气设备和电力线路绝缘水平的要求以及减轻高压窜入低压的危害程度。

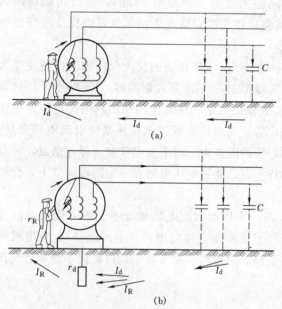

图 9-68 保护接地作用说明图

（a）人体触及绝缘损坏的电机外壳时，电流的通道；
（b）当设有接地装置时，人体触及绝缘损坏的电机外壳时电流的通路

（2）保护接地。为防止因绝缘损坏而引起触电的危险，将电气设备金属外壳和接地装置之间作良好的电气连接，称为保护接地。如电动机、变压器等设备的外壳的接地。保护接地可以防止人体触及带电的外壳或构架造成的触电，如图 9-68 所示。当人体触及绝缘损坏的电气设备外壳时，漏电电流经人体流入大地，并经过未接地的另两相对地电容构成通路，人体就受到触电的危害。电气设备外壳保护接地后，由于人体回路的电阻远大于设备外壳的接地电阻，因此，流经人体的电流极小，不会构成触电危险。当电气设备外壳接地电阻值超过规定值，或接地回路断线时，保护接地就会失去作用。因此需要定期检查接地回路是否完好，并检测接地电阻值是否符合要求，出现问题应及时处理。

（3）防雷接地。防雷设备的接地称防雷接地，如避雷针、避雷器接地等。防雷接地也是一种工作接地，防止过电压危害设备。

（4）保护接零。在380/220V中性点接地系统中，将电气设备不带电的金属外壳、构架等与零线（中性线）直接相连，称为保护接零，如图9-69所示。在保护接零系统中，电气设备一旦发生接地故障，由于金属外壳已与中性点相连，电气设备的开关或熔断丝因通过单相短路电流而迅速熔断，切断电流，保证人身和设备的安全。

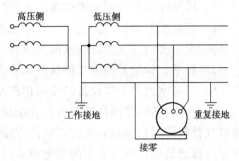

图9-69 工作接地、接零、重复接地

（5）重复接地。将零线一点或多点（如图9-69所示）再次接地，称为重复接地。重复接地可以防止零线断线后，断点以后的设备失去接零保护的作用。

3. 接地和接零的要求

（1）保护接地和保护接零在同一台变压器系统中不能同时采用。在380/220V中性线直接接地系统中，应装设能迅速切除单相接地短路故障的保护装置。电气设备不带电的金属外壳一般采用保护接零方式。但应注意同一个变压器系统中只能采用同一种保护方式，不能一部分电器采用保护接零，而另一部分电器采用保护接地。否则，当采用保护接地的设备发生碰壳接地故障时，系统零线（中性线）将具有较高的对地电压，于是在与零线相连接的所有保护接零的电气设备上将带上较高的对地电压，危及操作人员的安全。

（2）零线（中性线）应在不同地方重复接地。以防断零后，断点以后的设备失去接零保护的作用。

（3）对接地电阻的要求。由于接地的性质和方式不同，对不同接地装置接地电阻值的要求也不同。为降低接地装置的造价，不同电压等级及容量的接地系统接地电阻作如下要求。

1）1kV以上小接地（经消弧线圈接地）电流系统，接地电阻不应大于10Ω；1kV以上大接地（直接接地）电流系统，接地电阻不应大于0.5Ω。

2）6～10kV，高低压共用接地装置的变压器，容量在100kVA以上，接地电阻不大于4Ω；容量在100kVA以下，接地电阻不大于10Ω。

3）在380/220V中性线直接接地系统中，容量在100kVA以上变压器供电的低压线路，接地装置的接地电阻不大于4Ω；容量在100kVA以下，接地电阻不大于10Ω。但一般情况下采用重复接地。

4）低压线路零线，每一重复接地装置的接地电阻：容量在100kVA以上变压器供电的低压线路，接地装置的接地电阻不大于10Ω；容量在100kVA以下变压器供电的低压线路，接地装置的接地电阻不大于30Ω。（重复接地点不少于三处）

（4）对必须接地或接零的电气设备的要求。

1）发电机、变压器、高压电气设备、电动机和静电电容器等设备的金属外壳及底座。

2）电气设备的操动机构或传动装置。

3）电流互感器、电压互感器的二次绕组及铁芯。

4）屋外配电装置的金属构架、金属门及金属遮栏。

5）高低压开关柜，配电盘和控制台的金属构架。

6）交直流动力电缆综端盒的金属外壳和电缆的金属外皮、穿线用钢管等。

7）杆塔、构架上的电气设备金属外壳及底座。

8）安装室内外电气设备的金属构架及钢筋混凝土结构构架的金属部分等。

小型水电站的接地往往具有综合接地的性质，一般将发电机、变压器的工作接地、其他电气设备的保护接地和避雷器的防雷接地共用一套接地装置。避雷针的防雷接地要设立独立的接地装置，因为强大的雷电流流过接地装置时会产生反击现象，引起某些绝缘薄弱点或绝缘间隙击穿放电。

4. 接地装置的敷设

在敷设接地装置时，应首先利用自然接地体。可作为自然接地体的有：敷设在地下的供水管道和其他管道，但输送液体或气体燃料，易燃易爆化学原料管道除外；建筑物与接地体的金属结构；水工建筑物的金属桩；建筑物的钢筋混凝土基础中的钢筋网等。自然接地体的接地电阻应由实际测量确定。

如果自然接地体接地电阻不符合要求或无自然接地体可利用时，需要设置人工接地体。

为了降低电站或变电站区域内的接触电压和跨步电压，应使配电装置区域内的电位分布尽可能的均匀，适当布置接地极，形成环形接地网。接地体可采用钢管、角钢和扁钢等。棒形接地体是垂直埋入地中的钢管或角钢，其长度为 2～3m，钢管的外径为 48～60mm，管壁厚度不小于 3.5mm；角钢的壁厚不小于 4mm，埋深为 0.6m。带形接地体是水平埋入地中的扁钢或圆钢，扁钢的厚度不小于 4mm，截面积不小于 48mm^2。圆钢直径不小于 8mm，埋深为 0.6m。

环形接地网的外缘要闭合。环形接地网的接地电阻主要与接地网的面积有关，应该以水平接地体为主。

接地线应尽量利用金属构架、钢筋混凝土构件的钢筋、钢管等。接地线相互之间及与接地体之间的连线，均应采用焊接。

电气装置中每一个需要接地的部位，应采用单独的接地线与接地干线或接地体相连接，几个接地单元不可以串联连接在一个接地线中。接地线与电气设备外壳连接时，可采用螺栓连接或焊接。

复习思考题

9-1 电气一次设备包括哪些内容？

9-2 低压水轮发电机主要由哪几部分组成，各有何作用？其工作原理如何？

9-3 低压水轮发电机常见的励磁方式有哪些，各有何特点？

9-4 什么是同步发电机的运行特性？简述同步发电机的空载特性、外特性和调整特性。

9-5 油浸电力变压器由哪几部分组成？变压器油的作用如何？

9-6 简述单相变压器的工作原理。

9-7 高压断路器、负荷开关和隔离开关有什么区别？

9-8 高压断路器有何作用？有哪些类型？各有何特点？

9-9 高低压熔断器有什么作用？简述跌落式高压熔断器的工作原理？

9-10 常见的低压熔断器有哪些？各有何特点？

9-11 试述说 DW15 低压断路器的工作原理，并说明其脱扣器的类型。

9-12 是否刀开关就不能带负荷操作，为什么？

9-13 交流接触器有哪几部分组成？为什么不能用来切断短路电流和过载电流？

9-14 什么叫互感器？有什么作用？

9-15 试述说电流互感器的工作原理和使用中的注意事项。并说明为什么？

9-16 电流互感器基本接线形式有哪些？各有何特点？

9-17 试述说电压互感器的工作原理和使用中的注意事项。并说明为什么？

9-18 电站绝缘子有何作用？

9-19 什么叫母线？有哪些类型？连接时有何注意事项？如何进行母线的安装？

9-20 什么是成套配电装置？各有哪些类型？

9-21 什么是电气主接线图？小型水电站常用的电气主接线有哪些？各有何特点？

9-22 什么叫过电压？它有几种形式？对设备有什么危害？

9-23 试述说雷电的危害，常用的防雷措施有哪些？

9-24 试述说阀型避雷器的工作原理，非线性电阻元件的作用是什么？

9-25 氧化锌避雷器有什么特点？

9-26 什么叫接地，接地装置有哪几部分组成，对接地电阻有何要求？

9-27 什么是接触电压触电？什么是跨步电压触电？

9-28 在同一变压器系统中，为什么不能一部分采用保护接零，而另一部分采用保护接地？

9-29 重复接地有何优点，为什么要采用重复接地？

9-30 如何敷设人工接地体？

第十章 电气二次设备

教学要求 本章要求掌握低压机组水电站电气二次设备、电气二次图的编制和阅读方法。

以上内容要求初级工初步掌握,中级工基本掌握,高级工必须掌握。

第一节 概 述

在低压机组水电站中,电气设备有一次设备和二次设备之分。对电气一次设备、水力机械、水工设施和其他机械设备进行监测、控制、保护、信号和自动调节等功能的辅助电气设备,称为二次设备,包括监视和测量用表计、控制用开关电器、继电保护及自动远动装置用电器、信号器具、同期装置、励磁装置和控制电缆等。

由二次设备按一定顺序相互连接构成的电气回路称为二次回路(或二次接线)。表明二次回路连接关系的图纸称为电气二次图。

二次设备的主要任务是通过对一次设备的监测反映其工作状态,并对一次设备进行控制、保护和调节等,对确保水电站的正常运行和安全及经济发电起着十分重要的作用。二次设备极其回路的故障会影响和破坏电力生产的正常运行。为此,低压机组电站运行与检修人员必须熟悉和掌握电气二次设备知识,用以指导运行操作和故障分析处理。

第二节 常用电工仪表与测量

一、电工仪表的分类、标志和型号

(一)电工仪表的分类

电工仪表种类很多,按测量方法、用途和结构特征等常可分为以下几类。

1. 指示仪表

这类仪表的特点是将被测量转换为仪表可动部分的机械转角,然后通过指示器(指针)直接在标尺刻度上示出被测量的大小,因此又称指示仪表为电气机械式仪表或直读式仪表。低压机组水电站中大多数使用这类仪表。

指示仪表应用极广,规格品种繁多,通常按下列方法又可分为以下几类。

(1)按仪表的工作原理分。有磁电系仪表(C表示)、电磁系仪表(T表示)、电动系仪表(D表示)和铁磁电动系仪表(D表示)、感应系仪表(G表示)、整流系仪表(L表示)与静电系仪表(Q表示)等。

(2)按测量名称分。有电流表、电压表、功率表、电能表、功率因数表、电阻表(Ω

表）绝缘电阻表（兆欧表）以及多种测量功能的万用表等。

（3）按测量电流的种类分。有直流表、交流表及交直流两用表等。

（4）按使用方法分。有安装式和可携式两种。安装式仪表是固定安装在开关板或电气设备的面板上使用的仪表，广泛用于发电厂、变电所的运行监视和测量，但准确度较低。可携式仪表是可以携带和移动的仪表，广泛用于电气试验、精密测量及仪表检定中，准确度较高，通常在0.5级以上。

（5）按使用条件分有A、B、C三组。A组仪表宜在温暖的室内使用；B组可在不温暖的室内使用；C组可在不固定地区的室内和室外使用。具体工作条件可从有关标准或规定中查得。

按准确度等级分。国产电工仪表可分为0.1、0.2、0.5、1.0、1.5、2.5、5.0七级。

2. 比较仪表

比较仪表用于比较法测量，即将被测量与标准量比较后确定被测量的大小，包括直流比较仪器和交流比较仪器两种。直流比较仪器有直流电桥、电位差计及标准电阻等；交流比较仪器有交流电桥、标准电感和标准电容等。

3. 数字仪表和巡回检测装置

数字仪表是一种以逻辑控制实现自动测量、并以数码形式直接显示测量结果的仪表，如数字频率表、数字电压表等。数字仪表和遥测控制系统配合构成巡回检测装置，可以实现对多种对象的远距离测量。这类仪表近年来得到了迅速的发展和应用。数字式万用表使用十分普遍。

4. 记录仪表和示波器

将被测量转换成位移量，经指示机构自动记录下信号随时间变化情况的仪表称为记录仪表。记录方式有笔录式和打点式。发电厂中常用自动记录电压表、频率表以及自动记录功率表都属于这类仪表。

当被测量变化很快、来不及笔录时，常用示波器观测。电工仪表中的电磁示波器和电子示波器不同，是将振动子在电量作用下的振动，经过特殊的光学系统显示成波形。

5. 扩大量程装置和变换器

用以实现同一电量的变换，并能扩大仪表量程的装置称为扩大量程装置，如分流器、附加电阻、电流互感器、电压互感器等。用以实现不同电量之间的变换，或将非电量转换为电量的装置称为变换器。在各种非电量的电测量和变换器式仪表中，变换器都是必不可少的。

6. 积算仪表

反映一段时间内电能累积值的表计，如记录功率对时间的积算值的有功和无功电能表（电度表）积算值一般以数字显示。

（二）电工仪表的标志

为了便于选择和使用电工仪表，通常把技术特性用不同的符号标示在仪表的刻度盘和面板上，称做仪表的标志。根据国家标准，每个仪表应有测量对象的单位、准确度等级、电流种类和相数、工作原理系别、使用条件组别、工作位置、绝缘强度试验电压的大小、仪表型号以及各种额定值的标志。有关标志的各种符号见表10-1。

表 10-1

电 工 仪 表 的 标 志

1. 测 量 单 位 符 号

名 称	符 号	名 称	符 号	名 称	符 号
千安	kA	瓦特	W	毫欧	$m\Omega$
安培	A	兆伏安	MVA	微欧	$\mu\Omega$
毫安	mA	千伏安	kVA	相位角	φ
微安	μA	伏安	VA	功率因数	$\cos\varphi$
千伏	kV	兆赫	MHz	无功功率因数	$\sin\varphi$
伏特	V	千赫	kHz	微法	μF
毫伏	mV	赫伏安	Hz	微微法	pF
微伏	μV	兆欧	$M\Omega$	亨	H
兆瓦	MW	千欧	$k\Omega$	毫亨	mH
千瓦	kW	欧姆	Ω	微亨	μH

2. 仪表工作原理图形符号

名 称	符 号	名 称	符 号	名 称	符 号
磁电系仪表		电动系仪表		感应系仪表	
磁电系比率表		电动系比率表		静电系仪表	
电磁系仪表		铁磁电动系仪表		整流系仪表（带半导体整流器和磁电系测量机构）	
电磁系比率表		铁磁电动系比率表		热电系仪表（带接触式热变换器和磁电系测量机构）	

3. 电 流 种 类 符 号

名 称	符 号	名 称	符 号	名 称	符 号	名 称	符 号
直流	——	交流（单相）		直流和交流		具有单元件的三相平衡负载交流	

4. 准 确 度 等 级 符 号

名 称	符 号	名 称	符 号	名 称	符 号
以标度尺量限百分数表示的准确度等级，例如1.5级	1.5	以标度尺长度百分数表示的准确度等级，例如1.5级	1.5	以指示值百分数表示的准确度等级，例如1.5级	1.5

5. 工作位置符号

名称	符号	名称	符号	名称	符号
标度尺位置为垂直的（仪表垂直放置）	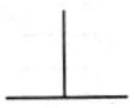 ⊥	标度尺位置为水平的（仪表水平放置）	 ⊏⊐	标度尺位置与水平面倾斜成角度，例如60°	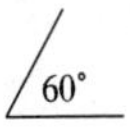 ∠60°

6. 绝缘强度的符号

名 称	符 号	名 称	符 号
不进行绝缘强度试验	 ☆0	绝缘强度试验电压为2kV	 ☆2

7. 端钮、调零器的符号

名称	符号	名称	符号	名称	符号	名称	符号
负端钮	−	公共端钮	✳	与外壳相连接的端钮	 ⏚	调零器	 ⌒
正端钮	+	接地用的端钮	⏚	与屏蔽相连接的端钮	◌		

8. 按外界条件分组符号

名 称	符 号	名 称	符 号	名 称	符 号
Ⅰ级防外磁场（例如磁电系）	 ⌂	Ⅲ级防外磁场和电场	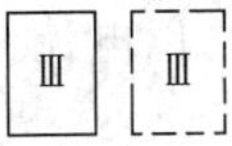 Ⅲ Ⅲ	B组仪表	 △B
Ⅰ级防外电场（例如静电系）	 ⊕	Ⅳ级防外磁场及电场	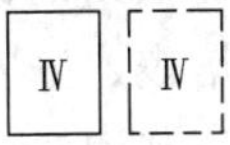 Ⅳ Ⅳ	C组仪表	 △C
Ⅱ级防外磁场和电场	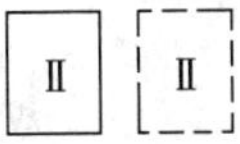 Ⅱ Ⅱ	A组仪表	 △A		

二、电流和电压的测量

1. 电流测量

测量电流的仪表称电流表。电流表必须串接在电路中，如图 10-1（a）所示，该电路只适用于低电压小电流电路电流的测量。为使电流表的接入不影响电路的原始状态，电流表本身的内阻抗要尽量小。测量直流电流时必须注意极性，是仪表的极性与电路极性相一致，让电流从"＋"极端流入，"－"极端流出。如果极性相反，指针会反偏，严重时会将指针打弯。测量交流电流时，无极性要求，其读数为交流电流的有效值。

仪表的测量范围通常称为量程。仪表不能在超量程情况下工作，否则，会造成仪表的烧坏。为保证仪表的准确度，又不致超量程，一般用指针指示满量程的 2/3 为宜，此时仪

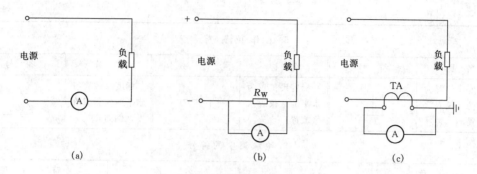

图 10-1　电流测量的基本电路

(a) 电流表直接串联接入；(b) 直流电流表与分流器并联后串联接入；

(c) 交流电流表串联接入电流互感器二次侧

表准确度最高。欲测大电流必须扩大仪表量程。

直流电流表通常采用分流器扩大量程。分流器实际上是一个和电流表并联的低阻值的电阻，用 R_w 表示，如图 10-1 (b) 所示。大部测量电流分流经分流器，流过电流表的电流是按一定比例少量的测量电流。以此达到扩大电流表量程的目的。若电流表读数为 A，并接分流器的分流比为 K，则被测电流大小为 $I=KA$。若电流表的内阻为 R_0，则分流器的电阻大小为 $R_w=R_0/（K-1）$。

交流电流表的扩大量程的方法，常采用电流互感器，如图 10-1 (c) 所示。将电流互感器一次绕组串入被测电路，电流表串入电流互感器的二次侧。若电流表的读数为 A，电流互感器的变流比为 K_{TA}，则被测电流为 $I=K_{TA}A$。与电流互感器配套的电流表，其量程为 $5A$，其表面刻度均以电流互感器一次侧电流标定，因此，可直接读出电流的大小。

使用钳形电流表，可在不断开电路的情况下，测量电路电流（见后详述）。

电流表按量程不同，分为安培表、毫安表和微安表等。还有一种用来检测电流有无的电流表，称为检流计。检流计不用来测量电流的大小。在比较法测量中，检流计作为指零仪得到广泛的应用。

2. 电压测量

用以测量电压的仪表称为电压表。电压表应跨接在被测电压的两端，即和被测电压的电路或负载并联，如图 10-2 (a) 所示。

为了不影响电路的工作状态，电压表本身的内阻抗要很大，或者说与负载的阻抗比要足够大，以免由于电压表的接入而使被测电路的电压发生变化，形成不能允许的误差。

直流电压表常采用串联一个高阻值的附加电阻来扩大量程如图 10-2 (b) 所示。电压表的正极接电路两点间高电位端，负极接被测电路的低电位端。若电压表读数为 V，分压电阻的分压比为 n，则被测量的直流电压值为 $U=nV$。若电压表的内阻为 R_V，则分压器的电阻为 $R_a=R_V（n-1）$。

交流电压表常采用电压互感器来扩大量程如图 10-2 (c) 所示。电压互感器的一次绕组并联在被测负载两端，电压表串入电压互感器的二次侧。若电压表的读数为 V，电流

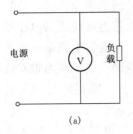
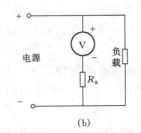
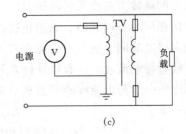

| (a) | (b) | (c) |

图 10 - 2　电压测量的基本电路

(a) 电压表直接并联接入；(b) 直流电压表经附加电阻接入；
(c) 交流电压表通过电压互感器接入

互感器的变压比为 K_{TV}，则被测电流为 $U = K_{TV} A$。与电压互感器配套的电压表，其量程为 100V，其表面刻度均以电压互感器一次侧电压标定，因此，可直接读出电压的大小。

按电压表量程的不同，有伏特表、毫伏表等。

3. 仪表的选用

在支流电流和电压的测量中，由于磁电系机构具有准确、灵敏、公耗小和标尺均匀等显著优点，所以都采用磁电系仪表。磁电系电流表和电压表在接入电路时，要注意接线端子的极性。在交流电流和交流电压测量中。安装式仪表通常采用电磁系测量机构。交流可携式电流和电压表，目前主要采用电动系测量机构，以适应精密测量的要求。

三、功率的测量

用以测量功率的仪表称为功率表。按所测电路功率性质不同，可分为有功功率表和无功功率表；按电流性质不同，可分为直流和交流功率表两类；按交流电路相数不同可分为单相和三相功率表。

1. 单相电路有功功率测量

测量单相电路有功功率的功率表接线原理图如图 10 - 3 (a) 所示。该图为直接法接入，功率表 PW 圆圈内的水平粗实线表示电流线圈，垂直细实线表示电压线圈。功率表

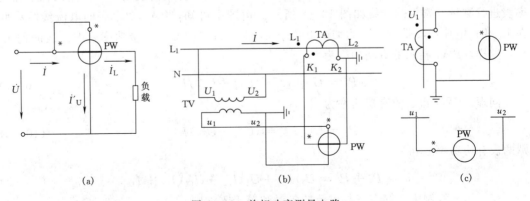

| (a) | (b) | (c) |

图 10 - 3　单相功率测量电路

(a) 直接接入；(b)、(c) 经互感器接入

指针的偏转方向由两组线圈里电流的相位关系所决定。改变任一个线圈电流流向，指针都将向相反的方向偏转。为防止接线错误，通常在仪表的引出端钮上将电流线圈与电压线圈指定接电源同一极的一端标有"∗"、"·"或"＋"等极性标志，称为发电机端。正确的接线是将电流线圈标有极性标志的一端接至电源侧，另一端接负载侧。电压线圈带有极性标志的一端与电流线圈带有极性标志的一端接于电源的同一极，另一端则跨接到负载的另一端。

图 10 - 3（b）为电压线圈和电流线圈分别经电流互感器 TA 和电压互感器接入集中式表示的单相功率测量原理图。图 10 - 3（c）为电压线圈和电流线圈分别经电流互感器 TA 和电压互感器接入分开表示原理图。功率表经互感器接入时，必须正确地标出互感器和功率表的极性。只要接线无误，一般情况下，指针会向正方向偏转。

2. 三相电路有功功率的测量

（1）三相四线制有功功率的测量。图 10-4 为采用三只单相功率表测量三相四线制有功功率接线。因为三相总功率为 $P = P_{L1} + P_{L2} + P_{L3}$，所以总功率为三只表 PW_1、PW_2 和 PW_3 读数之和。

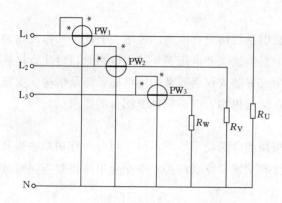

图 10 - 4　3 只功率表测量三相四线制
电路有功功率的接线

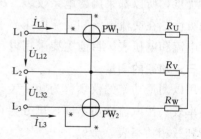

图 10 - 5　三相三线制电路测量
有功功率的接线

（2）三相三线制电路有功功率的测量。三相三线制电路的有功功率可以用两只单相功率表进行测量。常见的接线如图 10 - 5 所示。由图中可知，PW_1 功率表的电流线圈串联在 L_1 相；电压线圈带"∗"的端钮也接于 L_1 相，另一端接于未接功率表电流线圈的 L_2 相，这样，PW_1 指示的有功功率为

$$P_1 = \dot{U}_{L12}\dot{I}_{L1} = (\dot{U}_{L1} - \dot{U}_{L2})\dot{I}_{L1} \qquad (10 - 1)$$

同理，PW_2 指示的有功功率为

$$P_2 = \dot{U}_{L32}\dot{I}_{L3} = (\dot{U}_{L3} - \dot{U}_{L2})\dot{I}_{L3} \qquad (10 - 2)$$

则两表有功功率之和为

$$P = P_1 + P_2 = \dot{U}_{L1}\dot{I}_{L1} + \dot{U}_{L3}\dot{I}_{L3} - \dot{U}_{L2}(\dot{I}_{L1} + \dot{I}_{L3}) \qquad (10 - 3)$$

在三相三线制中，存在三相电流的矢量和等于零，则

$$\dot{I}_{L1} + \dot{I}_{L2} + \dot{I}_{L3} = 0; \dot{I}_{L2} = -(\dot{I}_{L1} + \dot{I}_{L3})$$

代入式（10-3）得

$$P = P_1 + P_2 = \dot{U}_{L1}\dot{I}_{L1} + \dot{U}_{L3}\dot{I}_{L3} + \dot{U}_{L2}\dot{I}_{L2}$$

以上说明，不管三相电路是否对称，可以用两只单相有功功率表来测量三相三线制有功功率。

3. 三相无功功率的测量

三相电路无功功率的测量是用有功功率表法来测量的。测量的方法很多，下面介绍两种无功功率的接线方法。

（1）跨相90°的接线方式。如图10-6所示，将 PW_1 的电流线圈串联在 L_1 相，电压线圈接于 $\dot{U}_{L23}$ 上；将 PW_2 的电流线圈串联在 L_2 相，电压线圈接于 $\dot{U}_{L13}$ 上；将 PW_3 的电流线圈串联在 L_3 相，电压线圈接于 $\dot{U}_{L12}$。三只有功功率表读数之和为 $\sqrt{3}$ 倍的三相无功功率。国产 16D3—VAR 型三相无功功率表，其内部接线是采用跨相90°的接线方式。表盘刻度时已考虑了必要的乘数，可直接读出被测三相电路的无功功率。

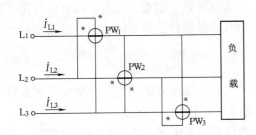

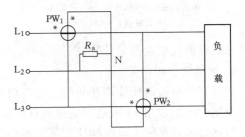

图 10-6　用跨相90°接线法测量　　　　图 10-7　利用人工中性点接线测量
三相电路无功功率接线图　　　　　　　三相电路无功功率

在三相对称电路中，若用两只单相功率表 PW_1 和 PW_2 测量三相电路无功功率时，则两表的读数之和为 $\dfrac{2}{\sqrt{3}}$ 的总无功功率，则三相无功功率为两表读数之和再乘上 $\dfrac{\sqrt{3}}{2}$。

（2）利用人工中性点接线方式。如图10-7所示为人工中性点接线方式测量三相三线无功功率的接线图，利用 R_a 电阻形成人工中性点。若三相电路对称，PW_1 和 PW_2 测得的功率之和为 $\dfrac{1}{\sqrt{3}}$ 三相无功功率。由此可知三相三线无功功率为 PW_1 和 PW_2 测得的功率之和乘上 $\sqrt{3}$ 倍。这种方法只能用于三相完全对称的情况下，若不对称，则会产生附加误差。

国产 1D1—VAR 型三相无功功率表内部接线中是带人工中性点的，在表盘上刻度时已考虑乘以 $\sqrt{3}$ 倍这一因素。所以测量时直接读出的读数就是被测三相电路的总无功功率。

四、电能的测量

电能测量不仅要反映负载功率大小，还应反映功率的使用时间。因此，测量电能的仪表，除了必须具有测量功率的机构之外，还应能计算负载的用电时间，并通过积算机构把电能自动的累计出来。为带动积算机构工作，仪表必须克服传动机构各个环节的摩擦，因此要求测量机构有较大的转矩。

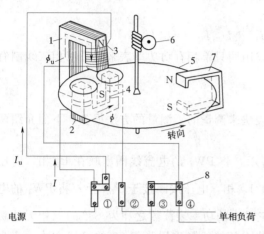

图 10-8　单相感应式电能表结构图
1—电压电磁铁；2—电流电磁铁；3—电压线圈；
4—电流线圈；5—铝转盘；6—计数器；
7—制动永久磁铁；8—接线端子

测量电能的仪表称为电能表，又称电度表或千瓦时表。电动系测量机构构成的电动系电能表，由于结构、工艺复杂，成本很高，所以只在直流电路中使用。交流电能测量都采用感应系测量机构的电能表，特点是转矩大，成本低，因此，应用十分广泛。交流电能表按所测的功率不同，分为有功电能表和无功电能表；按相数不同，可分为单相电能表和三相电能表。

图 10-8 为单相感应式电能表的结构图。图中 3 为测量电压的电压线圈，导线较细，匝数较多，与负载电路并联；4 为测量电流的电流线圈，导线较粗，匝数较少，与负载串联。铝盘 5 在电磁场力的作用下转动时，带动计数器 6 转动。计数器显示的数字就是负载消耗电能的累计数。

1. 有功电能的测量

测量有功电能的接线原理与测量有功功率时相同，接线方法一样，必须遵守"发电机端"原则。电能表用 PJ 表示，电能表具体接线可参照图 10-9 连接。

直接接入式电能表电能的计算是：本次抄表读数减去上次抄表读数得出的结果，即两次抄表期间消耗的电能。若电能表经互感器接入，则在上述得到的数字再乘上互感器的变流比和变压比，才是实际消耗的电能（若发电机，则为产生的电能）。若电能表盘上注有倍率，且使用配套的互感器时，则应乘上倍率，才是实际产生或消耗的电能。

2. 三相电路无功电能测量

和测量无功功率一样，无功电能的测量也可跨相 90°的接线方式进行测量。在三相电路中普遍采用的是三相无功电能表，常见的有两种类型：一类为带附加电流线圈的（DX1 型）电能表；另一类为电压线圈接线带 60°相角差的（XD2 型）电能表。这两种电能表都是三相两元件无功电能表。带附加电流线圈的电能表属于 90°的接线方式的电能表，该类型电能表既可用于三相三线制电路中，又可用于三相四线制电路中。而电压线圈接线带 60°相角差的电能表则属于 60°接线的电能表，通常只用于三相三线制电路中。

（1）带附加电流线圈的三相无功电能表。这种电能表的构造和三相两元件、有功电能表相似，只是每个元件上的 2 个电流线圈应分别接入不同相别的电流回路中。其接线如图 10-10 所示。

测得的总功率为

$$P = P_1 + P_2 = \sqrt{3}Q$$

如果在这种电能表的积算机构中预先考虑 $\sqrt{3}$ 倍的比例关系，则表计的计度器可直接指示出三相电路的无功电能。此种电能表，不论负载是否对称，只要三相电压对称，都能正确的计量三相电路的无功电能。

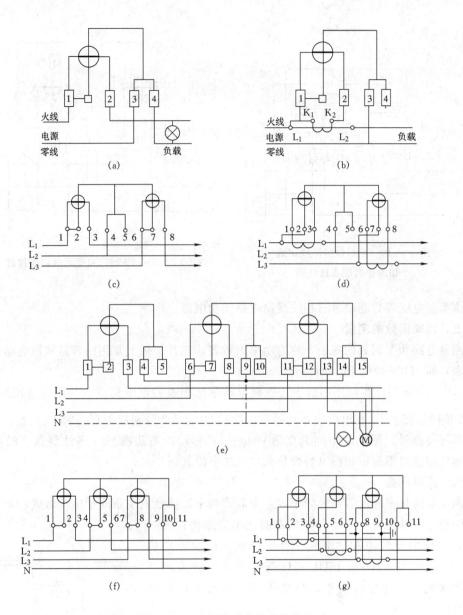

图 10-9　常用有功电能表接线图

(a)、(b) 单相电能表直接接入和经互感器接入式；(c)、(d) 三相三线制电能表直接接入和经互感器接入式；
(e) 三只单相电能表测三相四线制电能直接接入式；(f)、(g) DT 型
三相四线制电能表直接接入和经互感器接入式

　　(2) 带 60°相角差的三相无功电能表。这种三相无功电能表的结构与三相两元件有功电能表相同。其特点是通过在电压线圈上串联电阻的方法，使表计电压线圈的电流和电压形成 60°角。该电能表接线如图 10-11 所示。

　　两元件测得的功率之和为

$$P = P_1 + P_2 = Q$$

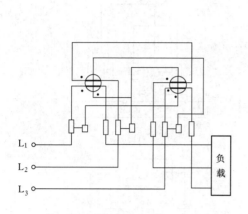

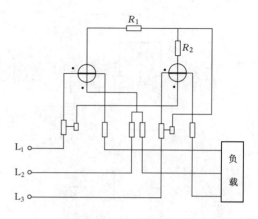

图 10-10　有附加电流线圈的
三相无功电能表接线图

图 10-11　DX2 型三相无功电能表接线图

该类型电能表只能测量三相三线制电路无功电能。

五、功率因数的测量

测量电路功率因数的仪表，称为功率因数表，在开关板上常用的都是铁磁电动系功率因数表，如 1D1—$\cos\varphi$ 型、如 1D5—$\cos\varphi$ 型等。

1D5—$\cos\varphi$ 型三相功率因数表按铁磁电动系比率表的原理构成。其固定电流线圈 A1 和 A2 串联后接入 L_1 相电路中，动圈电压线圈 D1 和 D2 分别接于 $\dot{U}_{L12}$ 和 $\dot{U}_{L13}$ 上。一般经互感器间接测量。标尺的中间刻度为 $\cos\varphi=1$；标尺的右边滞后（感性负载）的功率因数；标尺的左边则表示超前（容性负载）的功率因数。

六、频率测量

测量电路频率的仪表称为频率表。安装式频率表铁磁电动系测量机构做成。其结构型式有两种：一种为具有不均匀空气隙的比率表结构；另一种为具有均匀空气隙和"电气游丝"结构。目前生产的 1D1—Hz、16D2—Hz 和 19D1—Hz 等频率表，即采用这种结构做成，外部接线简单，只要将其并联接入被测电路即可。

七、钳形电流表

钳形电流表是根据互感器原理制成的一种便携式仪表，能在不断开被测电路的情况下测量电流值。图 10-12 为钳形电流表的外形和使用方法示意图。使用时紧握手柄，张开钳形电流表的钳口铁芯，将被测导线置于钳口内部中央，然后松动手柄，让钳口铁芯闭合。为使钳口铁芯紧密闭合，可以操作手柄让钳口张合几次。被测导线相当于电流互感器的一次绕组。钳形电流表的二次绕组与电流表串联。当被测导线中有电流通过时，二次绕组中产生的

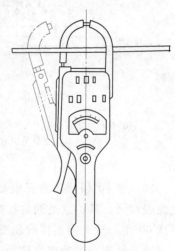

图 10-12　钳形电流表的外形
和使用方法示意图

感应电流通过电流表，电流表指针就偏转，指示被测导线中电流的大小。当钳口铁芯中钳入三相三线制中2根导线时，电流表指示的是未被钳入的那一相的电流。若3根同时钳入，则电流表的读数为零。

使用钳形电流表应注意以下几点：

（1）根据被测电流大小，选择合适的量程。若事先难以估计被测电流大小，应先用最大量程粗测，然后再选合适量程进行测量。

（2）为了提高测量的准确性，被测导线应置于钳口的内部中央。钳口应清洁，接触面应接触良好。

（3）测量完毕应将量程切换开关至最大量程位置。

（4）测量5A以下电流时若条件许可，可将被测导线绕几圈后放入钳口进行测量，以提高测量准确性。实际电流值应为读数除以钳口内导线的匝数。

钳形电流表的准确度等级一般为2.5级或5.0级，因此，不能用于精密测量。

八、绝缘电阻测量

测量电气设备绝缘电阻的仪表，称为绝缘电阻表；因绝缘电阻的单位为兆欧，故又称绝缘电阻表为兆欧表，俗称摇表。兆欧表的外形如图10-13所示，有三个接线柱，分别为L、E和G。"L"接被测对象；"E"接设备外壳或接地；"G"接屏蔽接地端或保护环。

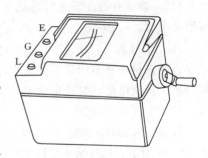

图10-13　兆欧表的外形图

使用兆欧表测量绝缘电阻按以下步骤进行：

（1）测量前，应切断被测电气设备电源，并充分放电，然后擦干净被测电气设备的表面。

（2）按电气设备的额定电压选择合适的兆欧表，具体见表10-2。

（3）采用绝缘良好的单根线作连接引线，不可绞合，不可接触设备表面或地面。不能采用双股绝缘绞线作为连接引线。

表10-2　　　　　　　　　　兆欧表的选用

被　测　对　象	被测电气设备的额定电压 （V）	兆欧表的额定电压 （V）
线圈的绝缘电阻	<500	500
线圈的绝缘电阻	>500	1000
发电机线圈的绝缘电阻	<500	1000
变压器、发电机、电动机的绝缘电阻	>500	1000或2500
电气设备的绝缘电阻	<500	500或1000
电气设备的绝缘电阻	>500	2500
瓷瓶、母线刀闸的绝缘电阻		2500或5000

（4）使用前应检查兆欧表是否完好。可作开路试验和短路试验。作开路试验时，将兆欧表的端钮开路，摇动手柄达到发电机的额定转速，观察指针是否指向"∞"；然后继续摇动手柄，将端钮"L"和"E"短接一下，观察指针是否指"0"。如果指针不正确，则

需调修后再使用。

（5）测试时，由慢到快摇动手柄，直到指针稳定在额定转速（常为 120r/min），读出数为绝缘电阻值。进行吸收比测试时，应稳定在 120r/min 左右，再将连接引线接通被测物，然后读取 15s 和 60s 时的绝缘电阻。测试中若于被测物因绝缘损坏而短路，指针摆到"0"时，应立即停止摇动手柄。

（6）测量完毕，应将被测物充分放电。

（7）兆欧表手柄停止转动及被测物未充分放电前，切勿用手触及设备被测部分或兆欧表的接线柱，以防触电。

（8）测量大容量电气设备的绝缘电阻时，应先断开连接线，再停止摇动兆欧表，以防因充电而损坏表计。

（9）测量供电线路绝缘电阻时，不仅要断开电源，还应断开负载；若有两回线同时供电，另一回线必须停电。

（10）禁止在高压设备附近或雷雨时使用兆欧表进行绝缘电阻的测量，以免发生人身或设备事故。

九、万用表

万用表是一种多用途、多量程的便携式测量仪表。普通万用表可以测量交流电压、直流电压、直流电流、交流电流和电阻。有的万用表还可以测量电感、电容和晶体管参数等，如数字式万用表。

万用表由表头、测量电路和转换开关组成。万用表表面有对应各种测量所需标度尺，如图 10-14 所示。机械调零螺钉用以调整指针指零；电气调零旋钮是测量电阻专用的调零旋钮，上面印有"Ω"符号；转换开关用以选择不同的被测量种类及量程。标有"＋"和"一"号的两个插孔，分别插红、黑两支表笔。

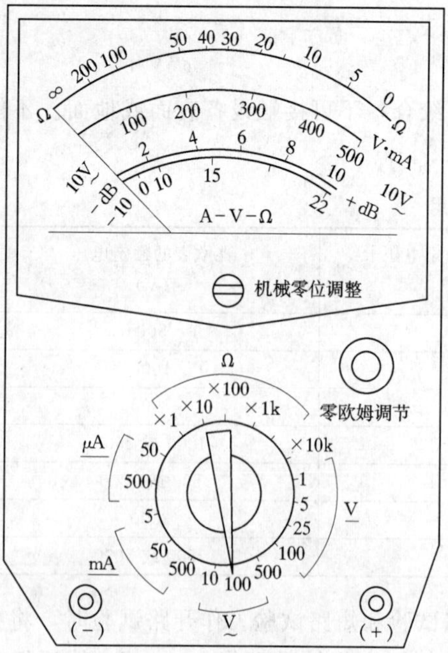

万用表使用时应根据不同的测量对象，分别按以下步骤进行测量。

1. 电阻的测量

（1）进行机械零位调节。若表针不在零位，调节机械零位螺钉，使指针指零。

（2）表的检验。将转换开关切换至"Ω"部分，将两支表笔短接，调整"Ω"调零旋钮，使指针指在零位。若调不到零位，应更换表内所附电池。

（3）电阻测量。电阻必须在不带电的情况下测量，测量时根据需要改变量程。但必须注意，每次改变量程后，都须重新调零后再测。测量低电阻时应注意表笔与被测物接触良好；测量高阻值时，手不能接触表笔和被测物引线。

（4）晶体二极管好坏的判别。宜选用 R×100 或 R×1k 挡，不能过大和过小，否则易损

图 10-14 万用表的盘面图

坏管了，并应注意，红表笔接内电池的负极（数字表红表笔接内电池的正极），黑表笔接内电池的正极（数字表黑表笔接内电池的负极）。

（5）复位。测量完毕，应将转换开关置于交流电压最大挡。

2. 交流电压的测量

（1）进行机械零位调节。若表针不在零位，调节机械零位螺钉，使指针指零。

（2）交流电压的测量。将转换开关置于交流电压最大挡或合适的量程处，将表笔并联于被测电路上测试一下，然后改变量程（注意不能带电改变量程），直至指针指在满刻度2/3左右为止。读取相应的读数。

（3）交流高电压测量。测量高电压时必须采用专测高压的绝缘表笔和引线，并将红表笔置于高压插孔，转换开关置于相应的位置。不能用两手同时拿两根表笔。必要时应使用绝缘橡皮手套和绝缘垫。

（4）复位。测量完毕，应将转换开关置于交流电压最大挡。

3. 直流电压的测量

直流电压测量的方法和交流电压基本相同，只是直流电压测量时，将转换开关置于直流电压最大挡或合适的量程处，并应注意仪表的极性。其他和交流电压一样。

4. 直流电流的测量

（1）进行机械零位调节。若表针不在零位，调节机械零位螺钉，使指针指零。

（2）直流电流的测量。将转换开关置于直流电流最大挡，将万用表串入电路中（红表笔接电流的流入端，黑表笔接电流的流出端），改变量程（注意不能带电改变量程）直至指针指在满刻度2/3左右为止。读取相应的读数。注意不能测量超过万用表电流量程的电流和将表笔并联于电路中测量，否则会烧坏万用表。

（3）复位。测量完毕，应将转换开关置于交流电压最大挡。

5. 交流电流的测量

方法同直流电流的测量，只是将转换开关置于交流电流最大挡，且不要注意电流的极性。

6. 使用时的注意事项

万用表是一种多功能，多量程的仪表，一旦使用不正确极易造成仪表的烧坏，因此在万用表的使用中应细心，专心，做到：①正确进行测量功能的切换；②正确选择量程，正确进行读数（注意刻度线）；③为保证精度应进行机械调零或电气调零；④使用完毕应将切换开关切至交流电压最高挡；⑤对于长期不用的万用表应退下表中电池。

第三节　常　用　继　电　器

一、继电器的作用、分类和基本要求

1. 继电器的作用

继电器是一种能自动动作的电器，是构成继电保护的基本元件。当加入继电器的物理量超过继电器的整定值，继电器就能自动动作。

继电器一般由感受元件、比较元件和执行元件组成。感受元件是感受物理量的变化，以某种形式送到比较元件，由比较元件与整定值进行比较作出逻辑判别，并将结果作用于执行元件。执行元件动作后，使相应的电路特性发生变化，从而完成继电器所担负的任务。

2. 继电器的分类

继电器种类繁多，有控制继电器，主要用于控制装置；有保护继电器，主要用于保护装置。有测量有电量的继电器和非电量的继电器等。

其中有电量的继电器按动作原理分有：电磁型、感应型、整流型、晶体管型、集成电路型和微机型等。按功能分有：电流型、电压型、功率型、阻抗型等。

3. 对继电器的基本要求

(1) 为确保继电保护工作可靠，继电器必须高质量。

(2) 继电器动作值的误差应尽量小，以免引起误动作或降低保护的灵敏度。

(3) 继电器的触点应可靠，并具有一定负荷能力。

(4) 继电器动作后返回应迅速可靠，避免继电保护发生误动作。

(5) 继电器消耗的功率要小，以减轻测量互感器的负载。

(6) 继电器的动稳定和热稳定要好。

除此之外，继电器应构造简单，运行维护方便，价格便宜等。

二、常用继电器

继电器的型号表示方法：

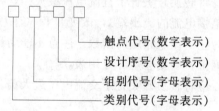

触点代号(数字表示)
设计序号(数字表示)
组别代号(字母表示)
类别代号(字母表示)

型号中每个字母的含义见表 10-3。

表 10-3　常用保护继电器型号中字母的意义

序号	分类	名　称	代　号
1	类别代号	电磁式	D
		感应式	G
		整流式	L
		半导体(晶体管)式	B
2	组别代号	电流继电器	L
		电压继电器	Y
		功率继电器	G
		中间继电器	Z
		时间继电器	S
		信号继电器	X
3	触点代号	一对常开触点	1
		一对常闭触点	2
		一对常开触点；一对常闭触点	3

1. 电流继电器

电流继电器是一种当被保护电路的电流达到整定值而动作的继电器。常用的电流继电器有电磁型和感应型两种。

图 10-15 为 DL—10 系列电磁型电流继电器结构图。继电器电磁铁 1 的铁芯上绕有线圈 2，电流线圈导线粗、匝数少串联接入被保护电路的电流互感器的二次侧。当电路中电流增大到一定值时，Z 形舌片被电磁铁吸动而转动，带动转轴和触点转动，动触点桥 5 与静触点接通，称为继电器动作。电流继电器动作后去接通开关设备的跳闸回路，使开关（断路器）跳闸。能使电流继电器动作的最小电流值称为电

330

流继电器的动作电流，用符号 $I_{\rm op \cdot k}$ 表示。继电器动作后，当电流减小到某一值，继电器 Z 形舌片能突然返回到原位，触点重新打开，称为电流继电器的返回。能使动作后的电流继电器返回的最大电流，称为继电器的返回电流，用符号 $I_{\rm re \cdot k}$ 表示。由于摩擦阻力矩和剩余力矩的影响，动作电流总大于返回电流。即返回系数 $K_{\rm re} = \dfrac{I_{\rm re \cdot k}}{I_{\rm op \cdot k}}$ 恒小于 1，通常为 0.85～0.95。若 $K_{\rm re}$ 太小，则继电器的灵敏度太低；若 $K_{\rm re}$ 太大，则继电器的触点闭合不可靠。

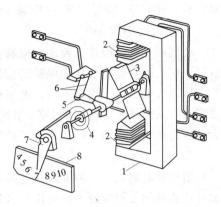

图 10-15　DL—10、DY—50 系列
继电器结构图
1—电磁铁；2—线圈；3—Z 形舌片；
4—弹簧；5—动触点桥；6—静触
点；7—整定值整定把手；
8—刻度盘

感应型电流继电器常用的有 GL—10 系列，原理结构与感应型电度表相似。其时限特性为有限反时限特性，包括反时限、定时限和速断三部分组成。在电流较小时，磁路未饱和，动作时限呈反时限特性，即电流越小，动作时间越长；电流越大，动作时间越短。当电流增大到磁路饱和时，动作时限是一定的，与电流大小无关，呈定时限。当电流再增大到某一值时，衔铁被电磁铁直接吸下，呈现速断特性。这种继电器体积大，结构复杂，准确度差，时限配合困难。由于本身具有反时限特性，兼有电流继电器和时间继电器的作用，过流保护接线简单，一般作过流保护用。

2. 电压继电器

反应被保护电路电压变化而动作的继电器，称为电压继电器，可分为过电压继电器和欠电压继电器。

电磁型的电压继电器和电磁型的电流继电器基本相同，如图 10-15 所示。区别在于：①电压继电器线圈导线细、匝数多；②刻度盘上标示的是电压值；③使用时，并联接入被保护电路或电压互感器二次侧；④2 个线圈串联时动作电压比并联时增大一倍。

过电压继电器的动作电压与返回电压的定义和电流继电器相似。欠电压继电器一般是继电器未励磁时触点闭合，正常运行时触点断开，电压降低到整定值时动作，触点闭合，电压恢复正常时，触点又断开。能使继电器动作的最高电压称为欠电压继电器的动作电压 $U_{\rm op \cdot k}$。继电器动作后，能使继电器返回的最低电压，成为欠电压继电器的返回电压 $U_{\rm re \cdot k}$。返回系数 $K_{\rm re} = \dfrac{U_{\rm re \cdot k}}{U_{\rm op \cdot k}} > 1$（一般不大于 1.25）。这种继电器的主要缺点是：在正常运行时，Z 形舌片容易处于振动状态，使继电器的轴尖和轴承磨损加重，时间长了会影响继电保护的可靠性。调试时应设法克服震动现象。

3. 时间继电器

时间继电器作为时限元件，广泛应用于继电保护和自动装置中，以建立必要的动作时限，使保护装置的动作配合具有选择性。时间继电器有电磁型和晶体管型等类型。无任何种时间继电器都具有启动机构和延时机构和触点机构等部分组成。触点机构的触点除瞬动触点外，还有延时触点。调整静触点的位置，可调节动作时限。

4. 中间继电器

中间继电器一般作为辅助继电器，广泛应用于继电保护和自动装置中，以增加触点的数目、扩大触点容量或作为保护的公共出口继电器。

中间继电器由于用途不同，类型也很多，常见的有 DZ 系列的普通型中间继电器，和带有延时动作或延时返回的 DZS 型的中间继电器。以及带有两种型式线圈，其中，一种为电压起动线圈，另一种为电流保持线圈的 DZB 型的中间继电器。

5. 信号继电器

信号继电器也是一种辅助继电器，广泛应用于继电保护和自动装置中，作为继电保护和自动装置的及相应设备的动作指示器。

信号继电器根据接入电路的方式不同，可分为串联信号继电器和并联信号继电器两种，多数采用串联信号继电器。

常用的信号继电器有 DX—11 型和 DXM—2A 型。DX—11 型属于电磁型信号继电器，可通过信号继电器的信号牌的掉牌，来判别继电器的动作情况，复归采用手动复归，该继电器易发生误动作；DXM—2A 型也属于电磁型信号继电器，采用干簧触点，用磁力自保持，灯光指示，可远方复归。

目前低压机组水电站的保护屏中使用一种新型的信号继电器，按钮带红色指示灯。当信号继电器动作时，按钮弹出，红色指示灯亮，比掉牌醒目。复归时只要按下按钮，指示灯熄灭，信号继电器复位。

第四节　其他二次设备及控制电路

一、控制开关

二次电气图中，控制开关主要指手动操作的低电压、小电流，用以接通和分断控制回路的开关。根据功能不同，分为按钮和转换开关等。

1. 按钮

用人力操作，并具有弹簧储能复位的开关称为按钮。按钮的触头允许通过电流较小，一般不超过 5A，因此一般不用按钮去控制主电路，而是用于控制电路。按钮按触头的分合状态可分为常开按钮、常闭按钮和复合按钮。图 10-16 为复合按钮的外形和结构示意图。当揿下按钮帽时，动触头 3 分开，静触头 4 闭合；当松开按钮时，在复位弹簧作用下，触头又恢复到原来的状态。

按钮的型号含义如下：

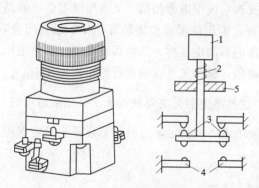

图 10-16　复合按钮的外形和结构
1—按钮帽；2—复位弹簧；3—动触头；
4—静触头；5—外壳

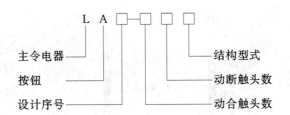

结构型式有：K——开启式；H——防护式；S——防水式；F——防腐式；J——紧急式；Y——钥匙式；X——旋钮式；D——指示灯式。

为了便于操作人员识别，避免发生误操作，一般用不同的颜色和符号标志来区分按钮的功能和作用。按钮颜色的含义见表10-4。

表 10-4 按 钮 颜 色 标 志

序号	颜　色	字母标志	含　　义
1	红	RD	停止，断开，紧急停车
2	绿或黑	GN，BK	启动，工作，点动
3	黄	YE	返回的启动，移动出界，正常工作循环，抑制危险情况
4	白或蓝	WH，BL	以上颜色未包括的特殊功能

常用按钮的型号有：LA10、LA18、LA19、LA20等。

2. 复合开关

复合开关通常指具有多个操作位置、多对触头、可实现多路控制、完成多种功能的开关，如组合开关（HZ型）、转换开关（LW型）、控制器（LK型）等。

(1) LW12—16型万能转换开关。图10-17为LW12—16型万能转换开关基本型普通式外形，万能转换开关正面有一个操作手柄，安装于屏前。与手柄固定连接的转轴上装有数节触头盒，触头盒装于屏后。每个触头盒中都有四个固定触头和一个动触头。动触头随转轴转动；固定触头布置在触头盒的四角，盒外有供接线用的4个引出端子。触头盒的节数及型式可根据需要进行不同的组合，故称为万能式。

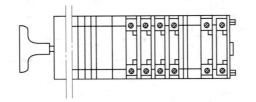

图 10-17　LW12—16型万能转换开关基本型普通式外形

图10-18（a）为复合开关的内部触头结构示意图。该开关有两层4对触头（1—3、2—4、5—7、6—8）4个操作位置Ⅰ、Ⅱ、Ⅲ、Ⅳ。当开关处于位置Ⅰ和Ⅲ时，触头1—3、5—7接通，2—4、6—8断开。

为表示开关工作状态，可采用一般图形加连线表表示形式。一般图形符号如图10-18（b）所示，仅表示触头；连接表如表10-5所示，表示触头工作状态。

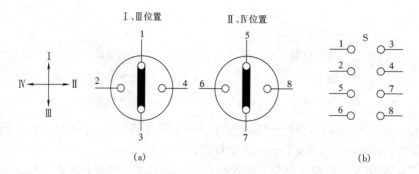

Ⅰ、Ⅲ位置　　　　Ⅱ、Ⅳ位置

(a)　　　　　　　　　　(b)

图 10-18　一般图形加连线表表示复合开关

(a) 复合开关的内部触头结构示意图；(b) 一般图形符号

表 10-5　　　　　　　　　　开关 S 的连接表

操作位置	触　　　头			
	1—3	2—4	5—7	6—8
Ⅰ	1	0	1	0
Ⅱ	0	1	0	1
Ⅲ	1	0	1	0
Ⅳ	0	1	0	1

　　开关工作状态也可以用图 10-19 所示的一般符号上加标记表示。其中图 10-19 (b) 仅画出开关符号，触头未标号。图中"0"代表操作手柄的中间位置（原始位置），两侧数字（罗马字母）表示操作位置，此数字也可写成转动角度或代号。短划线表示触头开闭位置线。此线上的特殊标记——黑点"·"表示当开关转向此位置时，触头接通；无黑点标记的，表示开关转到此位置时，触头不接通。

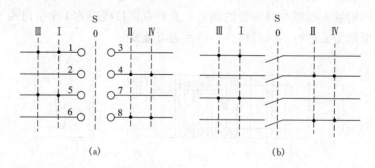

图 10-19　在一般符号上加上标记表示复合开关

　　在低压机组水电站中，用得较多的万能转换开关有 LW₂—W 和 LW₂—H 型。前者为自复型，有自复机构，无定位，常用作操作开关。操作"合闸"时，左转 45°，手一松开，在自复弹簧的作用下，手柄又回到原始（垂直）位置；操作"分闸"时，右转 45°，手一松开，手柄又回到原始位置。LW₂—W—2/F6 的触头图表见表 10-6。后者为钥匙型，手柄可取出，有定位，常用作同期开关。手柄在水平位置时为"断开"，垂直位置时为"投入"。LW₂—H—1，1，1，1/F7—X 的触头图表见表 10 - 7。表中："—"表示不通，"×"表示触头接通。

表 10 - 6　　　　　　　　　　**LW₂—W—2/F6 触头图表**

跳闸后和合闸后位置的手柄（正视）的样式和触头盒（背面）的触头图	（手柄图）	（触头图 1-2-3-4）	
手柄和触头盒形式	F6	2	
触头号	—	1—3	2—4
跳、合闸前或后位置	↑	—	—
合闸位置	↗	—	×
跳闸位置	↖	×	—

表 10 - 7　　　　　　　**LW₂—H—1，1，1，1/F7—X 触头图表**

在断开位置时手柄（正面）的样式和触头盒（背面）的触头	（手柄图）	1 2 / 4 3		5 6 / 8 7		9 10 / 12 11		13 14 / 16 15	
手柄和触头盒形式	F7	1		1		1		1	
触头号	—	1—3	2—4	5—7	6—8	9—11	10—12	13—15	14—16
断开	←	—	×	—	×	—	×	—	×
投入	↑	×	—	×	—	×	—	×	—

（2）LW5—16 万能转换开关。LW5—16 万能转换开关主要用于交流 50Hz，电压至500V 及直流电压至 440V 的电路中，作电气控制线路转换之用，也可用于电压至 380V、5.5kW 及以下的三相鼠笼型异步电动机的直接控制。

主令控制用转换开关型号及其含义：

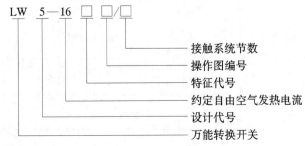

直接控制电动机用转换开关及其含义：

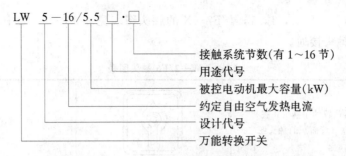

$$LW \quad 5-16/5.5 \;\square\cdot\square$$

接触系统节数(有1～16节)
用途代号
被控电动机最大容量(kW)
约定自由空气发热电流
设计代号
万能转换开关

LW5—16万能转换开关操作方式与操动器位置组合见表 10 - 8，其开关参数见表 10 - 9，其尺寸见图 10 - 20。

表 10 - 8 　　　　LW5—16万能转换开关操作方式与操动器位置组合一览表

操作方式	代码	操 作 手 柄 位 置 (°)										
自复型	A					0 ⟶ 45						
	B				45 ⟶ 0 ⟵ 45							
定位型	C					0	45					
	D				45		45					
	E			90	45	0	45	90				
	F			90	45	0	45	90				
	G			90	45	0	45	90	135			
	H		135	90	45	0	45	90	135			
	I		135	90	45	0	45	90	135			
	J	120	90	60	30	0	30	60	90	120		
	K	120	90	60	30	0	30	60	90	120	150	
	L	150	120	90	60	30	0	30	60	90	120	150
		150	120	90	60	30	0	30	60	90	120	150	180
						45	45					
						90	90					

表 10 - 9 　　　　　　　　　　LW5—16万能转换开关参数表

项 目	AC—15			DC—13						AC—3		AC—4	
				双断点			四断点						
额定工作电压 (V)	500	380	220	440	220	110	440	220	110	380	12	380	12
额定工作电流 (A)	2.0	2.6	4.6	0.14	0.27	0.55	0.2	0.41	0.82				
电寿命 (次)	20×10^4			20×10^4						19.5×1		0.5×1	
操作频率 (次)	300											120	

项　目	AC—15	DC—13		AC—3	AC—4
		双断点	四断点		
机械寿命 （次）	100×10^4				
额定绝缘电压 （V）	500V				
约定发热电路 （A）	16A				

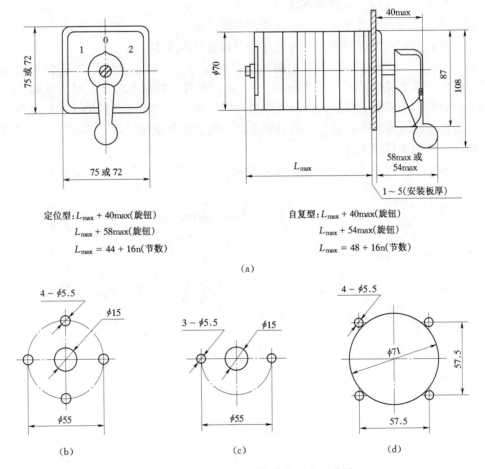

图 10-20　LW5—16 万能转换开关尺寸图
（a）转换开关外形尺寸；（b）定位型安装尺寸；（c）自复型安装尺寸；
（d）面板改时型（72）安装尺寸

3. 辅助开关

由主开关操动机构驱动，与主开关同步动作的开关，称为该主开关的辅助开关，如高、低压断路器。辅助开关相对于主开关，其容量小，电压等级较低。主开关接于主电路中，而辅助开关则接于二次回路中。

辅助开关采用一般开关的图形符号，其文字符号与主开关相同，加注下标以示区别，画图时，主开关和辅助开关之间可采用集中式表示法，分开式表示法和半集中式表示法。

二、控制电缆

控制电缆用于配电装置中交流 500V 及以下（支流 1000V 及以下）的二次电路中。线芯标称截面有 $0.75mm^2$、$1.0mm^2$、$1.5mm^2$、$2.5mm^2$、$4.0mm^2$、$6.0mm^2$、$10mm^2$ 几种，当线芯标称截面小于 $2.5mm^2$ 时，其芯数有 4、5、7、10、14、19、24、30、37 等；当线芯标称截面为 $4.0\sim10mm^2$ 时，其芯数只有 4、7、8、10 等几种。控制电缆线芯材料有铜或铝两种，可根据装置的需要选用。在小型水电站二次回路中通常均使用铜芯控制电缆。控制电缆的绝缘形式有橡皮、塑料和油浸纸绝缘等。电缆的保护层分以下几种：

（1）裸铅包。可敷设在户内或隧道管中。

（2）铅包加沥青黄麻保护层。可敷设在电缆沟内。

（3）铅包并有钢铠保护层。可埋设在地下或敷设在水中。

对二次回路电缆截面的要求：控制回路和电压回路的铜芯电缆线芯不小于 $1.5mm^2$；电流回路的铜芯电缆线芯不小于 $2.5mm^2$。对橡皮绝缘的控制电缆从电缆头到端子板电缆线芯全长应套上塑料软管保护。控制电缆敷设时弯曲半径与电缆外径的比值不应小于 10。

控制电缆的绝缘水平不高，一般只要求用兆欧表检查绝缘状况。不必作耐压试验。

三、开关电器控制电路

低压水轮发电机组的主开关多数采用自动空气开关。现以 DW15 型自动空气开关为

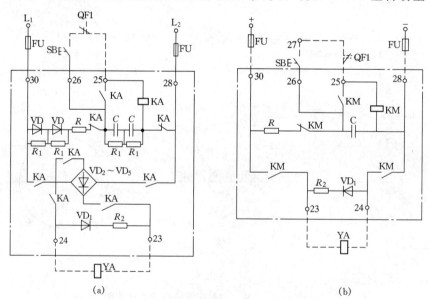

图 10-21　DW15—200（400、630）型自动空气开关控制箱原理图

（a）控制电源为交流电时；（b）控制电源为直流电时

FU—熔断器（用户自备）；SB—按钮（用户自备）；KA—中间继电器；QF1—断路器（自动空气开关）的
辅助触头；YA—电磁铁操作线圈；C—电容（操作电压为 220V 时用 1 只）；R—电阻；R_1—均压电阻
（操作电压为 220V 时不用）；VD_1—二极管；$VD_2\sim VD_5$—二极管；VD—二极管
（操作电压为 220V 时用 1 只）；KM—接触器；R_2—电阻

例，说明控制电路的构成和动作原理。图 10-21 所示为 DW15—200 型自动空气开关的控制箱原理图。

由于操作电磁铁为直流装置式电磁铁，采用短时工作制。因此，必须随附控制箱。

控制电源为交流电时电源经桥式整流及触点 KA 对电磁铁线圈 YA 供电。控制电源为直流时，则电源直接经 KM 对电磁铁 YA 供电，图 10-21（a）的操作原理如下：

电源经二极管 VD 通过 R 对电容器 C 充电，若按下 SB 接通 25、26 端子，电容器 C 对中间继电器 KA 放电，使中间继电器动作，电源经 KA 触点接通桥式整流后给电磁铁线圈 YA 通电，电磁铁吸合使操动机构储能；与此同时，与电容器 C 充电回路中的 KA 动断触头断开，电容器失去充电电源，经一定时间，电容器放电至中间继电器的释放电压时，KA 释放，电磁铁线圈 YA 失电，电磁铁释放，使断路器闭合。当断路器处于闭合位置时，因断路器的辅助开关 QF1 处于断开位置，虽按动 SB 也不会使断路器重复动作。

图 10-21（b）直流操作时基本同交流操作，只是对电容器充电为直接充电，不需经二极管整流，以及用接触器 KM 代替中间继电器 KA。

额定电流为 1000～4000A 的 DW15 型自动空气开关，采用直流或交流电动机操作的合闸机构。操作用电动机为交直流串激电机，特点是有较大的起动转矩。电动机控制板安装在自动空气开关本体上，用户可根据本体接线端子号连接使用，其电气原理图如图 10-22 所示。

图 10-22 所示为带预储能操作电气原理图。对无预储能操作图中，SB2 及 DT 接线回路不存在，SB1 即为闭合按钮。带预储能操作电气动作原理为：按下 SB1 后，K1 动作，电动机旋转储能直到储能机构将行程开关 SP 闭合，使 K2 动作，K1 断开，储能结束。当需闭合断路器（自动空气开关）时，只要按 SB2 即可合闸。无储能操作电气原理，按 SB1，K1 动作，电动机旋转到储能机构将行程开关 SP 闭合，使 K2 动作，K1 断开，断路器（自动空气开关）闭合。

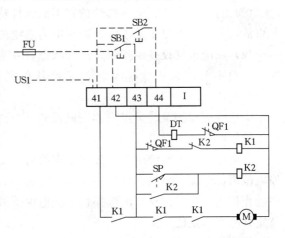

图 10-22 DW15—1000～4000 型自动空气开关控制板电气原理图

FU—熔断器（用户自备）；SB1—储能按钮；
SB2—闭合按钮；US1—供电动机释能电
磁铁工作电源；DT—释能电磁铁；
QF1—辅助触头；SP—行程开关；
K1、K2—JTX—3 小型通用继电器

第五节　低压机组继电保护装置

一、概述

低压水轮发电机组的电气设备在运行时可能会出现各种事故和不正常运行状态，其中最危险的是各种形式的短路事故。短路可能产生以下后果：

（1）强大的短路电流和事故点燃起的电弧，使事故元件遭到破坏。

（2）短路电流使非事故元件遭到破坏或缩短使用寿命。

（3）大大降低电力系统中部分地区的电压。

（4）破坏电力系统并列运行的稳定性。

电力系统中正常工作状态遭到破坏，但未出现事故，称为不正常运行状态，如发电机过负荷运行或突然甩负荷运行而产生过电压等。不正常运行如时间过长，很可能会发展为事故。

为保证系统安全运行，要采取各项积极措施消除或减少事故的产生，一旦发生事故，必须迅速而有选择性的切除事故，使事故的影响降低到最小。为此电力系统中必须装设继电保护装置。

继电保护装置的基本任务是：

（1）自动、快速、有选择性的将事故元件从电力系统中切除，免遭继续破坏，使其他非事故部分迅速恢复正常工作。减少电力系统的损失。

（2）反应电气设备的不正常运行状态，并根据运行维护的条件发出信号、减负荷或跳闸。一般不要求保护快速动作，而视其危害程度规定一定的延时，以免因干扰引起误动作。

为使继电保护及时、正确地完成任务，对继电保护提出了选择性、快速性、灵敏性和可靠性等四个基本要求。

当电站或电力系统中某部分发生事故时，要求保护装置只将事故设备切除，尽量缩小停电范围，保证非事故部分尽快恢复正常运行，故应使靠近事故点的断路器首先跳闸，这种动作称为继电保护动作的选择性。继电保护的选择性是由合理的选择保护方案和正确的整定计算而确定的。

快速性就是当电力系统发生事故时，继电保护及断路器快速动作，以最短时限将事故切除，使电力系统的损失及设备的损坏程度为最小的一种性能。切除事故的时间，等于继电保护动作时间与断路器跳闸至灭弧时间的总和。若要快速的将事故切除，必须继电保护动作时间快，以及断路器动作快。当快速性和选择性相矛盾时，应首先考虑选择性。

灵敏性是指继电保护装置对其保护范围内的电气设备可能发生的事故和不正常运行状态的反应能力。以灵敏度系数 K_{sen} 来衡量。在《继电保护和自动装置规程》中对各种保护装置的最小灵敏度都作了具体的规定。如果装置达不到要求，保护装置就不可能可靠动作，从而使保护范围缩小。如果灵敏度过大，则极易产生误动作，使保护不可靠。

可靠性指继电保护装置在一定的条件下及规定时间内完成预定功能的能力。根据可靠性要求，凡投入运行的继电保护装置，应经常处于准备动作状态。当被保护的电气设备发生事故或不正常运行时保护范围内的保护装置应能正确动作，不应拒动；保护范围外的保护装置及正常运行的电气设备的保护装置不应误动。任何误动和拒动都将给电站和电力系统的安全运行带来严重威胁。为提高保护装置工作的可靠性，必须做到：

（1）保护装置应采用质量高的保护装置。设计原理、整定计算和安装调试应正确无误。

（2）保护装置的接线应尽可能的简化，尽量减少继电器及其串联触点数目。

（3）提高保护装置的安装和调试质量，并加强经常性的运行维护管理。

二、发电机的继电保护

发电机是电站的主要设备，在电站中占着十分重要的地位。一旦发生故障，检修周期长，费用大且影响对用户的供电，因此对发电机的继电保护的各个方面的要求更高，且发电机本身是电源，当发电机内部及引线发生事故时，不仅要跳发电机出口断路器，还要求动作于停机并灭磁。

低压水轮发电机，通常设有以下继电保护：①过电流保护；②过电压保护；③定子绕组接地保护。

1. 过电流保护

为防御发电机定子绕组及其引出线相间短路事故而采用的过电流保护原理接线图如图 10-23 所示。由图可知，该电流保护装设在中性点侧电流互感器 TA 的二次侧。（若发电机中性点侧无引出线，则在发电机引出线的端部装设）电流互感器和电流继电器采用星形接线。当在发电机过电流保护范围内发生相间短路时，三相中有两相出现短路电流。由于短路电流比正常负荷电流大得多，电流互感器 TA 的二次侧电流大大增大，当流经电流继电器 1~3KC 的电流超过电流继电器的整定电流时，继电器（两个）动作，其动合触点闭合，启动时间继电器 KT，经一定时间延时，KT 的动合触点闭合，启动信号继电器 KS，并经连接片 XB 去启动出口中间继电器 KOU。信号继电器动作后发相应动作信号和点亮光字牌；出口中间继电器动作后，其三组动合触点同时闭合，分别执行下列任务：①接通发电机出口断路器 QF 的跳闸线圈 Y_{off}，使 QF 跳闸；②去关闭水门；③去跳发电机的灭磁开关，进行灭磁。连接片 XB 的作用是方便保护的投入和退出。该图中若采用 GL 型过电流继电器，可取消电路中的时间继电器。

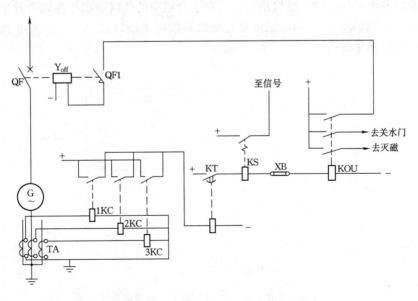

图 10-23　发电机过电流保护原理接线图

2. 过电压保护装置

当发电机负荷大减而导叶未关小或突然甩负荷而跳闸时，由于调速器动作迟缓及转子惯性大，转速可能大大超过额定转速而飞逸，发电机因转速上升，端电压也上升，产生过电压，发电机产生的过电压可达额定电压的 1.8～2.0 倍。对定子绕组的绝缘威胁很大，故需装设过电压保护，发电机过电压保护原理接线图如图 10-24 所示。

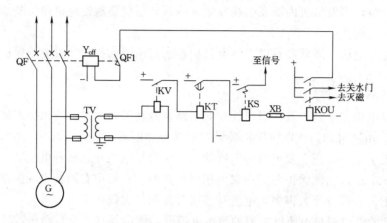

图 10-24　发电机过电压保护原理接线图

当发电机电压升高后，电压互感器 TV 的二次侧电压也升高。当电压超过过电压继电器 KV 动作电压整定值时，过电压继电器 KV 动作，其动合触点闭合，启动时间继电器 KT，经一定的延时后，KT 辅助触头闭合，去启动信号继电器并通过连接片启动保护出口中间继电器 KOU，通过中间继电器完成相应的保护功能（同过电流保护）。

3. 定子绕组接地保护装置

低压水轮发电机的中性点是接地的，若定子绕组中的任何一相接地就会发生单相短路事故。为此，对 200kW 以上的低压水轮发电机采用定子绕组接地保护。发电机定子绕组接地保护装置原理接线图如图 10-25 所示。

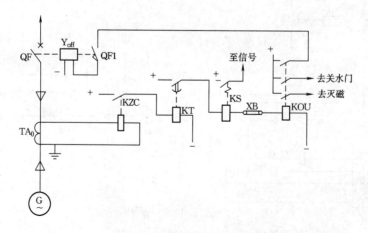

图 10-25　发电机定子绕组接地保护装置原理接线图

TA_0 为零序电流互感器，可测量零序电流。正常运行时，三相电流基本平衡，零序电流互感器二次侧几乎无电流流过，零序电流继电器 KZC 不会动作；当发电机定子绕组发生单相接地短路时，三相电流不平衡，TA₀的二次侧感应出较大的零序电流，使 KZC 动作，其动合触点闭合，启动时间继电器 KT，经一定的延时后，KT 辅助触头闭合，去启动信号继电器并通过连接片启动保护出口中间继电器 KOU，通过中间继电器完成相应的保护功能（同过电流保护）。

4. 其他措施

发电机过负荷及三相不平衡电流，可装设三相电流表监视。转子励磁绕组一点接地，可在转子绕组中装设一只直流电压表用以监视。对励磁消失情况可在回路中装设一只直流电流表进行监视。

容量在 20kW 以下的发电机，不论发电机台数多少，可采用熔断器保护，而不设其他保护装置。

三、变压器保护

变压器是水电站的主要电气设备之一，结构简单，运行环境和条件较好，发生事故的几率较少。常见有变压器绕组相间短路、单相匝间短路及接地短路（内部碰壳）；高、低压套管故障及引出线相间短路、接地短路、油箱破损引起的大量漏油等，常见的不正常运行状态主要有：过负荷、变压器外部短路引起的过电流及油面降低超限等。

容量在 800kVA 以上的变压器，应装设气体继电器（瓦斯继电器），作为变压器油箱内部故障和油面降低的主保护。气体继电器装在油箱和储油柜（油枕）之间连通管道上。重瓦斯作用于跳闸，轻瓦斯作用于信号，同时装设电流速断保护作为相间短路的主保护，后备保护为过电流保护。另外，还装设对称过负荷保护，与过电流保护合用一组电流互感器 TA，接线情况与发电机过电流保护相同。

低压机组水电站的变压器容量多数在 800kVA 以下，一般不装设上述保护。高压侧用跌落式熔断器作为操作设备，兼作保护用；低压侧采用熔断器作为保护设备。

高压熔断器熔丝一般可按以下原则选取：

（1）若高、低压二侧均装有熔断器，则取 2～2.5 倍的变压器高压侧额定电流。

（2）若低压侧不装熔断器，则取 1.2～1.5 倍的变压器高压侧额定电流。

第六节 同 期 装 置

发电机之间、发电机与电力系统之间的并列操作过程称为并列操作（或同期操作），简称并车，进行同期操作的设备称同期装置。

低压水轮发电机组的同期方式主要有准同期和自同期两类。按操作的自动化程度分为：手动、半自动和自动三种。准同期是指发电机先加入励磁，达到同期条件后再进行合闸；自同期是发电机先不加励磁，当转速达到额定转速时就合闸，再加入励磁拉入同步。不论采用何种同期方式，均要求在合闸瞬间，发电机所承受的冲击电流尽可能小，以免损坏发电机的元件。并列后，应能很快将发电机拉入同步，并保持稳定运行。

一、同期点的设置

1. 同期点设置原则

同期点设置应考虑正常运行时，带并发电机经简捷操作就能和电力系统并列；事故跳闸后，经少量的倒闸操作能在最短的时间内恢复送电。

2. 同期点的设置

根据上述原则，一般在以下各点设置同期点：

（1）发电机断路器和发电机—变压器组的高压侧断路器均需作为同期点。在此同期点必须装设手动准同期装置，根据需要还可以装设自动或半自动准同期和自同期装置。

（2）变压器各侧断路器（作为升压变压器或联络变压器一般仅在一侧断路器作为同期点）。单元接线的变压器高压侧断路器，以及与发电机直接连接的变压器低压侧断路器，在此同期点必须装设手动准同期装置，根据需要还可以装设自动或半自动准同期和自同期装置。其余变压器各侧断路器同期点只需采用手动准同期方式。

（3）对侧有电源的线路断路器及母线分段（或桥）断路器应作为同期点。一般只装设手动准同期装置。

低压机组水电站，当变压器高压侧装跌落式熔断器，联络线装跌落式熔断器或柱上油开关时，均不能作为同期点。各式同期装置一个电站只装一套，各机组通过同期开关和同期母线共用。

二、准同期并列的条件

准同期条件是待并发电机与运行系统之间、并列断路器的两侧必须满足：

（1）电源相序一致。两者相序不一致并列，相当于短路，可能会烧毁发电机。一般在新装机组或大修后的机组重新投入运行前应进行相位校核，正常运行机组进行准同期时，不作要求。

（2）频率相同。频率不相等进行并列，将会产生脉动电压和脉动电流，使发电机的主轴发生振动，严重时使待并发电机失去同步。待并发电机和运行系统之间的允许频率差 Δf 不应超过 $0.5\mathrm{Hz}$。

（3）电压有效值相等。如果两者电压有效值不等进行并列，其差值将引起冲击电流，此电流性质属于无功性质，过大将引起发电机定子绕组发热及绕组端部损坏，通常允许电压差 ΔU 不应超过 $10\%U_\mathrm{n}$。

（4）相位相同。相位不同进行并列，将会引起冲击电流，造成发电机损坏或烧毁。通常允许合闸相位差 δ 不应超过 $10°$。

准同期并列的优点是冲击电流小，对电网影响小缺点是操作复杂费时，对操作人员要求高，易发生非同期并列。自同期的优点是合闸快，操作简单，不会发生非同期并列。易实现操作自动化；缺点是合闸时冲击电流大，对电网影响大，合闸瞬间使电网电压降低。

三、同期装置

低压机组水电站大多采用手动准同期方式。同期装置主要有：同期指示灯、零值电压表、PT—1型同期小屏、MZ—10型组合式同期表。随着技术的发展进步，STK—W—3微电脑控制器作为自动准同期装置应用越来越普遍，已取代 Z—1 型电子准同期仪。

1. 灯光熄灭法（暗灯法）

如图 10-26 所示，三组灯泡 H_1、H_2、H_3 分别接在待并发电机引出线与运行系统的同相上。在并列操作调节过程中，灯泡会同亮或同熄。当亮、熄变化十分缓慢，并且三组灯泡同时熄灭，以及零电压表 PV 即将指零值的瞬间，说明待并发电机与运行系统之间的电压差、频率差、相位差均已满足同期条件，应迅速将同期点断路器合闸并列。此法优点是信号明确。缺点是尚有相当大电压差灯泡就熄灭，合闸时机较难掌握，运行人员需具备丰富的实践经验，特别是当三组灯泡同时损坏时，易引起错觉，造成非同期并列。同期指示灯 H_1 两端并联一只零值电压表 PV 后，误操作的可能性将大为减少。

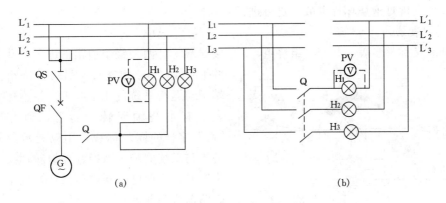

图 10-26　灯光熄灭法（暗灯法）原理接线示意图
(a) 原理示意图；(b) 接线示意图

2. 灯光旋转法

如图 10-27 所示，该图使用三组指示灯，其中一组灯 H_1 必须接在待并和系统同相位相上，一般为 L_1 相和 L_1' 相上；其余两组灯 H_2、H_3 交叉接于 L_2 和 L_3' 于 L_3 和 L_2' 上，零值电压表 PV 并联在 H_1 灯的两端。

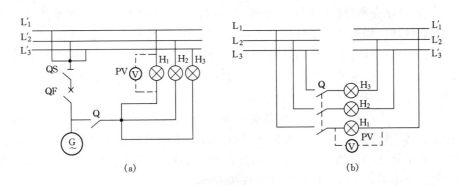

图 10-27　灯光旋转法原理接线示意图
(a) 原理示意图；(b) 接线示意图

水轮发电机组正常开机后，当转速、空载电压接近额定值后，就可进行并列操作，进一步调节发电机的转速和励磁，此时三组灯泡轮流按一定的顺序或明或暗，最明亮的灯会顺着一个方向依次出现在各组灯泡上，看上去好像在旋转。旋转速度越快，说明频差越大，等到灯光旋转很慢，同时 H₁ 灯刚好熄灭，零电压表 PV 指示零值，H₂、H₃ 灯明亮，应迅速将同期点断路器合闸并列。

3. 零值电压表法

这是最简单有效的方法，只要利用一只交流电压表，将电压表跨接在待并发电机和运行系统的引接线同相上。利用电压差大小来反映是否同期。机组刚启动时，电压表指针摆动频繁且摆度大，随着机组转速接近额定转速，指针摆动逐渐变慢、摆度变小。当指针基本不摆，指示值为零时，立即操作断路器合闸，将发电机投入并列运行。

大部分电站，常将此法和灯光法同时使用，互为对照，这样容易把握同期合闸时机，而且，即使发生灯泡烧坏等事故，仍可进行并列操作。

4. 同期表法

同期表又称整步表。共有三组绕组、5个接线端子。两个绕组引出的端子与待并机组的 L₁、L₂、L₃ 相连接；另一个绕组的两个端子与运行系统的 L′₁ 和 L′₂ 相连接。同期表上有可绕轴回转的指针，刻有"快"、"慢"字样的同步标线，用以指示待并机组是否与系统同步。当指针缓慢转动接近红线位置时，说明已达到同步条件，应迅速的将断路器合闸并列。

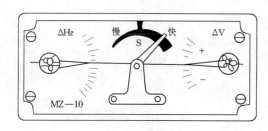

图 10-28　MZ—10 型组合式单相同期表表面外形图

同期表单独使用的不多，通常和两只电压表、两只频率表共同装在一块屏上。目前用得较多的是 MZ—10 型组合式单相同期表如图 10-28 所示。由于体积小，可直接安装在控制屏上，取代 PT—1（或 PT—2）型同期小屏。由图可知：表面上的 ΔHz 代表并列断路器两侧频率差 Δf；ΔV 代表电压差 ΔU；S 同期表代表相角差 δ，也代表频率（或转速）之差。

频率差表 ΔHz 在断路器两侧频率相等时，指针指在中间位置；当两系统频率不相等时，指针就会偏转。如果带并系统频率高，指针向"＋"偏转；反之，则向"－"偏转。

电压差表 ΔU 在断路器两侧电压相等时，指针指在中间位置；当两系统电压不相等时，指针就会偏转。如果带并系统电压高，指针向"＋"偏转；反之，则向"－"偏转。

单相同期表 S 指针转动有如下特点：

（1）当频率差 $\Delta f \neq 0$ 时，若待并系统频率 f 高于运行系统频率 f'，则指针向"快"方向不停地旋转；反之，向"慢"方向不停地旋转。频差越大，旋转越快，当频差大到一定的程度，由于转动部分惯性的影响，指针将不在旋转，而只作大幅度的摆动，乃至不动，所以规定频率差在 ±0.5Hz 内时才允许接入 S。

（2）当相角差 $\delta \neq 0$ 时，若待并系统的相角超前于运行系统，则指针偏离中线（红线），并停留在"快"方向的一个角度。反之，则停留在"慢"方向一个角度。

（3）当 $\Delta f = 0$、$\delta = 0$、$\Delta U = 0$，即完全同期时，指针停留在中线（红线）处。

应当注意，由于组合式同期表选用的都是一相参数，无法核准相序，因此，在并列前除了要核对接线正确、仪表正常，还应核准两电源的相序。

在进行同期操作时，运行人员应将同期开关手柄插入并置于"粗略同期"位置。根据 ΔHz 和 ΔV 指示，反复调节待并发电机的转速和励磁，使两表指示均接近于零值。再将同期开关置于"精确同期"位置，观察 S 同期表指针"由慢向快"方向接近"红线"标志时，迅速操作控制开关将断路器合闸。接近"红线"是指提前一定时间发合闸脉冲，因为从发脉冲到断路器合闸需要一定的时间。这样在合闸瞬间恰好在同期点上，冲击电流最小，不会危害发电机。

第七节　低压水轮发电机励磁系统

低压水轮发电机励磁系统的各种励磁方式在第九章中已介绍，现重点讨论与励磁调节的有关内容。

一、复式励磁装置

直流励磁机励磁的水轮发电机，为实现励磁的自动调节，常采用复式励磁装置。其接线原理如图 10-29 所示。该装置由电流互感器 TA，复励调节电阻 R_{DE}、复励变压器 T_{DE} 和复励输出整流器 VR_{DE} 组成。TA 输出与发电机定子电流成正比的二次电流，经过 T_{DE} 和 VR_{DE} 整流后，加到直流励磁机的励磁绕组 LEE 中。LEE 除流过励磁机的自励电流外，还流过复励电流。故称为复式励磁。R_{DE} 用来调整复励电流与发电机电流的比例关系。

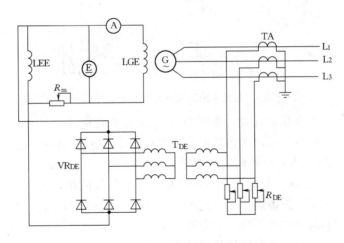

图 10-29　复式励磁装置原理接线图

复式励磁装置可以实现发电机电压的自动调节。当负荷电流增大使发电机端电压下降时，励磁机的励磁电流将随定子电流的增大而增大，使发电机电压升高。只要 R_{DE} 调节恰当，可保证发电机电压相对稳定。而且，在发电机外部发生相间短路时，复励电流随之迅速增大，对发电机起强行励磁作用，有利于提高电网运行的稳定性和继电保护装置动作的灵敏度。

复式励磁装置结构简单，动作灵敏，价格低廉，便于自行制作，适用于低压水轮发电机进行励磁的自动调节。但是，直流励磁机本身制造工艺复杂，电刷和换相器容易磨损及产生较大火花，维护保养比较麻烦，体积大，较笨重，耗材较多。新建电站已不采用直流励磁机。

二、电抗移相的相复励装置

图 10-30 所示为电抗移相三绕组相复励装置原理接线图。相复励变压器 T_{PDE} 有电压 W_V 和电流 W_I 两个输入绕组。电压绕组 W_V，经电抗器 RE 由发电机端电压供电，电流大小与端电压成正比，相位滞后于端电压 $90°$；电流绕组 W_I 与发电机定子回路串联，流过定子电流。输出绕组 W_C 流过的电流与输入电流矢量和成一定的比例。经三相全波整流器 VR 整流后作为发电机的励磁电流。所以，当发电机带有负载时，其励磁电流的大小，不仅与发电机电压和负载电流的大小有关，而且还与相位有关。

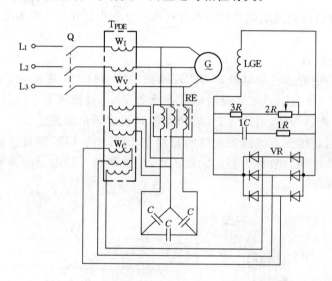

图 10-30　电抗移相三绕组相复励装置原理接线图

相复励克服了励磁电流不反映功率因数 $\cos\varphi$ 对发电机电压产生影响的缺点，能够同时随负荷电流、发电机电压及功率因数的变化自动调节发电机励磁电流大小。

电阻 $1R$ 和电容 $1C$ 串联后并联与硅整流器 VR 两侧，起过电压保护作用。分流电阻器（$2R$、$3R$）可调节发电机端电压。当阻值增大时，分流减小，转子励磁电流增大，使发电机电压升高；相反，阻值减小，分流电流增大，发电机电压下降。当发电机并列运行时，调节分流电阻器可以调节无功负荷分配。

三、晶闸管分流的双绕组电抗器分流励磁系统

图 10-31 是晶闸管分流的双绕组电抗器分流励磁系统原理图。

采用晶闸管分流调节的双绕组电抗器分流励磁系统是近年来小型水轮发电机的一种新型励磁方式。目前 SFW、SF100～SF800kW 水轮发电机系列广泛采用这种励磁系统。特点是性能好、造价低、使用维护方便，深得制造厂和用户的好评。

晶闸管分流励磁系统只是在不可控双绕组电抗器分流励磁系统上增加了一个电压校正器，跨接在输出端与一相交流输入端的晶闸管为并联调节器件。由于三相整流桥 VR 的交流侧输入阻抗较大，因此就可以利用晶闸管 VTH 旁路部分桥臂的方法来调节励磁电流。

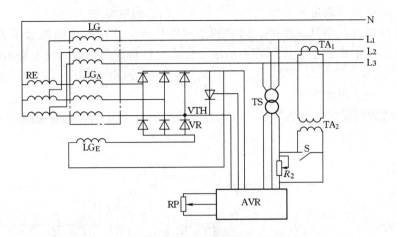

图 10-31　晶闸管分流的双绕组电抗器分流励磁系统原理图

VTH—晶闸管整流器；VR—三相桥式硅整流器；TS—测量变压器；TA_1、TA_2—测量电流互感器；
S—调差开关；R_2—调差电阻；RP—分流电抗器；LG—发电机主绕组；
LG_A—发电机附加绕组；LG_E—发电机励磁绕组

VTH 的导通角越大，旁路电流越多，励磁电流就越少。发电机的励磁电流除相复励作用自动补偿外，还由晶闸管调节器的负反馈作用作辅助调节，将两者结合起来，既保留了原来的优点，又增加了励磁系统的灵敏度和稳定性。

自动电压调节器是根据负荷电流、电压的大小和相位进行综合分析、判断，控制晶闸管 VTH 的旁路导通情况，从而达到控制发电机励磁电流的目的。

第八节　电气二次图编制与阅读方法

一、二次图编制方法

绘制二次图的原则和方法，随着国际性技术交流的需要，我国电气图形符号和制图的国家标准也发生很大变化。按照新标准，水电站中的二次图纸分为：原理图（电路图）、位置图及接线图（表）三类。三类图通过项目代号联系同一起来。现以一条 10kV 线路的过电流保护装置（GC—10F 型开关柜成套装置）为例，逐一说明 3 类图的编制、阅读方法。

（一）原理图

原理图也叫电路图，用国家同一规定的图形符号及相应的文字符号和数字序号绘制而成，并按照工作顺序排列，详细表示电路、设备或成套装置的全部组成和连接关系，而不考虑实际位置的一种图。目的是便于详细理解作用原理，分析和计算电路特性，其表示方法较多。

原理图中的元件、器件或设备的可动部分，规定应表示在非激励或不工作的状态的或位置；控制开关在零位或图中特定位置；机械行程开关在非工作状态等。

水电站中，一次"原理图"即主电路图或主接线图。二次原理图是二次部分设计的原始图，作为编制位置图与接线图的依据，由指示仪表、积算记录仪表、控制开关、自动装置、继电器（继电保护装置）、信号器具、二次电缆等二次设备组成，完成对一次系统工作的监视、测量、保护、调节和控制等任务。二次原理图的表示方法可分为：集中表示法、半集中表示法和分开表示法 3 种。允许将半集中表示法与分开表示法结合使用。

1. 原理图的集中表示法

把设备或成套装置中一个项目各组成部分的图形符号及连接关系编制在一起的方法，称集中表示法，如图 10 - 32（b）及设备表所示。

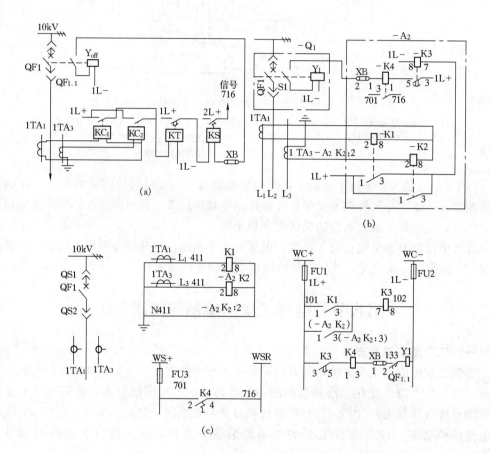

(a)

(b)

(c)

设　备　表

符　号	名　　称	型　　号	数　量	备　注
KC$_{1-2}$	电流继电器	DL—11/10	2	
KT	时间继电器	DS—112/220	1	装屏面
KS	信号继电器	DX—11/1	1	
XB	连接片	YY$_1$—D	1	
FU$_{1-2}$	熔断器		2	装屏侧

图 10 - 32　10kV 线路过电流保护原理图

（a）原理示意图；（b）集中表示图；（c）分开表示图

2. 原理图的半集中表示法

为使设备和装置的电路布局清晰，易于识别，把一个项目中某些部分的图形符号在图上分开布置，用机械连接符号（虚线）表示其相互间关系的方法，如图 10 - 32（b）中的断路器（主、辅触头和线圈分开表示，用虚线相连）、继电器（线圈与触点分开，用虚线相连）的表示方法。表示机械连接的虚线在半集中表示法中允许折弯、分支和交叉。

3. 原理图的分开表示法

集中、半集中表示法的整体概念强，但当原理图复杂时，编制和阅读均比较困难，这时可采用分开表示法，如图 10 - 32（c）所示。将同一图中的交流部分和直流部分分别编制，并将同一设备（或元件）的线圈与触点按其连接关系分别画入有关图中，用项目代号取代机械连接符号。为便于理解，分开后的文字符号允许重复标注和采用插图，如控制开关触头通断图等。在原理图上应附设备表，为位置图、接线图提供尺寸、型号等信息。

集中表示法、半集中表示法原理图是表示二次回路构成原理的最基本图纸之一。在图中所有的仪表和继电器都以整体形式的设备图形符号表示，其中有机械连接关系的部分，用虚线表示，不画出设备的内部接线，只画出其线圈、触点的连接关系，将二次部分的交流电压回路、直流回路和一次回路图绘制在一起。这种图的特点是，读图人对整个装置的构成有一个整体概念，可清晰了解二次回路各设备间的电气连接和动作原理，但也存在明显不足：如对二次接线的某些细节表示不够完整；信号部分只标明"至信号"，未画出具体接线；无元件的内部接线；回路间的连接导线仅画出一部分，且仅表示出直流电源的正、负极性，未标明从哪一组熔断器引出。标出的直流"＋"、"－"极又比较分散，不易读图；当二次回路较复杂时，接线错综复杂，读图相对困难，缺陷和差错不易发现和寻找，实际工作中查对接线，查找故障甚难。因此，这种原理图多用于继电保护和自动装置的原理分析，作为二次回路设计的原始依据。

（1）原理图分开表示法的特点。

1）把二次回路中的设备分开表示，主要分成交流电流回路；交流电压回路；直流（测量、保护、控制）回路；和信号回路等部分。

2）将同一设备分成线圈和触点两部分，并将其分别画在不同回路中。属于同一回路内的不同设备的线圈、触点，按照电流通过顺序依次从左到右连接，形成一条独立的电路。特别是直流回路部分，各独立回路分别从电源正极至负极，按动作先后顺序从左到右连接成"行"，各行又按设备动作的先后顺序，自上而下排成列。阅读图纸时也应遵守如下原则：各行从左到右阅读，整个电路从上到下阅读。

3）同一设备的线圈和触点采用相同的文字符号表示。如果在同一图纸中，同样的设备不止一个，还需加上数字序号以示区别。同一设备的线圈和触点在所属的不同回路中，必须用相同的文字符号和数字序号表示，不得混淆。

4）图右侧加以简短的"文字说明"说明该回路的性质和用途，以帮助阅读图纸，更好地理解图纸的含义和各部分的作用。

（2）原理图分开表示法的阅读。

1）首先要了解图中各种控制电器和继电器的简单结构和动作原理。搞清控制开关触头的通断情况。

2）必须熟悉图中所用设备的图形符号和文字符号的含义以及它们的性能、用途。

3）图中所用继电器触点和电气设备辅助触头都按照"正常位置"绘制，即继电器线圈不通电状态以及断路器处于断开状态时的位置绘制。

4）读图的要领是"先交流后直流；交流看电源，直流找线圈；抓住触点不放松，一个一个查清楚"。"先上后下，先左后右，屏外设备一个也不能漏"。

5）结合图右侧简短文字说明，搞清各回路的性质和用途；搞清回路编号、小母线标号等的含义。根据引出或引入的回路、触点的来源和去处，到相应的图纸中查找，对照分析，彻底搞清图纸含义。

这种图纸的突出优点是条理清晰，层次分明，读图、查线简便，实用性强。对复杂的图纸，优点更为突出。

4. 项目代号

原理图中，除了用图形符号表示各设备及其相互关系外，还需要表示个设备的名称、功能、状态、特征、相互关系、安装位置等，这需借助文字符号和项目代号。所谓项目是指用图形符号和文字符号表示的基本部件、组件、功能单元、设备、系统等，其种类如组件或部件（A）、线路（W）、继电器（K）、开关电器（Q）、控制开关或按钮（S）、变压器（T）、端子（X）等。原理图中，根据需要在各项目的图形符号旁注明不同层次的代号，用以识别图、图表、表格中和设备上的项目种类，并提供项目的层次关系和实际位置等信息，此即项目代号。

一个信息完整的项目代号由 4 个代号段组成，并以前缀符号区分各段，详见图 10-33（a）。针对图 10-32（b）虚线框图和 10kV 线路过电流保护原理图中线路开关柜继电器室内的 2 号继电器（L_3 相的电流继电器），图 10-33（b）将其项目代号的结构形式进行了分解说明。由于该继电器 K_2 属于水电站的第二部分 1 号线路开关柜内，则第一段高层代号为 "$=S_2W_1$"；该 1 号线路开关柜布置在 10kV 开关室中的第三间隔，而该继电器是安装在开关柜上编号为 2 的部件 A_2 内（继电器室）的 2 号继电器，故其第二段位置代号表示为 "$+322$"。因该继电器 K_2 位于继电器室（A_2）内，则由第 3 段种类代号 "$-A_2K_2$" 表示。要进一步表示继电器 K_2 的 2 号端子，则由 "$:2$" 表示。这样 L_3 相的电流继电器 K_2 的 2 号端子在图中完整的复合项目代号应为：$=S_2W_1+322-A_2K_2:2$。

根据详略需要，在一张图纸上的某一项目代号不一定都具有 4 个代号段，如原理图 10-32（b）中不需了解设备的实际安装位置时，则可省略位置代号；由于图中所有项目的高层代号都为 "$=S_2W_1$"，还可以省略高层代号，并加说明。此时复合项目代号可简化为 $-A_2K_2:2$。

原理图标注项目代号的优点，是可根据该原理图很方便地进行安装、检修、分析和查找事故，故国家标准将其规定在电气工程图纸的编制方法中。为便于阐述原理，突出重点，使图纸更加简洁、清晰。

项目代号

段号	第1段	第2段	第3段	第4段
名称	高层代号	位置代号	种类代号	端子代号
前缀	=	+	-	:

(a)

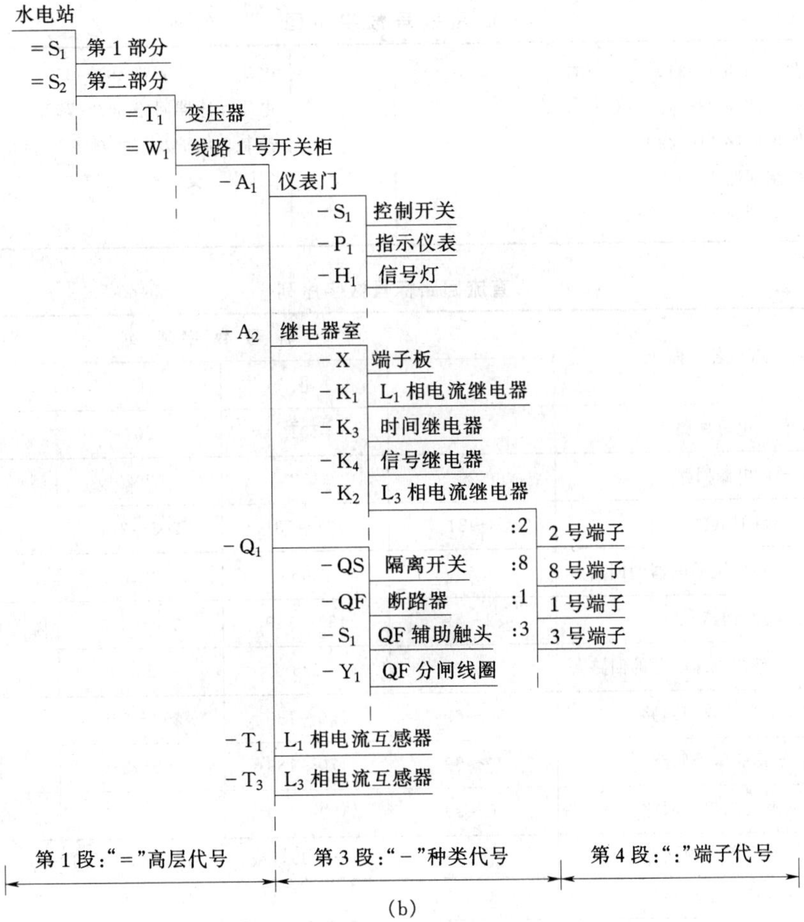

水电站

```
=S₁  第1部分
=S₂  第二部分
     =T₁  变压器
     =W₁  线路1号开关柜
          -A₁  仪表门
               -S₁  控制开关
               -P₁  指示仪表
               -H₁  信号灯

          -A₂  继电器室
               -X   端子板
               -K₁  L₁相电流继电器
               -K₃  时间继电器
               -K₄  信号继电器
               -K₂  L₃相电流继电器

          -Q₁
               -QS  隔离开关      :2  2号端子
                                  :8  8号端子
               -QF  断路器        :1  1号端子
               -S₁  QF辅助触头    :3  3号端子
               -Y₁  QF分闸线圈

          -T₁  L₁相电流互感器
          -T₃  L₃相电流互感器
```

第1段:"="高层代号　　第3段:"-"种类代号　　第4段:":"端子代号

(b)

图 10-33　项目代号结构、前缀符号及其分解图

(a) 项目代号结构及前缀符号；(b) 项目代号分解图

5. 回路编号

原理图中，还需对各个回路进行编号，代表二次设备间的某一连接。编号的目的是：①便于了解回路性质和用途；②能根据回路编号进行正确接线，以便于安装、施工、运行和检修；③回路编号为区分回路功能（如直流回路、交流回路）带来很大方便。对回路编号的要求是简单、易记、通俗和清晰。国际电工协会（IEC）标准中对回路编号不作同一规定，只提推荐使用的回路编号方法。下面是我国应用较广的回路编号方法。

二次回路编号按用途分组，每一组给以一定的数字范围。回路编号一般由不超过三位数字组成。对于交流回路，为了区分相别，在数字前还加上 L_1、L_2、L_3（或 U、V、W）和 N、Z（或 PE）等文字符号。当需要标明回路特征时，也可在数字前或后增注文字符号。

对不同用途和不同回路类别，规定了编号数字范围，见表 10-10。对一些比较重要的回路都给予了固定的编号，见表 10-11。

表 10-10 回路编号数字范围

直流回路	合闸回路 3～31，103～131，…	交流回路	电流互感器回路 401～599
	分闸回路 33～49，133～149，…		电压互感器回路 601～799
	保护回路 01～099		控制、保护及信号回路 1～399
	控制回路 1～599		（其中、交流操作回路 1～99）
	信号回路 701～999		

表 10-11 直流回路标号数字序列

回路名称	标号数字序列			
	Ⅰ	Ⅱ	Ⅲ	Ⅳ
（十）电源回路	1	101	201	301
（一）电源回路	2	102	202	302
合闸回路	3～31	103～131	203～231	303～331
绿灯或合闸回路监视继电器的回路	5	105	205	305
跳闸回路	33～49	133～149	233～249	333～349
红灯或跳闸回路监视继电器的回路	35	135	235	335
备用电源自动合闸回路	50～69	150～169	250～269	350～369
开关器具的信号回路	70～89	170～189	270～289	370～389
事故跳闸音响信号回路	90～99	190～199	290～299	390～399
保护及自动重合闸回路	01～099（或 J1～J99，K1～K99）			
机组自动控制回路	401～599			
励磁控制回路	601～649			
发电机励磁回路	651～699			
信号及其他回路	701～999			
信号回路"＋"电源	701、703、705、…			
信号回路"－"电源	702、704、706、…			
事故跳闸信号小母线	707、708			
预告信号小母线	709、710、711、712			
掉牌未复归小母线	716			

二次回路编号应根据等电位原则进行。在电气回路中，凡遇于一点的导线都用同一个回路编号（数码）表示；由线圈、电阻、连接片、触点等降压元件所间隔的线段，要看成

不同电位的线段，即要有不同的回路编号，当经过开关电器或继电器的触头等隔开后，触头两端要有不同的回路编号。

直流回路编号方法是，直流正极回路的线段按奇数顺序编号，负极回路的线段按偶数顺序编号。正极回路编号从正电源开始直到最后一个正极性质的线段为止；负极回路编号从负电源开始直到最后一个负极性质的线段为止。直流回路标号数字序列见表10-11所示。

交流回路的编号方法是：除用数字外还在前面加上相应的文字符号 L_1、L_2、L_3（或 U、V、W）和 N、Z（或 PE）等。交流电流回路使用的数字范围为400～599，交流电压使用的数字范围为600～799。均以10位数字为一组。回路使用的标号组，应尽量与互感器文字符号的数字序号相对应，如1TA的回路编号的数字序号应为411～419，2TA的回路编号的数字序号应为421～429。交流回路的编号也从电源开始，按顺序编号，但不分奇偶。见表10-12。

表 10-12　交流回路标号数字序列

回路名称	L_1 相	L_2 相	L_3 相	中性线 N
电流回路	U401～U409	V401～V409	W401～W409	N401～N409
	U411～U419	V411～V419	W411～W419	N411～N419
	⋮	⋮	⋮	⋮
	U491～U499	V491～V499	W491～W499	N491～N499
	U501～U509	V501～V509	W501～W509	N501～N509
	⋮	⋮	⋮	⋮
	U591～U599	V591～V599	W591～W599	N591～N599
电压回路	U601～U609	V601～V609	W601～W609	N601～N609
	⋮	⋮	⋮	⋮
	U791～U799	V791～V799	W791～W799	N791～N799
控制、保护、信号回路	U1～U399	V1～V399	W1～W399	N1～N399

具体工程中，不需要对原理图中的每一段都进行回路编号，仅对引至端子板上的电缆芯线进行编号。同一屏上相互连接的设备，在接线图中有相应的标注方法。

在分开表示法原理图中，有的电气触头被表示在另一张图中，或用在另外的"安装单元"中，须注明"去处"。对从别处引入的回路，则应注明"从何处引入"。

6. 小母线

常用的二次小母线的文字符号见表10-13。

（二）位置图

位置图是表示成套装置、设备或装置中各个项目实际位置的一种图。位置图在开关柜或保护屏上又称屏面位置图。此图应按实际尺寸，按一定比例，用简易外形图画出。如配电室内3号开关柜为GC5—10（F）型小车式高压开关柜；屏面位置图如图10-34所示。

表 10-13　　　　　　　　　　常用二次小母线的文字符号

序号	名　　称	新　符　号	旧　符　号
1	直流控制电源小母线	$+WC$、$-WC$	$+KM$、$-KM$
2	直流信号电源小母线	$+WS$、$-WS$	$+XM$、$-XM$
3	交流电源小母线	L_1、L_2、L_3、N	A、B、C、N
4	事故信号小母线	WFA	SYM
5	预告信号小母线	WAS	YBM
6	电压互感器交流小母线	TV_1、TV_2、TV_3、TV_N	YM_a、YM_b、YM_c、YM_o
7	接地小母线	PE	D

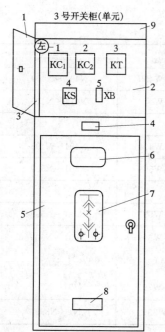

图 10-34　3 号开关柜屏面
位置图

现将仪表门 1 打开，可见保护继电器放置在继电器室 2 中，端子板 3 位于继电器室的左侧。仪表门 1 上放置有指示仪表、红、绿信号灯、控制开关等二次设备。继电器室的上面（屏顶）为直流小母线室 9。

二次设备编号如屏面位置图 10-34 所示，将位于同一安装单元，即 3 号开关柜上的二次设备，按照一定的顺序，从左往右，从上到下用阿拉伯数字 1、2、3、…编号，并在简易外形图框内标出二次设备的文字符号。

（三）接线图

1. 接线图（表）

接线图或接线表是表示成套装置、设备或装置的连接关系，用一进行安装接线和检查的一种图或表。接线图和接线表可单独使用，也可组合使用。在实际工作中接线图常需与原理图和位置图一起使用。接线（图）表一般示出项目相对位置、项目代号（含端子号）、导线号（回路编号）等内容。接线图可示出屏面或屏后各元件的连接关系。

接线图中设备的相对位置、设备编号与位置图相符合。如图 10-34 中左边的第一个继电器 KC_1，在屏后接线图上为右边的第一个继电器，如图 10-35（a）所示，因为屏面位置图为正视图，屏后接线图为被视图，两者相反。所以在屏面位置图和屏后接线图中，设备的布置是上、下一致，左、右相反。设备之间的距离尺寸已在屏面位置图上标注，不必再按比例画出，但设备内部接线和端子号应画出。

2. 端子代号

端子代号是完整项目代号的一部分。当项目（设备）的端子有标记时，端子代号必须与项目上端子的标记相一致；当端子无标记时，应在图上设定端子代号。一般端子板的代号用"X"区别于设备端子代号。如图 10-35（a）2 号设备继电器 KC_2 的 2 号端子代号为 $=S_2W_1+322-A_2K_2:2$，可只采用第 2、4 段项目代号，并简化为 2:2。图 10-35

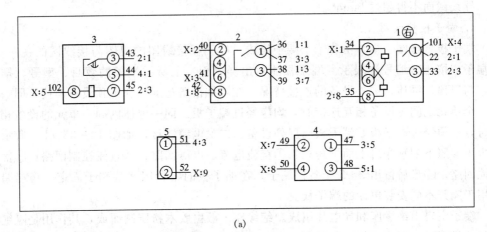

(a)

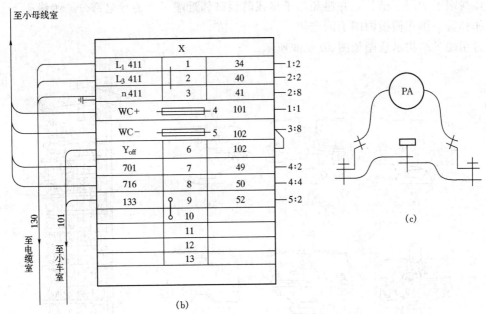

(b)

图 10-35 10kV 线路过电流保护接线图
(a) 开关柜继电器室接线图（屏后，相对位置应符合）；
(b) 端子板接线图（屏左侧）；(c) 试验端子示意图

（b）端子板的 1 号端子的端子代号为：$= S_2W_1 + 33 - A_2X : 1$，同理简化为：33 : 1。

3. 相对编号法

接线图中两设备之间的导线连接的表示方法有两种：连续线和中断线。当接线较复杂时，一般采用中断线表示较为清晰。中断线两端的标记通常采用相对编号法，如图 10-35（a）所示。继电器 KC_1 与 KC_2 的端子①要相互连接时，应在 KC_1 的①端子上标出 KC_2 的①端子编号 2:1，同时又在 KC_2 的①端子上标出 KC_1 的①端子编号 1:1。因为标号是相互对应的，故称为"相对编号法"。应当注意，在一个端子上最多只能连接 2 根导线。导线截面不得超过 6mm²。

4. 端子板接线图

端子板（或端子排）由若干个端子组成。端子板接线图的视图与接线图的视图一致。各端子应按相对编号法表示。端子板能示出屏（柜）上所需端子的数目、型号、排列顺序，与屏顶、屏体、屏外设备的连接情况。在屏体设备与屏外和屏顶设备连接、同一屏体内2个单元之间的设备相互连接时，均应经过端子板。同一屏体内同一单元的设备相互连接时，不须经过端子板。端子板与屏外设备由二次电缆连接，如图 10-35（b）所示。端子板可参照下列顺序自上而下排列：①交流电流、电压回路；②直流控制回路；③信号及其他回路；④最后留出 2～5 个备用端子。在端子板的两端用终端端子固定。终端端子还可用于隔开不同安装单元的端子板。

端子主要由绝缘座和导电片组成。绝缘座一般由胶木粉压制而成，其作用是隔绝导电片与接线端子的固定槽板，并避免端子接线时误碰邻近端子上的导电部分。绝缘座下部有一锁扣弹簧，供在槽板内端子固定用。

常用端子结构示意图如图 10-36 所示。

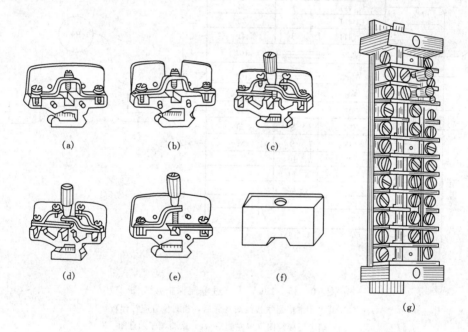

图 10-36 常用端子结构示意图

(a) 一般端子；(b) 连接端子；(c) 试验端子；(d) 试验连接端子；
(e) 特殊端子；(f) 终端端子；(g) 端子板

（1）端子的类型及用途。

1）一般端子（B_1—1 型或 D_1—10 型）。适用于屏外导线和电缆的连接，供一个回路的两端导线连接之用。图 10-35（b）中的 6～8、11～13 号端子为一般端子（也称普通端子）。

2）连接端子（B_1—4 型或 D_1—$10L_1$ 型和 D_1—$10L_2$ 型）。B_1—4 型和 B_1—1 型的外形

基本一致，不同的是 B_1—4 型端子在绝缘座的下部中间有一缺口，供连接两端子的导电片用。通过导电片，连接端子与一般端子相配合，可使各回路并头或分出支路。用于连接或断开与相邻两端子连接的回路。图 10-35（b）中第 9、10 号端子为连接端子。

3）试验端子（B_1—2 型或 D_1—10S 型）。用于需要接入试验仪器的电流回路中，以拆卸电流回路中需要校验的仪表或继电器，防止电流互感器 TA 二次侧开路。校验完毕即可迅速装复，不必松动原来接线。图 10-35（b）中第 1～3 号端子是试验端子，结构与试验接线如图 10-35（c）所示。试验时先接好电流表 PA，后旋出中间铜螺钉，将电流表串入电路中。测量完毕后先旋进铜螺钉，后拆除电流表。

4）连接型试验端子（B_1—3 型或 D_1—10SL 型）。具有试验端子和连接端子的两个作用，因此被广泛应用在需要彼此连接的电流试验回路中。外型与 B_1—2 型相似。不同的是绝缘座上部的中间有一缺口，该缺口和 B_1—4 型一样，供连接导电片用。

5）终端端子（B_1—5 型或 D_1—B 型）。用于固定端子和分隔不同安装单元的端子板，如图 10-34（b）中端子板上、下两端即为终端端子。

6）标准端子（B_1—6 型）。直接连接屏内、外导线用。

7）特殊端子（B_1—7 型）。拆除试验端子上的两个连接片即成为特殊端子。用于需要很方便断开的回路中。

D_1 系列的端子为全国统一设计的产品，尺寸较小。在 D_1 系列中，"10" 表示额定电流为 10A；还有额定电流为 20A 的。B_1 系列端子目前在电站中仍常使用，但尺寸较大。上述系列端子，绝缘座只有两种，一种有缺口，一种无缺口。导电片有 4 种类型，如图 10-37 所示。

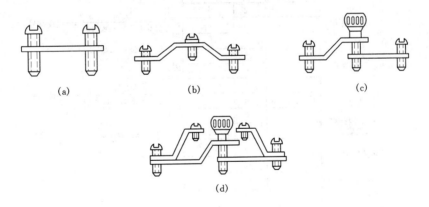

图 10-37　端子导电片的 4 种类型示意图

(a) B_1—6 型；(b) B_1—1 型和 B_1—4 型；(c) B_1—7 型；(d) B_1—2 型和 B_1—3 型

（2）端子图和端子表。

1）控制电路图中器具之间的连接线不标回路标号，而用端子代号表示。端子接线图（表）上仍标注出电缆型号、芯数、截面积和电缆编号。

2）端子图中凡需经端子板引出的器具，在端子板内侧应标注本端标记，外侧标注远端标记，中间格为端子顺序号，如图10-38所示。两个端子板间的互联电缆编号、电缆型号、芯数应一致，两端均应标出。

3）端子接线图的画法、如图10-39所示。端子接线网络表的画法，见表10-14。

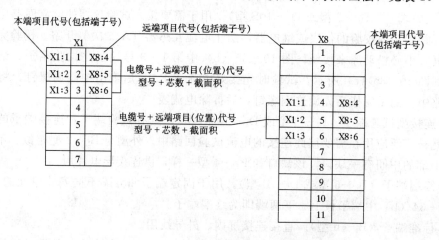

图 10-38 带有远端标记的端子接线图示例

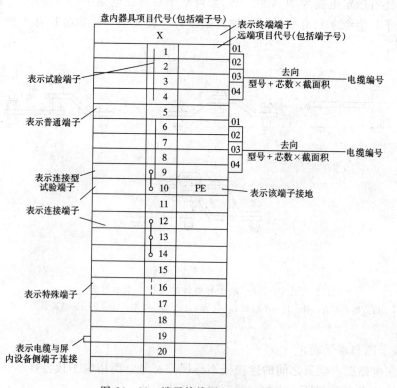

图 10-39 端子接线图（画法示例）

360

表 10-14　　　　　　　　　　端子接线网络表（画法示例）

电缆序号	电缆编号	型号	芯线*截面	电缆远端项目代号	05	04	03	02	01	远端端子号	端子板		盘内器具项目代号
01									1		高层代号及端子板种类代号		
									2			1	
02									3			2	
									4			3	
03												4	
												5	
04								1				6	
								2				7	
								3				8	
05								4				9	
06												10	PE
												11	
07												12	
												13	
08												14	
												15	
09												16	
												17	

5. 设备标号法

设备标号法采用在设备图形号（或设备内部接线图）正上方画一圆，将其分成上、下半圆，并分别用数字和文字符号表示。例如：

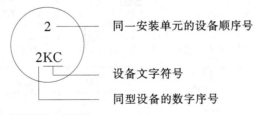

详见图 10-41（书末插图）所示。

二、BKSF 型低压配电屏

BKSF 型低压配电屏是低压机组水电站中应用十分普遍的重要电气设备之一。

（一）型号及性能

BKSF 型低压配电屏通常作为低压水轮发电机组的控制保护屏，具有较完善的保护装置。自动空气开关上设有低压脱扣线圈和过流脱扣器。保护装置有三相过电流、过电压延时及短路保护等。这种屏结构紧凑，外形美观，保护完善可靠，自动化程度高，操作简

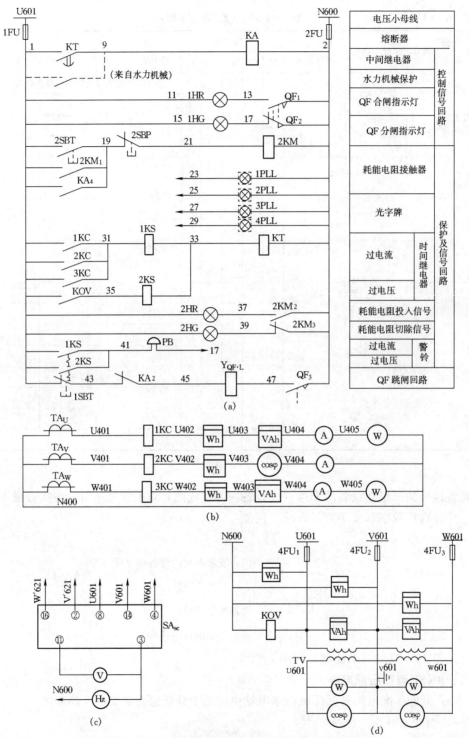

图 10-40 BKSF 型低压配电屏分开表示法原理图（一）

）BKSF—41—71，BKSF—42—72 控制保护回路；（b）BKSF—41—71，BKSF—42—72 电流保护和测量回路；

（c）BKSF—41—71，BKSF—42—72 同期测量回路；（d）BKSF—41—71，BKSF—42—72 电压回路

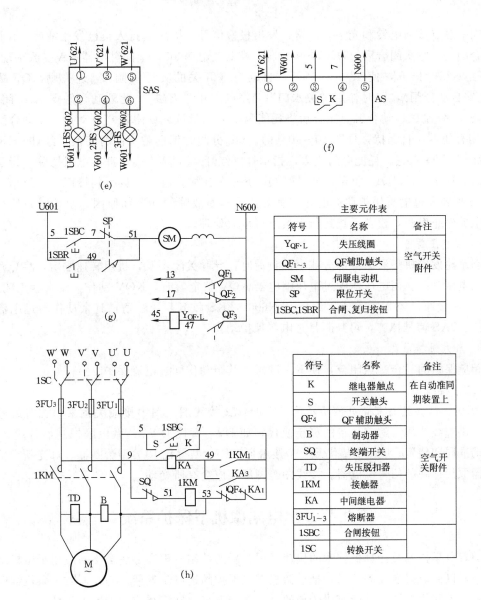

图 10 - 40　BKSF 型低压配电屏分开表示法原理图（二）

(e) BKSF—32—72 同期灯回路；(f) BKSF—32—72 准同期装置回路；

（g）BKSF—42—62 合闸电路图；(h) BKSF—72 合闸电路图

便，无需同期屏等。型号含义见第九章第四节。

（二）电路图和动作原理

图 10 - 40 所示为 BKSF 型低压配电屏分开表示法原理图。保护动作过程如下。

1. 过电流保护

图 10 - 40 （a）、（b）中，过电流保护采用三相星形接线，每相有 1 只电流继电器，分别为 1～3KC。当发电机任何一相过电流或单相接地时，若电流超过额定值，达到 1～3KC 的整定值，则 1～3KC 中总有 1 只继电器可能动作，动合触点闭合，U601—31 接通，经 1KS 和 KT 线圈至 N600，信号继电器 1KS 和时间继电器 KT 受激励，1KS 动作掉

牌，同时触点接通电铃和光字牌回路，发出报警信号，提醒运行人员已发生故障。KT 延时闭合的动合触头闭合后，U601—9 接通，经 KA 至 N600，中间继电器 KA 受激励动作，动断触点 KA_2 断开，使 43—45 断开，自动空气开关的失压线圈 $Y_{QF·L}$ 失励，QF 跳闸（主电路自动分闸），同时作用"关水门"（停机）和"灭磁"。此外动合触点 KA_4 闭合，接触器 2KM 励磁、动合触点闭合后将耗能电阻（水阻抗或铁阻抗）自动投入。动合触点 KA_3 闭合使 KA 自保持，见图 10-40（h）。QF 分闸时辅助触头同时切换，红灯 1HR 熄灭，绿灯 1HG 点亮。耗能电阻投入，指示灯（红灯）2HR 点亮；耗能电阻切除，指示灯（绿灯）2HG 点亮，QF_4 闭合，准备好 QF 下一次合闸。运行人员听到铃声后，根据查到的 1KS 掉牌和过电流保护动作的光字牌等，可判断故障的性质和原因。手动复归信号掉牌，电铃停止发声，避免干扰运行人员进行事故处理。

2. 过电压保护

当水轮发电机突然丢弃部分或全部负荷时，导叶关闭不及，机组转速剧增，将导致发电机端电压升高。当电压达到过电压继电器 KOV 整定值时，KOV 动作，动合触点闭合，U601—35 接通，经 2KS 和 KT 线圈至 N600，2KS 和 KT 受激励，其余动作与过电流保护相似。2KS 信号掉牌，可判断是过电压保护动作。

3. 水力机械故障

相应保护的动合触点闭合，使 KA 励磁。其余动作同过电流保护。

（三）接线图

图 10-41（见书末插页）所示为 BKSF—72 接线图。图中接线关系采用相对编号法表示，供查线使用。随着设备的更新换代，如 DW_{15} 替代 DW_{10}；微电脑控制器替代 Z—1型自动准同期装置；CJ_{20} 型替代 CJ_{10} 型接触器；RL_1 型替代 RC_1 型熔断器。灯光新型信号继电器取代掉牌的信号继电器。接线图等图纸相应会有所变动。

第九节 水电站微机型保护系统

随着科学技术及计算机技术的快速发展，新的控制原理和方法被不断应用于微机继电保护中，以待取得更好的效果，推进微机继电保护的进一步发展。与此同时，微机继电保护系统凭借其优越性，逐渐取代传统的继电保护系统，被广泛应用于电力领域。

一、水电站微机保护概述

我国水电站微机保护、监控综合自动化系统（以下简称综合自动化系统）自 20 世纪80 年代末开始逐渐成熟，综合自动化系统使得"减员增效"得到充分体现。当前新建水电站，均采用综合自动化系统技术，一些原来使用常规设备的水电站，也逐渐使用微机综合自动化系统技术进行改造。

1. 综合自动化系统包括的内容

水电站控制自动化（包含对调速器、励磁系统的自动控制）；油、气、水系统控制自动化；阀门、闸门控制自动化；电气保护自动化，水电站保护自动化；测量自动化：电量（电流、电压、功率、频率、功率因素、电能计量、励磁电流、励磁电压等）、非电量（前池水位、尾水位、集水井水位、消防池水位、拦污栅压差、轴承温度、定子温度、油压、水压、气压等）、各种设备的位置信号及状态信号；计算机系统采用通信网络有以太网、现场总线等网络，设计有远动接口，与调度中心通信。

2. 系统设计原则

综合自动化系统按"无人值班、少人值守"的原则进行设计，随着自动技术、计算机技术、通信技术的发展，综合自动化系统现都采用全开放、分层分布式结构。开放性指采用国际标准，计算机自动系统有通用性和移植性，软件可以安装在任何具有开放系统特点的计算机上。

分层分布式，指以控制对象分散为主要特征（如机组、开关站、公用设备、阀门、闸门等）设置多套相应的装置，构成水电站各种现地控制元（LCU），完成控制对象的数据采集和处理、控制和调节及装置的数据通信。通过通信网络，电站现地控制单元实现与电站中控室主机系统（上位机）实现通信。而电站中控室主机系统通过通信网络对电站各个现地控制单元（LCU）进行控制和监视，进而实现了对电站所有机电设备的监视和控制，这样就构成电站控制层和电站现场控制层（LCU）分层分布式结构管理模式。

综合自动化系统控制方式，可按以下控制方式进行。

后台控制：即中控室（上位机）集中控制，通过操作员工作站对电站设备实现监控。

现地控制：运行人员通过现地 LCU 及面板上相应的 PLC 实现对电站主设备的自动控制和调节。

手动控制：运行人员通过面板操作开关实现对电站设备的手动控制和调节。

综合自动化系统设计有远动接口，具有与调度中心联网的能力，可以实现"遥信、"遥测"、"遥控"、"遥调"功能。

综合自动化系统控制权。计算机系统控制权是指综合自动化系统分层控制管理之间的控制权，在电站控制的最低层（驱动层）如油泵、排水泵、供水泵、阀门等电机的控制用常规控制即可能满足要求，但同时设置与计算机连接的接口，与计算机连接，运行人员能方便地在各控制层之间，计算机控制与常规控制设备之间，选定对系统或设备的控制权，同时对无控制权的控制设备进行闭锁。

控制权的选定以手动优先、下层优先为原则。依次为：驱动层，现地控制层（机组 LCU，公用系统 LCU，开关站 LCU，闸门 LCU 等），电站控制层，调度中心计算机控制系统。

3. 微机继电保护的特点

（1）使用方便灵活，更加优化了人机界面。微机继电保护在维护调试方面更加方便灵活，有效缩短了维修时间；同时，根据运行经验，可以在现场通过软件方法改变其特性或结构。

（2）可以进行远程监控。微机继电保护装置具有串行通信功能，与水电站微机监控系统的通信联络使微机继电保护具备了远程监控的特性。

（3）容易提高可靠性。数字元件的性能不易受电源波动、温度变化、使用年限的影响，也不易受元件更换的影响，并且巡检、自检能力较强，能够用软件方法检查与测试主要元部件的工作状况及功能软件本身。

（4）可以改善继电保护的动作特性，提高动作准确率。主要表现为可以得到传统继电保护不易获得的特征与功能，其记忆力较强，可以更有效的实现故障的分量保护；也可以不断引入自动控制及新的数字理论技术。

（5）可以方便扩充其他的辅助功能。例如：故障录波、波形分析等，可以方便地附加低频减载、自动重合闸、故障录波、故障距测、通过内部可编程逻辑块实现各种不同保护功能及设备自投、开关位置信号的上传、电流电压实时功率的上传等功能。

二、系统电站控制层的配置及功能

综合自动化系统在物理上分为两层：电站控制层和现地控制层。现地控制层由通信网络（以太网或现场总线）通过智能通信装置与计算机进行联系。

电站控制层设备配置及功能。

1. 电站控制层设备配置

主机（工业控制计算机）、彩色显示器、打印设备、电源系统 UPS、智能通信装置（规约转换及接口接展）、通信介质、软件等。

2. 电站控制层功能

电站控制设备安装在中控室内，具有以下功能：

（1）数据采集与处理：电站现场各种数据采集基本由各自的 LCU 完成，进行处理后实时送至上位机进一步处理存入实时数据库，如温度量由专用温度巡检装置采集后由通信接口送至 LCU，再送入上位机存入实时数据库。所有采集的数据点均设置检查投入与退出、报警与禁止标志，对参数限值可进行修改设置，并可用人工设置值代替采集值。

（2）安全运行监视。综合自动化系统实时监视电站各类设备的运行参数，对异常情况及时报告值班员进行处理，同时实时记录。值班员通过人机接口设备，监视全厂生产运行情况，显示和打印各种参数。系统安全监视功能有：事件顺序记录，故障报警记录，参数越限报警记录，电气设备操作记录，事故追忆记录，系统综合信息记录，实时监视，语音报警，远方诊断维护功能。

（3）控制调节。监控系统按预定的原则及运行人员实时输入的命令进行正常的启动与停机，断路器、开关分合的顺序操作。同时可由运行人员或远方调度的给定值或增减命令进行机组的手动或自动调节。

（4）自动发电控制（AGC）。完成各机组运行转换时的协调工作，确保电力系统和机组所受干扰最小，如手动/自动、机组成组/单机运行，无扰切换，故障转换负荷停机的自动处理及机组事故停机的紧急处理。

（5）自动电压控制（AVC）。自动电压控制按照系统要求，维护母线电压实时值，实现各台机组间无功功率按比例分配。开环运行时，提出指导性意见的数据显示于显示器上，供运行人员参考。闭环运行时，信号直接作用于机组励磁。由计算机系统自动电压控制功能的计算结果，发出无功功率调节命令，通过相应的控制装置及励磁调节装置完成。当以硬接点方式连接时，由 LCU 无功功率调节软件根据无功调节系统参数、无功功率调节目标值，调节误差计算调节脉宽励磁装置进行自适应控制，直至达到给定的目标值。也可以通过串行通信方式，送至微机励磁装置，由微机励磁装置完成无功功率调节。

(6) 运行人员控制台控制。中控室操作人员通过运行人员操作台上的人机接接口，可进行机组工况转换控制，有功功率和无功功率调节、断路器、隔离开关分合操作，报警手动复归，机组负荷、轴承温度、变压器温度、定子线圈温度等限值的实时设定，对整个过程提供安全保护措施和完善的闭锁。

(7) 综合参数统计、计算、分析。计算机系统可根据实时采集的数据进行周期、定时、召唤计算分析形成数据库和历史数据库，帮助运行人员对电站设备的运行进行全面监视与综合管理，主要有以下各种数据：电量累加计算；水量累加计算；综合计算包括平均耗水率、效率计算、温度分析计算；主要设备运行统计计算，重要设备运行工况进行统计，继电保护及自动装置动作情况统计和初始值的设置和修改；定值管理制订各种生产报表。

(8) 打印记录。计算机系统根据要求，可将数据由数据库取出，存入相应的报表数据区，进行以下各种打印：随机打印，用以记录系统的各种操作、事故、故障自动打印；定时打印，打印各类统计报表、运行记录及运行日志、定时自动进行；召唤打印，运行人员调用，随机召唤打印，调用方式为鼠标，专用功能软件。

(9) 屏幕显示。中央控制室中显示屏实时显示厂内主系统的运行状态、主设备的操作过程、事故和故障及有关参数。事故画面具有自动推出和最高的优先权。显示画面有以下几类：

1) 单线类：电气主接线图、直流系统图、继电保护配置、控制方框图、油水气系统、机组横断面图、公用辅助设备系统。

2) 曲线类：给定负荷曲线、实际负荷曲线、温度变化曲线、电压曲线、电流曲线及趋势变化曲线。

3) 棒图类：主要运行参数极限值与实际值，设定与实时对比值。

4) 报警画面：模拟量的越限报警，有关参数的趋势报警事故，故障顺序记录、相关量记录及自诊断报警。

5) 操作指导画面类：正常操作及事故操作指导运行及生产管理方面的显示画面等。

6) 表格类：各种统计报表、正常操作统计报表、操作记录统计表、事故、故障统计表、继电保持整定、限值整定表。

(10) 事故处理指导和恢复操作指导：设备出现故障或故障征兆时，提供事故处理和恢复正常运行的指导性意见。

(11) 数据通信。电站监控系统电站控制层通过以太网或现场总线网与电站现地控制单元（LCU）通信。电站监控系统通过通信工作站接口与中控室模拟屏、厂长终端、调度系统等实现通信。电站监控系统能直接向调度中心传送通信、遥测量。遥信、遥测量的传送由通信工作站通过标准的规约传送至调度中心。

(12) 监控系统时钟同步功能。

(13) 监控系统自诊断：进行在线或离线自检计算机和外围设备故障，打印检测结果；在线或离线诊断自检各种可用软件及基本软件故障、程序死锁时或失控时，能自动或发出冗余切换请求，并具备自我恢复功能。

(14) 语音报警。对主要操作进行提示，发生故障时，能够发出语音报警信号。

(15) 其他功能：程序开发及运行人员培训，可以在线或离线方式下进行；可以积累电站运行数据，为提高电站维护水平提供依据。

三、系统各单元配置及功能

1. 机组现地控制单元

机组现地控制单元是水电站综合自动化系统中一个很重要的组成部分，功能相当于常规电站中机组自动屏。机组现地控制一方面实现对生产过程的控制，并采集信息，一方面与厂级联系，向上位机传递信息，并接受上级下达的命令，其功能保证可靠，确保在现地控制屏与上位机通信中断时，可以独立运行。控制屏上一般还设有常规按钮可以完成开机、停机、事故停机。开关主阀等功能。硬件配置：

(1) 机组现地控制单元配置一般包括：可编程控制器（PLC）；工业一体化微机配置，触摸屏等；微机综合测控装置；其他各种测量装置，如温度、转速、同期等装置；网络通信装置；逆变电源装置。

(2) 通信：以太网或现场总结通信网络，与上位机通信，与当地设备通信。主要功能见表10-15。

表 10-15 　　　　　　　　　　机组现地控制单元主要功能表

数据处理要求	对开关量变位报警，对模拟量越限报警，限制修改，事故追忆，事件SOE，脉冲量累计，部分开关量监视记录
当地显示器监视	机组开停机过程：机组运行工况监视，运行参数时候显示，开关量变位显示及报警，主要设备投入记录、事故、故障（声光）
控制与调节	机组开停机操作：主阀开关操作，油压装置自动控制，自动准同期装置投入退出，机组有有功、无功调节，机组斜率，电压调节

2. 开关站现地控制单元

开关站现地控制单元是水电站综合自动化系统的重要组成部分，构成分层结构中的开关站现地控制单元。开关站现地控制单元一方面采集开关站信息，实现对开关站的控制，另一方面与厂级联系，向其传送信息，并接受下达的命令。不尽相同，但通常都是将保护、控制、测量、通信、显示集为一体，采用双CPU结构，并将保护、控制、测量、通信等功能合理地分散到两个CPU芯片并行处理，以保证有其中一个CPU发生故障时能自动切换，从而提高了系统的处理能力，使运行更安全，更可靠。开关站控制单元的配置。主要功能见表10-16。

表 10-16 　　　　　　　　　　开关站现地控制单元主要功能表

数据处理要求	对模拟量越限报警，限制修改，事故追忆，事件、事故量SOE，脉冲累计，开关量采集
当地显示器显示	电气实时保护，限制设定，越限报警，事故追忆，开关量变位显示及报警，断路器，刀闸状态累计，实时接线画面不显示，保护设定值设定、修改、显示
控制与调节	断路器手动或同期合闸，隔离刀闸分、合闸，变压站防误操作闭锁

3. 公用设备现地控制单元

水电厂公用设备一般有以下几个系统：排水系统，供水系统，高、低压空气系统和其他系统。

水电站公用系统一般分布在电站不同地点，一般无法用一个 PLC 单元来控制，处理原则一是将各个系统分别设一个 PLC 来完成各自的控制，再将 PLC 以网络方式与上位机相连；二是各个系统本身采用专用控制设备，将报警远程控制信号接到一个公用的 PLC 控制单元，系统将该 PLC 接到网络上，信息送到上位机层。主要功能见表 10-17。

表 10-17 公用设备现地控制单元主要功能表

监视功能	压力、液位、流量检测；开关量位置（运行状态实时显示）；设备启动、停止、轮换、故障启动态监视，故障报警显示
控制功能	排水泵手动/自动控制；供水泵手动/自动控制；空压机手动/自动控制；其他设备手动/自动控制

四、保护、测控单元

保护、测控单元是用于发电机、变压器、线路保护的单元，一般还会配备一套故障录波装置。各生产厂家产品自成系列，一般采用两个 CPU 芯片处理。集保护、测量、控制、显示通信于一体。将上述功能合理地分散到两个 CPU 中去，保证任一个 CPU 发生故障时能自动切换。使系统运行更安全、可靠。并留有较多的冗余量，有利于用户将来的升级和扩展。

1. 发电机保护、测控单元

主要功能见表 10-18。

表 10-18 发电机保护、测控单元主要功能表

保护功能	纵差保护，复合电压闭锁保护，过电压保护，低电压保护，失磁保护，低频、高频保护，反时限对称过负荷保护，反时限负序负荷保护，负序过流保护，定子接地保护，转子接地保护，TV 断线报警，控制回路断线报警等
测控功能	遥测：三相电压、三相电流、有功功率、无功功率、功率因素、零序电压、有功电度、无功电度、转子接地电阻； 遥信：控制回路断线、开关位置、保护动作、接地刀闸等； 遥控：操作控制断路器开关跳合、保护动作信号复归
其他功能	故障录波、谐波分析

（1）微机发电机组纵联差动保护装置。微机发电机组纵联差动保护装置具有完备的保护、监控及通信功能。主要保护功能包括：差动速断保护，瞬时动作与跳闸；具有比例制动特性的纵联差动保护，可延时或瞬时动作于跳闸；差流越限告警，延时作用于信号；故障报文及故障录波，可录取故障前、后各多个（各厂家配置不一样，但功能类似）周波的数据；可独立整定多套保护定值；TA 断线闭锁；TA 断线告警；多路可独立整定的保护动作跳闸出口。主要监控功能包括：采集两侧电流、差流、制动电流；采集多路遥信输入，并可用于本体保护，同时具有弱电失电告警、装置自检等功能。

（2）微机发电机后备保护装置。微机发电机后备保护装置具有完备的保护、监控及通信功能。主要保护功能包括：三段式复合电压闭锁（保持）过流保护；过负荷保护；低电压保护；过电压保护；低频率保护；频率累计保护；过频率保护；TV 断线告警；故障报

文及故障录波；可录取故障前、后多个周波的数据；可独立整定多套保护定值；多路可独立整定的保护动作跳闸出口。主要监控功能包括：采集三相电流、三相电压、三线电压、负序电压、频率、低频累计时间；采集多路遥信输入，同时具有装置自检，装置弱电失电告警等功能。

（3）微机发电机失磁保护。微机发电机失磁保护装置具有完备的保护、监控及通信功能。主要保护功能包括：失磁保护；连锁跳闸保护；故障报文及故障录波；可录取故障前、后各多个周波的数据；可独立整定多套保护定值；多路可独立整定的保护动作跳闸出口。主要监控功能包括：采集三相电流、三相电压、系统侧电压、励磁电压、转子接地电阻；采集多路遥信输入，并有装置自检，弱电失电告警等功能。

（4）微机发电机接地保护。微机发电机接地保护装置具有完备的保护、监控及通信功能。主要保护功能包括：转子一点接地保护（乒乓式原理）；转子二点接地保护；基波零序电压型定子保护；三次谐波式高灵敏100％定子接地保护；3D定子接地保护；报文及故障录波；可录取故障前、后10个周波的数据；可独立整定多套保护定值；多路可独立整定的保护动作跳闸出口。主要监控功能包括：采集机端零序电压、中性点零序电压、系统侧零序电压、机端零序电流、励磁电压；采集12路遥信开入，同时具有装置自检、弱电失电告警等功能。

（5）微机励磁变压器保护装置。微机励磁变压器保护装置具有完备的保护、监控及通信功能。主要保护功能包括：三段式定时限过流保护（可整定为速断和过流）；负序过流保护；反时限过流保护；三段式零序过流保护；反时限零序过流保护；过负荷保护；零序过流/小电流接地选线保护；零序过压保护；4路非电量保护（本体开入量）；故障报文及故障录波；可录取故障前、后多个周波的数据；可独立整定多套保护定值；主要监控功能包括：采集三相电流、三相电、频率、零序电流、零序电压、高灵敏零序电流，具有多路外部开入装置自检功能，同时具有装置弱电失电告警功能。

2. 主变保护测控单元

主要功能见表10-19。

表10-19　　　　　　　　　　　　主变保护测控单元主要功能表

保护功能	差动速断保护；比率差动保护；TA断线、TA断线可闭锁差动保护并发出信号；过流保护；过负荷保护；TV断线告警或闭锁保护；油位异常保护；控制回路断线报警；零序电压保护；零序电流保护；重瓦斯保护、轻瓦斯保护
测控功能	遥测：三相电压、三相电流、有功功率、无功功率、频率、有功计量、无功计量、主变油温； 遥信：开关位置、刀闸位置、控制回路断线、保护动作信号、TV断线、操作机构故障信号、有功脉冲、无功脉冲 遥控：控制主变高低压侧断路器开关跳合、手动和遥控互为闭锁互为切换、保护复归、在线修改定值、投送保护
其他功能	故障录波、谐波分析

（1）微机变压器差动保护装置。主要保护功能包括：差动速断保护，瞬时动作于跳闸；具有比例制动及谐波制动特性的差动保护，可延时或瞬时动作于跳闸；差流越限告警，延时作用于信号；故障报文及故障录波；可录取故障前、后多个周波的数据；可独立

整定多套保护定值；TA 断线闭锁；多路可独立整定的保护动作跳闸出口。主要监控功能包括：采集三侧电流、差流、制动电流；采集多路遥信输入，并可用于变压器本体保护，同时具有失电告警和 TA 断线告警功能。

（2）微机变压器后备保护装置。主要保护功能包括：三段式复合电压闭锁过流保护；过负荷保护；启动通风保护；闭锁调压保护；零序电压闭锁零序方向过电流保护（含零序选跳保护功能）；零序电流闭锁零序过电压保护；间隙过流保护；母线充电保护；TV 断线告警，断线闭锁低电压、负序电压条件相关保护；故障报文及故障录波；可录取故障前、后多个周波的数据；可独立整定多套保护定值；多路可独立整定的保护动作跳闸出口。主要监控功能包括：采集三相电流、零序电流、间隙电流、三线电压、零序序电压、频率并计算出零序电压、三相电压；采集 2 路遥信输入，同时具有装置自检；装置弱电失电告警功能。

（3）变压器本体保护装置。本体保护功能包括：重瓦斯跳闸及信号；调压重瓦斯跳闸及信号；压力释放跳闸及信号；风冷消失跳闸及信号；温度过高跳闸及信号；轻瓦斯信号；调压轻瓦斯信号；温度升高信号；油位降低信号；远动遥信输出。装置的保护出口跳闸可通过连接片投退。装置具有双断路器控制回路，二套完全相同的断路器控制回路，分别用于高压侧和低压侧，具有断路器操作及控制回路断线告警，跳合闸保持、防跳、跳合位指示，弹簧未储能闭锁合闸操作等功能。

3. 输出线路测控单元

主要功能见表 10-20。

表 10-20　　　　　　　　　　　　输出线路测控单元主要功能表

保护功能	速断保护、动作跳闸并发信号，零序过电流保护、动作跳闸并发出信号，三相一次重合闸，检同期功能，保护带检同期压差、同期角差、同期相位功能，低电压保护、保护独立投送，过负荷保护、动作发信号；小电流接地自动送线等
监控功能	遥测：三相电流、三相电压、零序电压、零序电流、有功功率、无功功率等； 遥信：开关位置、刀闸位置、控制回路断线、保护动作信号、TV 断线等； 遥控：控制断路器开关跳合，手动和遥控互为闭锁切换，保护复归等
其他功能	故障录波、谐波分析

4. 故障录波装置

（1）装置组成。装置由电流电压变换器箱、采集站（工控机）、分析站（工控机）、显示器、键盘鼠标、打印机等组成。

（2）基本配置。系统基本配置分为一台采集站和一台分析站，采集站和分析站之间通过高速以太网连接；采集站负责采集、记录故障数据；采集站中内置模拟量采集模块、开关量采集模块；每个采集模块是自带 CPU 的智能化采集单元。装置配 GPS 接口，用 GPS 装置秒脉冲，每分钟通过采集站进行全系统对时。采集站采集的原始数据或记录的原始故障数据，除了存入采集站的硬盘保存外，还将通过网络把数据上传到分析站。分析站自动分析、存盘处理后，自动生成符合 COMTRADE 格式的文件，并通过简单的鼠标（或键盘）操作显示和打印故障波形、故障数据，调度中心还可通过 Modem 将分析站记录的数据传入调度中心分析站进行分析。采集站如发生故障可通过报警系统告警。

复习思考题

10-1 什么叫电气二次设备，低压机组水电站中哪些设备属于二次设备？

10-2 如何对常用电工仪表的分类。常见的类型有哪些？

10-3 如何对电流、电压进行测量？如何对电流表、电压表进行量程扩展？

10-4 常用的有功、无功功率的测量方法有哪些？如何对有功、无功功率进行测量？

10-5 万用表、钳形电流表、兆欧表如何正确使用？有哪些注意事项？

10-6 继电器的作用有哪些？对继电器的基本要求有哪些？

10-7 分析 DW15 自动空气开关的控制电路图的工作原理。

10-8 继电保护的基本任务是什么？发电机过电流、过电压、接地保护的构成及其原理如何？

10-9 什么是同期装置？低压机组水电站的同期方式有哪些？各有何特点？

10-10 低压机组水电站常用的励磁方式有哪些？各有何特点？

10-11 二次原理图分哪几种？各有何特点？

10-12 什么叫项目代号？有哪几部分组成？含义如何？

10-13 什么叫回路编号？如何对二次回路进行回路编号？

10-14 位置图和接线图各有何特点？如何进行接线的相对编号？

10-15 端子板有哪些类型？各有何作用？如何在接线图中进行标识？

第十一章　水轮发电机组机械部分的
运行与维护

教学要求　按照运行规程，掌握机组启动前的准备条件和机电设备的各项检查；机组的开与停机、转速和电压的调整等操作和程序；机组运行监视内容；机组故障的分析与处理措施。要求初级工初步掌握；中级工基本掌握；高级工必须掌握。

第一节　低压水轮发电机组的运行参数及许可范围

水电站的机组型式不同，其运行与维护的要求也不相同，下面列举 500～3000kW 机组运行和维护中的一般问题，仅供参考，对特定机组应根据图纸和说明书加以增减。见表 11-1。

表 11-1　　　　　　　　　　机组运行允许值及技术标准

名称	项　　　目	数　　据
轴 承	油槽温度（30号透平油）	5～55℃
	油槽冷却水温及水压	5～40℃，0.1～0.15MPa
	轴瓦故障温度	65℃
	轴瓦事故温度	70℃
		对于稀油润滑：分块瓦式导轴承（上导和下导）停机时在上导调整螺钉中心线；筒式导轴承按油面计额定油面高度
	轴承油面高度	
发 电 机	转子绕组最高温度	130℃
	定子绕组最高温度	105℃
	冷却进风最高温度	40℃
	冷却进风最低温度	5℃
	冷却出风最高温度	70℃
各 部 摆 度	励磁机滑环	绝对摆度≤0.30mm
	上导轴承	绝对摆度≤0.10mm
	法兰	相对摆度≤0.02mm/m
	水导	相对摆度≤0.03mm/m
振 动	上机架	双振幅≤0.10mm
	水导轴承	双振幅≤0.10mm

名称	项　目	数　据
油压装置	正常工作油压 故障油压 事故油压	按设计单位调节保证计算值 低于正常工作油压下限 0.1～0.2MPa 低于故障油压 0.1～0.2MPa
制动装置	机组制动气压 机组制动转速 停机过程时间	0.5～0.7MPa 35％机组额定转速 约 5min
	顶转子	油压为 8～10MPa，顶起高度 4～6mm，顶起保持时间 2～3min

注　$1kgf/cm^2 = 0.1MPa$。

第二节　机组投入运行前的准备工作

为了保证水轮发电机组安全、正常运行，启动前，应对水电站有关设备进行系统、全面检查和试验，确认处于良好状态后方可启动。

一、机组启动前的检查

1. 电站周边环境的检查

(1) 清除引水渠道、压力管道和蜗壳中的杂物。

(2) 清除风道中杂物。

(3) 引水设施的各项条件处于正常状态。

(4) 下游尾水渠道清除完毕，符合电站设计对设计尾水位要求。

(5) 水工建筑物无开裂和明显的渗漏情况。

(6) 压力前池水位符合设计要求。

2. 电站过流设施的检查

(1) 前池拦污栅设施良好，无漂浮物堵塞。

(2) 压力管道及其管道支墩设施正常。

(3) 进水阀门操作灵活，阀门处于关闭位置。

(4) 尾水闸门全开，尾水流道畅通。

(5) 各水工建筑物的排水设备、排水渠道、排水孔均符合设计和运行要求。

3. 机组各部分的检查

(1) 机组各部轴承的油位、油色应符合要求。

(2) 机组转动部件附近应无杂物。

(3) 机组制动装置动作正常。

(4) 检查水轮机主轴的密封装置是否会渗漏。

(5) 检查导水机构的剪断销有无松动或损坏。

(6) 作蝴蝶阀的动作试验，检查行程开关的工作情况。

(7) 检查冷却水管的连接和渗漏情况，冷却水过滤器应无杂物堵塞，冷却水能否正常投入。

（8）反击型水轮机进水室的放水阀应处于关闭状态。

（9）机组间接连接采用的皮带传动，其皮带松紧合适，多根皮带松紧度一致。

（10）水轮机调速器动作灵活，接力器的动作方向正确，调速器处于全关位置。应检查手、电两用调速器的开关位置及行程开关，开机后能保证机组不失控。

（11）机组转动灵活，扳动飞轮或皮带轮时无卡阻现象，机组内部无杂音。

（12）检查集电环、炭刷弹簧压力和炭刷的长度和接触情况，炭刷应无卡阻现象。

（13）检查排水泵是否能正常工作，空压机能否按整定值投入和停止。

（14）检查发电机内部及空气间隙是否有杂物或遗漏工具。

4. 电气设备的检查

小型水电站电气设备检查的内容：

（1）检查电机、变压器、配电装置、厂房内外以及建筑物周围的清洁情况，消除影响安全运行的障碍物，遮拦设施应齐全。

（2）输电线路主接线回路中的各连接螺栓应紧固，各载流导体相间及对地的绝缘距离应符合安全要求，无遗留物件。

（3）发电机主开关、母线隔离开关及灭磁开关应在断开位置，并接励磁调节电阻应在最大位置，串接磁场变阻器的电阻应处于最小位置。

（4）二次回路各操作电源开关投入，二次回路熔断器（包括电压互感器回路）已接入，继电保护已投入，各指示灯指示正确，各表计的指示与实际要求相符，机组各测温装置、信号装置均完好，所有挂牌都已复归。

（5）操作电源正常。针对上述检查项目，如机组停机时间较长，还应对包括发电机在内的一次设备作绝缘电阻测量。发电机定子回路绝缘电阻常用 $500\sim1000V$ 的兆欧表测量，所测电阻与前次测量数值进行比较，以判别绝缘电阻是否合格。励磁回路的绝缘电阻用 $250\sim500V$ 的兆欧表测量，测量时应防止励磁回路的整流元件过压击穿。

二、机组启动前的准备工作

（1）蜗壳充水前必须对调速器作全面检查和动作试验，打开油压装置的总油阀和提起接力器的锁锭，操作开度限制手轮到 5% 位置，检查调速器有无漏油现象；然后慢慢升到 25%、50%、100%，由全关至全开，在由全开至全关，观察有无异常现象。最后关闭导叶，投入接力器锁锭。

（2）顶转子。以新安装机组或大修算起，停机时间第一年内如超过 24h，第二年内如超过 72h，启动前必须顶一次转子，顶起高度 $4\sim6mm$，顶起保持时间 $2\sim3min$。

（3）记录冷态时各轴承温度。

（4）如有下列情况之一者禁止机组启动：

1）上游进水闸门、尾水闸门及主阀未全开；

2）水轮机或发电机的主要保护失灵；

3）轴承油位或油质不符合要求；

4）冷却水不能正常供应；

5）油压装置或调速器失灵；

6) 空压机故障或制动系统失灵。

（5）机组检修或安装后必须将工作票全部收回，确认无人在有关设备（尤其是高压设备）上工作，并按上述全面检查，符合开机条件才能开机。

第三节　水轮发电机组正常运行的操作与维护和监视

一、机组开机前应具备的条件

（1）调速器开度限制指示的红针指在零位，导叶全关。油压装置的油位—油压正常。调速器总油阀开启，调速器锁锭在解除位置。

（2）油、水、气系统工作正常。

（3）蝴蝶阀在全开位置。开启蝴蝶阀时应注意：①开蝴蝶阀前必须先开旁通阀向蜗壳充水，同时打开排气阀排气，当蜗壳内的水充满后关闭排气阀；②在静水状态下，手、电动操作开启蝴蝶阀，开启蝴蝶阀时，必须有人在蝶阀旁监视，密切注意蝴蝶阀动作情况，谨防行程开关拒动作；③蝴蝶阀开启后，关闭旁通阀。

（4）调速器的紧急停机电磁阀在落下位置。

（5）制动气压保持在 0.5～0.7MPa，制动风闸在落下位置。

（6）油开关在跳闸位置。

（7）灭磁开关在跳开位置。

（8）开机指示灯亮。

二、机组正常开机

根据水轮发电机组自动化程度不同，机组开机分为手动、半自动和自动三种。机组正常检查完毕后，如符合各项要求，即可开机操作。具体操作步骤须根据水轮发电机组型式以及各电站制订的操作规程进行。操作一般过程如下：

（1）电气值班长通知机械值班长准备开机（采用机械手动、液压手动或液压自动）。

（2）将调速器切换到相关位置，投入机械飞摆电源。

（3）检查制动风闸的复归情况。

（4）打开油压装置的总油阀。

（5）适量打开机组轴承冷却水，检查示流器、过滤器和压力表的指示等情况。

（6）操作调速器上的开限手轮或在中控室操作开度限制机构的电动机，导叶打开，水流进入水轮机，机组转速逐渐上升，并监视机组各部情况。

（7）当机组接近空载开度时，操作开度限制手轮或转速调整手轮（或电机），将机组转速稳定在额定值，视察电网电压与频率大小，然后合上同期开关。

（8）发电机升压后，合上励磁开关，调节励磁电位器，使机组电压与电网电压接近，偏差不超过±5%。

（9）并入系统后，液压自动运行操作转速调整手轮（或电机）慢慢增加负荷，液压手动运行操作开限机构带上规定分配的负荷；同时注意观察功率因素表，调节励磁电流，使机组带上相应的无功负荷。

（10）当油温低于 10℃ 时，应停止供应冷却水；当轴承温度偏高时，适量增加冷却水。

（11）全面检查机组各部和电气设备运行情况。

机组启动后，即使没有建立电压，也应认为发电机和有关电气设备都已带电，应禁止任何人在电气回路上工作，以免发生人身或设备事故。

在开机过程中，当机组转速达到额定转速的85％以上时，即可投入灭磁开关，建立电压，调节励磁电位器可调节机组电压；使用调速器调节机组频率，使其与电网的电压和频率一致。

在机组并网前应进行相关检查。①检查发电机定子三相电流表均应无指示，若有指示，必须迅速除去励磁或关闭导叶，查找原因并进行处理；②检查发电机定子三相电压应相平衡，若不平衡，说明定子绕组可能有接地或断路故障，应迅速将发电机电压减为零，跳开灭磁开关，并进行处理；③记录发电机转子的电压、电流。当发电机定子电压达到额定值时，转子电流和电压也应达到空载值。

机组并列操作应符合一定要求才能进行进行，即发电机的电压和频率与电网同步。发电机的并列操作非常中，一定程度关系到整个水电站与电网的安危。若发生非同期并列，将会产生强烈的电流冲击和振动，导致发电机绕组的端部和铁芯损坏，机组基础松动，严重时会造成发电机和水轮机之间的传动皮带或联轴器断裂，甚至造成电网崩溃。因此，监护人员和操作人员要高度集中，准确无误地将发电机安全并入电网。

发电机同期并列的方式有自同期和准同期。农村小型水电站的机组常采用准同期并列方式。

发电机并入电网后，就可以按照规定增加负荷，包括有功负荷和无功负荷。对于水轮发电机组，定子电流的增加速度不作限制，所以开机后即可带上负荷。正常运行时，发电机定子电流不能超过其额定值。

发电机有功负荷的调整是通过调节调速器的转速调整机构（自动）或开度限制机构（手动）来实现的。当机组并入电网后或运行中增减有功负荷时，发电机的定子电流也随着增减，功率因素也相应变化。因此操作人员在调整有功负荷的同时也应调整励磁电流，实现发电机无功负荷的调整。一般应保证发电机无功负荷和有功负荷的比值在0.75∶1左右。当几台发电机并列运行时，调整某一台发电机的无功负荷，有可能引起其他机组无功负荷的改变，这时应及时调整各机组的无功负荷，在合理工况下运行。

三、机组运行监视和维护的内容

（1）每隔1~2h，对机组有关运行参数认真记录一次，包括轴承温度、发电机的输出功率、发电机的电流、发电机的电压、发电机的功率因素、冷却器进口水压等。

（2）认真检查调速器运行中的工作情况，如开度指示是否正确、离心飞摆有无晃动和异常声响、油泵运行是否正常等。

（3）水轮机运行中监视：①机组运转正常，无异常声音，无异常振动情况；②导叶、剪断销、导叶臂正常；③导叶轴套无严重漏水；④真空破坏阀工作正常；⑤各压力表和真空表指示正常。

（4）检查轴承的运行情况：各轴承油位、油色正常，油质良好；管道系统无渗漏；轴承内无异常声响和严重甩油情况；冷却水畅通无阻；各轴承温度指示正常，无异常升高；

温度计黑针不超过黄针（黑针表示运行温度，黄针表示故障温度，红针表示事故温度）。

（5）发电机各部检查和监视。①发电机、励磁机运转正常，无异常振动；②发电机、励磁机无异常气味；③风洞内外无杂物，清洁畅通；④励磁机整流子的炭刷和集电环无剧烈火花和卡阻现象，炭刷支架无过大振动。

（6）机组故障和事故处理。机组运行中，出现下列任何一种情况应立即停机处理：①机组运转声音异常，并经处理无效；②轴承温度超过70℃；③发电机或励磁机冒烟或有焦臭味；④机组异常振动；⑤电气设备或线路发生事故；⑥失去厂用电并经处理无效。

四、机组正常停机

与机组开机情况相类似，机组正常停机的操作过程根据各个电站的具体情况有所差异。一般操作如下：

（1）电站电气值班人员接到上级调度部门的停机命令后，通知机械值班长准备停机。

（2）将厂用电切换至备用电源。

（3）调速器自动运行的用转速调整机构卸去机组全部有功负荷，手动运行的用开度限制机构卸全部负荷，导叶关至空载开度，机组在空载状态运行。

（4）操作励磁调节旋扭，卸去全部无功负荷（如不卸去无功负荷，可能使机组过电压，以致损坏发电机断路器触头）。

（5）断开发电机的断路器（油开关），与系统解列。

（6）操作开度限制机构将导叶关闭到零。

（7）机组转速逐渐下降，当转速下降至35％的额定转速时，自动或手动投入制动风闸，对机组进行制动刹车，使其转速很快降为零。

（8）关闭油压装置的总油阀（对短时停机或调速器漏油不严重的，可不关闭，以便下次迅速开机）。

（9）投入接力器锁锭。

（10）关闭机组冷却水。

（11）拉开母线隔离开关。

（12）检查制动风闸是否落下，制动系统是否恢复开机状态。

（13）全面检查机组情况。

机组需要长时间停机时，静水状态关闭主阀和水轮机检修阀门，冰冻季节要放尽蜗壳和管道内的积水。

五、机组事故停机

水轮发电机组在运行中，若系统发生重大设备事故或危及人身安全时，应作紧急停机处理。一般需要紧急停机时，发电机断路器（油开关）立即跳闸，使发电机与电力系统解列，迅速切除励磁开关灭磁。发电机与电力系统解列后，发电机输出功率为零，机组飞逸，转速迅速上升，事故继电器动作，调速器中的接力器通过紧急停机电磁阀排油，导叶按照预定的规律快速关闭至空载开度。对于调速器手动运行的机组，在飞逸后，快速关闭导叶切断水流，一般在2min以内将机组转速减至空载额定转速，不会导致机组产生破坏。随后全面检查机组各部的情况，查找机组甩负荷的原因；如若无法判别，需将机组停机，并进行处理。其后面的操作过程，与正常停机相同。

六、机组停机后的检查

为了使电站长期安全运行，停机后的检查是必不可少的，以便机组能顺利进行下一次启动。一般检查的项目有：

(1) 进水口和压力钢管有何变化。

(2) 水轮机各部及管路有无不正常漏水。

(3) 填料密封和轴承壳是否有异常发热。

(4) 导水机构、阀门电动机各行程开关是否完好。

(5) 发电机绕组、滑环与炭刷、发电机引出线端是否过热，接触是否良好。

(6) 励磁装置的各接线头及硅整流二极管、晶体管是否过热。

(7) 电气一次回路上的设备（母线触头、开关触头、电缆接头）是否过热和变色。

(8) 变压器的油位和油色是否正常，有无过热及漏油现象。

在针对上述介绍的各项内容中，由于现代技术的发展，各个电站的情况差异很大。如容量稍大的机组，有的取消励磁机，而采用可控硅励磁系统，可减少设备投资，提高机组效率；有的机组轴承温度计，改掉了传统的扇形温度计，而采用数字式温度计，读数准确，无黄针、红针等标志。自动化程度较高的电站，一般机械和电气值班人员无具体分工，均在中控室进行机组各项操作，如调速器的开度限制机构、转速调整机构的操作等。若电站实行了微机监控，则各项操作基本上在计算机终端上完成。所以，以前所述的均为机械液压型调速器的操作原理，在学习时参考和结合本电站的具体情况进行掌握。但是，不管电站自动化程度如何先进，水电站运行中的各项操作和作用都无很大的变化，只是改变了操作和控制的手段。

第四节　调速器的运行与维护

一、调速器的运行方式和切换

1. 调速器的运行方式

调速器的运行方式有手液压动、液压自动等。为了满足电站发电和电站具体条件的需要，可以自行确定运行方式。在调速器自动运行时，可以将导叶限制在某一开度以内运行，称为限开度运行。在调速器的开度指示上，黑针（指示实际开度）在 $0 \sim a_{0x}$（a_{0x} 为限制开度，红针指示）内运行。

在手动状态运行时，离心飞摆不起作用，接力器的动作受开限机构操作，黑针与红针一致重合。在自动状态运行时，接力器的动作受离心飞摆控制。

2. 调速器运行方式的切换

手动调节与自动调节的相互切换：

(1) 由自动调节状态切换为手动调节状态的操作。先操作开度限制手轮，使红针与黑针重合，然后把切换阀由自动位置切换至手动位置，调节系统即变为用油压手动操作状态。此时，离心飞摆不起作用，接力器的动作手开度限制机构控制。

(2) 由手动调节状态切换为自动调节状态的操作。先投入飞摆电源，再把切换阀由手动位置切换至自动位置，然后将开度限制机构的红针开到所要限制的位置，调节系统即变为用油压自动操作状态。此时，接力器的动作受离心飞摆控制。

二、调速器运行检查

（1）调速器运行稳定，指针指示正常，无异常摆动和卡阻现象。如发现自动调速失灵或不稳定，应立即改为液压手动操作或立即停机，并作检查处理。

（2）离心飞摆无晃动，飞摆电机无异常响声，温度正常。

（3）配压阀和接力器无异常抖动现象。

（4）调速器控制柜内各杠杆、销钉无松动、脱落现象，并定期在铰接处加润滑油。

（5）调速器各油管、接头处应无渗漏现象。

（6）定期清扫控制柜内的滤油器，经常注意调速器的油压、油面和油质情况。

（7）压力油箱应保持正常的油气比（YT 型调速器的油面在红线＋40mm 与－20mm 之间）。

（8）油泵运行正常，声音和振动无异常情况，自动打油回路接点良好，压力表、压力信号器指示、动作正常。

（9）调速器的调节系统各参数的整定值无异常变化，如有变化，应及时汇报和处理。

（10）安全阀和逆止阀无剧烈振动。

三、调速器常见故障的分析

调速器在调整试验过程中和投入运行之后，可能遇到各种类型的故障或不正常的运行情况，发生这些问题的原因可能来自被控制系统、调速器本身的制造装配不良和元件出现缺陷或调整不当等。当发生不正常情况后，应通过观察，准确判别故障的类型和原因，再根据依据故障现象去寻找存在问题的部件，才能采取相应的处理措施。

1. 被控制系统引起的调节故障

（1）水轮机引水系统。当机组没有进行调节，而压力钢管、调压井、下游水位或尾水管压力波动时，可能造成机组转速和接力器的不稳定（摆动）。判别方法是将调速器切换至手动状态，如果机组仍不稳定则可能是此类原因造成的。

当压力钢管中的压力变化接近于调速器的自振频率时，发生共振现象，摆动幅度越来越大。判别方法是用示波器录取压力水管中的水压变化、机组转速的变化和接力器的摆动，如三者周期相同，则可能是共振。处理的办法是改变缓冲器时间常数（也可改变其他参数）来改变调速器的自振频率，避免共振。

（2）水轮机方面。水轮机气蚀现象严重时，可能造成接力器的摆动。

（3）发电机方面。在单机带负荷运行时，如果由于励磁装置发生故障而产生励磁电流波动时，也会引起机组的摆动。这是由于电压波动而引起负荷波动的原因。

（4）永磁机方面。由于永磁机轴和发电机轴同心度不好，或皮带传动的带轮摆动过大，以及永磁机本身装配不良时，永磁机的输出频率和电压发生波动，会引起离心摆转速周期波动，由此导致调速器以及整个机组的波动。处理办法是重新校正或更换永磁机。

（5）电力系统方面。当机组作空载或单机运行时能够稳定，当并入系统后发生波动，大多数是由于电力系统频率不稳定的原因造成的。处理办法是进一步将永态转差系数调大，如不能解决问题，则只好由电力系统调度部门去处理。

2. 调速器本身引起的不稳定

(1) 机组转速与接力器周期摆动的原因。①软反馈装置的暂态转差系数 b_t 值太小、缓冲器时间常数太小或缓冲器油面太低有空气进入；②个部件杠杆存在较大的死行程；③永态反馈系数太小；④离心摆放大系数太大；⑤接力器存在装置漏油、配压阀引来的油管漏油、接力器内有空气未排除；⑥离心摆旋转有抖动现象。

(2) 接力器非周期地摆动或急剧移动的原因。主要是调速器中的杠杆系统、缓冲器、接力器有卡阻现象，或杠杆系统有较大的死行程间隙，以及油管和接力器中存在空气而造成的。

3. 调速器控制作用不正常

(1) 有控制作用但工作不正常。①机组间自行分配负荷：并列运行的小电网机组之间自行分配负荷的故障，一般是水轮机气蚀严重，或调速器的灵敏度太大的缘故。处理办法是测试比较各有关参数值并加以适当的调整。②机组增减负荷缓慢：其原因是缓冲时间常数或暂态转差系数 b_t 值太大，或开机限制时间过长。处理办法是对这些方面进行检查、调整。

(2) 机组在运行中调速器失去控制作用。故障原因可能有以下几个方面：①调速器工作传递信号中断，如永磁机发生故障、电气接线短线、油压下降、滤油器堵塞或配压阀卡死等；②反馈信号传递中断，如杠杆脱落或缓冲器卡死；③其他事故信号产生的事故停机。

第五节　机组机械部分的异常运行与事故处理

水轮机运行中难免会发生各种各样的异常情况，同一种现象可能有不同的原因产生。因此，在分析出现的异常现象时，要全面分析，准确判断，掌握机组的特性，做到有的放矢，迅速有效地处理和排除故障，减少运行损失。

一、水轮发电机组的振动

机组振动是极其有害的，严重威胁机组安全运行，影响供电质量；破坏机组的机件；轴承温度升高，严重时烧坏轴瓦；产生强烈噪音等。

在第五章已经从理论上对振动产生的根源和影响因素进行了分析和概括。在实际应用中，结合本机组长期运行的特性，不断总结经验，避免机组、基础和有关部件的共振，减少振动危害。一般采取的主要措施有：

(1) 为了减少转动部件质量不平衡的机械振动，常需要对转动部件进行静平衡或动平衡试验，来消除质量偏心问题。

(2) 测量转轮止漏环间隙，减少水力不平衡的影响。

(3) 进行发电机转子测圆，检查发电机转子因机组过速或长期运行是否发生圆度变化，而产生发电机空气间隙分布不均匀而引起电磁拉力不平衡。

(4) 利用测振仪测量相关部位（如主轴、机架、基础等）频率的变化，查明属于某部分振动，分析频率波形，避免共振现象。

(5) 对于机组振动异常，且出力下降，则属于气蚀现象引起尾水管中水流压力脉动而诱发水轮机的振动，可通过尾水管十字架补气，减少水流压力脉动。不过要注意补气量的大小和补气位置的选择适当。

（6）阻水栅或导水栅防振：在尾水管内加设阻水栅，使之分割涡带的旋转频率，破坏共振或加设导水栅控制偏心涡带防振。

（7）加支撑筋或削薄叶片出水边厚度以改变涡列频率消振；在转轮叶片间加设支撑筋，对解决涡列引起的叶片自激振动有一定效果。

（8）避开振动区域运行，当掌握水轮机振动区域后，在没有解决振动问题以前，应尽量避开此区域运行。

二、水轮机主要零部件常发生的机械摩擦磨损

由于安装不良或检修周期过长，水轮机主要零部件常发生的机械摩擦磨损如下：

（1）水润滑橡胶导轴承的轴瓦与轴颈之间出现干摩擦，即使时间短，也会使橡胶瓦的耐磨性急剧降低，加速轴瓦与轴颈的磨损，瓦面磨损表现出横向沟纹，在轴颈上则发生"偏磨"。

由于水导轴承位置接近转轮，其冷却水一般直接排向尾水管，运行人员不易察觉。所以采用橡胶瓦导轴承的机组应加强冷却水的自动监控。

（2）水轮机主轴的磨损主要发生在安装有盘根密封的位置，盘根密封若遇到水中含有坚硬颗粒，当盘根压盖拧得过紧或盘根质量较低，则可能导致主轴的磨损加剧。

主轴采用滚动轴承时，由于检修不及时等原因，使滚动轴承内圈开裂，轴颈与轴承内圈发生机械摩擦，致使主轴磨损。

检修主轴的磨损主要是分析其磨损程度，轻度磨损（小于 0.20mm）可以采用喷涂方法处理，严重磨损采用电焊补修再车磨加工进行处理。但必须保证主轴不变形。

（3）导水机构的零部件磨损与破坏。

1）导叶下部轴颈磨损。导叶转动时，下部轴颈常因坚硬颗粒进入或检修周期较长形成磨损。

2）导叶立面破坏。因导叶关闭后存在立面间隙，产生汽蚀破坏，使立面间隙增大，损坏导叶表面线形。轻度破坏可直接电焊补修再磨消加工进行处理，严重损坏需送制造厂处理。

3）剪断销断裂。因导叶变形或被卡死，在接力器操作力作用下，为保护水轮机其他零部件不破坏，剪断销被剪断，剪断销信号器发出信号。在运行中，可将调速器切换为手动运行方式进行直接更换，若无法实现，需要停机后进行更换处理。

三、导轴承的异常运行

1. 轴承温度异常升高

机组正常运行时，主轴与轴瓦之间的磨损所产生的温度取决于主轴的振摆、润滑油的质量、冷却水的冷却效果等因素，维持在某一定的温度状态。当相关的因素发生异常，都会引起轴瓦温度的异常升高。影响轴承温度异常升高的常见原因有：主轴摆度突然增大、冷却水供应异常（水量减少或中断）、润滑油油量不足、轴瓦间隙过大或过小等。

机组轴承温度异常升高后，其处理措施为：检查轴承油面、油色是否正常，检查轴承内部是否有异常响声，检查机组摆度有无异常，加强轴承温度监视，若无法消除，经值班

长同意后作停机处理。

2. 机组轴承达到事故温度

当机组轴承达到事故温度时，轴承事故信号器亮，喇叭响，轴承温度计的黑针与红针重合（扇形温度计），调速器中紧急停机电磁阀动作，接力器向关闭方向动作，导叶关闭，机组转速下降。

其处理的措施为：密切注意机组停机情况，检查轴承冷却水有无中断，若中断应迅速接通，检查轴承油面、油色情况，停机后由检修人员全面检查处理。

四、调速器异常运行

1. 调速器油压故障

油压装置的工作油压经整定电接点压力开关而在允许范围工作，油压装置向调速器不断供给压力油，当油压下降至规定的下限值时，工作油泵自动启动打油；当油压上升至规定的上限时，油泵自动停止打油。若工作油泵打油后油压仍然下降，备用油泵启动，当油压下降至故障油压值时，油压故障信号器亮，电铃响。

运行中的处理措施：操作开度限制手轮使开度指示的黑针与红针重合，切断飞摆电源，将调速器切换至液压手动操作，密切注意机组运行情况；检查油泵自动打油回路，如失灵则手动启动油泵，油压上升到工作油压上限时，再进行处理；检查油压装置是否有漏气现象。如以上处理无效，而油压继续下降，经值班长同意后作停机处理。

2. 调速器油压事故

当油压装置的油压降至故障油压以后仍继续下降，降到规定的操作接力器最低油压（即事故油压）时，油压故障信号器亮，喇叭响，调速器中紧急停机电磁阀动作。

运行中的处理措施：立即向值班长汇报情况，密切注意机组停机情况；检查油泵自动打油回路、电接点压力开关、电源及油泵工作情况是否正常；全面检查油压装置和调速器是否严重漏气、漏油现象；当油压过低而不能自动停机时，又不能迅速恢复油压，应迅速用调速器机械手动停机或迅速关闭蝴蝶阀。

3. 手动、电动两用调速器的故障

有的机组配用手电两用调速器，常发生调速器全开、全关微型开关失灵损坏，值班人员未发觉，机组并网后或停机时一直按电动机开机或停机按钮，致使调速器丝杆顶歪、铜螺母破碎、壳体破裂，造成机组不能停机或开机。

运行及检修人员应经常检查限位开关的位置和触点情况，并在微型开关的碰头上设置防过位装置。

五、机组飞逸

当系统发生故障致使发电机突然甩掉全部负荷，此时调速器又有故障或由于其他原因使水轮机导叶不能及时关闭，机组转速迅速升高，发出高速运转声响，即出现飞逸现象。飞逸转速最大值一般由水轮机制造厂提供，其值约为额定转速的1.5～2.7倍。

机组飞逸时，产生强大的离心力，可能对机组的转动部分和静止部分导致严重的破坏，因此，电站要加强对设备的维护保养，正确操作使用，避免机组发生飞车事故。

机组出现飞逸事故的处理方法：先检查导叶是否关闭，若未关闭，应迅速操作调速器关闭导叶；立即关闭进水主阀，切断水流；当机组转速下降至额定转速的35%时，操作制动装置刹车停机。

复习思考题

11-1　低压水轮发电机组的运行参数有哪些？其许可范围要求如何？

11-2　投入运行前应进行检查机组各部的哪些情况？

11-3　机组启动前应进行哪些准备工作？在哪些情况下禁止机组启动？

11-4　机组开机前应具备哪些条件？

11-5　机组正常开机的操作过程是怎样的？

11-6　机组正常运行时监视和维护的内容有哪些？

11-7　如何进行机组的正常停机操作？

11-8　机组停机后应进行哪些常规检查？

11-9　运行时应进行调速器的哪些常规检查？

11-10　如何分析被控制系统的因素对调节系统的影响？

11-11　由于调速器本身的因素引起不稳定的原因有哪些？

11-12　防止水轮发电机组振动采取的一般措施有哪些？

11-13　引起水轮机主要零部件发生的机械磨损的因素有哪些？

11-14　导轴承温度异常升高的原因有哪些？如何进行处理？

11-15　调速器发生油压故障、油压事故的原因是什么？有哪些处理措施？

11-16　机组飞逸现象有何危害？有哪些防止措施？

第十二章　水轮发电机组电气部分的
运行与维护

教学要求　本章要求掌握如下内容：机组的正常运行与操作；机组电气部分的异常运行与事故处理；水轮发电机组的事故停机以及机组设备消防。要求初级工初步掌握；中级工基本掌握；高级工必须掌握。

第一节　水轮发电机的正常运行与操作

一、机组启动并列前的操作

为保证水轮发电机启动后能长时间的安全运行，启动前应对有关的设备进行全面的检查和试验，确认处于良好状态后方可启动。检查的内容包括有：输水建筑物的检查；水轮发电机的检查；和水电站电气设备的检查。输水建筑物的检查和水轮发电机的检查已在第十一章讲过，这里重点介绍水电站电气设备的检查。

小型水电站电气设备检查的内容为：

（1）电机、变压器、配电装置、厂房内外、管道和周围的清洁情况，清除影响安全运行的障碍物，常设遮拦应齐全。

（2）沿电流输送顺序对主接线回路中的各连接螺栓应坚固，个载流导体相间几对地的绝缘距离应符合要求，无遗留物件。

（3）发电机主开关、母线隔离开关及灭磁开关应在断开位置，并接励磁调节电阻应在最大位置，串接磁场变阻器的电阻应处于最小位置。

（4）二次回路各操作电源开关投入，各二次回路熔断器（包括电压互感器回路）已接入，继电保护已投入，各指示灯指示位置应正确，各表记的指示应与实际要求相符，机组各测温装置均完好，所有掉牌都已复归。

（5）操作电源正常。

上述检查项目结束后，如机组停机时间较长，还应对包括发电机在内的一次设备作绝缘电阻测量。发电机定子回路绝缘电阻常用 $500\sim1000V$ 的兆欧表测量，所测绝缘电阻与前次测量数值相比较，判断绝缘电阻是否合格。励磁回路的绝缘电阻用 $250\sim500V$ 兆欧表测量，测量时应防止励磁回路的整流元件过压击穿。

二、机组并列的条件

水轮发电机（同步发电机）与系统或其他同步发电机并列合闸需要满足一定的条件，否则会因待并发电机的电压，频率、相序以及初相角不符，将会造成待并发电机的严重损坏和造成对系统的影响。这些条件是：

（1）电压相等。待并发电机的电压和并列系统（其他发电机）的电压相等，否则将在发电机内部和系统间产生冲击环流，这个冲击环流可达到正常额定电流的 $4\sim6$ 倍，对发电机是非常不利。

（2）频率相同。待并发电机与系统的频率相同，否则会出现一个大小和相位不断随时间变化的拍振电压，使发电机不能正常工作。

（3）相位相等。待并发电机和系统的相位角应相等，否则也会形成电压差，而形成环流，对发电机很不利。

（4）相序相同。待并发电机和系统的相序应相同，否则会相当于短路情况产生，将发电机烧坏。

由上可知：发电机的并列运行的理想条件是电压相同、频率相同、相位相同和相序相同。

三、机组的并列方式

并网投入所进行的操作叫同期，实际的同期方法（并列运行的方法）有两种，分别为：准同期法和自同期法。

（1）准同期并列。完全满足并列运行的条件的并列方式，称为准同期并列，包括手动准同期、半自动准同期和全自动准同期三种形式。

（2）自同期并列。为了将发电机迅速的投入电网，在发电机不给励磁的情况下，在发电机的转速接近额定转速时，将发电机和系统并列，并立即加上励磁，发电机转子依靠定子和转子的自整步作用把转子自动拖入同步。

四、机组启动和并列的操作过程

根据水轮发电机自动化程度的不同，分为手动、半自动和自动三种不同的启动形式。在按常规检查正常后，即可进行启动操作。具体操作步骤须根据水轮发电机形式及各电站制定的操作规程进行。现以冲击式水轮机为例进行说明。

（1）打开进水阀门旁通阀，观察进水压力表使上升到额定值。

（2）打开阀门至全开位置。

（3）拉起折向器，使之离开折向位置。

（4）打开轴承冷却水，观察冷却水示流装置正常后松开刹车。

（5）打开喷针调速手轮（或在控制室用电动开启）启动机组，调节手轮至机组达到额定转速。

（6）合上同期开关，观察电网电压与频率的大小，同时合上母线刀开关。

（7）发电机建立电压后，合上励磁开关，调节励磁电位器，使机组电压与电网电压接近，允许偏差不超过 $\pm5\%$。

（8）慢慢调节喷针开度，使机组频率和电网频率相等，允许偏差不超过 $\pm1\%$。

（9）根据电站的准同期方式，使机组与电网的电压相位差小于 $10°$ 时，合上自动空气开关。

（10）并网成功后打开喷针开度，使机组带上有功负载；调节励磁电流，使机组带上无功负载；调节过程中并注意观察功率因数表，使有功功率和无功功率达到一定的要求（电站或中调的要求）。

（11）开机、并网、带负荷操作结束后，应及时检查水轮机发电机组及电气设备的运行情况。

图12-1为水轮发电机组的正常启动操作程序框图。

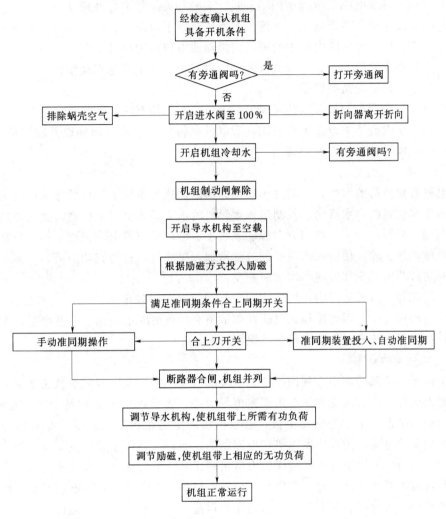

图12-1 机组正常开机操作程序框图

机组启动后，即使没有建立电压，也应认为发电机和有关电气设备都已带电，此时应禁止任何人在这些场合作业，以免发生人身或设备安全事故。

当机组转速接近额定转速时，值班人员应对水轮机、发电机进行一次检查，仔细倾听发电机、水轮机运转声音是否正常，有无摩擦和振动。仔细查看水轮机、发电机的运转是否正常，检查轴承油温、轴承振动、整流子和滑环上的电刷是否正常，若一切正常，即可建压。

建压过程为：当发电机转速达到额定转速的85%时，投入灭磁开关，机组建立电压。若机组励磁方式为电抗分流自励式，转速上升到额定值的85%，电压会自动建立。

机组并列前的检查：

（1）发电机三相定子电流表应无指示，若有指示，应迅速除去励磁，或关闭导水机构，查找原因，并进行处理。

（2）发电机的三相电压应平衡。若三相电压不平衡，说明定子绕组可能有接地或断线等故障，应迅速将发电机电压减小到零，断开灭磁开关，并进行处理。

（3）记录发电机的转子电压、电流。当发电机定子电压达到额定值时，转子电流和电压也应达到空载值，而励磁电流中的磁场变阻器或电位器的指针应在预定的空载位置上。

（4）采用静止励磁的机组，应检查强行励磁回炉，防止发生误动作。

五、机组并列后的负荷调整

发电机并入电网后，就可以按照规定带上负荷，包括有功负荷和无功负荷。对于水轮发电机组，定子电流增加速度不作限制，所以发电机定子电流的增加以其额定值为限额，正常运行时，发电机不允许过负荷。

1. 功负荷的调整

发电机有功负荷的调整，是通过操作调速器的调速开关使水轮机的导水机构动作或直接手动操作水轮机的导水机构，控制进入水轮机的水流量来实现的。当需要增加发电机的有功负荷时，将调速开关向增加方向扳动或将手、电动调速器电动机按增加方向旋转；也可手动操作调速手轮，使进入水轮机的流量增加，提高发电机的有功负荷。当需要减少发电机的有功负荷时，操作方向与增加时相反。

当机组在并列后或运行中，增加或减少有功负荷时，发电机的定子电流也随着增减，功率因数也相应变化。因此操作人员应在调节整有功负荷时也应调整励磁电流，避免机组进相运行和定子电流超过额定电流的情况下运行。

2. 无功负荷的调整

发电机无功负荷的调整，利用改变励磁电流的大小来实现。若发电机的励磁电流由同轴直流励磁机供给，可改变磁场变阻器阻值的大小；若发电机的励磁是半导体励磁装置，可改变励磁调节器，来改变励磁电流；若发电机的励磁是相复励，则可调节相复励调节器，来改变励磁电流。为保持发电机和电网的稳定运行，在调整无功负荷时，应注意不使发电机进相运行。一般情况下，应保持发电机的无功负荷与有功负荷的比值为 0.75：1 左右。当几台发电机并列运行时，调整某一台发电机的无功负荷，有可能引起其他机组的无功负荷的改变，这时应及时调整各机组的无功负荷，在合理的工况下运行。

3. 发电机电压、负荷、功率因数超限时的调整

当发电机电压、负荷、功率因数的数值超过现场规程规定值时，应设法进行调整。但在调整一个参数时，应防止其他参数超过允许值。如发电机的电压过低，可以增加励磁电流来升高电压，但同时无功负荷和定子电流也会增加，这时应注意不可使发电机的定子电流和转子电流超过规定值。

总之，在发电机的负荷调整中应注意有功、无功、功率因数、电压等几方面相互关联，调整时，同时调整其他量的值，使发电机在最佳工况下运行。

六、机组的解列与停机

当电站运行人值班员在接到上级值班调度员的停机命令，或由于电站水源供水不足，需要停机时即可停机。一般方法是：先解列，再停机。过程如下：解列前，先将厂用电切

换到备用电源上，然后调节调速器，减小水轮机的导叶开度，使发电机的有功负荷逐渐降到零；再操作励磁调节器，减小励磁，卸去发电机的无功负荷。发电机处于空转状态，不会向外输出功率，此时可断开发电机断路器，将发电机与系统解列。

若未将有功负荷降到零就解列，可能会导致机组超速飞车；若未将无功负荷降到零就解列，会导致发电机过电压或出现带负荷断开断路器，以至烧坏发电机断路器触头。

断开断路器后，继续调节磁场变阻器的大小，使电阻达到最大值，此时定子电压减到最小，再调节调速器使导叶开度至全关，当机组转速下降到额定转速的 30% 左右时，投入机组制动器，使机组停机，关闭冷却水并拉开母线隔离刀闸。此时完成机组的解列和停机操作。

若停机时间较长时（过较长时间才能开机）应静水关闭水轮机主阀门，冰冻季节要放尽蜗壳和管道的积水，防止管道冻裂。

七、机组调相运行操作

所谓调相就是让发电机只发无功不发有功的运行方式。

在电力网中，由于感性负荷的存在，电力网中往往会缺少无功，使电力网的功率因数偏低，为了使电力网中的无功得到补偿，大多采用并联电容的办法，但也可以利用水轮发电机组作调相运行，来弥补电力网的无功不足。

水轮发电机作调相运行，其操作过程十分简易。首先调节水轮机调速器，打开水轮机导水叶，使机组转速逐渐达到额定值并使发电机建压（同水轮发电机启动）当满足并列运行条件后将水轮发电机，并入电网运行，然后利用调速器将水轮机导水叶逐渐关小直到全关，停止向水轮机供水。根据电网的无功缺额调整发电机转子励磁电流的大小，使机组处于"过激"或"欠激"状态下运行，机组输出无功，以弥补电网无功的不足。

第二节　机组电气部分的异常运行与事故处理

一、发电机的异常运行和事故处理

发电机在运行中可能会发生各种各样的异常现象。当发电机发生异常现象时，用于发电机监视，测量以及保护的设备会对发电机的异常现象有所反映，运行人员根据所示的现象，仔细思考，认真分析，沉着、迅速、正确的排除故障，不使故障扩大而产生严重的后果。

（一）发电机事故过负荷

小型发电机在并入大网运行时一般不会出现过负荷现象，只是在网络某点短路、机组运行于独立小电网或机组与用户同线路而该线路被电网所甩所出现的过负荷现象。

水轮发电机组在正常运行时不允许过负荷，运行规程规定，事故情况下允许发电机可以在规定的时间内过负荷运行，因发电机对温升和绝缘材料的耐温能力有一定的裕度，故短时间过负荷对绝缘材料寿命的影响不大。

当发电机定子电流超过允许值时，电气值班员应首先检查发电机的功率和电压，并注意定子电流超过允许值所经历的时间，然后用减少励磁的方法，降低定子电流的最大允许值。但不得使功率因数高于最大允许值，或电压不得过低。若用减少励磁电流的方法不能达到降低定子电流的目的，则只有采用降低发电机的有功负荷或切除一部分有功负荷，使定子电流降到允许值。

（二）发电机的振荡和失步

当系统中发生短路或电网中有大容量的设备投、切时，系统的静态或动态稳定被破坏，从而使发电机主力矩和阻力力矩失去相对稳定。发电机在主力矩和阻力力矩的作用下，使定子磁场和转子转速发生相对变化。这种变化可能引起定子电流和功率的振荡，从而使定子电流的有效值以及发电机的铜损增大。振荡严重时，转子可能失去同步，使发电机不能保持正常运行。

1. 发电机的失步

（1）发电机失步的特征。当发电机发生剧烈振荡或失去同步时，从仪表上看有如下特征：

1）定子电流表指针来回剧烈摆动，电流表最大值有可能超过正常电流值。

2）发电机和母线上各电压表剧烈摆动，且一般会出现电压降低这种现象。

3）有功功率表在正常值附近摆动。

4）转子电流表指针在正常值附近摆动。

5）发电机频率和发电机转速时高时低，发电机伴随着发出有节奏的轰鸣声。

6）发电机的强行励磁装置在发电机出口电压降低到额定电压的 85% 时，间歇动作。

（2）失步的判别方法。当发电机失步时，可从以下几方面来判别是哪台发电机失步：

1）从事故地点和操作地点来判别。由本站发生事故引起的失步，可从本站引起失步的操作原因和操作地点或故障地点来判别是哪台机组失步。

2）从发电机监测的表计判别。往往失步发电机组的表计摆动的幅度比其他机组的表计摆动要大。

3）从发电机有功功率表的指示来判别。失步发电机有功功率表指针的摆动是大幅度的，且指针有时满幅、有时为零或为负；而未失步的发电机则始终在正的一侧左右摆动，摆动幅度较小，且摆动方向与失步发电机有功功率表相反。

（3）失步的补救措施。当发电机发生失步现象时，值班人员不要慌张，应采取下列措施给予补救：

1）设法增加发电机的励磁电流，以增加发电机的同步电磁转矩，使发电机在达到平衡点附近被拉入同步。

2）当已判别是某台发电机发生失步时，可适当减轻该发电机有功功率输出，让发电机在新的平衡点恢复同步。

3）按上述两方法处理，经历 2~3min 后，仍不能恢复同步时，则可将失去同步的发电机进行解列，脱离系统。

2. 发电机的振荡

农村小型水电站在远离负荷中心区运行，有时会在某时段或某个负荷时出现振荡，这种电站如有两台以上机组运行时，可以将励磁回路并联运行，这样能有效地防止机组产生振荡。但要注意，两台机组励磁并联运行时，两台并列的发电机组的转子电流应基本平衡，相差不宜悬殊。

（三）发电机三相定子电流不平衡

值班人员在监视运行表计时，若发现发电机三相定子电流不平衡，并且超过额定值时，应立即调整负荷，检查是否定子电流表出现故障，或测量回路出现故障，若非此原因，应在 2min 内降低负荷，使定子电流的不平衡度控制在 10% 之内，并且最大一相定子电流不得超过发电机的额定电流。

发电机处于定子电流不平衡情况下运行时，值班人员应寻找或判明故障原因，例如是否由于发电机及其回路中一向断线；是否由于断路器一相接触不良；送电线路是否非全相运行；系统单相负荷是否过大等。根据不同原因予以处理。

（四）发电机的欠磁或失磁运行

发电机在运行中，由于自动装置某元件发生故障后值班人员调整不当，使发电机的励磁电流突然减少很多，甚至使发电机进相运行，这种现象称为发电机欠磁运行。由于发电机转子绕组断线、或励磁装置发生故障使发电机失去励磁电流，造成发电机失磁，称发电机的失磁运行。这两种运行方式都是发电机的异常运行方式。

并列运行的发电机失磁后有以下现象：转子电流指示为零或接近于零；定子电压降低；当励磁系统故障时励磁电流为零，当励磁回路开路时，励磁电压正常；定子电流显著增大，甚至会出现过负荷现象；发电机转速上升；有功功率表指示偏高，无功功率表指示低于零位等。

发电机失去励磁后，就从同步运行变为异步运行，从原来向系统输出无功功率变为从系统吸取大量的无功功率，发电机的转速将高于系统的同步转速，这时定子旋转磁场将在定子表面感应出频率等于转差率的交流感应电动势，使转子表面形成差频电流，使转子表面发热。

当发电机欠磁时，值班人员应降低有功负荷，使定子电流不超过额定值，手动增大发电机的励磁电流，使其脱离不正常运行；当发电机失磁时，如果是励磁回路断线，应迅速将发电机解列；若励磁装置故障，应立即查明故障的原因，排除故障，使发电机恢复励磁，若无法排除故障，应立即将发电机与系统解列；当发电机装有失磁保护时，当发电机失磁后，应监视保护是否动作，否则应手动将发电机与系统解列。待查明原因后，排除故障，再启动、并列。

（五）发电机非同期并列

引起发电机非同期并列的原因有以下几方面：

（1）发电机用准同期并列时，未满足并列运行的条件就与系统并列。

（2）发电机出口断路器的触头动作不同期。

（3）同期回路失灵或同期回路接线错误。

（4）手动准同期操作方法不当或同期装置损坏误发合闸信号。

当发电机出现非同期并列时，合闸瞬间将产生巨大的冲击电流，使机组发生强烈的振动，发出轰鸣声。最严重时可产生 20～30 倍额定电流的冲击，造成定子绕组变形、扭曲、绝缘损坏、传动带断裂、甚至使发电机与水轮机的联轴器崩裂等严重后果。

出现非同期并列事故严重时，运行人员应立即断开发电机出口断路器并灭磁，关闭水轮机导水叶，将发电机停机；立即做好检查、维修的安全措施，对发电机各部分及同期回路进行全面的检查。应特别检查发电机的定子绕组有无变形，绑线是否松动，绝缘有无损伤等。待查明原因，且一切正常后才可重新开机和并列。若电站运行人员整体素质偏低，而经常引起操作不当，使发电机进行非同期并列，应在手动准同期回路中加入同步检查继电器或增设半自动准同期装置，避免发生非同期并列操作。

（六）系统突甩负荷引起发电机过电压

系统因某种原因突然甩负荷或由于变电站开关事故跳闸，使发电机转速突然升高和机组声音异常，导致发电机过电压。出现这种异常情况时，值班人员应迅速跳开发电机出口断路器、关闭导水机构。经查明原因，待系统恢复正常后，方可将发电机重新升压，并网运行。

（七）发电机励磁回路一点接地（转子一点接地）

发电机运行中，若励磁回路绝缘降低发生一点接地，线圈与地之间未形成电气回路、在接地点没有电流通过，励磁系统能保持正常励磁，发电机可继续运行。低压水电站一般装设励磁回路绝缘监察装置，运行人员可通过检查励磁回路正、负对地电压来判别转子一点接地故障，正常情况下是很难判别发生转子一点接地。若发电机装有转子一点接地保护，该装置会发出转子一点接地信号。但低压水电站均不装设此装置。

发现一点接地时，应立即对电缆头、灭磁开关、分流器、磁场变阻器、碳刷架、滑环等励磁回路的设备进行检查，查验有无明显接地现象。若未发现明显接地现象，可用吹风机或压缩空气吹扫滑环及电刷周围碳粉。如吹扫后接地现象仍未消失，则应停机找出故障点进行处理。

（八）发电机励磁回路两点接地

在转子回路一点接地的情况下，如果处理不及时，在励磁回路的第二个地方或更多的地方，发生接地，这样可能会发展成为两点接地事故，或多点接地事故。相当于励磁绕组被短接或一部分被短接。其主要特征是励磁电流表指示异常增大，励磁电压表指示降低，发电机无功负荷减少；并出现进相运行，发生机组振动，转子绝缘电阻等于零等现象。此时应立即将发电机与系统解列，灭磁并停机。

（九）发电机自动跳闸

当发电机内部或外部发生故障，严重威胁发电机的安全时，保护装置将动作，使断路器跳闸，从而与系统解列使发电机不致遭到无法修复的损坏。当发电机的主断路器发生跳闸后，值班人员应按下述方法进行处理，以确保发电机的安全，而不得急于强行将该发电机与系统并列。

（1）检查保护装置的掉牌，或保护装置动作的光字牌，查明属于哪种保护动作。

（2）问明是否由于工作人员误操作或误碰设备所造成的。

（3）进一步分析各表计在故障过程中的变化情况。

若发电机主断路器自动跳闸时，表计有冲击现象，并且主保护动作，值班人员应对发电机及其系统进行详细检查。未查明原因前不得将发电机投入运行。

若发电机因某一保护动作自动解列时，表计无冲击现象，应查明保护动作的情况，如属保护误动作，应将该保护装置退出，然后将发电机电压慢慢地由零起升压。若升压过程中未发现异常情况，则可将发电机并入电网运行。

若由于发电机系统外发生故障，其后备保护动作，发电机自动解列，则无需对发电机进行内部检查，待系统正常后，即可将发电机再次并入电网运行。

若查明发电机属误动作解列（如操作人员误动或断路器操动机构故障），可重新并网运行。

（十）发电机变电动机运行

由于值班人员工作责任心不强或误操作使导水机构关闭，使带负荷的机组失去主力矩，发电机变为电动机运行。当发电机变为电动机运行时，有功功率表指针向零位以下偏转，无功功率表指示升高或功率因数表指针滞后并靠在针档处。定子电流表指示偏低，定子电压表和各励磁表计指示正常。发电机向系统吸取有功功率，以维持发电机空载能量损耗。发电机变为电动机运行，若将励磁电流调节则发电机变为调相机运行。由此可知，发电机变电动机运行对发电机本身不存在危险，可以长时间运行。但要检查进水管水压情况，检查是否导水机构关闭或冲击式水轮机喷针堵塞所致，然后加以处理。若进水管水压下降，应减小励磁并使断路器分断。待水位正常后再并列发电。若为导叶关闭，则应开大导叶，使发电机带上负荷，摆脱电动机运行方式。若为喷针堵塞，则应停机解列后清除杂物。

（十一）发电机输出电压不正常

发电机起动建压时，发现过电压或低电压，并且调节励磁时，发电机电压无变化，可能是下列原因：

（1）电抗分流式励磁的发电机，分流电抗器电抗值发生变化，若发电机电压显著低于额定值，则可增大电抗器间隙，若发电机电压高于额定值，则可减小电抗器间隙。

（2）单相晶闸管分流的电抗分流式励磁发电机，开机后转速达到额定值，发电机端电压太高或太低，则可能是触发板损坏或电抗器损坏，应对相应设备进行维修。

（3）晶闸管静止励磁发电机，输出电压太高或太低，一般是晶闸管触发回路故障或晶闸管元件损坏所致，应进行维修处理。

（4）励磁装置连接线螺母松脱或接触不良。

（5）电刷与滑环接触不良。

（十二）发电机启动后升不起电压

发电机正常启动，转速达到额定值后，励磁电压、电流表指示接近于零，发电机电压表指示接近于零，升不起电压。主要是励磁系统故障引起的。除此之外发电机转子剩磁太小，也会引起发电机残压过低而不能起励，使发电机升不起电压。若励磁系统故障应对励磁系统进行维修，完好后重新投入运行；若是发电机剩磁不够，可用 6～12V 干电池或蓄电池等直流电源接于接线板两极处（注意正、负极性），短时向转子绕组通电助磁处理，充电时应注意将励磁电阻置于最大位置，以防电压上升过高损坏设备。

二、小型水电站其他设备的异常和故障

（一）二次回路故障

二次回路故障一般包括电压互感器断线；操作电源熔断器熔断或接触不良；回路监视继电器故障；半导体励磁机组的降温风机停转、半导体励磁控制回路故障等。这些故障一般在运行中检查消除。非停机不能检修的，必须停机检修。

（二）仪表指示失常

发电机在运行中配电盘上的某一表计指示失常不一定就是发电机的故障，也可能表计本身或测量回路的故障，应认真分析，以判别是仪表故障还是回路故障或互感器故障。仪表故障后不能反映发电机或其他电气设备的真实运行情况，因此必须采取措施予以消除。在仪表恢复运行前尽可能不改变发电机的运行情况。

（三）断路器的故障

小型水电站的断路器种类繁多，合闸方法也各不相同，目前使用较多的是 DW15 和 ME 系列。合闸方法可分为手动、电磁以及电动机合闸三种。

断路器故障主要有操动机构故障、断路器本身故障及控制回路故障。经长期、多次的分合闸操作后断路器操动机构的一些弹簧、连杆和转轴都会发生磨损，甚至卡死，使合闸不能顺利进行；若操动机构出现卡死现象，可对机构的摩擦部分加注润滑油，若弹簧磨损可更换弹簧。不同的操作方式或不同的断路器具有不同控制回路，控制回路的故障必须根据不同的控制回路进行分析，综合判别，进行维修。断路器本身故障应根据故障的情况进行维修，若无法维修，应尽量更换同型号、同规格的断路器。

（四）刀开关误操作的处理

（1）刀开关一般不允许带负荷操作，但在特殊的情况下可用刀开关作手动准同期并网操作。但不论同期合闸是否成功，都不允许拉开刀开关。

（2）误拉刀开关时，会产生强大的电弧，应迅速将刀开关合上，以消灭电弧，避免事故的发生。

（3）合刀开关时也会有电弧产生，不允许将刀开关再拉开。因带负荷拉刀闸可能会造成三相电弧短路事故，危及人身和设备安全。

（五）电压互感器一、二次回路熔断器熔断或二次回路断线

电压互感器回路发生故障时，应从二次仪表反映的电压大小来分析，其现象是：

（1）相应回路的三相电压不平衡。

（2）有功、无功功率表指示降低。

（3）频率指示不正常。

（4）强励可能动作。

发生电压互感器一、二次回路熔断器熔断的处理方法是：立即更换同容量的熔体，如熔断器三次连续熔断，则可能是回路中有短路事故，应停机检查处理。若二次回路断线，则查出断线位置，将断线处恢复连接。

（六）电流互感器内部或外部回路断线

电流互感器回路故障时，反映电流值的仪表有明显的变化：

（1）断线相电流表的指示为零，有功、无功功率表指示降低。

（2）严重时因过热而烧坏电流互感器。

（3）禁止在运行中的二次回路上作业。

电流互感器内部或外部回路断线的处理方法是停电处理，电流互感器回路是否断线。

（七）避雷器和避雷针故障处理

发现避雷器破裂、引线断股、损坏、连接点接触不良、接地引下线接地点接触不良，

避雷针摇晃、活动或折断等情况时，应立即作出妥善处理。

第三节　水轮发电机组的事故停机

一、水轮发电机事故停机的原因

当水轮发电机在运行中发生重大设备事故或危机人身安全时，应作出紧急停机处理。

（一）水轮发电机组工作异常

（1）轴瓦温度过高。为了防止发生烧瓦事故，在轴承和轴瓦上装有监视轴瓦温度的装置。该装置在轴瓦温度升高到某一刻度时会发出报警信号，当轴瓦温度升高到危及机组安全时，应立即动作于事故继电器紧急停机。运行中，轴瓦温度一般控制在 50~60℃，超过 60℃ 属温度偏高，达 65℃ 应发信号，到 70℃ 应事故停机。

（2）定子绕组温度过高。小型水轮发电机常采用 B 级绝缘，其极限温度为 130℃，水轮发电机在带额定负荷时，温度应在厂家规定的允许温度以内；在不带全负荷运行时，温度一般在 60~80℃ 之间，最高不要超过 105℃。当定子绕组超过 105℃ 时，应事故停机。

（3）发电机定子电流的不对称。小型水电站由于负荷的不对称性往往使发电机在不对称情况下运行，为防止发电机在不对称情况下运行，减少发电机的振动，规定三相输出电流差不应超过额定值的 20%，一旦出现任何一相定子电流超过额定值时，要立即调整使其工作在额定值以下运行。如果三相输出电流之差很大，但未达到额定值的 20%，应立即向上级和调度部门汇报，并做好停机准备。当达到额定值的 20% 以上，应立即事故停机。

（4）水轮发电机的异常现象。运行中的发电机，某些部件出现振动、摆度很大或发电机内部有金属摩擦、撞击声响，或发出微小异味，定子端部有明显的电晕现象，则发电机不应继续运行，应紧急停机，进行检查。

（二）励磁系统的工作异常

（1）励磁回路开路（失磁运行）或励磁装置损坏。发电机由同步运行变异步运行，从原来向系统输出无功功率变为从系统吸取大量的无功功率，发电机的转速将高于系统的同步转速，这时定子旋转磁场将在定子表面感应出频率等于转差率的交流感应电动势，使转子表面形成差频电流，使转子表面发热。若长时间运行危机发电机的安全，应立即停机与系统解列。

（2）发电机励磁回路两点接地。当励磁回路两点接地造成励磁绕组短路，使励磁电流表增大，励磁电压表减小，进入发电机的励磁电流减少，使发电机处于欠励状态，并使发电机出现进相运行，使发电机产生振动，应立即与系统解列，并停机检查。

（三）运行中的一、二次设备工作异常

（1）主断路器故障。当主断路器因操动机构故障或内部结构损坏，直接影响到发电机的电能的输送，并危及发电机的安全，应立即停机。

（2）电流互感器、电压互感器工作异常。电流互感器、电压互感器工作异常时，发电机的监测表计以及相应的保护装置将失去功能，严重危及发电机的安全运行。发电机应立即退出运行，紧急停机。

（3）发电机保护装置损坏。当发电机保护装置损坏，发电机缺少保护，一旦发生事故，就会危及发电机的安全。

（四）人身安全事故

当电站发生触电安全事故时，应立即使发电机停机。

（五）发电机电气火灾

发电机因各种原因使发电机组出现火灾，应立即停机，进行消防处理。

二、水轮发电机组事故停机

水轮发电机紧急停机是立即将发电机断路器跳闸，使发电机与系统解列，迅速切断励磁开关并灭磁。一般操作方法是：

当机组设有紧急停机按钮时，应迅速按下紧急停机按钮，使发电机断路器跳闸解列，并由紧停联动使机组灭磁和自动关闭导叶。当机组没有紧急停机按钮和自动装置时，应立即使发电机断路器跳闸解列，迅速拉开灭磁开关灭磁，迅速关闭导水叶，发电机转速下降，当发电机转速下降到35％额定转速时，投入制动装置使发电机制动停机。然后关闭冷却水关闭进水阀及旁通阀。进行事故处理。

第四节　机组设备消防

一、电气着火的原因

从电工知识可知，当导线中流过电流，就会在导线中产生热量，热量的大小与导线的电阻成正比，与流过导线电流的平方成正比，与电流通过导线的时间成正比。即 $Q=0.24I^2Rt$。由此可知，通过导线的电流必须限制在额定的范围之内，否则，通电时间长了，必然使导线发热严重，有绝缘皮的导线将造成绝缘老化，甚至烧焦而失去绝缘性能，最后将导致导线间短路，引起火灾。失火原因大致由以下几方面形成。

（1）线路短路。短路时阻抗较小，电流剧增，一般电流可达正常额定电流的十几倍到几十倍，因而产生高热而不易在短时内散发，当温度达到一定的高度，就会引起火灾。产生短路的原因有：

1）导线长久使用，绝缘电阻下降，导线通电后被击穿，造成短路现象。

2）导线因机械磨损，使导线绝缘损坏，当导线通电后，造成短路现象。

（2）导线过载。由于导线截面太小或人为在原有的线路上增加负荷，使导线长时间过负荷，引起发热太高，使绝缘老化，烧焦而引起短路起火。

（3）接触电阻太大。导线接头处长时间工作，引起接头处氧化或接线螺丝松动，使接触电阻增大，在该处出现跳火现象，引起附近易燃物燃烧，造成火灾事故。

二、机组设备着火的原因

发电机定子绕组长时间工作中，由于发电机的过负荷运行或发电机内部短路都会引起发电机组火灾事故。

三、机组设备消防设施或消防材料

（1）消防水。在发电机定子绕组周围围有一圈消防水管，在发电机定子绕组和发电机转子发生火灾事故时，可通过消防水管喷雾灭火。

（2）二氧化碳灭火剂。在发电机定子绕组或转子绕组发生火灾事故时，可利用二氧化碳灭火剂灭火，二氧化碳灭火剂是一种不导电的灭火剂，具有很好的灭火效果。

（3）1211 灭火剂。在发电机定子绕组或转子绕组发生火灾事故时，可用 1211 灭火剂灭火。1211 灭火剂具有低毒，腐蚀性小，灭火后无痕迹的特点，能迅速将火焰扑灭，也是一种很好的灭火材料。

（4）干粉灭火剂。在发电机定子绕组或转子绕组发生火灾事故时，也可用干粉灭火剂进行灭火，这种灭火剂主要成分是碳酸钠和碳酸氢钠，加入滑石粉等材料，当它散落在高温物体表面上能分解出二氧化碳，形成雾状而隔绝空气，使火灾熄灭。

但要注意：不得用黄沙或沙子等硬性物质进行灭火，否则会严重损坏发电机的机件，造成不良后果。

四、机组设备消防

在发电机定子绕组或转子绕组发生火灾事故时，应立即将站用电转到备用电源上，并迅速断开发电机出口断路器。调节水轮机调速器让机组缓慢转动，立即断开励磁开关并灭磁，使发电机处于不带电状态，打开消防供水，用喷雾水流对发电机火灾进行扑救。也可用二氧化碳灭火剂、1211 灭火剂、干粉灭火剂进行扑救，使发电机脱离危险。

在对发电机组火灾事故的抢救过程中，若用消防水进行灭火，发电机必须不带电，否则，会造成发电机绕组短路，使发电机事故扩大，并危及人身安全。

复习思考题

12-1 机组并列的条件如何？

12-2 低压水轮发电机正常开机操作的过程如何？

12-3 什么是机组的调相运行，为什么机组要作调相运行？

12-4 低压水轮发电机组有哪些异常运行方式？各有何特点？

12-5 小型水电站其他电气设备常见的异常现象有哪些？如何消除？

12-6 试述说小型低压水轮发电机事故停机的操作过程。

12-7 哪些情况必须事故停机？

12-8 试述说电气着火的原因。

12-9 低压水轮发电机组设备常用消防材料有哪些？各有何特点？

12-10 如何进行机组设备消防？

第十三章　水轮发电机组的检修

教学要求　要求掌握水轮机和发电机的日常维修、定期小修和定期大修的规定期限，编写和制定各种检修的计划；水轮机的大修要求和机组的拆装方法，以及轴瓦、转轮等主要部件的检修方法和内容，同时做好检修记录；发电机检修的要求和机组的拆装方法。检修前发电机定子、转子绝缘测量，检修后的定子、转子绝缘试验，并做好试验记录；电站配电设备的检查和检修工作。

以上内容初级工掌握检修的基本内容和简单方法，中级工掌握检修操作方法和简单原理分析，高级工掌握原因分析和能提出技术改造的措施。

第一节　机组检修概述

为了保证供电安全可靠，保持机组长期高质量运行，检修工作是一个很重要的环节。检修工作要贯彻预防为主的方针，做到有的放矢、有计划和有组织地进行。坚持到期必修，修必修好的原则，严格按照规程办事。

由于金属材料固有的属性，如疲劳、塑性变形、磨损等，另外安装技术质量在运行中会发生变化，所以，即使是新安装的机组，在运行一段时间后，均应按照规程的要求进行必要的检修。通过检修消除运行中存在的故障和隐患，使设备正常运行状态。

一、检修的分类

（1）维护检查。在运行机组不停机的情况下，每周进行一次，工期半天。

（2）小修。在发生了设备故障需立即进行处理的项目。或有目的的检查和修理机组的某重要部件。通过小修能掌握机组设备运行情况和存在的隐患，为大修项目提供针对性依据。小修在停机状态下进行，每年 2～3 次，每次工期 2～8 天。

（3）大修。全面检查机组各部情况，并按规定数值进行调整。大修要求每 3～5 年进行一次，每次工期 20～35 天。

（4）扩大性大修。全面彻底检查机组每一部件（包括埋设部件）的结构及其技术数据，并按照规定数值进行处理。扩大性大修每 10 年左右进行一次，每次工期 40～70 天。

对小型机组一般不分大修和扩大性大修。

二、检修工作的项目和质量标准

由于机型种类繁多，结构组成不同，检修工作的具体内容差别很大。在工程实际中，应根据机型、容量和具体情况决定检修项目及其质量标准。

现对水电站反击型机组普遍的情况作如下介绍，仅供参考。

（一）水轮机维护检查的项目和质量要求

（1）各部轴承检查。滑动轴承应润滑良好，具有合格油质、正常油色及足够润滑油量；滚动轴承应润滑良好，转动灵活无异常，无振动、杂音及其他异常情况。

（2）油、水、气系统管道及阀门检查。管道各接头严密无渗漏，阀门动作灵活，盘根止漏良好。

（3）机组外观检查。机组振动、声响无异常。

（4）水导轴承处摆度测量。符合技术规定要求。

（5）剪断销检查。无破损、无松动。

（6）表计检查。指示正确。

（7）导叶轴头注油。每月一次，每次注足。

（二）水轮机小修的项目和质量技术要求

（1）各部轴承检查及注油。滑动轴承的油量足够，油质合格；滚动轴承应转动灵活无异常，无振动、杂音及其他异常情况。

（2）主轴密封装置检查。密封装置良好，无严重卡阻或漏水现象。

（3）导叶转动机构的安全装置、水导轴承的调整螺钉以及法兰螺栓的检查。无破坏、无松动。

（4）油冷却器、滤水器清扫及阀门解体检查。清洁、无破损，阀门动作灵活，盘根止漏良好。

（5）接力器和推拉杆的检查。接力器各部盘根及管子接头不漏油，推拉杆并帽无松动。

（6）缺陷处理。日常维护中不能处理、又可以在小修期间处理的这些缺陷，应按照该项目的质量要求进行处理。

（三）水轮机大修或扩大性大修的项目和质量技术要求

1．主轴和转轮

1）止漏环圆度测量及处理。不圆度不超过止漏环设计间隙的 $\pm 10\% \sim 15\%$。

2）转轮裂纹检查及处理。检查和测量全部裂纹，经堆焊处理后作探伤检查合格。

3）转轮叶片汽蚀检查及处理。检查和测定汽蚀部位，经堆焊处理后无夹渣、气孔和裂缝；焊接后无明显变形，修磨后叶片线型基本保持原型。

4）叶片开口度检查及处理。相邻叶片开口度偏差小于 $\pm 0.05 a_0$。

5）转轮静平衡。测量转轮实际倾斜值小于允许不平衡倾斜值。

6）轴颈检查及处理。表面无毛刺，表面粗糙度符合要求，单侧磨损及偏磨值不大于规定要求。

7）主轴拆装。法兰结合面无毛刺，螺栓伸长度符合要求，螺栓电焊牢固，安装后水轮机主轴倾斜不超过 0.02mm/m，两法兰面之间无间隙。

2．导水机构

1）压紧行程的测定及调整。压紧行程在规定值范围内。

2）导叶间隙测量及调整。导叶端面间隙由制造工艺保证，立面间隙在规定范围内。

3）导叶汽蚀破坏的检查及处理。堆焊后质量符合要求，保持导叶间隙质量和开口度要求。

    4）剪断销。无松动、不破坏。

    5）止推装置的检查。无严重锈蚀。

    6）导叶轴承的检查及处理。间隙合格，转动灵活。

    7）接力器分解检查。盘根良好，不漏油。活塞与活塞缸无严重磨损，接力器水平度不超过 0.02mm/m。各接头不漏油。

    3. 水导轴承

    1）止水密封装置的检查。灵活，允许少量漏水。

    2）轴承间隙检查。符合规定要求。

    3）管路及附件分解检查。管路畅通，接头无渗漏，过滤器清洁，各阀门动作灵活不渗漏。

    4）表计校正。指示正确。

    4. 压力钢管、蜗壳和尾水管

    焊缝无裂纹，钢板无严重锈蚀；排水阀操作灵活，接头处及盘根不漏水；螺栓连接完好，无松动和损坏情况；尾水管补气装置汽蚀破坏处修理完好，补气效果好。

    （四）发电机日常维护的项目和技术质量要求

    （1）各部轴承的检查。油位合格，油色正常，轴承无异常声响，瓦温正常，无漏油甩油现象，冷却器畅通。

    （2）机组外部检查。无异常振动、响声。

    （3）主轴摆度测量。符合规定，无异常增大。

    （4）制动风闸外观检查。无异状，无漏油。

    （5）表计检查。指示正确，无漏油。

    （6）发电机冷却系统检查。各阀位置正确，无漏水现象。

    （五）发电机小修的项目和技术质量要求

    （1）各部轴承的检查。无异状，擦净油污。

    （2）作制动风闸试验。风闸动作灵活，供气后能保证气压在 0.6MPa 以上。

    （3）发电机内部油、气、水管路及检查。无渗漏。

    （4）转子各部检查。螺栓紧固，结构焊缝与螺母点焊无裂缝和开焊。磁轭无松动下沉现象。风扇无松动变形，铆钉完整无缺，转子各部清洁无杂物。

    （5）定子和机架的检查。螺栓无松动，消防水管不松动。

    （6）表计检查。指示不准确的应更换或处理，装表后接头不漏。

    （六）发电机大修的项目和技术质量要求

    1. 轴承

    1）轴瓦研刮。研刮挑花，前后两次刀花应相互垂直，研刮区域要正确。推力瓦要求 1～3 点/cm² 接触点，导轴瓦 1～2 点/cm² 接触点，每处不接触面积不大于瓦总面积的 2%，其总和不超过总面积的 8%。

    2）轴承间隙调整。轴承间隙按照图纸要求确定。

    3）轴承绝缘。卧式机组靠近励磁机侧轴承对地绝缘不小于 0.3MΩ。

2. 机组轴线

1）盘车测量轴线摆度。测量正确，记录无误，计算正确。

2）轴线处理。绝缘垫的修刮位置和厚度正确。

3）轴线调整。摆度不超过规定值。

3. 发电机的定子和转子

1）转子圆度。各半径与平均半径的偏差不超过空气间隙设计值的±5%。

2）发电机空气间隙。各实际测点间隙与实际平均间隙差值小于±10%。

3）定子铁芯合缝间隙。局部间隙允许 0.2mm，但长度不超过全长的 20%。

4）定子铁芯的椭圆度。定子内径最大和最小的差值小于设计空气间隙±10%。

5）铁芯及线圈检查。铁芯组合严密，无锈蚀。线圈完好，绝缘无破损、胀起及开裂现象，线圈表面无油垢。

6）机架振动。振动应在规定允许范围内。

4. 发电机的油、水、气系统

1）风闸分解检查。零件无损坏，刹车片及皮碗盘根符合要求。

2）风闸及管路耐压试验。根据厂家标准进行。

3）空气冷却器清洗及耐压试验。清洗干净，按工作压力的 1.25 倍进行通水试验，历时 30min，应无渗漏。

4）轴承油冷却器的清洗及耐压试验。清洗干净，按工作压力的 1.25 倍进行通水试验，历时 30min，应无渗漏。

5）各种表计效验。按照厂家标准要求效验温度计、压力表、转速表以及转速继电器等。

第二节　混流式水轮机的检修

一、混流转轮的检修

由于反击型水轮机的气蚀破坏，转轮上出现裂纹和气蚀破坏区域的现象普遍存在，这种气蚀破坏和有害裂纹不能任其发展，需要在机组大修期间，采取防护措施进行处理。其行之有效的方法为堆焊（即补焊）。

（1）气蚀破坏和有害裂纹的检查。通过检查，了解气蚀破坏严重程度，对比以前的运行方案，为以后机组运行方案的确定起指导作用。

（2）气蚀破坏和有害裂纹的部位的清理。普遍采用电弧气刨将气蚀破坏和有害裂纹区域的破坏层刨掉，露出母材为度，然后用软芯砂轮机磨去表面渗碳层。

（3）电焊条的选择。要求电焊条的材料具有良好机械力学性能，具有抵抗气蚀的破坏作用。焊条使用前需要经过烘干才能使用，以保证焊缝质量。

（4）转轮的修补（堆焊）。对于气蚀破坏深度小于 8mm 的区域，一般直接用抗气蚀焊条进行堆焊；气蚀破坏深度大于 8mm 的区域，属于重破坏区域，可先用与母材化学成分相近的碳钢焊条打底，然后再焊抗气蚀焊条。

如果个别部位出现掉边等严重情况，可采取整块镶补法，通常用不锈钢钢板。对于穿孔的气蚀破坏，一般采取在损坏部位的正面和反面分别进行处理和补焊。

在补焊过程中应注意焊接工艺，不应造成焊接应力，以免产生焊接裂纹。焊接属于局部热加工工艺，容易产生变形，需要采取反变形措施。

堆焊处理完成后，需用手提砂轮机进行打磨、修整，使其符合叶片原线型要求。

二、导水机构的检修

（1）对导水机构分解、清洗及刷漆。

（2）更换导叶轴密封。

（3）导叶灵活度的检查及调整。

（4）导叶开度的测定。

（5）导水机构低油压动作试验。

（6）导叶气蚀破坏区域的补焊与修复。

（7）导叶轴套的更换和导叶轴颈的喷镀。

（8）连杆销子和铜套的检查和更换。

三、轴承的检修

（1）轴瓦的修理。轴瓦因发热而烧坏时，需拆除更换，应先拆除导油管，在翻出轴瓦。对于轻度损坏的轴瓦可以通过研刮，把熔化剥落部分刮去，使之符合图纸要求。对于更换的轴瓦，即使是从厂家购买的也不例外，也必须通过研刮，使瓦与轴接触点符合要求才能使用。

轴瓦研刮后装配时，应测量轴瓦间隙，调整铜皮垫片，使之符合图纸要求。

轴瓦更换后还应对机组轴线进行校正，校正转轮与转轮室、水轮机主轴与发电机主轴的同心度。

（2）轴瓦的研刮。卧式机组的导轴瓦分上下各半块，承担载荷的主要是下半块，是研刮质量要求的关键。轴瓦的研刮分粗刮和精刮两步。研刮时，轴颈和半块瓦先清扫干净后，将半块瓦扣在轴颈上沿着圆周方向往复研磨 6～10 次，检查瓦面亮点的分布情况；粗刮用宽头平刀或三角刮刀，将大面积的高点刮掉，再进行研磨和修刮，直至瓦面均匀、光滑。然后用弹簧刮刀换次进行精刮，先进行最大、最亮的点刮削，再挑开中点，再次研磨后，重复刮削过程，直至接触点符合规定要求。刮削刀花要求排列整齐，前后两次刮削的刀花应相互垂直。

特别注意的是：下半瓦只要求在瓦中心 60°～70° 夹角内布满均匀的接触点，接触点 2～3 个/cm²，如图 13-1 所示。并且在轴瓦中心 70° 以外不允许有接触点，应逐渐刮低使两侧逐步扩大成形间隙，边缘最大的间隙为设计顶间隙的一半。

（3）使用 ZD760—80 型以下用户，在检修轴承箱时应注意承受轴向力的轴承和承受径向力的轴承的安装。更换或安装此两轴承质量好坏，直接影响水轮机的正常运行与轴承的使用寿命。检修时应着重注意承受轴向力的轴承是否处于正常状态，即轴承动圈与中间的滚珠及下面不动圈

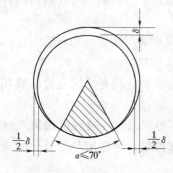

图 13-1 轴瓦接触角及间隙

之间的接触是否压紧，同时判别轴向力是否由该轴承承受。其次要求径向轴承的内外圈平面在同一水平面上。如果两轴承装配不好，机组的轴向力由不该承受轴向力的径向轴承承担，将导致上轴承烧坏。

第三节　水轮发电机的检修

一、发电机的日常维护

维护工作的内容，一般是维护机组清洁，保持良好的运行状态，调整各有关参数，使各部分温度在允许范围内，保证各连接件牢固，各转动部分灵活，防止电气元件受潮，使元件完好。

（一）发电机停机时的维护内容

（1）测量励磁系统的绝缘电阻，一般每月一次。

（2）将滑环和励磁机的电刷取出，用干燥的压缩空气吹扫，再用净布揩净，并检查是否符合应用要求，否则予以更换。

（3）检查各电气连接接头的螺栓是否牢固。

（4）发电机停机后，在断电的情况下，马上对发电机主出线接头、励磁部分的各接线用手探摸温度，若发现过热、松动，应查明原因并及时处理。

（5）检查磁场变阻器的动、静触头接触是否紧密良好。

（6）灭磁开关的主、副触头有无过热或松动现象，放电电阻有无断路或过热现象。

（7）采用半导体励磁系统的发电机，用兆欧表测量绝缘电阻时，应断开整流元件，以免被击穿。

（二）发电机机械部分的维护

（1）小型发电机组一般采用滚动轴承支承转子重量，所以在运行时应经常检查轴承的振动和噪音情况，以及轴承温度是否过高。若发现噪音和温度升高，应停机检查轴承润滑情况。

发电机轴承添加润滑油时，一定要选择原轴承使用的同牌号或厂家说明书要求牌号的油，润滑油添加不宜过多，一般不超过空隙处的 2/3。

（2）检查转子上的焊缝，如轮毂焊缝、挡风板焊缝、螺母点焊、磁轭键及磁极键的电焊等。检查连接螺栓是否松动，检查风扇翼片有无裂纹，螺母锁定是否松动或电焊处是否有开焊情况等。

（3）晶闸管分流自动电压调节器线路板及装置各部分，应用压缩空气清除积尘。并取下端部窗盖，用压缩空气吹扫发电机内部灰尘。

二、发电机的检修

（一）水轮发电机检修的主要项目

拆除轴伸处与原动机的连接件，拆下励磁装置及其侧出线盒盖，将发电机引出线及励磁引出线做好相序记号后拆除。拆除后端盖，将整个发电机转子以适当的方法抽出，应特别注意防止碰伤绕组。

（1）彻底清除发电机内部零件的灰尘。

（2）用 500V 兆欧表测量定子、转子绝缘电阻。测量前应将发电机引出至励磁装置的各引线架空，各接头不得相碰。如绝缘电阻不合格应进行干燥处理。

（3）检查磁极绕组有无变形，磁极引出线有无松动。

（4）检查各引出线连接螺栓、螺母的接触是否良好，出线接线的绝缘板是否有烧痕等。

（5）检查各紧固件是否拧紧，有无松动情况。

（6）清洗轴承，装填润滑脂（油）。

（7）检查定子、转子有无相碰、相擦痕迹。

（二）发电机的拆卸和组装工艺

（1）拆卸前应做好必要的记录；并拆除联轴器螺栓、地脚螺栓、引出线等，将发电机整体吊运到检修场地。

（2）拆卸联轴器。拆卸联轴器时需要使用专用拉拔器将联轴器拉下。若联轴器与轴结合较紧不易拉出时，可用煤油沿轴浸润，并用紫铜锤轻敲联轴器。不准用铁锤敲下联轴器。

（3）拆卸端盖。先拆卸滚动轴承盖，后拆除端盖。拆卸碳刷架，并做好线头记号。拆卸端盖时，先拧出端盖与机壳的固定螺栓，然后用木锤或紫铜棒沿端盖边缘轻轻敲打，使端盖从机座上脱离。对于大的端盖，拆卸前用起重工具系牢，以免端盖脱离机壳而扎伤绕组绝缘。端盖离开止口后，应人工扶持，配合起重机将其慢慢移出，放在指定的场所，且端盖止口应朝上。

（4）抽出转子。抽出发电机转子，必须用起重工具。具体操作见下一节发电机转子串芯。

（5）轴承的拆卸。

1）滚动轴承。需要利用专用工具进行拆卸。专用工具卡板应卡在轴承的内圈上，将螺杆对准转子轴头的中心孔，旋动螺杆略加力，然后用手转动轴承外圈，应能灵活自如。注意卡板不能与轴承相碰，然后扳动螺杆对轴承内圈加力，轴承沿轴向移动，最后将轴承拉出轴外。若轴承过紧而不能拉拔时，可在轴承内圈上浇注热油或用喷灯、火焰加热使之受热膨胀，即可拉出。

2）滑动轴承的拆卸。与水轮机滑动轴承拆卸方法相同。

（6）轴承的检修与检查。

1）清除轴承内油垢杂物，用洗涤剂（或汽油）清洗各部件，再用干净布擦拭干净。

2）滑动轴承轴瓦的轴承合金应紧密结合，表面光亮圆滑，无砂眼、碰伤等现象。上轴瓦不承受载荷时应有接触点 1 个/cm²，下轴瓦在中间 60°～90°范围内应有接触点 2～3 个/cm²。轴承的油槽、油环和轴颈均应完好。

3）滚动轴承内外圈光滑、无伤痕和锈迹。转动应转动灵活，无卡阻、摇摆及轴向窜动等缺陷。

4）测量轴承的间隙：滑动轴承间隙用压铅丝法测量；滚动轴承间隙用塞尺或铅丝测量。

（7）定子和转子的检修。

1）检查定子外壳、地脚应无开焊、裂纹和损伤。

2）用干燥的压缩空气吹扫通风沟和绕组端部，用干净布蘸洗涤剂擦掉灰尘和油垢。

3）铁芯各部应紧固完整，无过热变色、磨损、变形、折断和松动等异常情况。

4）槽契无松动，用木锤轻敲应无空响声，槽口应紧固。如松动的槽契超过 1/3 以上，需退出加绝缘垫重新打紧，更换槽契后应喷涂油漆，并做耐压试验。槽契伸出铁芯端面长度应适当，一般 100kW 以上的发电机为 10~15mm，100kW 以下的发电机为 5~10mm。

5）定子绕组表面漆膜完整、光亮。

6）引线绝缘应完好，未断裂，否则应重新绝缘，焊接引线。

7）转子风扇翼片紧固完好，铆钉齐全。

8）转子、定子检查需仔细进行两次，即抽出转子之后和转子组装之前。

三、发电机的绝缘与试验

发电机在长期运行中因受热、电力、机械和化学等的综合破坏作用，其绝缘将会逐步老化。

1. 常见的发电机绝缘缺陷

（1）绝缘脱壳和分层。这种绝缘缺陷多发生在因制造工艺不良或运行过久、绝缘胶合剂失效的旧电机上。

（2）绝缘开裂。多发生在绕组端部，主要因发电机突然短路，特别是出口短路或非同期并列产生的强大电动力使绕组发生变形。

（3）绝缘表面油污。

（4）绝缘局部过热。产生过热的原因可能是绕组端部接头接触不良，接触电阻过大而产生高温，使绝缘干枯。

2. 发电机试验的项目

（1）绝缘电阻测试。绝缘电阻和吸收比测量可初步反映发电机的绝缘情况，特别是吸收比测量，能有效字指示出绝缘是否受潮。但是，由于绝缘电阻受温度、湿度等因素的影响，在反映绝缘的局部缺陷上不是很敏感。

发电机受潮不是很严重时，绝缘电阻和吸收比虽然降低，但很少影响击穿强度。经过长途运输或受潮严重的发电机，必须经过干燥处理后才能进行直流耐压试验。

（2）定子绕组直流耐压试验。对发电机定子绕组采用直流耐压试验并测量泄漏电流的方法，可以发现某些交流耐压试验所不能发现的缺陷。

（3）交流耐压试验。定子绕组耐压试验，在发电机定子绕组绝缘试验中，由于电容电流在各处分布不同的影响，虽然在检出端部绕组绝缘缺陷上不如直流耐压试验敏感，但其试验更接近实际运行的情况，能首先检查出在正常运行条件下绝缘的最薄弱环节，能发现直流耐压不易发现的绝缘缺陷，对保证安全运行具有重要的意义。

经验指出：交流耐压试验对发现定子绕组槽部绝缘缺陷，最为灵敏和有效。

根据规程规定：发电机定子绕组交、直流耐压试验，应在停机后清除污垢前的热状态下进行，以便在更为接近运行条件下对绝缘进行鉴定。

（4）转子绕组的绝缘试验。转子绝缘较弱，在旋转时容易发生匝间短路和接地故障。当转子绕组仅一点接地时，因为没有故障电流通过故障点，还不会影响发电机的正常运行。但是，如果发展成为两点接地后，不仅故障电流会烧坏绕组，还会破坏磁场的对称性，使发电机产生强烈振动，这是不允许的。因此，当发电机转子绕组发生一点接地后，应立即检查、判别，并按照规程的有关规定予以处理。

发电机转子绕组的绝缘试验在大修前或交接后，均使用 500V 兆欧表测量转子绕组的绝缘电阻，其电阻值一般不得小于 0.5MΩ。

四、发电机的干燥

发电机及电气设备受潮后会降低其绝缘电阻，应对其进行干燥处理。发电机定子绕组干燥方法有：短路干燥法、铜损干燥法、热风干燥法和带负荷干燥法等。转子绕组有铜损干燥法。

1. 发电机干燥温度的限制

发电机在现场进行干燥时，必须严格遵守安全规程和消防安全措施。严格控制发电机各处的温度，认真做好现场监视和测试记录。发电机干燥各处的限制温度为：定子膛内的空气温度 80℃，定子绕组表面温度 85℃，定子铁芯温度 90℃（以上三个温度均用温度计测量），转子绕组平均温度 120℃（用电阻法测量）。

发电机干燥的标准：定子绕组的绝缘电阻在室温下应不低于 1MΩ，并保持 5h 不变，其吸收比达 1.3 以上；转子绕组的绝缘电阻应不低于 0.5MΩ，并保持 3h 测量值不变。

2. 发电机的干燥方法

（1）短路干燥法。将发电机定子引出线在断路器进线侧三相短路，使发电机继续运行，调节励磁电流，增加定子回路的短路电流，使绕组加热干燥。但电流最高不超过额定值。

（2）铜损干燥法。将发电机定子三相绕组头尾串联，用 500A 直流电焊机供电，在定子绕组中产生铜损发热进行干燥。

水轮发电机的干燥方法很多，上述介绍两种方法比较适用于电站现场。

第四节　卧式机组发电机转子串芯

转子串芯是卧式机组安装和检修的重要工序。串芯方法有很多种，这里主要介绍三支点机组的串芯方法。

一、串芯前的准备

（1）把尾水弯管吊出。

（2）清扫机架上水导、中导轴承的安装平面和螺纹孔。

（3）在水导轴承和机架间垫 0.5～1mm 铁皮，测量中轴承的分半面到底脚的高度，根据设计尺寸初步配垫，然后吊入水导和中导轴承。

（4）吊入水轮机轴。

（5）吊入飞轮。应注意飞轮的朝向，按制造厂所做记号安装。飞轮的中心孔套入水轮机轴法兰盘上的止口中，在飞轮下面垫楔子，使水轮机轴处于水平位置，两侧用木头把飞轮塞住，并在飞轮上方向蜗壳方向拉一根回绳（如图 13-2 所示）。

（6）吊入定子。整体式定子的铁芯内圆周若低于机架上平面，可在机架下方垫方木，使铁芯的底部高于机架上平面以便串芯。

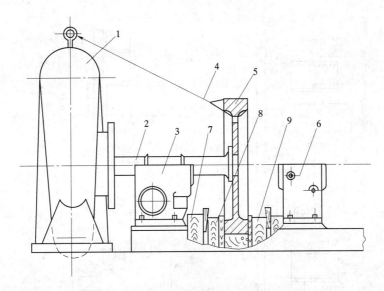

图 13-2　主轴飞轮安装到位

1—蜗壳；2—主轴；3—水导轴承；4—回绳；5—飞轮；6—中导轴承；7、8、9—垫木

二、转子串芯

转子串芯方法很多，以下介绍用行车串芯：

用行车串芯主要包括转子串芯和串芯后同定子同时下降到安装位置这两步工作。如果行车的起重能力大于或等于定子和转子的总重量，可以采用定子和转子同时吊装的方法，这样转子串芯和定子下降可以一次完成，方法简单安全。

用行车串芯需要在行车上挂三只手拉葫芦，如图 13-3 所示，中间葫芦起重能力大于转子重量。起重操作步骤如下：

（1）将钢丝绳绑在转子上［见图 13-3（a）］，钢丝绳和磁极铁芯之间垫木版和麻袋，以保护磁极并防止打滑。用后导轴承装在主轴上作为配重，钢丝绳应挂在重心处，起吊后使转子保持水平状态。

（2）启动行车和升降吊钩使转子对准定子铁芯孔，使转子慢慢从定子铁芯孔中穿入，用透光法密切监视转子和定子之间的间隙，力求空气间隙均匀，以免碰伤铁芯表面和绕组。

（3）当靠近水轮机一端主轴露出定子铁芯后，用左右两个手拉葫芦接应［见图 13-3（b）］，待左右葫芦拉紧后松开中间吊钩，然后继续开动行车直到转子达到规定位置。

（4）转子到达位置后，用中间手拉葫芦吊浮定子并拆除下方的方垫木，然后对机架上的定子安装面进行清扫，下降行车的吊钩，使转子和定子同时下降。定子落在机架上，转子落在中导和后导轴承上。

如果行车只能允许吊起转子，而同时起吊转子和定子时必将超重，可按照图 13-4 所示进行串芯，其操作步骤如下：

（1）钢丝绳挂在转子中间位置，将转子一端穿入定子，待主轴法兰露出定子后，用方垫木将主轴垫起，临时停放一下［见图 13-4（a）］。

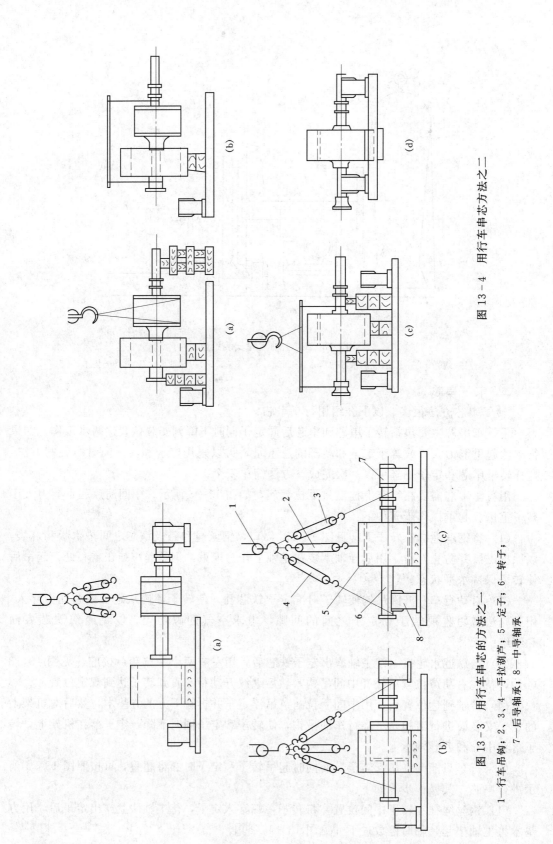

图 13-3　用行车串芯的方法之一

1—行车吊钩；2、3、4—手拉葫芦；5—定子；6—转子；
7—后导轴承；8—中导轴承

图 13-4　用行车串芯方法之二

（2）将钢丝绳挂在转子两端的轴上，用平衡梁吊浮转子继续串芯图［见图 13 - 4 （b）］。

（3）转子达到位置后，用布置在定子两侧的四只千斤顶顶起定子，拆除定子下方的垫木，然后松吊钩，同时下降四只千斤顶，使转子和定子到位，如图 13 - 4（c）所示。

第五节　卧式机组轴线找正

在机组安装和检修中，常需要将两根轴连接在一条中心线上，称为轴线找正（定心），也称轴线调整，这是保证机组质量和安全运行的重要措施之一。

卧式机组中，由于机组型式和容量不同，其轴承数量也不同。数百千瓦的卧式混流机组和卧式冲击型机组，大多是发电机和水轮机各有自己的两个轴承，称为四支点机组，这类机组主要是借助靠背轮直接连接的。

一、四支点机组轴线调整

四支点机组的轴线调整工作，对机组来说是以水轮机轴为基准的，在轴线调整前应该对转轮的止漏环间隙进行找正即找正水轮机轴本身水平。具体方法是用塞尺测量止漏环间隙，使转轮止漏环的动、定环之间的间隙四周均匀。用框形水平仪在轴颈两端测量水平（见图 13 - 5），如测出的读数大小相同，方向相反（原因为轴会产生挠度），则说明轴处于水平位置。随后可以水轮机轴为依据，对发电机轴进行定心找正工作。

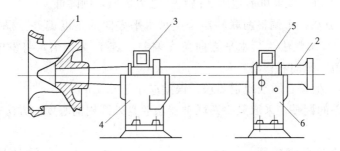

图 13 - 5　水轮机轴找正

1—转轮；2—水轮机轴；3、5—框形水平仪；4—径向推力轴承；6—径向轴承

发电机轴的中心调整有两种方法，一种是用直尺和塞尺测量，另一种是用百分表进行测量。前者工作简单，但精度较低，只在有弹性联轴器的机组轴线调整工作中采用；后者测量精度较高，在使用刚性联轴器的机组或转速较高的机组轴线调整中采用。

1. 用直尺和塞尺进行轴线调整

（1）发电机轴角度偏差的调整。采取调整两联轴器法兰盘端面平行度的办法，来达到调整偏差目的。

1）先通过调整发电机的位置，使两个联轴器法兰盘接近平行和同心，两法兰盘轴向间隙基本符合规定值（由制造厂给定），调整时用钢板尺靠在盘的外圆四个相互垂直位置，根据间隙情况做初步调整。

2）拧紧发电机的地脚螺栓，用塞尺测量两盘在圆周上 0°、90°、180°、270°处的轴向

间隙 b'_1、b'_2、b'_3、b'_4，然后将两盘同时转 180°，再测量四个位置的轴向间隙 b''_1、b''_2、b''_3、b''_4 的数值，可得四处的平均轴向间隙为

$$b_1 = \frac{b'_1 + b''_1}{2}; \quad b_2 = \frac{b'_2 + b''_2}{2}; \quad b_3 = \frac{b'_3 + b''_3}{2}; \quad b_4 = \frac{b'_4 + b''_4}{2} \qquad (13-1)$$

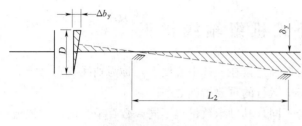

图 13-6 调整两法兰盘的平行

要使两法兰盘端面平行，必须根据测量结果，以水轮机轴为依据，调整发电机的位置，使 $b_1 = b_3$，$b_2 = b_4$。

3）调整方法，如图 13-6 所示，若测量所得两法兰盘在铅垂面上的不平行误差为 $\Delta b_y = b_1 - b_3$，要使两盘平行，调整发电机后地脚高度。由图中两相似的阴影三角形可知，调整发电机后地脚的高度为

$$\delta_y = \frac{L_2 \Delta b_y}{D} \qquad (13-2)$$

式中　D——联轴器法兰盘的直径；

　　　L_2——发电机前后轴承之间的距离。

根据计算发电机后地脚调整的数值加减垫片或楔子板，实现两联轴器法兰盘端面平行的调整。若 δ_y 为正值，发电机后地脚加高，反之为负值，则降低。

4）用同样的方法，可调整两联轴器法兰盘水平方向的角度偏差。根据测量的 $\Delta b_x = b_2 - b_4$，计算 δ_x，来调整法兰盘水平方向角度偏差。若 δ_x 为正值，将发电机后轴承向左移动，反之为负值，则向右移动。

5）轴向间隙 b 值符合图纸规定要求，误差应小于 0.1mm。

（2）径向偏差的调整。采取调整两联轴器法兰盘外圆周同心度的方法来达到调整偏差的目的。

用钢板尺靠在法兰盘外圆 0°、90°、180°、270°四处，用塞尺测量其径向间隙 a'_1、a'_2、a'_3、a'_4，然后，将两盘同时旋转 180°，又可测量 a''_1、a''_2、a''_3、a''_4，同样可计算其平均间隙值。

规定水轮机法兰盘高于发电机法兰盘为正值，低于发电机盘为负值。

2. 用三只百分表调整

百分表精度较高，用于精确调整。在用上述方法作初步调整后，把径向表 A 装在水轮机轴法兰盘上，表的触头垂直指向发电机轴法兰盘的圆周表面，轴向表 B 和 C 装在水轮机轴上，表的触头垂直指向发电机法兰盘的端面，两表互成 180°。B、C 表和 A 表互成 90°，其装置位置如图 13-7 所示。

测量时，先将百分表通过表盘固定，表的小指针对零，大指针指向中间位置，表的触头垂直指向测量部位，以提高测量精度。三只百分表装好以后，将两轴一起转动，每隔 90°作一次记录。测完 4 个点回到原来位置时，百分表小指针应回到零位，其不零值不大于 ±0.02 毫米，否则说明百分表架在测量过程中有变形或位移，需要重新测量。

根据记录百分表的读数计算出两法兰盘的径向偏差和角度偏差的调整量。

(1) 径向偏差的调整。

发电机前后轴承在垂直方向的调整量

$$\delta_y = \frac{a_3 - a_1}{2} \qquad (13-3)$$

计算得正值表示发电机轴线偏低，调整时增加两轴承垫片的厚度；得负值则相反。

发电机前后轴承在水平方向的调整量

$$\delta_x = \frac{a_4 - a_2}{2} \qquad (13-4)$$

计算得正值表示发电机轴线需同时向左移动；得负值则相反。

(2) 角度偏差的调整。存在角度偏差表明两轴线不平行，而存在一交角，如图 13-8 所示，百分表 B、C 是绕水轮机轴线旋转的，而百分表所指的触点是绕发电机轴线旋转的。

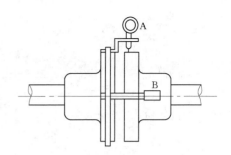

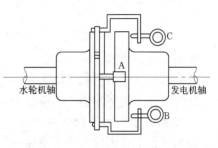

图 13-7 用三只百分表调整

1) 两联轴器法兰盘端面不平行偏差的计算。先分析两轴线在铅垂面内的情况（见图 13-8），在轴线起始位置时，B 表读数为 b_1，C 表的读数为 c_3，两轴处于实线位置；当两轴同时旋转 180° 后，因在旋转过程中存在轴向窜动，发电机联轴器处于如图 13-8 所示虚线位置。百分表 C 位于上方，读数为 c_1；百分表 B 处于下方，读数为 b_3，联轴器发生轴向窜动量为 L。由图 13-8 可得

$$c_1 - c_3 = \Delta b_y + L$$
$$b_3 - b_1 = L - \Delta b_y \qquad (13-5)$$

解得两法兰圆盘端面在铅垂面内的不平行偏差

$$\Delta b_y = \frac{(b_1 + c_1) - (b_3 + c_3)}{2} \qquad (13-6)$$

按照上式计算，若所得值为正即上开口，发电机轴向下偏斜；反之，负值为下开口，发电机轴向上偏斜。两轴线在铅垂面内投影的夹角为

$$\tan\alpha_y = \frac{\Delta b_y}{D} \qquad (13-7)$$

式中 D——联轴器法兰盘直径。

同理可求得两圆盘端面在水平面内的不平行偏差

$$\Delta b_x = \frac{(b_2 + c_2) - (b_4 + c_4)}{2} \qquad (13-8)$$

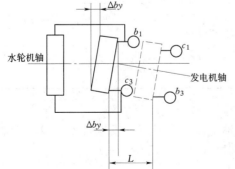

图 13-8 铅垂面内的角度偏差分析

两轴线在水平面内投影的夹角为

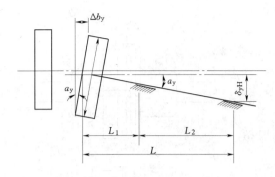

图 13-9 两轴斜交在铅垂面内投影数值分析

$$\tan\alpha_x = \frac{\Delta b_x}{D} \qquad (13-9)$$

计算所得的 Δb_x 为正值表示为左开口，发电机轴线向右偏斜；反之为负值，向左偏斜。

2）角度偏差调整量的计算。根据联轴器两端面不平行偏差值和图 13-9 所示几何图形分析，可计算出发电机前后轴承在铅垂面和水平面内的调整量。

a. 轴承在铅垂面内的调整量。

前轴承的垫片厚度调整量为 $\qquad \delta_{yQ} = L_1 \tan\alpha_y$

后轴承的垫片厚度调整量为 $\qquad \delta_{yH} = (L_1 + L_2)\tan\alpha_y$

计算结果为正值加垫片，负值为减垫片。

b. 轴承在水平面内的调整量。

前轴承在水平面内的调整量为 $\qquad \delta_{xQ} = L_1 \tan\alpha_x$

后轴承在水平面内的调整量为 $\qquad \delta_{xH} = (L_1 + L_2)\tan\alpha_x$

计算结果为正值表示轴承向左调整，负值向右调整。

按照上述计算结果进行处理，使发电机轴线绕 O 点旋转一个角度，使两轴线平行，消除了轴线的角度偏差。

当两轴同时存在径向偏差和角度偏差时，即将上述两步测量计算的结果进行综合调整，可实现水轮机轴和发电机轴的轴线的调整工作。

3. 轴线调整的质量标准

轴线调整的两项质量标准为径向偏差和角度偏差，标准要求参考表 13-1。

表 13-1　　　　　卧轴机组轴线调整允许偏差值

联轴器型式	允 许 偏 差（mm）	
	径 向 间 隙	轴 向 间 隙
刚性联轴器	0.03 联轴器直径在 400mm 以内 0.04 联轴器直径在 400～600mm 0.05 联轴器直径在 600～1000mm	0.02 联轴器直径在 400mm 以内 0.03 联轴器直径在 400～600mm 0.04 联轴器直径在 600～1000mm
齿轮联轴器	0.08 联轴器直径在 150mm 以上每增加 100mm 增加 0.01mm	0.08 当联轴器直径在 150mm 以上每增加 100mm 增加 0.01mm
弹性联轴器	0.05 联轴器直径在 200mm 以上每增加 100mm 增加 0.01mm	0.05 联轴器直径在 200mm 以上每增加 100mm 增加 0.01mm

二、三支点机组轴线的调整

具有三支点的卧式水轮发电机组是指水轮机轴上设一个轴承，发电机轴上设两个轴承，两轴用刚性联轴器直接连接，或在刚性联轴器之间夹一个飞轮，实现连接。

1. 两轴用刚性联轴器直接连接机组轴线的调整

因为此结构的两轴联轴器法兰盘上设有凹凸滑配止口，所以止口套入可以看为一个支点，并且止口径向间隙很小，径向偏差由结构保证，不需调整，只需要调整两轴的角度偏差即可实现两轴的同心。

为了测量两法兰盘端面的轴向间隙，通常将法兰盘上精制螺栓拆除，用 3～4 个直径较小的临时组合螺栓替代，并使两法兰盘结合面分离 1～2mm。

这种机组测量角度偏差的计算和调整方法与四支点机组相同，不再重述。

2. 两法兰盘之间夹飞轮刚性连接的机组轴线调整

如图 13-10 所示，飞轮装设在两联轴法兰之间，因飞轮重量较重，给机组轴线的调整带来不方便，故不能采用典型的方法来进行机组轴线的测量和调整。

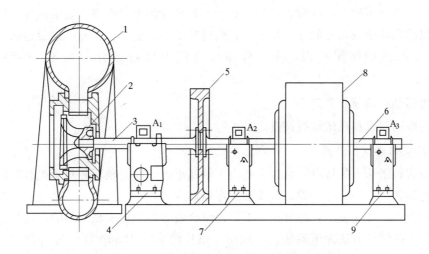

图 13-10　两法兰之间夹飞轮刚性连接的轴线调整

1— 蜗壳；2—转轮；3—水轮机轴；4—径向推力轴承（水导）；5—飞轮；6—发电机轴；

7—径向轴承（中导）；8—发电机；9—径向轴承（后导）

下面介绍一种测量调整方法，虽然理论上不够严格和精确，但实践证明是可行的，是根据电站安装检修实际经验积累而总结出来的。

此种调整方法基于的原则为：

（1）根据轴瓦磨损时接触点的情况进行判别，如轴承在垂直方位内有偏差，其下轴瓦磨损接触点的亮度、大小不同；如在水平方位有偏差，其两侧的磨损接触点的变化也不同。

（2）因自重和力的作用，卧轴会产生挠度，若三支点处于水平位置，则三个轴颈处用框形水平仪所测得的读数是一致的，此时机组振动最小，轴承瓦温最稳定。

基于上述的原则，此种轴线调整的方法分为两个过程。第一步进行初步调整，然后浇筑机架基础的二期混凝土，高度浇至楔子板的下平面，为下一步进行精确调整机组轴线的高度和水平留有一定余地。精确调整机组轴线的步骤为：

（1）复查水轮机转轮止漏环间隙，调整使其符合规定要求。

（2）复查三个轴承下轴瓦两侧的间隙，要求均匀。

（3）在三个轴承的轴颈处放置框形水平仪，复查轴颈的水平情况，根据经验对于 500～2000kW 卧式机组，水导轴承处 A_1 应向蜗壳方向高 5～6 格，中导轴承处 A_2 应向蜗壳方向高 4～5 格，后导轴承处 A_3 应向励磁机方向高 6 格（框形水平仪精度为 0.02mm/m）。

（4）拧紧机架地脚螺栓，同时保证轴的水平和转轮止漏环间隙不变。

（5）松开中导轴承的轴瓦与机架的连接螺栓，搬动飞轮迅速转动转子，使中导轴承的下轴瓦在水平方向走正，然后再拧紧地脚螺栓。

（6）刮瓦。搬动飞轮使轴转动 5～6 圈，使轴颈和下轴瓦研磨，然后用行车将转动部分吊浮（约 0.2～0.3mm），将轴瓦翻滚后取出。

取出三个轴承的下轴瓦，根据接触点的大小、亮度和分布情况来判别轴承是否同心。如果轴承水平方向不同心，接触点必然靠单边；如果接触点大而亮，表示该轴承所处位置偏高，可以采取抽垫或刮瓦的方法解决等。经过反复多次盘车、刮瓦，最后达到三个轴承的下轴瓦接触点的情况接近，在工作角度范围内接触点分布均匀，接触点数量为 2 个/cm²。

三、机组轴瓦间隙的测定

轴瓦间隙的测量在机组轴线调整之后进行。

1. 轴瓦顶部间隙的测量

由于卧式机组受力的特点，载荷主要由下轴瓦承担，而上轴瓦相对承担载荷较小，为此，上轴瓦顶部留有一定的间隙，形成油室存储润滑油。

顶部间隙在刮瓦完成后，通过在上下轴瓦结合面处加垫而实现调整的，使其达到规定值。顶部间隙的测量方法为压铅法。一般用 6 根长约 30～40mm 直径为 0.5～1mm 的锡基熔断丝，分别放在轴瓦结合面和轴颈上，如图 13-11 所示。装上轴瓦和轴承盖，并均匀拧紧瓦盖螺栓，将熔断丝压扁，然后取出，用 0～25mm 的千分尺测出它们的厚度，并记录下来，按照下式计算出轴瓦两端的顶部间隙值：

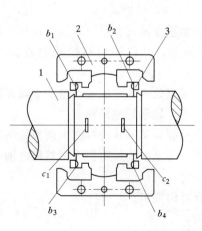

图 13-11 轴瓦顶部间隙的测量
1—轴；2—轴承座；3—轴瓦

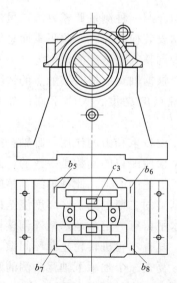

图 13-12 上轴瓦与轴承盖的间隙测量

左端顶部间隙值 $$a_1 = c_1 - \frac{b_1 + b_3}{2}$$ (13−10)

右端顶部间隙值 $$a_2 = c_2 - \frac{b_2 + b_4}{2}$$ (13−11)

两式中 c_1、c_2、b_1、b_2、b_3、b_4 为对应各部熔断丝的平均厚度值。根据 a_1 和 a_2 值再配上适当的铜垫，使其符合设计要求，误差不超过设计值的 $\pm 10\%$。

除了测量轴瓦顶部间隙外，还需要测量轴承盖与上轴瓦之间的间隙。测量方法相同，在轴承体和轴承盖结合面上，放 4 根熔断丝，在上轴瓦的顶部放熔断丝一圈，拧紧轴承体和轴承盖的组合螺栓，将熔断丝压扁，取出测量它们的厚度，如图 13−12 所示。

间隙值计算

$$a_3 = c_3 - \frac{b_5 + b_6 + b_7 + b_8}{4}$$ (13−12)

式中：b_5、b_6、b_7、b_8 为组合面上各熔断丝的平均厚度；c_3 为上轴瓦背部熔断丝的平均厚度。根据有关规定，圆柱形轴承 a_3 值取 $+0.05 \sim -0.02$mm，球形轴承取 ± 0.03mm。若不符合要求，可采取在轴承盖和轴承座之间加（减）铜垫片的方法来解决。

2. 轴瓦两侧间隙的测量

轴颈和下轴瓦的两侧间隙可用塞尺测量，用不同厚度的塞尺插入缝隙中，记录每次插入深度，根据塞尺插入深度和厚度，可以判别间隙形状和尺寸大小。

复习思考题

13−1 水电站检修的类别有哪几种？各工期一般为多少？

13−2 水轮机小修、大修的项目有哪些？质量要求如何？

13−3 发电机小修、大修的项目有哪些？质量要求如何？

13−4 轴瓦研刮的操作步骤、工艺要求和质量标准是什么？

13−5 混流水轮机转轮检修的内容包括哪些？

13−6 导水机构检修的内容有哪些？

13−7 如何进行发电机的拆卸和组装？

13−8 发电机的试验项目有哪些？

13−9 发电机进行干燥的各部温度控制的要求是什么？

13−10 用行车进行卧式发电机转子安装的操作过程是怎样进行的？

13−11 如何进行卧式四支点机组的轴线测量和调整工作？

13−12 如何进行卧式三支点机组的轴线测量和调整工作？

13−13 如何进行卧式机组轴承间隙的测量？

第十四章 水电站的安全运行

教学要求 领会安全生产在水电站运行管理工作中的重要性和必要性，掌握为安全生产而制定的各项规章制度、操作制度，以及各种安全标志的设置和识别；掌握基本的人身触电防护和急救方法，掌握电气设备着火时的扑救措施。

以上内容是水电站安全生产的基础，要求初级工基本掌握，中级工和高级工必须掌握。

第一节 概　　述

电力工业生产的特点是高度自动化和产、供、销同时完成。许多发电厂、输电线路、变电站和用电设备组成的电力系统联合运转，这种生产方式要求有极高的可靠性。因此，抓好电站的安全生产，以保证水电站充分发挥经济效益，这既是管理工作的出发点，也是管理工作的归宿点。因此，安全管理是水电站一切管理工作的基础，电力生产具有如下特点：

（1）电的传递速度特别快，为 $3 \times 10^5 \, km/s$ 左右。

（2）电形态特殊，除能用仪表测量外，为"看不见、听不到、闻不着、摸不得"的。

（3）电转化方便。电能可方便地转化为光、热、磁、化学、机械等多种形式的能量。

（4）电网络性强。若干电站能连接成一个整体，其发电、供电、用电都在同一瞬时完成，如果局部发生故障即可能波及整个系统。

水电站在安装、检修、运行过程中，如果电气设备的结构和装置不完善，或操作不当、均会引起事故，影响生产和生活，甚至危及设备和人身的安全。为确保安全运行，应加强安全教育，重视管理，严格执行规章制度，防止设备带病或超负荷运行，加强设备的日常管理工作，及时消除事故隐患。

为确保用电安全，必须从思想上、组织上、制度上、技术上、纪律上采取措施，以防止事故发生。

各级运行管理人员应充分认识到电站安全是人命关天的大事，保护劳动者在生产建设过程中的安全和健康是社会主义制度坚定不移的方针。要懂得抓安全促生产、出效益的道理，决不能采取"讲起来重要，做起来次要，忙起来不要"的错误态度。应贯彻"预防为主、安全第一"的方针，正确处理好生产与安全的关系。

加强对运行值班人员的安全技术培训考核和安全运行的管理工作。培养新值班人员应挑选工作责任心强、身体健康、肯钻研技术业务的人员，经过理论培训、实习、实际考试合格，并取得上岗操作证后，才能独立操作。老电站运行值班人员也应接受经常性的安全生产和电气安全技术教育，总结推广电气安全的先进经验，提高安全生产的基础知识，并把安全运行的要求落实到每个值班操作人员中去。

应明确运行人员的安全职责：

（1）认真学习和积极贯彻执行党和国家的劳动保护安全法规。

（2）严格执行上级有关部门和本企业内现行的有关规章制度。

（3）认真做好水工、机械、电气设备的监护、检查、保养、维修、安装等工作。

（4）爱护和正确使用机电设备、工具和个人防护用品。

（5）在工作中发现有不安全现象，除积极采取紧急安全措施外，应向有关领导或上级汇报。

（6）努力学习电站安全运行技术知识，不断提高管理水平和操作技能。

（7）在工作中有权拒绝违章、瞎指挥，有权制止任何人违章作业。

电站运行工是一个特殊的工作，电气操作又是一项专门技术，在电站运行操作时，会与周围的事物发生密切联系，作为一个运行工不仅要懂得机电安全知识，还要掌握与机电有关的安全知识，如某些登高作业，就应懂得预防高处坠落的知识。又如机械起重，也要懂得起重知识，电和周围环境关系等。为此，每个运行工应该做到"四懂"、"三好四会"和"四个过得硬"。四懂：就是懂原理、懂构造、懂性能、懂工艺流程；三好：就是对设备要用好、管好、修好；四会是会操作、会保养、会检修、会排除故障。还要做到四个过得硬：①设备过得硬，熟悉各种设备、工具和安全装置的用途；②操作过得硬，动作熟练不误操作；③质量过得硬，符合规格不留隐患；④在复杂的情况下过得硬，能判断和预防事故，做到防患于未然。

第二节　安全技术与管理

为了保证人身和设备的安全，检修人员在检修前必须进行安全技术教育，必须要有保证安全的技术措施，检修设备必须停电，禁止在经断路器断开电源的设备上工作，必须拉开隔离开关，至少有一个明显的断开点。在高压设备上检修时，当确实无电后，应立即将检修设备接地并三相短路。接地线与检修部分之间不得有开关或保险器。装接地线时，必须先接接地端，后接导体端，接触必须良好。拆接地线的顺序与此相反。装、拆接地线均应使用绝缘棒或戴绝缘手套。

在设备检修时，对安全技术有下列要求：

（1）在厂房内和水轮机机井内所有建筑洞孔应围上坚固可靠的栅栏或盖上防护隔板。

（2）在拆装的设备下面，如无保护遮拦装置，禁止任何人在下面工作和逗留。

（3）在 3m 以上的高空进行作业时，应搭坚固的脚手架或工作台，工作应有高 1m 以上的拦杆和宽 18cm 以上的木拦板。若没搭脚手架，则作业人员应系上安全腰带。

（4）在不能承受附加荷重的脚手架上或隔板上面，不允许放置零件。

（5）禁止使用不良的、未架设好的脚手架、工作台、防护隔板及梯子。

（6）工作完毕，高处不应遗留未紧固的零件、螺栓、螺母及工具等。

（7）禁止在工作地点存放燃料、润滑油和易燃物。检修中使用的可燃清洗剂应注意防火。

（8）在需要手提照明的手提灯的电压不应超过 36V。在特别潮湿的地方工作时，手提灯电压不应高于 12V。

（9）在做易于飞起金属屑和碎片的工作时，工作人员必须戴护目眼镜。

（10）钻孔或铰孔时，不准用手去清除碎屑，应使用钢刷、刮具等工具进行清除。

（11）使用电动工具时，应戴上橡皮手套并穿上胶鞋。

（12）禁止在梯上使用电动和气动工具。

一、运行组织

在电力系统中设有各级值班人员，分别担负着各部分的生产工作。

电力调度员是全系统运行工作的总指挥，他可以直接对系统内的其他值班负责人（发电厂值长、变电气值班员等）发布命令。

在水电站中，机械和电气设有运行班，各班都有班长，同一值区内负责领导各运行班的是值长。

电气运行班的值班人员一般有：班长、主值班员（副班长）、值班员等。

值班人员在行政上属站长领导，而在运行操作和事故处理等方面均受值班负责人领导。

二、电气运行规程

电气运行规程包括发电机、变压器、电动机、配电装置、继电保护、自动装置等电气设备的运行规程。这些规程是电气设备安全运行的科学总结，反映了电气设备运行的客观规律，是保证电站安全生产的技术措施，也是电气运行值班人员工作中的基本依据。因此，运行值班人员应该认真学习，正确执行这些规程。

三、运行现场制度

运行现场制度是为加强责任制，维持正常的生产秩序，保证安全生产，提高运行水平而制定的，是操作人员经过长期实践的经验总结，有许多是用生命和鲜血的代价换来的教训，应严格遵守和维护它。不仅要贴在墙上，更重要的是要时刻铭记在心上，并落实在行动上。

1. 操作票及操作监护制度

倒闸操作是一项复杂而极其重要的工作，操作的正确与否直接关系到操作人员的人身安全和设备、系统的正常运行，因此必须严格执行操作票制度和操作监护制度。违反这些制度的后果是十分严重的，将可能造成非同期并列、带负荷拉合隔离开关，带电挂地线及未拆除接地线送电等误操作事故的发生。所以，在电业安全工作规程和现场制度中，凡属操作票及操作监护制度的规定，每个运行值班人员在倒闸操作中都必须严格执行。

2. 工作票制度

工作票制度是保证检修人员在电气设备上安全工作的组织措施，是为避免发生人身和设备事故而履行的一种设备检修工作手续。因此，运行值班人员要按照工作票的要求，进行有关倒闸操作，并做好安全措施。然后，运行值班员与检修工作负责人共同办理工作票的开工手续。当检修工作结束时，运行值班员应与检修工作负责人共同检查、验收设备，并共同办理工作票的终结手续。

3. 岗位责任制度

该制度规定了每一个专职值班员应知应会的具体内容、专职区的范围以及职责与权限，是保证安全生产的一项核心制度。

4. 交接班制度

本制度是搞好连续发供电的一项有力措施。运行值班员通过执行交接班制度，做到交班时认真负责，接班时心中有数，班前要进行必要的生产任务的布置，班后要进行生产工作的总结。具体内容是：值班人员在接班前15min，到主控制室听取交班班长对设备运行情况的介绍。然后按照规定的检查范围，到现场检查设备运行情况和检修设备的安全措施，并了解设备缺陷和消除情况，在接班前碰头会上向班长汇报检查结果，接受班长的命令和指示，并在交接班记录上签字，由接班班长下令接班。

5. 电气设备巡回检查制度

巡回检查制度是在值班期间，运行值班人员定时间、定地点、定专责对有关设备系统地进行全面检查，以达到掌握情况，积累资料，及时发现设备缺陷及排除隐患的目的。

6. 监盘操作制度

监盘操作的主要任务是及时合理地调整机组的有功、无功输出功率，监视并调整设备的各项运行参数在规定范围内，保证电能质量合格，及时发现机组及系统发生的异常现象和故障，迅速汇报、正确判断，采取有效措施，从而做到安全经济发供电。

7. 设备缺陷管理制度

该制度是为了及时消除影响安全运行或威胁安全生产的设备缺陷，提高设备的完好率。保证安全生产的一项重要制度。

8. 运行管理制度

该制度包括做好备品（如熔断器、电刷等）、安全用具、图纸、钥匙、资料及测量仪表等的管理制度。

9. 运行维护制度

主要指对电刷、熔断器等的维护工作，是保证设备处于良好运行状态的必要措施。

10. 运行分析及事故预想制度

通过对设备的异常工况分析、对比分析，作好事故预想，摸索设备经济运行的规律，不断提高运行管理水平。

11. 安全教育、安全检查、事故分析制度

安全教育是运行人员都要认真接受的电气专业知识的培训、考核内容、懂得装、拆、修、用过程中的安全要求，坚持参加安全活动。安全检查制度主要是参加安全检查活动，发现问题及时解决，尤其要做好汛期与雷雨季节的安全检查。对新安装的设备要验收，对使用中的电气设备要定期测试。对安全用具也要进行定期测定或耐压试验。建立事故分析制度，凡发生事故都要认真分析事故原因，找出防止事故的对策并加以实行。

四、值班日志和运行日志

1. 值班日志

为了使值班人员及时掌握设备的运行情况，了解设备运行的历史积累资料，值班运行时一般应有以下记录：交接班记录、倒闸操作登记、工作票记录、设备变更记录、设备绝

缘登记、继电保护及自动装置变更登记、配电盘记录、断路器事故跳闸登记、设备缺陷登记、熔断器更换登记、变压器分接头位置登记等等，这些统称为值班日志。

2. 运行日志

运行日志的记录是整个运行工作中的一个重要内容，能帮助值班运行人员掌握设备的运行参数，进行运行分析，发现设备的隐患，及时调整负荷和更换运行方式，以保证生产任务的完成和降低消耗指标。每一个运行值班员都必须学会记录运行日志，计算有关参数。

运行日志中的主要参数有以下几项：

(1) 电量（kW·h）。包括发电量、厂用电量、上网（输出）电量等。

(2) 电力（kW）。发电电力、输出电力、厂用电力、最大负荷和最小负荷。

(3) 几种小指标。厂用电率、负荷率等。

(4) 主要设备的电流、电压和温度。

第三节 安 全 作 业

一、电气设备的倒闸操作

发电厂的电气设备分为运行、备用、检修几种情况。当电气设备由一种状态转换到另一种状态时，需要进行一系列的操作，这种操作称为电气设备的倒闸操作。

倒闸操作的主要内容是指拉开或合上某些断路器和隔离开关；拉开或合上某些操作熔断器；退出或投入某些继电保护和自动装置及改变其定值；拆除或装设临时接地线及检查设备的绝缘。

倒闸操作是一项复杂而又重要的工作，其操作是否正确，直接关系到操作人员的安全和设备的正常运行。若发生操作事故，将会造成严重后果。所以，必须采取有效措施防止误操作，这些措施包括组织措施和技术措施。

组织措施是指建立一整套操作制度和安全工作制度，要求各级值班人员严格贯彻执行。组织措施有操作命令或命令复诵制度，操作票（包括操作命令卡和固定操作票）和操作监护制度，以及操作票的管理制度等。四种安全工作制度是：工作票制度、工作许可制度、工作监护制度和工作间断、转移和终结制度。

操作命令或命令复诵制度是保证正确操作的前提。具体内容是：值班人员必须按照值班负责人的工作命令进行有关倒闸操作。属于电力系统管辖的电气设备，应由系统调度值班员发布命令给发电厂值班长。不属于系统值班调度员管辖的电气设备，则由发电厂值班长发布命令给电气值班长，再由值班长发布命令给值班人员。在逐级命令后，必须由受令人重复命令的内容，发令人认为受令人确已听清楚后，再下达正式操作命令。

电气设备的倒闸操作种类和内容繁多，操作方法和步骤各不相同，如果值班员不使用操作票进行操作，容易发生误操作而引发事故。认真执行操作票制度，就能保证操作内容和操作顺序的正确。而严格执行操作监护制度，则可保证操作任务的顺利完成。操作监护制度实际上是对操作人员采取一种保护性措施。运行值班人员应提高执行操作票制度和操作监护制度的自觉性。

操作票的管理制度包括以下内容：操作票应编号并按顺序使用。操作票执行后的保管与检查，操作票合格率的统计及错误操作票的分析等。这是保证操作票及操作监护制度认真执行的一种措施。

技术措施是多方面的，主要是停电、验电、装设接地线、悬挂标示牌和装设遮拦等。以断路器操作为例，采用在断路器和隔离开关之间装设机械或电气闭锁装置。闭锁装置的作用是使断路器在合闸位置时，该电路的隔离开关就拉不开（以防止带负荷拉隔离开关）、合不上（以防止带负荷合隔离开关）。此外，在输电线路隔离开关与接地开关之间也装设闭锁装置，使任一组隔离开关在合闸位置时，另一组隔离开关就无法操作，以避免误合接地开关等事故的发生。经验表明，严格执行组织措施和完善技术措施，完全可以防止误操作事故和人身触电事故的发生。

在小型低压水电站中，发电机回路的操作主要是空气断路器和隔离开关。其操作程序为：合闸时，必须先合隔离开关，然后合空气断路器，分闸时则相反。配电装置的运行操作主要是跌落式熔断器、柱上油开关（或负荷开关），其操作程序为：合闸时，必须先合跌落式熔断器，然后合柱上油开关（或负荷开关），分闸时则相反。切误颠倒操作次序。

操作跌落式熔断器时也必须注意程序。合跌落式熔断器的程序为：先合两边相（U、W相），后合中间相（V相）；遇风雨天气操作，操作人员应站在迎风侧，先合迎风相，再合背风相，最后合中间相，拉开跌落式熔断器的程序相反。

操作人员操作时应穿戴经耐压试验合格的绝缘靴和绝缘手套，使用合格的绝缘杆（雨天室外操作应带防护罩）进行操作，严禁赤脚、赤膊和利用木杆、竹杆进行操作。

二、带电作业

1. 低压电气设备上带电工作的安全措施

（1）担任操作的人员必须经过训练、考试合格，操作时应在有经验的电气人员或老师傅监护下进行。

（2）操作人员应穿长袖衣服、扣紧袖口、穿绝缘鞋或站在干燥的绝缘垫上，并带绝缘手套和安全帽，严禁穿背心或短裤进行带电操作。

（3）使用合格的有绝缘手柄的钳子、旋具、活扳手等用具，严禁使用锉刀和金属尺等金属用具。

（4）将可能接近的导电部分及接地物体等用绝缘物隔开或遮盖，防止相间短路及接地短路。

2. 低压线路上带电工作安全措施

在带电的低压线路上工作时，应有专人监护，使用合格的有绝缘手柄的用具，站在干燥的绝缘垫上。高、低压同杆架设时，若在低压线路上工作，应先检查与高压线路距离是否符合规定要求，若不符合规定要采取防止误碰高压线的安全措施或将高压线停电。同一杆上不准两人同时在不同相上带电工作；工作人员穿越线挡，必须用绝缘物将低压线遮盖好。上杆前应先分清火线（相线）与地线，选好工作位置；断开导线时，应先断开火线，后断开地线；接搭导线时，其顺序与之相反。接火线时，应将线头试搭一下，然后缠接之。要注意：切不可使人体同时接触两根导线，以免触电。

三、起重运输中的安全作业

1. 起重用具的安全使用

为了保证起重安全和节省设备费用，选取使用钢绳应满足以下条件：有足够的强度承受最大负荷，有足够的抵抗挠曲和磨损的强度；要能承受不同方式冲击载荷的影响，在不利条件的工作环境（受潮湿、温度、酸碱的侵蚀等）下也能满足上述条件。

在起重作业中，应正确判断钢丝绳的新旧程度，一般钢丝绳经不断使用后会产生磨损、弯曲、变形、锈蚀和断丝等缺陷，使其承载能力不断下降。所以对使用过的钢丝绳的承载能力应有准确估计，以保证使用的安全。

使用独脚扒杆、人字扒杆、三木塔起吊重物，应充分考虑绳索的承载能力、缆风绳或张力索的扶持能力、杆件的坚固程度以及杆件与地面的摩擦情况。在所有情况下，均不能忽略杆根锁脚绳索的系牢程度，以防重物升起后杆件突然垮倒。

使用千斤顶上举重物，应事先检查千斤顶是否经过检定；千斤顶的工作能力同举重能力是否匹配、回锁装置、操作装置是否可靠。当千斤顶上升到接近红线限定的工作高度时，必须立即停止工作。千斤顶在闲置时应注意防护保养，液压千斤顶的油路应保持畅通，密封应完好严密，螺旋千斤顶的梯形螺纹内应保持适当的润滑油脂，棘爪止动机构应保持完好。

电动索鼓式卷扬机使用常常忽略对电机防雨防潮和引线的绝缘保护，为此常发生烧坏电机和漏电击人事故。对电动索鼓式卷扬机制动闸应加强检查调整。当施工中用其起吊重物时，应先用重物坠落法检查制动闸的可靠性。钢丝绳在索鼓上排列，要时刻加以注意，严防盘绕脱扣、叠扣以及钢丝绳在地上通过牵引携带泥、砂或其他杂物入扣。钢丝绳锈蚀、干燥后应及时油煮。配合电动索鼓式卷扬机工作布置在附近的导向滑轮必须生根牢固。卷扬机从高处下放重物时，严禁开飞车，以避免对棘爪等制动零部件造成冲击而损坏。

神仙葫芦是应用最多的手动起重器械。常见规格有 0.5t、1t、2t、3t、5t、10t 几种。主要构件有链条、手链轮、摩擦片、棘轮、制动座和五齿长轴等。在起重过程中，手链轮一旦停止转动，重物开始微许下降，五齿长轴微量反转，迫使手链轮压紧摩擦片，与棘爪、制动器必须注意保养与检查，保持自锁系统可靠，防止吊物时失灵导致重物下滑而发生事故。使用时不能超出神仙葫芦设计能力。拉动链条时，用力应均匀，不可过快过猛。链条拉不动，应查明原因，不能增加人数猛拉。转动部分要经常加油，保持润滑。

单梁电动葫芦行车，小型发电厂多用作检修起重设备。这种行车速度比较快，大小跑车行走时，重物摆动情况较为显著，检修中进行大件起重作业时，如起吊发电机转子，尤应注意。单梁"Z"字结构行车，应避免轮缘单边夹轨的情况发生。

2. 提升重物注意事项

（1）提升重物时，滑轮组应成垂直状态。

（2）在正式提升荷重前应试吊 0.2～0.3cm，索具开始张紧，即应检查物体的均衡性及各绳受力是否均衡。

（3）提升要平衡，不得有忽紧忽松及摇摆现象。

（4）为了控制荷重的位置可以在物件上系上拉绳。

（5）卷扬机的布置方法应保证卷扬机司机可直接看见起重指挥者的指挥信号。

（6）禁止在重物就位固定前解绳。

（7）禁止在提升和移动的物件上站人。

第四节　触电和火灾的防范及急救

一、触电与急救

触电是严重的人身事故，严重时危及人的生命，作为水电站的职工，必须掌握对触电者的现场急救技术。

1. 触电时的临床表现

电击造成的伤害主要表现为全身的电休克所致的"假死"和局部的电灼伤，特别是电流通过心脏时所形成心室纤维性颤动。电流通过中枢时可抑制中枢引起心跳、呼吸的停止。这些均可造成触电后的"假死"状态。此时触电者立即失去知觉，面色苍白，瞳孔放大，心跳和呼吸停止。为了在抢救时便于采取有效措施，根据现场状态将"假死"分为三种类型：

（1）心跳停止，但呼吸尚存在。

（2）呼吸停止，心跳尚存在。

（3）心跳、呼吸均停止。

对于有心跳无呼吸或者有呼吸无心跳的情况，只是暂时现象，如抢救措施稍慢，就会导致病人心跳、呼吸全停。

当心跳停止时，人体的血液循环即中断，呼吸中枢无血液供应，中枢丧失功能，呼吸停止。同样当呼吸停止时，体内各组织都无法得到氧气，心脏本身的组织也会严重缺氧，所以心脏也会很快停止跳动。

触电造成的"假死"一般都是即时发生的，个别病人可在触电后期（几分钟~几天）突然出现"假死"而导致死亡。

触电时如人体受到的损伤比较轻，不至于发生"假死"，但可感到头晕、心悸、出冷汗或有恶心、呕吐等。皮肤灼伤处可感到疼痛。如果脊髓受到电流影响，还可出现上下肢肌肉瘫痪（自主呼吸存在），往往需经较长时间（3~6个月以上）才能恢复。

局部的电灼伤常见于电流进出的接触处，当人体组织有较大电流通过时，组织会受到灼伤，其形成的主要原因是人体的皮肤、肌肉等组织均存在一定的电阻；有电流通过时，在瞬间会释放出大量的热能，因而灼伤组织。电灼伤的面积有时虽小，但较深，大多为三度烧伤，有时可深达骨骼，比较严重。灼伤处呈焦黄色或褐黑色，创面与正常皮肤有较明显的界限。一般电流进入人体所致的灼伤口常为一个；但电流流出的灼伤口可能有好几个。

2. 触电时的现场急救

心跳和呼吸是人体存活的基本生理现象。一旦心跳、呼吸停止，血液就停止流动，人体的各个器官因缺乏血液所供给的氧气和营养物质，而使组织细胞的新陈代谢停止进行，人的生命也即终止，这就是"死亡"。但是，在心跳和呼吸突然停止后，人体内部的某些器官还存在着微弱的活动，有些组织细胞新陈代谢还在进行，因此这种死亡在医学上称为"临床死亡"。"临床死亡"的病人如果体内没有重要器官的损伤，只要及时进行抢救还有救活的希望。如果时间太长，身体内的组织细胞就会逐渐死亡，这时医学上称为"生物死亡"。病人进入生物死亡，生命也就无法挽救了。当然从"临床死亡"到"生物死亡"的时间很短，所以必须抓紧时间尽力抢救。触电事故发生都很突然，出现"假死"时，心跳、呼吸已停止，因此必须采取现场急救的方法，使触电者迅速得到气体的交换和重新形成血液循环，以恢复全身各组织细胞的氧供给，建立病人自身的心跳和呼吸。所以，触电现场急救，是整个触电急救过程中的关键环节。如处理及时正确，就能挽救触电者的生命，反之不管实际情况，不采取任何抢救措施，将触电者送往医院或单纯等待医务人员到来，均会失去时机，带来永远不可弥补的损失。因此，现场急救法是每个电工都必须熟练掌握的急救技术，一旦发生事故，应能立即地现场进行急救，并向医务部门告急求援，才能抢救触电者的生命。

触电现场急救具体方法如下：

（1）迅速脱离电源。发生触电事故时，切不可惊慌失措，束手无策，首先要马上切断电源，使触电者脱离电流的继续损害，这是能否抢救成功的首要因素。触电时间越长，对人体损害越严重。当触电者触电时，人体已成为一个带电体，对救护者是一个严重威胁，如不注意安全，同样会使抢救者触电。所以，必须先使触电者脱离电源后方可抢救。

使触电者脱离电源的方法很多，主要有：

1）现场附近有电源开关和电源插头时，应立即将开关拉开或将插头拔掉，以切断电源。普通电灯开关（如拉线开关）只能关断一根线，且不一定关断的是相线（火线），不能认为是关断电源。

2）当有电的电线触及人体触电时，可用绝缘物体（如干燥的木棒、竹竿、手套等）将电线挑开，使病人脱离电源。

3）必要时可用绝缘用具（如带有绝缘柄的电工钳、木柄斧头以及锄头等）切断电线，以断电源。

总之，在现场可因地制宜，灵活运用各种方法，快速切断电源。解脱电源时，应注意两个问题：①脱离电源后，人体肌肉不再受到电流刺激，会立即放松，病人可自行摔倒，造成新的外伤（如颅底骨折），特别在高空时更具危险性。所以脱离电源需有相应的措施配合，避免此类情况发生，而加重病情；②脱离电源时应注意安全，决不可误伤他人，将事故扩大。

（2）简单诊断。脱离电源后，触电者往往处于昏迷状态，神志不清。故应尽快对心跳和呼吸的情况作一判断，看看是否处于"假死"状态。因为只有明确诊断，才能及时正确地进行急救。

处于"假死"状态的触电者，因全身各组织处于严重缺氧，情况十分危急，故不能用一套完整的常规方法进行系统检查，只能用一些简单有效的方法来判断是否"假死"，简单诊断的具体方法如下：

将脱离电源后的触电者迅速移至通风、干燥而平整的地方，使其仰卧，将上衣与裤带放松。

1）观察有无呼吸存在。有呼吸时，可见胸廓和腹部的肌肉随呼吸能上下运动，用手放在胸部可感到胸廓在呼吸时的运动。用手放在鼻孔处，可感到气体流动。相反，无上述现象，则往往是呼吸已停止。

2）摸一摸颈部的颈动脉或腹股沟处的股动脉，有没有搏动。有心跳时，一定有脉搏。颈动脉和股动脉都是大动脉，位置表浅，容易感觉到搏动，因此，常常以此作为有无心跳的依据。另外，在心前区也可听一听有无心音，有心音则有心跳。

3）看一看瞳孔是否放大。处于"假死"状态的触电者，大脑细胞严重缺氧而处于死亡边缘，整个自动调节系统的中枢失去作用，瞳孔自行放大，对光线的强弱不起反应。所以瞳孔放大说明大脑组织细胞严重缺氧，人体已处于"假死"状态。

通过以上简单的检查，即可判断触电者是否处于"假死"状态，依据"假死"的分类标准，可知属于何种"假死"类型，以便于在抢救时有的放矢，对症治疗。

（3）处理方法。经过简单诊断后的触电者，可按下述情况分别处理：

1）触电者神志清醒，但感乏力、头昏、心悸、出冷汗，甚至有恶心或呕吐。此类病人应使其就地安静休息，减轻心脏负担，加快恢复。情况严重时，迅速送往医务部门，请医务人员检查治疗。

2）触电者呼吸、心跳尚存在，但神志昏迷。此时应将触电者仰卧，周围的空气要流通，并注意保暖。除应严密观察外，还应作好人工呼吸和心脏挤压的准备工作，并立即通知医务部门或用担架将触电者送往医院救治。在去医院的途中，要注意突然出现"假死"现象。如有"假死"需立即进行抢救。

3）如经检查后病人处于"假死"状态，则应立即针对不同类型的"假死"进行对症处理。心跳停止的，用体外人工心脏挤压法来维持血液循环；如呼吸停止则用口对口的人工呼吸法来维持气体交换。呼吸、心跳全停时，则需同时进行体外心脏挤压法和口对口人工呼吸法，并向医院告急求救。

整个抢救过程不能中止，即使在送往医院的途中，也必须继续进行抢救，边救边送，直至心跳、呼吸恢复。

二、电气灭火与预防

1. 线路短路引起的灭火与预防

线路短路时由于阻抗急剧减少，电流大量增大（达正常运行时工作电流的几十倍），使线路在短时间内产生大量热量，温度很快升高，引起线路绝缘材料受热着火燃烧，并产生火花，引发火灾。

防止线路短路而造成火灾的措施：

（1）检查线路安装是否符合电气规程要求，如线间隔距离、前后支持物的距离、对损伤的保护等。

（2）定期检查线路的绝缘情况。

（3）正确选择与导线截面相配合的熔断器。当线路发生短路时，熔断器被短路电流熔化，而切断电流，避免导线过热和绝缘材料燃烧。当熔断器熔断后，千万不可随便增大熔断体或用其他金属导线来代替。

2. 线路连接接触电阻过大引起的火灾和预防

导线与导线、开关、熔断器、刀闸、电灯、电机、测量仪表等电气设备连接的地方所形成的电阻，称为接触电阻。如果接触地方连接不好，如接头不劳、接头未拧紧等，会使接触处电阻大大增加，当有电流通过时就会产生大量热量，温度升高引起导线的绝缘层燃烧；接触不好时还会产生电火花，引发周围可燃物起火而造成火灾。

防止因接触电阻过大引起的火灾可采取的措施有：导线连接要规范，在铰合处加以锡焊；裸露部分要用绝缘布包好扎牢；导线与电气设备连接的接头端须焊上特制连接头，且使接触良好、严密；经常对运行的线路、设备进行巡视检查，发现松动或发热应及时处理。

3. 变压器的火灾和预防

浸油变压器内盛有大量的矿物绝缘油，在运行时对变压器的绕组起冷却作用。变压器绝缘油的牌号有 DB—10、DB—25 两种，此绝缘油的闪点约为 140℃，易蒸发、燃烧，当温度升高时同空气混合能构成爆炸混合物，产生变压器着火等事故。

防止变压器火灾可采取下列措施：

（1）变压器上设置安全气道和监视温度的仪表。当温度升高时变压器油因过热会分解出大量气体，油和气体会经气道喷出；如油温超过 85℃，表明变压器过负荷，应立即减少负荷；如温度上升不停，可能变压器内部有故障，应断开电源进行检查。

（2）变压器设置继电保护装置。变压器内部产生故障时，会使绝缘油和其他绝缘材料热分解产生气体和油的运动，使继电器动作，接通信号回路（轻瓦斯时发出示警信号）或接通跳闸回路（重瓦斯时使断路器跳闸）。

（3）变压器的设计安装应符合国家有关规定。

（4）加强变压器的运行管理和检修工作。加强运行监视，油的温度不超过 85℃；定期检查变压器；定期做油的简化试验和变压器预防性试验；在安装和检修完毕后，要按照规程做必要的电气试验。

三、电气火灾扑救常识

1. 电气火灾的扑救方法

电气火灾的危害性很大，当发生火灾时，应采取有效的措施，选择适当的灭火器，及时扑灭火灾。电气火灾扑救方法：

（1）断电灭火。电气设备发生火灾或引发附近可燃物时，应首先切断电源。室外的高压输电线路起火时要及时联系供电部分切断电源；室内电气装置发生火灾时，应尽快断开总电源开关切断电源。

断电灭火时应注意的事项：

1）切断电源的位置要选择适当，不能影响灭火扑救工作的进行。

2）剪断的电源线头应进行可靠支持，防止接地短路或触电危险。

3）在拉开刀闸断电时，应用绝缘杆或戴绝缘手套。

4）尽量避免带负荷拉刀闸。

（2）带电灭火。电气设备发生火灾时，一般均在切断电源后进行扑救灭火，但在危急时，必须保证灭火人员安全的情况下进行带电灭火。带电灭火时应使用不导电的灭火剂，如二氧化碳、1211、干粉灭火器等。

带电灭火时应注意的事项：

1）在确保安全的前提下，才能直接使用导电的灭火剂，如水、泡沫灭火剂等进行灭火，否则会造成触电事故。

2）必须注意周围环境。防止人或灭火器材等直接与带电物体接触；带电灭火时必须戴绝缘手套。

3）若电气设备发生故障，导线断落在地上，在局部区域会形成跨步电压，扑救人员需要进入灭火时，必须穿绝缘鞋。

（3）干沙灭火。对有油的电气设备如变压器、油断路器等的油燃烧，可用干燥的黄沙覆盖火焰进行灭火。

（4）带电灭火安全距离。带电灭火安全距离为：室内 4m，室外 8m。

2. 关于发电机和电动机火灾扑救的注意事项

发电机和电动机均为旋转机械，在扑救火灾时，为防止电机的轴和轴承变形，水轮发电机可以慢速旋转，用喷雾水流实施扑救，并使均匀冷却。也可用二氧化碳、1211、干粉灭火器等，有条件的还可使用蒸汽灭火扑救。但不能用黄沙灭火，否则硬性沙子进入电机内部会严重损坏机件，造成不良后果。

复习思考题

14-1　电力生产具有什么特点？

14-2　电站运行人员的安全职责范围有哪些？

14-3　在进行电站电气设备检修时，对安全技术有哪些要求？

14-4　抓好电站安全生产有何重要意义？

14-5　值班员应遵守哪些安全规程和制度？

14-6　电气设备倒闸操作的主要内容是什么？有哪些组织措施？

14-7　起重作业应注意哪些安全事项？

14-8　触电有哪几类？如何进行现场急救？

14-9　带电作业应采取哪些安全措施？

14-10　怎样预防电气火灾？发生火灾时如何进行扑救？

14-11　带电灭火时应注意哪些事项？

参 考 文 献

［1］ 左光璧. 水轮机. 北京：中国水利水电出版社，1995.
［2］ 鲍法钧. 机械制图. 北京：水利电力出版社，1993.
［3］ 徐招才，虞放. 低压水轮发电机组运行与维修. 北京：中国计划出版社，1999.
［4］ 汪应凤，许永年，王颂平. 机械制图. 武汉：华中科技大学出版社，2000.
［5］ 李序量. 水力学. 北京：水利电力出版社，1991.
［6］ 陈建农，方勇耕. 水轮机及辅助设备运行与维修. 南京：河海大学出版社，1990.
［7］ 陈造奎. 水力机组安装与检修. 北京：中国水利水电出版社，1998.
［8］ 林亚一. 水轮机调节及辅助设备. 北京：中国水利水电出版社，1995.
［9］ 孙铁民. 电能计量. 北京：水利电力出版社，1992.
［10］ 尹厚丰，应明耕. 水电站电气设备. 北京：水利电力出版社，1992.
［11］ 周南星. 电工基础. 中国电力出版社. 北京：1999.
［12］ 陆文祺. 低压水轮发电设备运行与维修. 南京：河海大学出版社，1991.

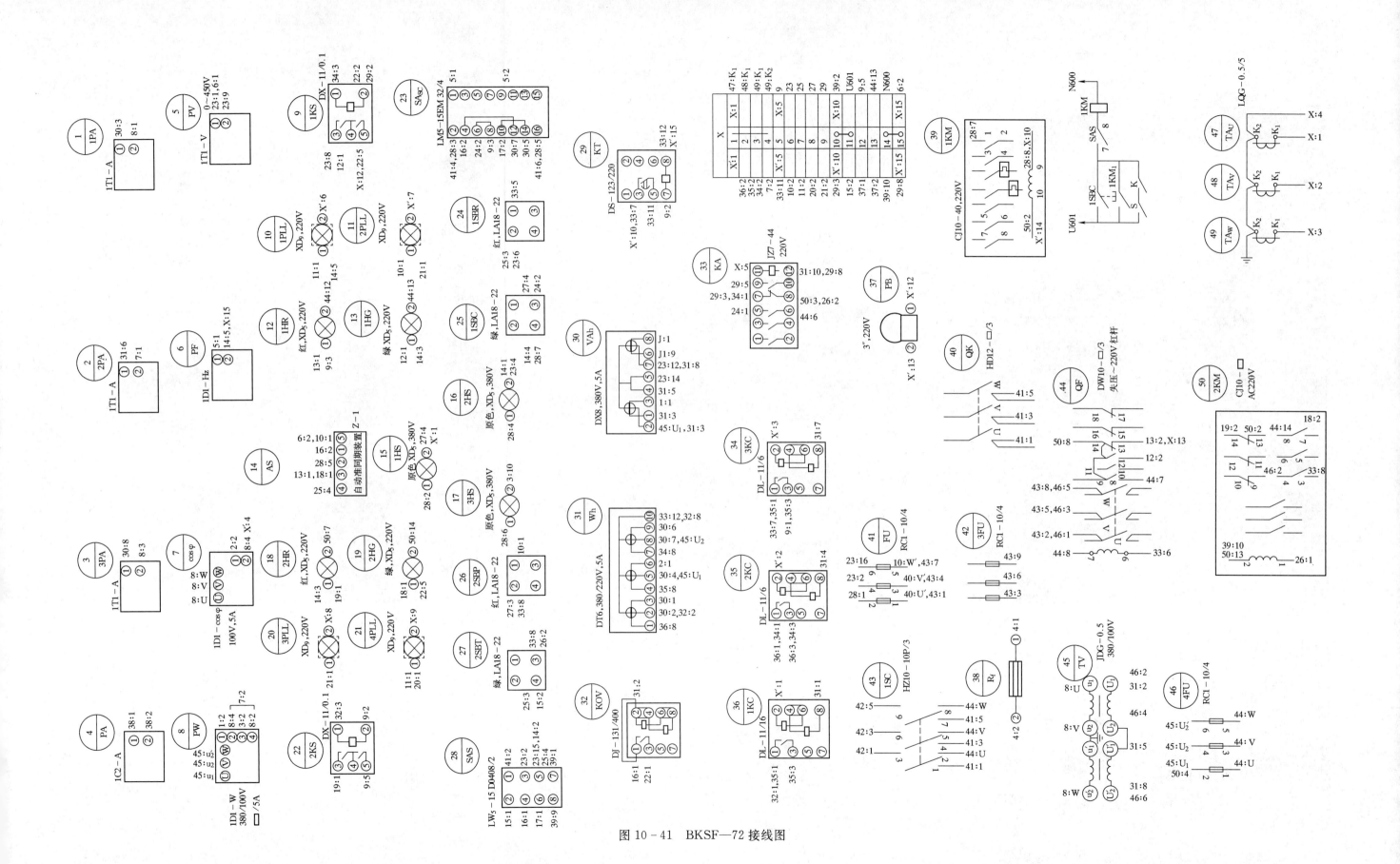

图 10-41 BKSF—72接线图